反渗透水处理应用技术

张葆宗 主编

内 容 提 要

本书是水处理领域里专门介绍膜分离方法的反渗透应用技术的专著。

本书以反渗透膜、商品膜和反渗透膜组件装置为对象，从基本原理入手，分别对反渗透的预处理、运行、维护、保护和化学清洗作了具体而详尽的阐述。本书针对反渗透可靠运行的重要环节对悬浮物、胶体颗粒、天然水中有机物、微生物污染及防垢等预处理给予了充分的重视；本书专门介绍了微滤、超滤预处理及反渗透的后处理连续去离子（CDI）等新技术，还具体地将反渗透系统的设计分析、典型工程实例及工程投资运行费用估算介绍给读者。本书在讨论苦咸水反渗透技术应用的同时，专题突出了海水反渗透的应用内容，以利于推动我国海水反渗透事业的发展。

本书由从事反渗透事业多年的水处理专家编写，内容翔实、结合实际，适于从事水处理的工程设计、科研、运行管理的技术人员及高等院校师生阅读和参考。

图书在版编目（CIP）数据

反渗透水处理应用技术/张葆宗主编．—北京：中国电力出版社，2004.3（2021.5 重印）

ISBN 978-7-5083-1987-2

Ⅰ．反…　Ⅱ．张…　Ⅲ．水处理-技术　Ⅳ．TU991.2

中国版本图书馆 CIP 数据核字（2004）第 002180 号

中国电力出版社出版、发行

（北京市东城区北京站西街 19 号　100005　http://www.cepp.sgcc.com.cn）

北京雁林吉兆印刷有限公司印刷

各地新华书店经售

*

2004 年 3 月第一版　　2021 年 5 月北京第六次印刷

787 毫米×1092 毫米　16 开本　19.75 印张　527 千字

印数 13001—14000 册　定价 **78.00** 元

前　言

当前，采用膜法进行水处理已为人们所接受，反渗透法也极为普遍地应用于众多的水处理工艺中，可以毫不夸张地说，反渗透水处理必将成为改善人类生存环境、实现可持续发展的一项可行的战略性措施。

反渗透水处理技术具有在常温下操作、无相变、能耗低、设备结构紧凑、占地少、自动化程度高、连续性生产、经济效益好等优点，在诸多水处理技术中，反渗透被认为是最先进的方法之一。因而，三十多年来，在苦咸水、海水淡化、纯水、超纯水制备，以及物料预浓缩等领域里得到了迅速的发展。据估计，全世界膜技术装备的总产值1999年达到42亿美元，年增长率超过8%～10%，其中反渗透装备2003年将达到13亿美元，年增长率超过18%。我国膜工业产值在近十年来增长翻番，2000年达28亿人民币。在电力、石油、石化、化工、冶金、电子、医药、环保、食品、饮料等重、轻工业的水处理的近十年的工程实践中，反渗透水处理技术可靠、运行成本低、投资回收快都是不争的事实。与常规的水处理手段相比较，已跃居首选地位。

生产的发展不断地激励着人们对技术的探求和对未知的深入认识。在本书的编写过程中，编者力求广泛地汲取国内外信息，博采国际著名膜公司的技术精粹，总结所经历过的上百套的工程实践和现场运行实例，奉献给从事反渗透应用和对反渗透技术抱有兴趣的人们。编者希望本书能对读者有所裨益，共同推进我国反渗透水处理事业的发展。

对反渗透水处理应用中的一些热点问题，本书在如下方面给予了一定的关注：①预处理是反渗透水处理正常运行的关键，因而本书重点讨论了有机物污染、微生物污染及胶硅处理等问题；②介绍了微滤、超滤在预处理中代替传统预处理的崭新技术；③介绍了EDI，EDI用于反渗透水处理超纯水制备的后处理中，不用酸碱，代替了离子交换混床，发展前景极好；④专题讨论了海水反渗透淡化，这正是因为海水反渗透淡化是当前世界淡水匮乏的希望；⑤对应用者颇具兴趣的反渗透水处理投资运行经济分析等也作了必要的探讨。本书在编写过程中强调结合实际，注意应用，反映现实，讨论问题。本书编者愿抛砖引玉，借此与读者广泛交流以获得收益。

本书在北京天元恒业水处理工程技术有限公司、美国CNC技术公司的全力支持下，组织了从事反渗透事业多年的工程技术人员进行编写，编写分工如下：

总论、第一～十一章、十四章由张葆宗编写，第十二、十三章由李明编写，第十六章由洪炽昌编写，第四、五、十九章由张松建编写，第十五章由张富礼编写，第十七、十八章由冯钊编写。此外，刘洪顺还参与了本书的编校工作。本书由张葆宗主编，洪炽昌、张松建为副主编，李仲鲁审校了全书。

由于反渗透技术自国外兴起，反渗透膜及相关设备大多由国外提供，为了实际应用的方便，故在编写中所涉及到的工程单位仍予保留，加注SI说明并于书后附录单位换算对照表。

在本书的编写过程中，采用了国内外水处理专家们的大量经验和他们专著中的资料并得到多方面的支持，特别是在本书的编辑出版过程中，编辑宋红梅做出的不懈努力，在此谨向他们表示衷心的感谢。

限于编者水平且编写时间仓促，疏漏和谬误之处难免，敬请读者指正。

编　者

目 录

第一章 概述

反渗透是采用膜分离的水处理技术。随着膜科学研究和制造工艺的进步，反渗透水处理技术得到了迅速的发展。

从1950年美国佛罗里达大学的Reid和Hassler等人提出了反渗透海水淡化，1953年Reid和Bretom在实验室证实了醋酸纤维素膜的脱盐能力后，于1960年，美国加里福尼亚大学的Loeb和Sourirajan研制出世界上第一张不对称醋酸纤维素膜，从而使反渗透膜应用于工业制水成为可能，后来反渗透膜新品种不断得到开发，从初期的醋酸纤维素非对称膜发展到用表面聚合技术制成的交联芳香族聚酰胺复合膜。操作压力经历了从高压醋酸纤维素膜到低压复合膜以至超低压复合膜、纳滤膜，膜组件的形式也呈现出多样化的趋势。由于结构上的优势在工业上应用最多的是卷式膜，它占据了绝大多数苦咸水脱盐和越来越多的海水淡化市场。

反渗透水处理技术的发展使之在所有水的淡化方式中占有领先地位，目前全世界范围内的反渗透装置容量每天已超过1200万t，20世纪90年代以来，每年仍在以18%的速度递增。反渗透除在苦咸水、海水淡化中使用外，还广泛用于纯水制备、废水处理及饮水、饮料和化工产品的浓缩、回收工艺等多种领域。

反渗透水处理技术基本上属于物理方法，它借助物理化学过程，在诸多方面具有传统的水处理方法所没有的下述优点：

(1) 反渗透是在室温条件下，采用无相变的物理方法使水得以淡化、纯化。

(2) 水的处理仅依靠水的压力作为推动力，其能耗在许多处理方法中最低。海水淡化所需的能量比较如表1-1所示。

表1-1　海水淡化能量消耗比较

分离工艺名称	消耗的动力 (kWh/m^3)	折合消耗的能量 ($\times10^6$J/m^3)	分离工艺名称	消耗的动力 (kWh/m^3)	折合消耗的能量 ($\times10^6$J/m^3)
理论值	0.7	2.52	溶剂萃取法	25.6	92.18
反渗透法（回收30%）	3.5	12.6	电渗析法	32.2	151.92
反渗透法（回收40%）	4.7	16.92	多级闪蒸法	62.8	226.08
冷冻法	9.3	33.48			

(3) 不用大量的化学药剂和酸、碱再生处理。

(4) 无化学废液及废酸、碱排放，无废酸、碱的中和处理过程，无环境污染。

(5) 系统简单，操作方便，产品水质稳定，二级反渗透可取得质量高的纯水。

(6) 适用于较大范围的原水水质，既适用于苦咸水、海水及污水的处理，又适用于低含盐量的淡水处理。

(7) 设备占地面积少，需要的空间也小。

(8) 运行维护和设备维修工作量极少。

反渗透用于许多纯水使用部门均有明显的优势，对高参数锅炉补给水处理，更具有常规的离子交换处理方式难以比拟的优异特色，如：

(1) 脱除水中二氧化硅效果好，除去率可达99.5%，有效地避免了高参数发电机组随压力升高对二氧化硅选择性携带所引起的硅垢，避免了天然水中硅对离子交换树脂所带来的再生困难、运行周期短的影响。

(2) 脱除水中有机物等胶体物质，除去率可达95%，避免了由于有机物分解所形成的有机酸对汽轮机尾部的酸性腐蚀。

(3) 反渗透水处理系统可连续产水，无运行中停止再生等操作，其产品水质无忽高忽低的波动，对发电机组的稳定运行、保证电厂的安全经济有着不可估量的作用。因而，反渗透在发电厂的锅炉补给水处理的应用中受到广泛的关注。

曾经认为，对含盐量过高的原水采用离子交换困难才用反渗透预处理脱盐淡化。但随着膜技术的发展，在观念上有了新的转变。结合我国实际对含盐量为300mg/L以上的原水进行经济比较，认为采用反渗透在技术上、经济上都是可取的（国外由于其特有条件，则认为含盐量高于75mg/L即可采用反渗透处理）。据1994年国际水会议报道，美国超临界压力的最大电厂——BOWEN电厂，其原水水质TDS（总的溶解固体物）仅为82mg/L，成功地采用了反渗透系统。从以预脱盐为目的，改变为将反渗透作为主要除盐手段，这一观念上的转变对我国反渗透事业的发展起着重要的推动作用。

我国从20世纪60年代中期开始研制反渗透膜，与国外起步时间相距不远，但由于原材料及基础工业条件限制，生产的膜元件性能偏低，生产成本高。近年来已有数条引进的生产线陆续生产，这将使国内膜生产水平有较大的改进和提高。

国内反渗透水处理技术应用始于20世纪70年代后期，最早多限于电子、半导体纯水。大规模的应用始于电力工业，然后又逐步扩大到其他工业。国内反渗透膜的应用将在以下几个方面得到重视和开发：

(1) 大型反渗透装置普遍应用于现代企业。我国已建成和在建的100t/h以上的反渗透装置已普遍用于锅炉补给水系统。2002年建成的最大规模为2000t/h用于轧钢系统用水。国内在此领域已积累了丰富的设计、施工和运行经验，国内承建过100t/h以上规模反渗透装置的水处理公司已超过数十家。

(2) 以海水或苦咸水为原水，应用反渗透解决淡水缺乏和饮用水的需要。我国沿海地区长岛、舟山、大连、威海陆续出现海水反渗透淡化厂，已建成240m^3/h以上的大容量淡化装置，为发电厂、石油化工厂、饮用水厂供水。

由于淡水资源的紧缺，世界上海水反渗透淡化事业蓬勃发展，特别是海水反渗透能量回收效率的大幅度提高，有效地降低了膜处理的能耗，能耗变化状况如表1-2所示。

表1-2　　海水反渗透能耗变化

年度	1980	1990	2000
能耗（kWh/m^3）	8.0	5.0	3.8

有迹象表明，海水反渗透能耗可望21世纪降至2~3kWh/m^3，这将为海水反渗透提供良好的发展空间。

(3) 饮用水处理的应用已有发展。在国外，1000~10000t/h规模的超大型反渗透或纳滤装置多用于城市供水系统，而国内在饮用水用途方面的反渗透装置还都是每小时数十吨以下的中、小规模。随着经济的发展和膜技术的普及，城市社区、宾馆、饭店已出现反渗透集中供水系统，预计这一领域的应用将有很好的前景。

(4) 油田用水及废水处理应用正在开发。由于这一领域的应用技术难度较高和经济成本原因，目前国内已在开始开发。伴随石油工业发展和水的再利用，环境保护日益受到重视，发电厂循环水将开始走向零排放，膜技术已大踏步地进入这一领域。

(5) 反渗透膜的特殊形式——纳滤膜应用得到重视。纳滤膜在饮用水净化处理，污、废水排放处理，各种水溶液的浓缩与精制领域的优越性虽然已逐渐为人们所认识，但由于膜成本较高和应用经验不足，在此领域国内还刚刚起步。

在世界上，至20世纪90年代中叶，反渗透水处理容量已超过700万t/d，其中海水淡化占10%以上。目前世界最大的反渗透苦咸水淡化装置为位于美国亚利桑纳州的日产量36万t的运河水处理厂，最大的反渗透海水淡化装置建于沙特阿拉伯和阿联酋，其日产量分别为12.8万t和14万t。美国是反渗透膜技术的发明国和最大生产国，日本虽于其后崛起，但现在的研制、开发能力已在追赶美国。例如，1996年日东电工推出的ES20系列超低压膜1997年产出的耐污染型低压反渗透膜LFC系列和东丽海水反渗透膜TM＝820系列，都趋于今天反渗透膜的最高水准。

在美国、欧洲反渗透主要应用于各种工业用水及饮用水。中东、西班牙的海水淡化应用较多，日本主要用于半导体、电子，韩国、台湾地区除用于半导体、电子外，小型饮用纯水需求量很大。美国除大量使用中、小型及家用反渗透系统外，还建有许多大型公共供水系统。

纵观发展趋势，可以认为：21世纪将是膜的世纪，反渗透技术的发展方兴未艾，在进入科学技术高度发展的新世纪的伟大时代必将有更大的飞跃，膜事业的发展前景将无限远大。

第二章 反渗透的基本原理

科学家通过对仿生学的研究发现，能够有效地分离盐分的膜是一种半透膜。含有盐分的水溶液在半透膜侧出现有渗透现象，渗透现象是由渗透压引起的，反渗透是对含盐水施以外界推动力克服渗透压而使水分子通过膜的逆向渗透过程。

一、半透膜

半透膜是广泛存在于自然界动植物体器官内的一种能透过水的膜。严格地说，只能通过溶剂而不能透过溶质的膜称为理想半透膜。工业上使用的半透膜多是高分子合成的聚合物产品。

二、渗透、渗透压

当把溶剂和溶液（或把两种不同浓度的溶液）分别置于半透膜的两侧时，溶剂将自发地穿过半透膜向溶液（或从低浓度溶液向高浓度溶液）侧流动，这种自然现象叫做渗透（Osmosis）。如果上述过程中溶剂是纯水，溶质是盐分，当用理想半透膜将他们分隔开时，纯水侧的水会自发地通过流入盐水侧，这是一个类似水向低处流的自发过程，此过程如图 2-1（a）所示，纯水侧的水流入盐水侧，盐水的液位上升，当上升到两侧出现一定压力差后，水通过膜的净流量等于零，此时该过程达到平衡，与该液位高度差对应的压力称为渗透压（Osmotic Pressure）。

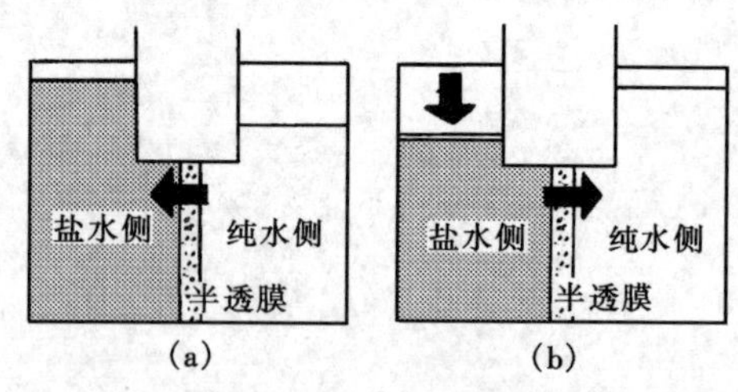

（a）　　（b）

图 2-1　水在膜中传递的氢键理论

（a）渗透；（b）反渗透

一般来说，渗透压的大小取决于溶液的种类、浓度和温度，而与半透膜本身无关。通常可用下式计算渗透压，即

$$\pi = cRT \tag{2-1}$$

式中　π——渗透压，atm；

c——浓度差，mol/L；

R——气体常数，为 0.0826（L·atm）/（mol·K）；

T——绝对温度，K。

上式是用热力学原理推导出来的，因此只对稀薄溶液才是准确的。

c 为水中离子的浓度，若为电解质的分子浓度，则应乘以离解为离子的个数 i，于是式(2-1)可写为

$$\pi = icRT \tag{2-2}$$

如计算 3%NaCl（近于海水）在 25℃时的渗透压，则

$$i = 2$$

$$c = \frac{30}{58.5} = 0.513\ (\text{mol/L})$$

$$\pi = 2 \times 0.513 \times 0.082 \times (273 + 25) = 24.4\ (\text{atm})$$

典型含盐溶液（1000mg/L）的渗透压如表 2-1 所示。

表 2-1　典型含盐溶液的渗透压

含盐溶液	π（atm）	含盐溶液	π（atm）
NaCl	0.77	$MgCl_2$	0.70
$NaHCO_3$	0.91	$CaCl_2$	0.56
$MgSO_4$	0.28	海水	26.15
Na_2SO_4	0.42		

出现渗透压的原因可由化学热力学来解释，因此溶液中水的化学位可以表示为

$$\mu = \mu_0 + RT\ln a \tag{2-3}$$

$$a = p/p_0 \tag{2-4}$$

式中　μ——溶液中水的化学位；

μ_0——纯水的化学位；

R——气体常数；

T——绝对温度；

a——溶液中的水的活度；

p、p_0——分别为溶液和水的蒸气压。

由式（2-4）可知，a 为小于 1 的数，故式（2-3）右边的第二项成为负值，说明溶液中水的化学位 μ 小于纯水的化学位 μ_0。这样，纯水的分子就能够向溶液一边透过，直到两边的化学位相等，即在半透膜两边产生渗透压 π 为止。此时溶液中水的化学位为

$$\mu = \mu_0 + RT\ln a + \int_{p_0}^{\pi} \overline{V}_m \mathrm{d}p \tag{2-5}$$

式中　$\overline{V}_m$——水的偏摩尔体积。

由于偏摩尔体积可以视为纯水的摩尔体积，不因压力而变，p_0 比起 π 来小很多，可以忽略掉，式（2-5）可简化成

$$\mu = \mu_0 + RT\ln a + \pi \overline{V}_m \tag{2-6}$$

在渗透平衡时 $\mu = \mu_0$，故得

$$-RT\ln a = \pi \overline{V}_m \tag{2-7}$$

假定按理想溶液考虑，得

$$\ln a = \ln x_1 = \ln(1 - x_2) \tag{2-8}$$

式中　x_1、x_2——分别为水和溶质的摩尔分数。

展开 ln（$1 - x_2$）后得

$$\ln(1 - x_2) \approx - x_2 \approx n_2/n_1 \tag{2-9}$$

式中　n_1、n_2——分别为 1L 溶液中水和溶质的摩尔数。

$$\pi \overline{V}_m = -RT\ln x_1 \tag{2-10}$$

$$\pi \overline{V}_m = RT\ln \frac{n_2}{n_1} \tag{2-11}$$

在稀溶液中，$n_1 \overline{V}_m$ 实际即为溶液的容积 V，n_2/V 即是浓度 c，故上式可写成

$$\pi = cRT \tag{2-12a}$$

上式称为渗透压的 Vant Hoff 方程。

如果以蔗糖的实测数据与上述公式计算结果比较，对 1mol/LNaCl 溶液来说，按式（2-12a）

计算得 $\pi=24.2\text{atm}$，但实测为45atm，相差近一倍。这一现象也可解释为1mol/L的NaCl离解为1mol/L的Na^+和1mol/L的Cl^-，故式（2-12a）中的c应按2mol/L计算，得$\pi=48.4\text{atm}$，比较接近实际。其与实际数的差值解释为NaCl未100%地离解。

因此，对电解质溶液，式（2-12a）可写成

$$\pi = icRT \tag{2-12b}$$

其中系数i的极限为2。

三、反渗透

当在膜的盐水侧施加一个大于渗透压的压力时，水的流向就会逆转，此时盐水中的水将流入淡水侧，这种现象叫做反渗透（Reverse Osmosis，缩写为RO），该过程如图2-1（b）所示。

图2-1的半透膜两侧分别为淡水和海水时，则在反渗透开始时，左边施加的压力p应该是比原来海水的渗透压π略大的数值。这一渗透压使容积为$\mathrm{d}V$的淡水渗入淡水一侧，因此海水容积减少$\mathrm{d}V$，压力p所做的功为$-\pi\mathrm{d}V$，海水由于分离出$\mathrm{d}V$体积的淡水而体积变小，引起含盐浓度增加而渗透压也增加。在海水从原来的体积V_1缩小到V_2体积，即产生淡水体积V_1-V_2过程中，每产生$\mathrm{d}V$淡水所做的功均为$-\pi\mathrm{d}V$，故得每升淡水所需做的功W为

$$W = \frac{1}{V_1 - V_2}\int_{V_1}^{V_2}(-\pi)\mathrm{d}V \tag{2-13}$$

再将式（2-7）代入可得

$$W = \frac{RT}{\overline{V}_\mathrm{m}(V_1 - V_2)}\int_{V_1}^{V_2}(\ln a)\mathrm{d}V \tag{2-14}$$

海水的蒸汽压可表示为

$$p = p_0(1 - AS)$$

式中 S——海水的盐度,‰;

A——0.000537。

由上两式得

$$W = \frac{RT}{\overline{V}_\mathrm{m}(V_1 - V_2)}\int_{V_1}^{V_2}\ln(1 - AS)\mathrm{d}V = \frac{-ART}{\overline{V}_\mathrm{m}(V_1 - V_2)}\int_{V_1}^{V_2}S\mathrm{d}V \tag{2-15}$$

因式中AS很小，故以$\ln(1-AS)\approx AS$代入，令S_1为海水原来体积V_1时的含盐量，则$S=S_1(V_1/V_2)$，再代入式（2-15）积分可得

$$W = \left(\frac{ARTS_1}{\overline{V}_\mathrm{m}}\right)\cdot\left(\frac{V_1}{V_2 - V_1}\right)\ln\frac{V_2}{V_1} \tag{2-16}$$

当$V_2\rightarrow V_1$，即从体积为V_1的海水中只反渗透无穷小容积$\mathrm{d}V$的淡水时，可取

$$\ln\frac{V_2}{V_1} = \ln\left(1 - \frac{V_1 - V_2}{V_1}\right) \approx \frac{V_2 - V_1}{V_1}$$

以上式代入式（2-16）可得出制取每1L淡水所需的理论最小功为

$$\lim_{V_2\rightarrow V_1} W = \frac{ARTS_1}{\overline{V}_\mathrm{m}} \tag{2-17}$$

以$S_1=34.3‰$，$T=298\text{K}$（25℃），$R=8.314\text{J/(mol}\cdot\text{K)}$，$\overline{V}_\mathrm{m}=0.018\text{L/mol}$和$A$值代入式（2-17）得

$$\lim_{V_2\rightarrow V_1} W = \frac{0.000537\times 8.314\times 298\times 34.3}{0.018} = 2535(\text{J}) = \frac{2535\times 1000}{1000\times 3600} = 0.70(\text{kWh/m}^3)$$

式（2-16）最后可写成

$$W = 0.70\frac{V_1}{V_1 - V_2}\ln\frac{V_1}{V_2} \tag{2-18}$$

用式（2-18）即可算出不同的回收率（$V_1 - V_2$）/V_1时，从海水中渗取淡水所需最小功的理论值。表 2-2 所示为 25℃时从盐度 34.3‰的海水中生产淡水所需的最小能量。

表 2-2　25℃时从盐度 34.3‰的海水中生产淡水所需的理论最小能量

原来体积 V_1（L）	1	1	1	1	1
最终体积 V_2（L）	0.99	0.7	0.5	0.33	0.25
$\frac{V_1}{V_1 - V_2}\ln\frac{V_1}{V_2}$	1	1.19	1.38	1.65	1.85
回收率$\frac{V_1}{V_1 - V_2}$（%）	1	30	50	67	75
最小能量（kWh/m^3）	0.70	0.84	0.97	1.16	1.30

第三章 反渗透膜

反渗透膜是一种用化学合成高分子材料加工制成的具有半透性能的薄膜。它能在外加压力作用下使水溶液的某一些组分选择透过，从而达到淡化、净化或浓缩分离的目的。

反渗透现象早在1748年就被法国Abble Nellt发现。利用与渗透相反的过程进行海水淡化的设想是美国Reid和Hassler在1950年提出来的。但是只有当1960年Loeb和Sourirajan用醋酸纤维素作材料，研制成功第一张高分离效率、高透水量的反渗透膜以后，反渗透膜分离才从可能变为现实。反渗透膜被称为反渗透过程的心脏，在一定意义上说，反渗透工作质量的优劣、水平的高低，关键在于反渗透膜性能的好坏。第一张醋酸纤维素反渗透膜是用于含盐水脱盐的，但是随着各种类型的反渗透膜的开发和膜性能的不断提高，反渗透膜分离除用于水处理领域（水的脱盐、纯水制备、水的再利用和废水回收）外，还用于食品加工、气体分离、非水溶液分离、医用生物学领域。

反渗透膜在已有的高分子合成膜基础上，在发展新的膜材料、改善膜体结构方面已有很大的发展。如采用痕量蚀刻、浆液聚合、辐射接枝、浸渍等新的成膜技术，研制抗有机溶剂、抗污染、耐细菌侵蚀、耐酸、耐碱、耐压实、耐高温的膜，能用蒸汽消毒、机械处理、精密控制孔径尺寸的膜，以及利用弱化学键的功能膜等诸方面。并且也将从模拟天然生物膜的分离机理出发，在分子水平上研制体现系统等级的、结构特征的、更有辨别能力的膜，以解决具有类似性质、类似尺寸物质的分离。

一、反渗透膜的性能要求和指标

为适应水处理应用的需要，反渗透膜必须具有应用上的可靠性和形成规模的经济性，其一般要求是：

(1) 对水的渗透性要大，脱盐率要高。

(2) 具有一定的强度和坚实程度，不致因水的压力和拉力影响而变形、破裂。膜的被压实性尽可能最小，水通量衰减小，保证稳定的产水量。

(3) 结构要均匀，能制成所需要的结构。

(4) 能适应较大的压力、温度和水质变化。

(5) 具有好的耐温、耐酸碱、耐氧化、耐水解和耐生物污染性能。

(6) 使用寿命要长。

(7) 成本要低。

基于以上要求，膜的使用者在选择膜时或使用膜前，应该了解并掌握如下膜的物理、化学稳定性和膜的分离特性指标。

1. 膜的化学稳定性

膜的化学稳定性主要是指膜的抗氧化性和抗水解性能，这既取决于本身的化学结构，又与要分离流体的性质有关。通常，水溶液中含有如次氯酸钠、溶解氧、双氧水和六价铬等氧化性物质，他们容易产生活性自由基并与高分子膜材料进行链引发反应和链转移反应，造成膜的氧化，影响膜的性能和寿命。因此，在制膜用高分子材料的主链中，应尽量不用键能很低的O—O键或N—N键、多用键能较高的叁键或双键及芳族的C—C键，以提高膜的抗氧化和抗水解的能力。

如芳香聚酰胺膜中因有一定的N—N键，在氧化剂含量较高时，容易断裂，因此其抗氧化性能就不如醋酸纤维素膜。

另外，膜的水解与氧化是同时发生的，当制膜用高分子主键中含有水解的化学基团—CONH—、—COOR—、—CN—、—CH_2—O—等时，这些基团在酸或碱的作用下，易产生水解降解反应，使膜的性能受到破坏。因此，在进行膜分离过程前，要考虑分离流体的主要性能，以选择化学性能较稳定的膜。其中，聚砜、聚苯乙烯、聚碳酸脂、聚苯醚等高分子材料的抗水解性能是比较优越的，不过，把这些材料制成反渗透膜，由于他们缺少亲水性的化学基团，其透水性能很差，通常这些材料用于制作膜表面有孔的超滤膜和微孔滤膜。

2. 膜的耐热性和机械强度

膜的耐热性能提高，会有利于其在医药、食品等需要在高温下操作的分离过程中使用，同时也有利于膜本身的高温（120℃）灭菌。

另外，膜的耐热性能提高，意味着可用于分离温度较高的溶液。溶液温度的提高，其水的透过速率增加，在膜高压侧的传质系数与盐的渗透系数也会略有增加。因此，在膜组件的制造中，应尽量选择耐热性能较好的膜材料；在使用中，还要考虑待处理溶液的性质、作用时间和对膜性能的要求等。

膜的机械强度是高分子材料力学性质的体现，其中包括膜的耐磨性。在压力作用下，膜的压缩和剪切蠕变，以及表现出的压密现象，其结果会导致膜的透过速度下降。并且当压力消失后，再给膜施加相同的压力，其透过速度也只能暂时有所回升，很快又会出现下降，这表明由于膜的蠕变，使其产生几何可逆的变形。造成膜的蠕变因素有高分子材料的结构、压力、温度、作用时间和环境介质等，因此，在膜组件的制造中，应尽量采用在压力作用下，蠕变较小、耐压密的膜材料。例如，在主链中引入刚性的苯环或进行交联，是减少膜材料蠕变的主要手段。具有高度交联结构的复合膜蠕变很小，压密系数很低，因而膜的透过性也比较稳定。聚砜就是其中之一，它除了具有良好的稳定性外，畸变性也很小。另外，在较低的压力下，醋酸纤维素蠕变也较小，因此，应大力发展低压用反渗透膜组件。蠕变对不对称的三层结构影响不同。通常膜的支撑层虽然容易发生蠕变，但是由于它是多孔结构，因而对水的透过阻力影响不大。膜的表面为致密层，其高分子排列紧密并形成微晶，因而是受蠕变影响最大的过渡层，承受压力的过渡层的高分子会产生紧密的排列趋势，使之透过阻力增加。因此，如能将膜直接制作在高强度的支撑材料上，会增加膜的机械强度。

3. 膜的理化指标

（1）膜材质。

（2）允许使用的压力。

（3）适用的pH范围。

（4）耐O_2和Cl_2等氧化性物质的能力。

（5）抗微生物、细菌的侵蚀能力。

（6）耐胶体颗粒及有机物、微生物的污染能力。

4. 膜的分离透过特性指标

膜的分离特性指标包括脱盐率（或盐透过率）、产水率（或回收率）、水通量及流量衰减系数（或膜通量保留系数）等。

（1）脱盐率。脱盐率（Salt Rejection）为给水中总溶解固体物（TDS）中的未透过膜部分的百分数。

脱盐率 =（1 - 产品水总溶解固体物/给水中总溶解固体物）×100%

(2) 产水率。产水率即渗透水流的比率，(Permeat Flow Rate) 亦可表示为回收率 (Recovery)，为产水流量与给水流量之比，以百分数表示。

$$产水率 = (产品水流量/给水流量) \times 100\%$$

(3) 水通量。水通量 (Flux) 又称透水量，为单位面积膜的产品水流量，是设计和运行都要加以控制的重要指标，它取决于膜和原水的性质、工作压力、温度。例如，BW30 (8in) 复合膜在规定条件下的最高水通量：深井水为 0.77m^3/ (m^2 · d) [32 L/ (m^2 · h)]，地表水为 0.60 m^3/ (m^2·d) [25 L/ (m^2·h)]。

(4) 通量衰减系数。通量衰减系数 (Flux decline coefficient) 指反渗透装置在运行过程中水通量衰减的程度，即运行一年后水通量与初始运行水通量下降的比值。例如，Hydranautics 的膜以井水为原水时每年衰减 4% ~ 7%。

(5) 膜通量保留系数。膜通量保留系数 (Membrane Flux Retention Coefficient) 为运行 t 时间后水通量与初始水通量的比值。例如，FT-30 膜的膜通量保留系数三年应为 0.85 以上。

(6) 盐透过率。盐透过率 (Salt Passage) 的计算式为

$$盐透过率 = (1 - 脱盐率) \times 100\%$$

例，以井水为原水时 Hydranautics 复合膜的盐透过率每年增长 3% ~ 10%，醋酸膜的盐透过率每年增加 17% ~ 33%。

(7) 最大给水流量、最大压降、最低浓水流量。

为了控制反渗透系统中的污染速度，选择最佳膜的表面横向流速与选择水通量是同样重要的，给水和其产生的浓水在膜表面的横向流速越高，膜污染速度就越低。当给水和浓水水流穿过给水/浓水隔网时，高横向流速可增加湍流程度，从而减少颗粒物质在膜表面上的沉淀或在隔网空隙处的堆积。较高的横向流速也提高了膜表面上的高浓度盐分向主体溶液扩散的速度，从而减少了难溶盐沉淀在膜表面上的危险。

为了达到所希望的系统产水量，设计系统时，在确定了所要求的反渗透膜元件的数量之后，还应考虑到横向流速问题。这些反渗透元件可串联在压力容器中，对于地表水反渗透系统，一般可用 6 个 40in 长的元件串入一个压力容器中（注：对于井水和经 MF、UF 或 RO 出水等 SDI 较低，亦即污染程度低的给水，由于给水、浓水压降一般较低，因而在这些系统中，每个压力容器可用 7 只膜元件），选择 365 或者 400ft^2 的 (8in 直径 × 40in 长) 高膜面积元件（与 330ft^2 的元件相比较，其优点是在对给定水通量的系统中可减少压力容器的数量）。压力容器数量的减少即意味着每个容器的横向流速高，污染的可能性就减少，设备投资费用也少。

表 3-1 为 Hydranautics 反渗透设计导则，表中建议的反渗透设计导则注明了对于不同的给水水源，压力容器中膜元件的最大给水流量和最低浓水流量。设定最大给水流量用来保护容器中的第一根反渗透元件，使其给水与浓水压力降不超过 10psi。压力降高就可能会使膜组件变形，端部窜出并且使给水隔网变形，以致损坏膜元件。设定最小的浓水流量以保证在容器末端的膜元件有足够的横向流速，从而减少了胶体在膜表面上的沉淀，并且减少浓差极化对膜表面的影响。浓差极化是指在膜表面上的盐浓度高于主体流体浓度的现象。盐浓缩是因膜表面附近的横向流速低而造成的（与管子中心的流速高于管子表面的流速的概念相似）。横向流速低，膜表面的盐的反向扩散速度就越低，结果难溶盐沉淀的机会增多，而且更多的盐会透过膜表面。浓差极化的程度可被量化为 β 值，该值一般应小于 1.20。

表 3-1　　Hydranautics 反渗透设计导则（8in × 40in 膜元件）

设计参数	地表水	井水	反渗透产品水
SDI 的最大值（15min）	4	2	1
产水通量（GFD）	8 ~ 14	14 ~ 18	20 ~ 30
产水通量的年下降率（%）	7 ~ 10	4 ~ 7	1 ~ 4
CPA 膜透盐率的年增长率（%）	5 ~ 17	3 ~ 10	1 ~ 5
CAB 膜透盐率的年增长率（%）	33	17 ~ 33	17
每根膜组件的最大给水流量（GPM）	55 ~ 75	60 ~ 75	75
每根膜组件的最低给水流量（GPM）	12 ~ 20	12 ~ 16	12
单只膜元件允许的最大压力降（psi）	10	10	10

二、膜脱盐机理和迁移扩散方程

用以说明膜脱除水中盐分并使水分子透过膜的机理，目前存在多种见解和模型。水透过反渗透的机理目前主要有三种理论：氢键理论，选择性吸附—毛细流动理论，溶解扩散理论。

（一）氢键理论

把醋酸纤维素膜看作是一种具有高度有序矩阵结构的聚合物，它具有与水等溶剂形成氢键的能力。图 3-1 所示为水在醋酸纤维素膜中传递的氢键理论，盐水中的水分子能与醋酸纤维半透膜的羰基上的氧原子形成氢键，即形成所谓的“结合水”。在反渗透力的推动作用下，与氢键结合进入膜的水分子能够由上一个氢键断裂而转移到下一个位置，形成另一个新的氢键。这些分子通过一连串的形成氢键和断裂氢键而不断移位，直至离开膜的表皮致密活性层而进入多孔性支撑层。由于多孔层的大量毛细管含有水，水流畅通流出膜外，产生源源不断的淡水。

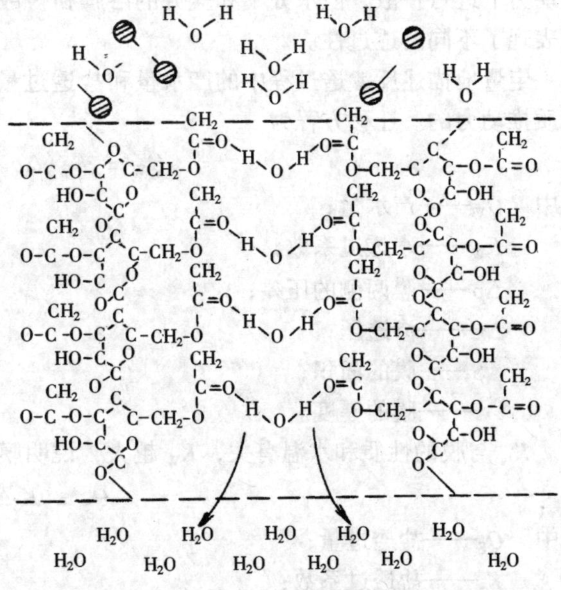

图 3-1　水在醋酸纤维素膜中传递的氢键理论

（二）选择性吸附—毛细流动理论

与氢键理论完全不同，它把反渗透看作是一种微细多孔结构物质，这符合醋酸纤维素膜表面膜致密层情况。该理论以吉布斯自由能吸附方程为基础，认为当盐的水溶液与多孔反渗透膜表面接触时，膜具有选择吸附纯水而排斥溶质（盐分）的化学特性。也即膜表面由于亲水性原因，可在固—液表面上形成厚度为 1 个水分子厚（0.5nm）的纯水层。在施加的压力作用下，纯水层中水分子便不断通过反渗透膜。盐类溶质则被膜排斥，化合价愈高的离子被排斥愈远。膜表皮层具有大小不同的极细孔隙，当其中的孔隙为纯水层厚度的一倍（约 1nm）时，称为膜的临界孔径。当膜表层孔径在临界范围以内时，孔隙周围的水分子就会在反渗透压力的推动下，通过膜表皮层的孔隙源源不断地流出纯水，因而达到脱盐的目的，如图 3-2 所示。当膜的孔隙大于临界孔径时，透水性增加，但盐分容易从孔隙中漏过，导致脱盐率下降。

（三）溶解扩散理论

在反渗透水处理中把膜视作无孔的观点是 Lonsdale 提出的，水和溶质首先吸附溶解在膜表面上，然后在膜中扩散传递，最后通过膜。在此过程中，扩散是控制步骤，并假设服从 Ficks 定律，由此导出扩散方程。这一理论是将膜当作溶解扩散场，认为水分子、溶质都可以溶于膜内，并在

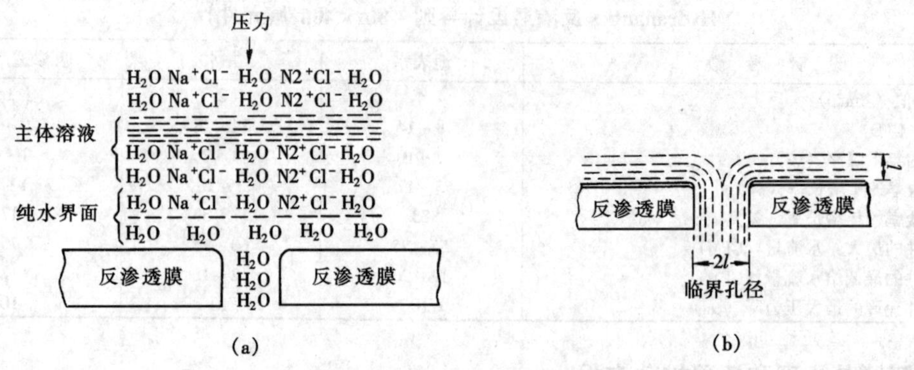

图 3-2 反渗透除盐的选择性吸附—毛细流动机理

(a) 选择吸附；(b) 透过孔的水流线

推动力下进行扩散，但水分子和盐分的溶解和扩散速度不同，水分子高于盐分的溶解扩散速度，故表现了不同的透过性。

定量地描述反渗透过程中的产水量和盐透过量分别是借压差（Δp）和浓差（Δc）作为扩散传质推动力的。迁移方程为

$$Q_W = K_W(\Delta p - \Delta\pi)S/\tau \tag{3-1}$$

式中 Q_W——产水量；

K_W——水透过系数；

Δp——膜两侧的压差；

$\Delta\pi$——渗透压；

S——膜的面积；

τ——膜的厚度。

K_W 与膜的性质和水温有关，K_W 越大，说明膜的透水性能越好。

$$Q_S = K_S\Delta cS/\tau \tag{3-2}$$

式中 Q_S——盐透过量；

K_S——盐透过系数；

Δc——膜两侧浓度差；

S——膜的面积；

τ——膜的厚度。

K_S 与膜的性质、盐的种类及水温有关，K_S 越小，说明膜的脱盐性能越好。

从以上两式可以看出，对膜来说，K_W 大、K_S 小，则质量较好。相同面积和厚度的膜，其产水量与净驱动力成正比，盐透过量只与膜两侧浓度差成正比，而与压力无直接关系。

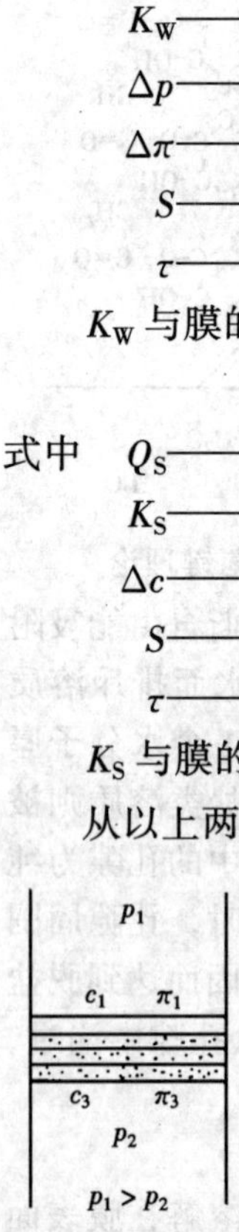

上述反渗透过程的迁移扩散方程是由如下传质模型经推导后简化而来的。

在反渗透过程中，传质迁移的推动力为压力差与浓度差。对于溶剂水，主要是在压力差作用下的扩散过程，对于溶质盐，则主要存在浓度差作用。

p_1

c_1 π_1

c_3 π_3

p_2

$p_1 > p_2$

图 3-3 半透膜透过示意

图 3-3 为半透膜透过示意，表示出了半透膜透过现象的具体条件。在半透膜的两侧分别为浓度 c_1 和 c_3 的两种溶液，且 $c_1 > c_3$，两侧的压力分别为 p_1 和 p_2，且 $p_1 > p_2$。这样，将产生水与溶质的迁移。设水的迁移通量为 J_W，溶质的迁移通

量为 J_S，则得

$$J_W = A(\Delta p - \sigma\Delta\pi) \tag{3-3}$$

$$J_S = (1-\sigma)c_S J_W + B\Delta c \tag{3-4}$$

$$A = \frac{D_W c_m \overline{V}}{RT\delta_m} \qquad B = \frac{D_S K_d}{\delta_m}$$

式中 J_W——水的通量，mol/（cm^2·s）；

A——膜的水渗透系数，mol/（cm^2·s·atm）；

Δp——膜两侧压差 $p_1 - p_2$，atm；

σ——膜对溶质的脱盐率（coefficient of rejection）；

$\Delta\pi$——膜两侧的渗透压 $\pi_1 - \pi_3$，atm；

J_S——溶质的通量，mol/（cm^2·s）；

c_S——膜两侧浓度 c_1 和 c_3 的对数平均值，mol/cm^3；

B——膜的溶质渗透系数，cm/s；

Δc——膜两侧的浓度差 $c_1 - c_3$，mol/cm^3；

D_W、D_S——水、溶质在膜内的有效扩散系数，cm^2/s；

c_m——水在膜内的浓度，mol/cm^3；

$\overline{V}$——水的摩尔体积，cm^3/mol；

R——气体常数；

T——绝对温度，K；

δ_m——膜的有效厚度，cm；

K_d——分配系数。

为表征膜的半透性的参数，理想半透膜的 σ 为 1，故对理想半透膜，式（3-3）、式（3-4）可简化成

$$J_W = A(\Delta p - \Delta\pi) \tag{3-5}$$

$$J_S = B\Delta c \tag{3-6}$$

式（3-5）为计算水通量的公式，又可通过式（3-5）、式（3-6）计算反渗透脱盐率参数。

脱盐率 R_0 以百分数表示，由于反渗透膜元件结构型式不同，脱盐率有两种计算方法。假定在反渗透装置中，进水的含盐量不变，按下式计算为

$$R_0 = \frac{c_f - c_p}{c_f} \times 100\% \tag{3-7}$$

$$R_0 = \left(1 - \frac{2c_p}{c_f + c_b}\right) \times 100\% \tag{3-8}$$

式中 c_f——进水溶质浓度；

c_p——淡水溶质浓度；

c_b——浓水溶质浓度。

式（3-7）和式（3-8）分别用于间歇和连续渗透水的情况。按迁移扩散方程计算 R_0，式(3-7)可表示成与 A 和 B 的关系式，因

$$\frac{1-R_0}{R_0} = \frac{c_p}{c_f - c_p} \tag{3-9}$$

又通量 J_W 与 J_S 间存在下列关系

$$J_S = J_W c_p \tag{3-10}$$

代入式（3-9）得

$$\frac{1 - R_0}{R_0} = \frac{J_S}{(c_f - c_p)J_W} = \frac{J_S}{J_W \Delta c} \tag{3-11}$$

将式（3-5）和式（3-6）代入式（3-11）后解得

$$R_0 = \left[1 + \frac{B}{A(\Delta p - \Delta\pi)}\right]^{-1} \tag{3-12}$$

上式可用于空心纤维管反渗透器的情况。但对卷式反渗透器来说，由于进水在反渗透膜表面流动的时间较长，在流动过程中，必须考虑进水的流量由于渗出淡水而逐渐减小，导致盐浓度逐渐加大的情况，因此，含盐量是变化的，应采用另一种计算方法。根据物料衡算关系，算出膜进水侧的溶质平均浓度 c_{av} 为

$$c_{av} = \frac{Qc_f + (Q - Q_p)C_b}{Q + (Q - Q_p)} \tag{3-13}$$

式中 Q、Q_p——分别为进水和淡水的流量，L/s；

c_f、c_b——分别为进水和浓水的含盐量，mg/L。

因此，按平均浓度 c_{av} 计算的脱盐率 R_0（%）应为

$$R_0 = \frac{c_{av} - c_p}{c_{av}} \times 100\% \tag{3-14}$$

若淡水的含盐量 c_p 可以忽略，即 $Qc_f = (Q - Q_p)c_b$，将其代入式(3-13)得平均浓度的近似式为

$$c_{av} = \frac{2Qc_f}{2Q - Q_p} = \frac{2c_f}{2 - Y} \tag{3-15}$$

$$Y = \frac{Q_p}{Q} = \frac{Q_p}{Q_b + Q_p} \tag{3-16}$$

式中 Y——反渗透装置的回收率，%。

为进一步应用扩散方程，介绍实例如下。

例 原水 Nacl 为 3000mg/L，水温 25℃，用反渗透器除盐，除盐后的含盐量降到 300mg/L 左右。淡水产量为 1000m³/d，根据试验，设水的渗透系数 $A = 2 \times 10^{-8}$L/（cm²·s·atm），溶质渗透系数 $B = 4 \times 10^{-8}$L/（cm²·s），在操作压力为 28atm 的条件下，试计算反渗透装置的有关参数。

(1) 原水的渗透压 π 按下式计算

$$\pi = icRT = 2 \times \frac{3000}{58.5 \times 1000} \times 0.082 \times 298 = 2.51(\text{atm})$$

(2) 计算透过膜的水通量。按式（3-5）计算为

$$J_W = A(\Delta p - \Delta\pi) = 2 \times 10^{-8} \times (28 - 2.51) = 5.1 \times 10^{-7}\text{L/(cm}^2 \cdot \text{s)}$$

(3) 计算脱盐率。按式（3-12）计算为

$$R_0 = \left[1 + \frac{B}{A(\Delta p - \Delta\pi)}\right]^{-1} = \left[1 + \frac{4 \times 10^{-8}}{5.1 \times 10^{-7}}\right]^{-1} = 0.928$$

(4) 求淡水含盐量 c_p。

设水的回收率 $Y = 75\%$，由式（3-16）得

$$Q_b = \frac{Q_p}{Y} - Q_p = \frac{1000}{0.75} - 1000 = 333(\text{m}^3/\text{d})$$

故原水的流量为

$$Q = Q_p + Q_b = 1000 + 333 = 1333(\text{m}^3/\text{d})$$

用试算法计算淡化水的含盐量，先假定 c_p 等于零，由式（3-15）得

$$c_{av}=\frac{2c_f}{2-Y}=\frac{2\times3000}{2-0.75}=5455(\text{mg/L})$$

由式（3-14）可得

$$c_p=c_{av}(1-R_0)=5455(1-0.928)=392(\text{mg/L})$$

将此值代入 $\frac{Qc_f-Q_pc_p}{Q-Q_p}$ 以求 c_b，并用式（3-13）和式（3-14）进行重复计算，得出比较正确的 c_p 值如下

$$c_b=\frac{Qc_f-Q_pc_p}{Q-Q_p}=\frac{1333\times3000-1000\times392}{1333-1000}=10832(\text{mg/L})$$

$$c_{av}=\frac{Qc_f+(Q-Q_p)c_b}{Q+(Q-Q_p)}=\frac{1333\times3000+333\times10832}{1333+333}=4565(\text{mg/L})$$

$$c_p=c_{av}(1-R_0)=4565(1-0.928)=329(\text{mg/L})$$

此时的 c_p 值与命题要求的300mg/L接近。

（5）浓水一侧的平均渗透压。计算为

$$\pi=ic_{av}RT=2\times\frac{4565}{58.5\times1000}\times0.082\times298=3.88(\text{atm})$$

（6）淡水平均通量。计算为

$$J_W=A(\Delta p-\Delta\pi)=2\times10^{-8}\times(28-3.88)=4.82\times10^{-7}\text{L/(cm}^2\cdot\text{s)}$$

$$=4.82\times10^{-4}\text{cm}^3/(\text{cm}^2\cdot\text{s})=0.482\ \text{m}^3/(\text{m}^2\cdot\text{s})=0.416\ \text{m}^3/(\text{m}^2\cdot\text{d})$$

考虑到组合为系统后以及膜的污染等因素，设计的膜通量通常按75%计算，即

$$J_W=0.416\times0.75=0.312[\text{m}^3/(\text{m}^2\cdot\text{d})]$$

（7）需要的膜面积。

$$S=\frac{Q_p}{J_W}=\frac{1000}{0.132}=3205(\text{m}^2)$$

根据此膜面积可选择反渗透元件数与给水泵。

（8）高压泵的功率。设泵的效率 $\eta=0.85$，得高压泵的功率为（当运行压力为28atm时）

$$P=\frac{Q\Delta p}{\eta}=\frac{1333(\text{m}^3/\text{d})\times1000(\text{kg/m}^3)\times28(\text{atm})\times10(\text{m/atm})}{86400(\text{s/d})\times0.85}\times0.00981(\text{kW}\cdot\text{s})/(\text{kg}\cdot\text{m})$$

$$=49.9(\text{kW})$$

（9）淡化能耗。

$$\frac{49.9\times24}{1000}=1.2(\text{kW}\cdot\text{h})/\text{m}^3$$

表 3-2　　膜的水通量和脱盐率的特征

增长的影响	水通量	脱盐率
实际压力	↑	↑
温度	↑	↓
回收率	↓	↓
给水含盐浓度	↓	↓

三、膜运行条件的影响因素及膜表面的浓差极化

（一）膜的水通量和脱盐率

膜的水通量和脱盐率是反渗透过程中关键的运行参数，这两个参数将受到压力、温度、回收率、给水含盐量、给水 pH 值因素的影响，影响的特征如表 3-2 所示。

(1) 压力。给水压力升高使膜的水通量增大，压力升高并不影响盐透过量，在盐透过量不变的情况下，水通量增大时产品水含盐量下降，脱盐率提高了。图 3-4 为运行性能与压力的关系。

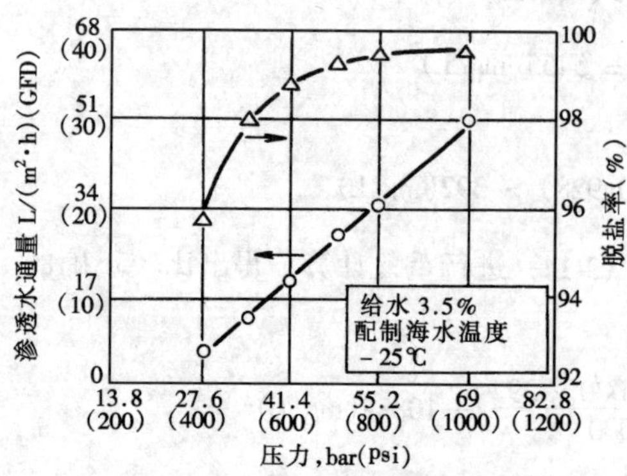

图 3-4　运行性能与压力的关系

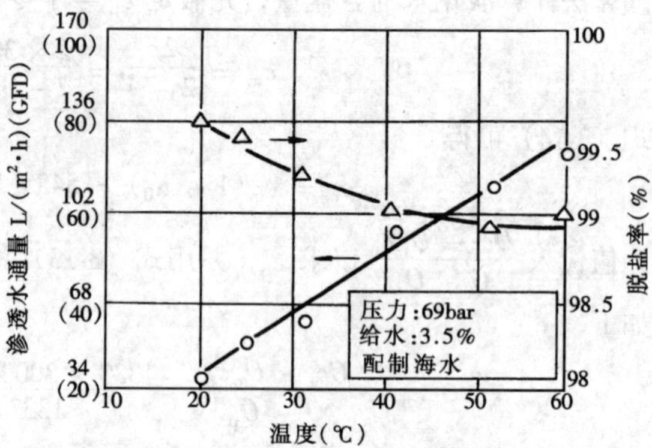

图 3-5　运行性能与温度的关系

(2) 温度。在提高给水温度而其他运行参数不变时，产品水通量和盐透过量均增加。温度升高后水的黏滞度降低，温升 1℃一般产水量可增大 2%～3%；但同时温度引起的膜的盐透过系数 K_S 会增大更多，因而盐透过量有更大的增加。图 3-5 为运行性能与温度的关系。

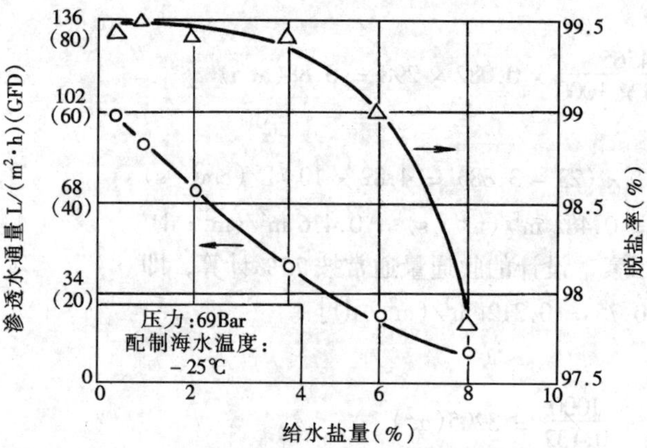

图 3-6　运行性能与含盐量的关系

(3) 给水含盐量。给水含盐量增加影响盐透过量和产品水通量，使产品水通量和脱盐量均下降。这可用脱盐方程中 Δc 增大，则 Q_S 增大来说明盐透过量升高。又由于给水浓度 c 增大，$\pi = cRT$，使渗透压增大，在给水压力不变的情况下 $\Delta p-\Delta\pi$ 变小，因而 Q_W 降低。图 3-6 为运行性能与含盐量的关系。

(4) 回收率。增大产品水的回收率，则产品水通量稍有下降趋势。这是因为浓水盐浓度增大，盐浓度高，则渗透压增大，在给水压力不变的情况下，$\Delta p-\Delta\pi$ 变小，因而 Q_W 下降。同时，由于 ΔC 增大，膜透盐率也相应增大。当回收率过高时，膜界面形成浓度极化而导致水质陡然下降，接着又引起产水量相应地下降。图 3-7 为运行性能与回收率的关系。

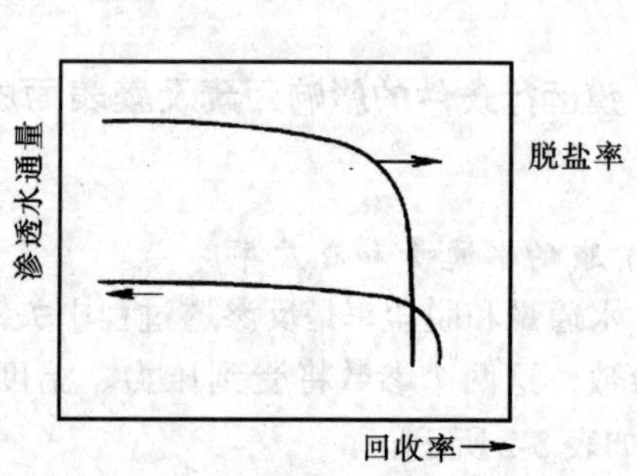

图 3-7　运行性能与回收率的关系

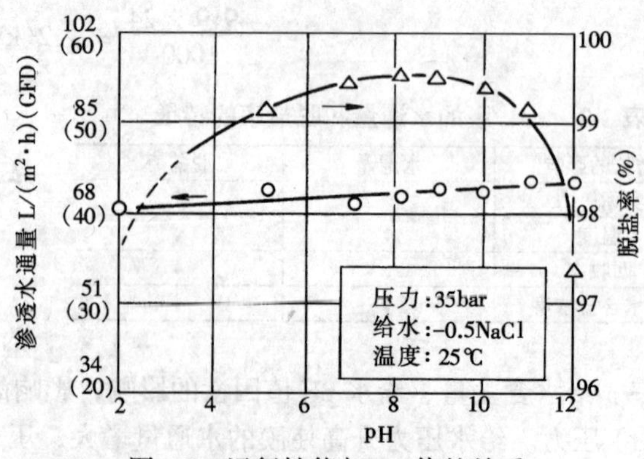

图 3-8　运行性能与 pH 值的关系

(5) 给水 pH 值。脱盐率和水通量在一定的 pH 值范围内较为恒定，其最大脱盐率的 pH = 8.5。图 3-8 为运行性能与 pH 值的关系。

聚酰胺类膜的聚合物分子链中存在着酰胺基在水中形成的羧基、胺基等带电部分。当改变给水的 pH 值、离子结构和浓度时，膜的带电状态都将发生变化，以致膜的分离特性也会发生一些变动。

（二）膜表面的浓差极化（concentration polarization）

反渗透过程中，水分子透过以后，膜界面中含盐量增大，形成较高的浓水层，此层与给水水流的浓度形成很大的浓度梯度，这种现象称为膜的浓差极化。浓差极化会对运行产生极为有害的影响。

1. 浓差极化的危害

(1) 由于界面层中的浓度很高，相应地会使渗透压升高。当渗透压升高后，势必会使原来运行条件下的产水量下降。为达到原来的产水量，就要提高给水压力，因此使产品水的能耗增大。

(2) 由于界面层中盐的浓度升高，膜两侧的 Δc 增大，使产品水盐透过量增大。

(3) 由于界面层的浓度升高，则易结垢的物质增加了沉淀的倾向，从而导致膜的垢物污染。为了恢复性能，要频繁地清洗垢物，由此可能造成不可恢复的膜性能下降。

(4) 所形成的浓度梯度，虽采取一定措施使盐分扩散离开膜表面，但边界层中的胶体物质的扩散要比盐分的扩散速度小数百倍至数千倍，因而浓差极化也是促成膜表面胶体污染的重要原因。

2. 消除浓差极化的措施

(1) 严格控制膜的水通量。

(2) 严格控制回收率。

(3) 严格按照膜生产厂家的设计导则设计系统的运行。

制造厂家对回收率的要求考虑了膜表面冲洗的流速，卷式膜流速一般不低于 0.1m/s。对水通量的规定中，考虑了膜表面浓缩盐分应避免达到临界浓度，一般定量地规定 $\beta < 1.2$。膜与膜之间设计隔网是为了增加浓水流动的紊流态。

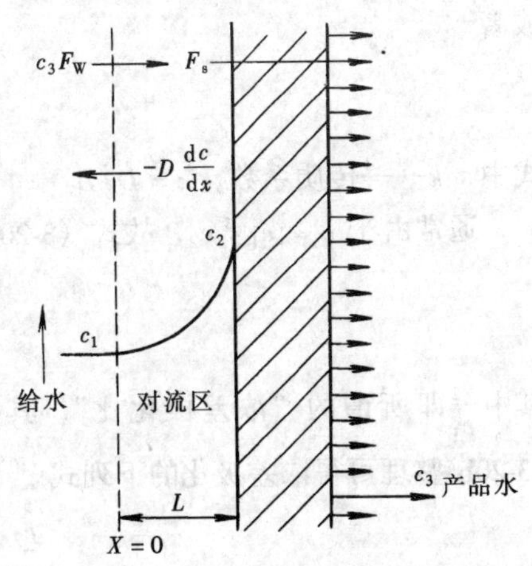

图 3-9　膜表面边界层处的溶质传递

以下通过膜表面边界层的溶质传递来说明浓差极化。

对于溶质来说，由于膜使其绝大部分无法通过而被截留在膜的表面上并积累，形成膜表面边界层处的溶质传递，如图 3-9 所示。

$$F_S = c_3 F_W - D\frac{dc}{dx} \tag{3-17}$$

式中　F_W——透过水量；

F_S——透过盐量；

c_3——渗透水溶质浓度；

c——溶质在溶液中的浓度；

D——溶质在水中的扩散系数；

x——膜边界层的厚度。

式 (3-17) 具体的含意是：单位时间、单位面积穿过膜的溶质量等于随水流带向膜面的溶质量减去由膜表面扩散返回至主体溶液的溶质量。

因为 $$F_S = c_3 F_W \tag{3-18}$$

将式（3-18）代入式（3-17）中，可改写为

$$F_W(c - c_3) = D\frac{d(c - c_3)}{dx}$$

所以 $$F_W dx = D\frac{d(c - c_3)}{(c - c_3)} \tag{3-19}$$

根据边界层条件：

$x = 0$ 时，$c = c_1$

$x = L$ 时，$c = c_2$

得 $$\int_0^L F_W dx = D\int_{c_1}^{c_2}\frac{d(c - c_3)}{(c - c_3)}$$

则 $$F_W = \frac{D}{L}\ln\frac{c_2 - c_3}{(c_1 - c_3)} = k\ln\frac{c_2 - c_3}{c_1 - c_3} \tag{3-20}$$

或者

$$\frac{c_2 - c_3}{c_1 - c_3} = \exp(F_W/k) \tag{3-20a}$$

式中 k——传质系数，$k = D/L$。

通常由于 $c_3 \ll c_1 < c_2$，故式（3-20a）有时也可写为

$$\frac{c_2}{c_1} = \exp(F_W/k) \tag{3-20b}$$

其中$\frac{c_2}{c_1}$即所谓的“浓差极化比”，其值越大，对反渗透过程就越不利。再由式（3-17）和式(3-20b)整理可得浓差极化的下列式

$$\frac{c_2}{c_1} = R\left[\exp\left(\frac{F_W}{k}\right) - 1\right] + 1 \tag{3-21}$$

由式（3-21）可见，只要知道 R、F_W 和 k 值，就可以求得 c_2，并可知浓差极化对运行的影响：

（1）在反渗透过程中，当膜表面溶质浓度增加时，即其溶质透过膜的量也将增加，其脱盐率 $R = \left(c_2 - \frac{c_3}{c_1}\right) \times 100\%$，直接关系产品水中溶质含量的是膜表面浓度，而不取决于进入的溶质浓度。

（2）膜表面上溶质浓度的增加，必然导致界面上渗透压的增加，因而 $\Delta\pi$ 增加，有效工作压力（$\Delta p - \Delta\pi$）减少，使透水率下降。

（3）局部浓度增高会使部分溶质成分饱和，在一定条件下结晶析出溶液，或者呈胶状物质，从而减少膜有效面积，使透水率进一步下降。膜在一定条件下又形成了另一层次的薄膜，导致透水作用消失。

总之，由式 $\frac{c_2 - c_3}{c_1 - c_3} = \exp(F_W/k)$ 可知，当 F_W 增大（因 c_1、c_3 为常数），即膜的单位面积、单位时间的透水量越大，对浓差极化比的影响就比较严重。同时，当 c_2 增大时，F_S 值也将增大。$\Delta\pi$ 值增大时，透水率将下降，膜的特性明显衰退。例，30℃下 NaCl 对水的溶解度为313g/L，当 $F_W/k = 2.0$ 时，由式（3-20b）可知，$c_2/c_1 = 5.6$，即进水浓度大于 55.9g/L 时，在高压侧膜面上将有结晶析出。

四、膜的材料和结构特点

按反渗透膜的材质、成膜工艺、结构和特性分类，主要有非对称反渗透膜、复合反渗透膜，包括被人们关注的耐氯膜、耐污染膜，以及动力膜、荷电膜、无机膜等。

（一）非对称反渗透膜

非对称反渗透膜是最早实际使用的反渗透膜，1960 年 Loeb 和 Sourirajan 研制成功的醋酸纤维素膜就属于此类。非对称反渗透膜的结构特征是二层结构，上面一层是致密脱盐层，下面一层是多孔支撑层。真正起脱盐作用的是致密层最上面厚约 0.1～0.2μm 的一部分，叫活化层。也有把接近致密层的称为过渡层。

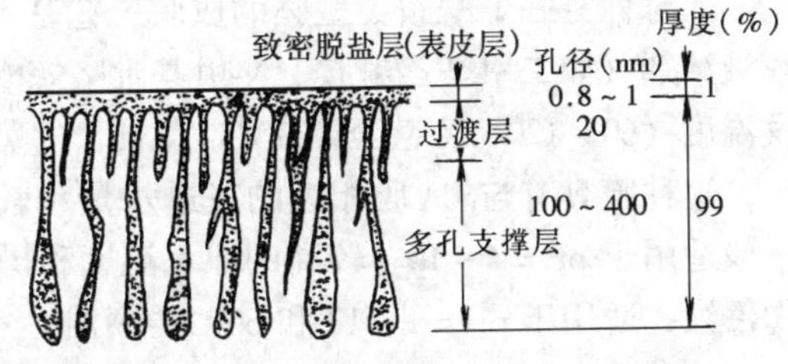

图 3-10　非对称反渗透膜的结构示意

非对称反渗透膜的制备特征是致密层与多孔支撑层是在膜制备过程中同时形成的。因其较均质膜阻力小，故其水通量较最早的均质膜提高数十倍。非对称反渗透膜的结构示意如图 3-10 所示。

目前应用最广泛的非对称反渗透膜是醋酸纤维素膜和芳香聚酰胺膜。

1. 醋酸纤维素膜（Cellulose Acetate）

这是第一种供实用的反渗透膜。将纤维素（棉花）用醋酸进行酯化反应，引入羧基以后，就成为醋酸纤维素。原料纤维素的结构如图 3-11 所示。

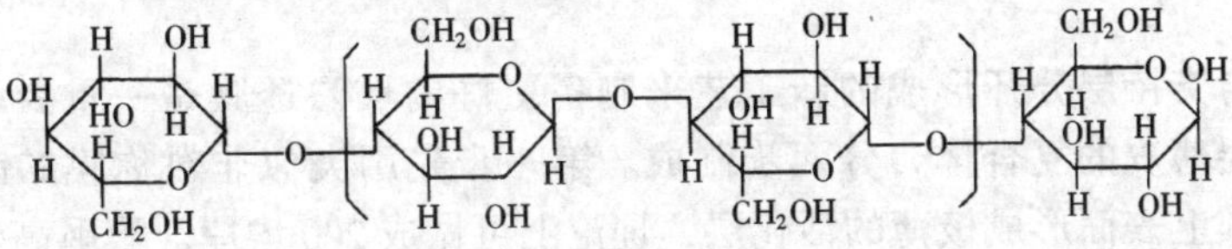

图 3-11　原料纤维素的结构

根据不同的乙酰基含量，纤维素上羟基平均酯化度为 2（或稍大于 2）的称为二醋酸纤维素（简称 CA），酯化度为 3（或接近于 3）的称为三醋酸纤维素（简称为 CTA）。

醋酸纤维素非对称反渗透膜的制备过程大致如下：

(1) 首先配制三组分（或四组分）的铸膜液。典型的配方是醋酸纤维素 22%，丙酮 42%，甲酰胺 36%。

(2) 将铸膜液过滤并脱除气泡后倾注在玻璃板上，刮制成膜。在蒸发期间（30～60s）形成致密层。

(3) 浸入凝胶浴（水）中，发生相分离。为了除去溶剂膜要保持在水中若干小时，并反复换水。

(4) 将膜放入 75～95℃的水浴中退火，形成活化脱盐层。退火温度取决于何种醋酸纤维素和对膜性能的要求。

醋酸纤维素材料来源丰富，价格便宜，制备简单，透水性能好。膜在短时间内抗氯气的浓度可以达到 20ppm。该膜的弱点是容易水解和生物降解，高分子的屈服压力只有 56kg/cm^2。因此只能在较窄的 pH 值范围（4～7）、较低的原水温度（小于 30℃）和较低的操作压力（低于 50kg/cm^2）下使用。一般适用于苦咸水淡化、超纯水制备和中性水溶液的浓缩分离等方面。而 CTA 膜的抗水解性能优于 CA 膜，但是透水量比 CA 膜低。

2. 芳香聚酰胺类膜（Aromatic-Polyamide）

这是第二种供实用的非对称反渗透膜。

以芳香聚酰胺为材料的美国杜邦公司生产的B-9膜是比B-5（尼龙66膜）的透水率高18倍的中空纤维反渗透膜，曾获1971美国最高化工奖。

非对称芳香聚酰胺类型膜的成膜工艺基本上类似于非对称醋酸纤维素膜。然而由于常用的铸膜液溶剂（如二甲基乙酰胺、N-甲基吡咯烷酮、二甲亚砜）沸点远高于丙酮，所以需要较高的蒸发温度（60～120℃，甚至160℃）和较长的蒸发时间。但一般不用退火来改善膜的渗透性。

这种膜具有与CA膜相近的高透水量和较高的脱盐率。膜的化学稳定性较好，机械强度高，一般适用于pH=4～10、较高的原水温度和操作压力。其中尤以聚苯并咪唑酮膜为最，它抗微生物侵蚀，适用于pH=1～12和60℃的高温。

这种膜的缺点是膜材料单体毒性大，制备复杂，价格昂贵，对氯气比较敏感。

芳香聚酰胺类型非对称反渗透膜除适用于CA膜应用范围外，还适用于一级海水淡化、工业污水净化及酸性、碱性水溶液的浓缩分离。

表3-3　反渗透膜的透水量、流量衰减系数与活化层厚度的关系

活化层厚度（埃）	透水量（gfd）	流量衰减系数（－m）
800	14.0	0.024～0.031
600	18.3	0.020～0.024
400	29.4	0.012～0.018

（二）复合反渗透膜

由于非对称膜的致密层和支撑层是在浇铸中同时形成的，故非对称膜的活化层很难做得比1000埃更薄，而且也不是每种聚合物都能够被浇铸成非对称膜的。反渗透膜的透水量、流量衰减系数与活化层厚度的关系如表3-2所示。

采用活化层与支持层分开形成的新工艺来制备更好的反渗透膜是一重要的改革。从结构上看，复合膜是两层薄皮的复合体，分两步制成。第一步先用类似非对称膜的制法得到多孔支撑体；第二步是在其上表面形成极薄的活化层，理论上可做成200埃厚。聚砜高分子是目前所有性能优良复合膜的支撑体材料，相当于聚砜超滤膜。超薄活化层的形成主要通过如下两种方法：

就地聚合。即形成活化层的聚合反应是在进入一定厚度的支撑层多孔空间内进行的，为借助于催化剂的单体聚合法，例如NS-200复合膜。

界面聚合。即形成活化层的聚合反应是在支撑层表面上进行的，例如NS-100复合膜。

复合膜具有比非对称膜更大的透水量、更高的脱盐率和更小的流量衰减系数。它的出现大大降低了反渗透的操作压力，延长了膜的寿命，提高了反渗透的经济效益，促进了万吨以上反渗透膜海水淡化厂和十万吨级反渗透苦咸水淡化厂的建立，并进一步扩大了反渗透的应用范围。

复合膜的发展历程约经历了数十年，其过程简介如下：

1965年，UOP的R.L.Riley等人在硝酸纤维素微孔膜的表面上，复合厚约1000埃的醋酸纤维素膜，首次制备了复合膜，但性能与非对称膜相比较未见有明显提高。

成立于1963年的北极星研究所的（North Star Resecarch Institute）J.E.Cadotte等人于1972年应用界面反应开发了NS-100膜。

NS-100膜的制备过程大致是：将聚乙撑亚胺（简称PEI）的水溶液涂敷在聚砜支撑体表面上，经排液成薄于1μm的凝胶层，再与2，4-甲苯二异氰酸酯（简称TDI）的正乙烷溶液接触，进行界面反应，形成化学结构为聚脲的交联层；再经100～150℃下加热成干膜，形成皮层（即凝胶层和交联层的总称）。

NS-100膜对3.5%的NaCl水溶液，在1500psi、25℃下，经1200h试验，平均脱盐率为99.4%，平均水通量为18GFD。

1974 年，J. E. Cadotte 等人应用在催化剂作用下的单体聚合反应，又开发了 NS-200 膜。制备过程是将聚砜支撑体浸泡于糠醇（简称 FA）、硫酸和水的溶液中，排液后在 150℃下进行以硫酸为催化剂的 FA 聚合反应，形成皮层。该膜对合成海水，在 54atm、25℃下，脱盐率为 99.7%，水通量为 0.65m^3/（m^2·d）（16GFD）。

循单体聚合法开发的复合膜除 NS-200 外，主要有东丽的 PEC-1000、旭化成的 MVP 膜。

循界面反应法开发的复合膜除 NS-100 外，还有 PA-100 对 NS-100 膜的改进膜、即用间苯二甲酰氯（简称 IPC）替代 TDI，生成结构为聚酰胺的交联层，此改进膜较 NS-100 膜的水通量略大，脱盐率相近，但对氯很敏感。

1976 年后，MRI（Midwest Resecarch Institute，其前身即 NSRI）的 J. E. Cadotte 等人开发了 NS-300 膜，旨在改进 NS-100 和 NS-200 的耐氯性。该膜的交联层由哌嗪和均苯三甲酰氯（简称 TMC）反应生成的共聚物和 IPC 界面反应制作，为聚酰胺结构。该膜用于海水淡化，脱盐率较低，但用于苦咸水淡化则显示出高脱盐率（尤其对高价离子），如对 0.5% 的 $MgSO_4$ 水溶液，在 200psi、25℃下，脱率为 99.3%，水通量为 1.05 m^3/（m^2·d），有较好的耐氯性。

图 3-12　交联芳香聚酰胺的基本结构

NSRI 和 MRI 为开发复合膜奠定了良好的基础。1980 年，J. E. Cadotte 等人开发了 FT-30 膜。

Filmtec 公司的 FT30 产品是以高交联度芳香聚酰胺作为膜表皮的致密脱盐层，高交联度芳香聚酰胺由苯三甲酰氯和苯二胺界面聚合而成。其基本结构如图 3-12 所示。

FT30 膜是一种典型的复合膜，如图 3-13 所示。其表层致密的屏障层起阻止盐分透过的作用（厚度约为 0.2μm），因其很薄，故需敷在聚砜多孔层上。复合膜的主要支持结构是经研光后的聚酯无纺织物（厚度约为 120μm）。由于聚酯无纺织物非常不规则，并且太疏松，不适合作为盐屏障层的底层，因而先将微孔聚砜浇铸在无纺织物表面上。聚砜层表面的孔控制在大约 150 埃（厚

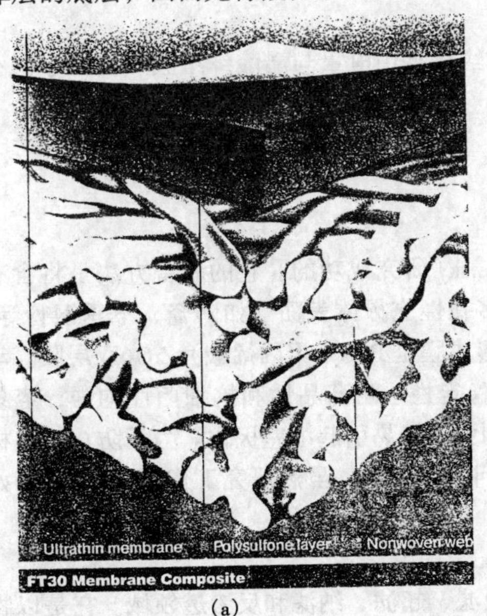

（a）

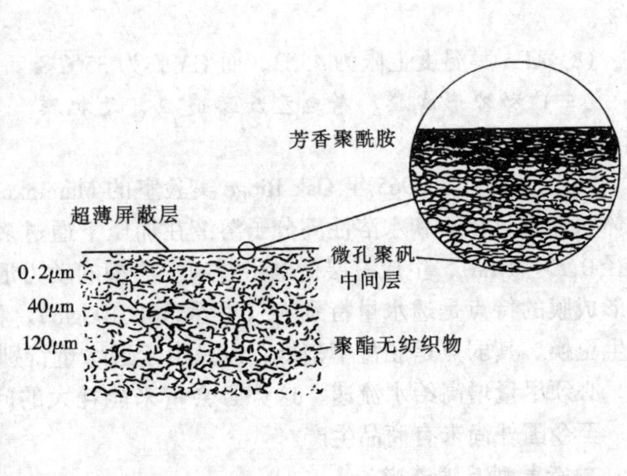

（b）

图 3-13　典型复合膜的剖面图

（a）显微放大膜的切断面；（b）膜的剖面示意

约40μm)。典型的复合膜包括表层致密的屏蔽层，微孔聚砜中间层和聚酯无纺织底物层总厚度大约为2000埃。

芳香聚酰胺复合膜是目前在性能上最具有优势的膜，但醋酸纤维素膜（CA）和芳香聚酰胺膜（APA）在应用上各有特点。如将两者在应用上做一个比较，对于难处理的地表水或者废水系统，经常用CA膜来代替APA膜。CA膜的优点是膜表面光滑、不带电荷，在使用时可减小污染物（例如带电荷的有机物）的沉积，并且微生物不易在其表面黏滞。在SEM显微镜下，可观察到APA膜表面粗糙，表面带负电荷，会吸引带电的有机物并将其黏滞在膜表面上。

CA膜还有一个优点，即在运行时给水中可含0.3～1.0ppm的游离氯。氯作为消毒剂，可保护CA膜不受有害细菌的侵蚀，还可防止因微生物和藻类的生长而引起的污堵。APA膜耐Cl^-，但不能耐氯，不能耐受其氧化性，因此要求除氯，要保证反渗透给水游离氯含量低于0.05ppm。CA膜耐氯能力为2000ppm·h，而APA膜在有过渡族金属离子存在时，耐氯能力只有1000ppm·h（即透盐率增加一倍时的容许度）。对于已经过良好的预处理去除了胶体和有机污染物，并且生物活性较低的地表水，优先选用APA膜。APA膜与CA膜相比有如下优点：

（1）APA复合膜的化学稳定性好，而醋酸纤维素膜（CA膜）不可避免地会发生水解。例如Fluid Systems公司的醋酸纤维膜8231HR连续运行允许的pH值范围为4～6，清洗时允许的pH值范围为3～7，pH=5.7时水解速度最慢，这就导致预处理加酸量大，清洗时可选用的药品范围窄，不易获得满意的清洗效果，而复合膜TFCL8822HR连续运行允许的pH值范围为2.5～11。

（2）APA膜脱盐率较高（APA膜的脱盐率大于99%，而CA膜为95%～98%），因而产水质量更高。

（3）复合膜的生物稳定性好，复合膜不受微生物侵蚀，而醋酸纤维膜易受微生物侵袭。

（4）复合膜的传输性能较好，即K_W大而K_S小。

（5）复合膜在运行中很少被压紧，因此产水量随使用时间改变不大。而醋酸纤维膜在运行中会被压紧，因而产水量不断下降。

（6）复合膜的脱盐率随使用时间改变不大，而醋酸纤维素膜由于不可避免的水解，脱盐率会不断下降。

（7）复合膜由于K_W大，其工作压力低，其反渗透给水泵用电量与醋酸纤维膜相比几乎减少60%。

（8）APA膜温度上限为45℃，而CA膜为35℃。

（三）动力形成膜、荷电型反渗透膜、无机膜

1. 动力形成膜

动力形成膜是1965年Oak Ridge实验室的Marcinkowsky研究成功的。它的制备方法是将含有胶体状金属氧化物和水溶性高分子溶液在加压下通过多孔性支撑体表面（如陶瓷、不锈钢管等，孔径0.25～1μm)，生成一层荷电半透膜。典型的动力形成膜是PAA（聚丙烯酸）ZrO_2双层膜。动力形成膜的特点是透水量特别大（可达近于100gfd)，稳定性、耐药品性和抗细菌性均强，容易再生更换。其弱点是脱盐率稍低，以及由于透水量特别大，极易引起浓差极化。为了防止浓差极化，必须尽量增高给水流速，这势必会带来能耗大的问题，因此，虽然研究工作是1965年开始的，至今国外尚未有商品生产。

2. 荷电型反渗透膜

荷电型反渗透膜最早用于电渗析，近年来出现在微滤、超滤、纳滤和反渗透领域。它是以物理、化学性质稳定的合成高分子为基材，在其主链或侧链上通过化学反应，单独或同时引入带碱性或酸性的活性基团，使之成为离子选择透过性膜或荷电型反渗透膜，以进一步提高膜的性能。

与一般中性反渗透膜相比，荷电型反渗透膜有以下两个特点：

(1) 耐酸、耐碱、耐氧化、耐细菌，有较高的耐热性，因此，使用范围较广。

(2) 对极性低分子有机物，例如低分子醇、醛、酮、酚和芳香卤胺等排除性能优于中性膜。这种膜的制备可按以下途径进行：

1) 选择适当的溶剂、添加无机盐或用凝胶化等方法浇铸成高分子电解质的各向异性膜。

2) 在多孔性支撑体上浇铸稀薄的高分子电解质溶液后，将溶剂蒸发掉，形成具有对称结构的薄膜。

3) 在适当的高分子膜上接枝极性单体。

4) 在多孔性支撑体上，使极性单体进行等离子聚合。

5) 在多孔支撑体上形成高分子电解质过滤层。

根据固定解离基的极性与种类，荷电型反渗透膜可分为以下四种：

(1) 强酸性阳膜。如磺化聚苯醚膜，磺化聚砜膜，聚乙烯-聚乙烯磺酸交联膜，磺化聚呋喃醇膜（NS-200），磺化聚偏氧乙烯膜等。

(2) 弱酸性阳膜。如聚丙烯酸膜，聚酰胺羧酸，乙烯吡啶接枝聚乙烯季胺膜等。

(3) 强碱性阴膜。如季胺基纤维素三酯膜，聚乙烯吡啶季胺膜，二甲基胺乙基甲烯酸，季胺化膜等。

(4) 弱碱性阴膜。如 NS-100 膜，RC-100 膜，PA-300 膜，聚二丙烯基甲基铵膜，脂肪族及芳香族的等离子聚合膜等。

荷电型反渗透膜目前已在抗污染方面开始用于海水淡化和苦咸水淡化、合成洗涤剂废水处理、电镀和纸浆废水处理、混酸废水处理及城市污水处理等方面。

3. 无机膜

无机膜多以金属、金属氧化物、陶瓷、多孔玻璃为材料，由于具有高温下的稳定性，机械性能稳定，化学性质稳定，耐有机溶剂，不老化，寿命长，污染少等优点，在近 10 年发展极快，国内已有研究成果，国外已有多种产品。

反渗透膜的分类还有按加工外形分类的，如平面膜、中空纤维膜两种。

(1) 平面膜由平面膜作为中间原材料，可以加工为板式、管式或卷式反渗透膜元件。

(2) 中空纤维膜是以熔融纺丝液经过中空纤维纺丝、热处理等工艺制成的很细很细的非对称结构的中空纤维膜。

典型的中空纤维膜，如外径为 85μm、内径为 42μm 的 Dupont/Permasep B-9 型中空膜，尽管丝很细，但内、外径比为 1:2，如厚壁管的结构，因此有很高的支撑强度，管外高压给水也不会使中空膜压扁。由于丝很细，因此在同样的压力容器空间可以容纳很多根纤维，具有较高的通流面积。

第四章 常用的商品膜

反渗透膜在水处理工程的实际应用中，可根据原水水质需要和应用条件选择。膜的制造厂家从20世纪80年代以来，已在经典的苦咸水标准膜（给水压力为28～42bar）的基础上改进开发出低压高脱盐率膜、超低压膜、海水膜、高脱盐率海水膜、纳滤膜、抗污染膜等商品膜。

一、国际市场常见的商品膜及厂家

（一）市场概况

目前，反渗透膜的生产厂商主要为美国和日本的一些公司，其中美国杜邦（Dupont）公司和日本东洋纺（Toyobo）公司垄断了中空纤维反渗透膜的世界市场，而占有卷式反渗透膜市场的主要厂商有以下7家：

（1）美国Filmtec公司。该公司在北极星研究所（NSRI）及MRI的基础上发展，于1977年成立，又于1985年成为美国Dow chemical（陶氏化学）公司的全资子公司。

（2）美国Hydranautics公司。该公司创立于1963年，1970年从事水处理设备设计制造，1987年成为日本日东电工公司的全资子公司。

（3）日本日东电工（Nitto Denko）公司。是从事高分子材料的跨国公司，有4000多种产品，包括膜产品。

（4）美国Fluid Systems公司。该公司1962年始建于ROGA，1977年被UOP收购，1987年并转为Fluid Systems，1994年曾被英国Anglian Water公司收购，现为美国KOCH公司的子公司。

（5）日本东丽（Toray）公司。从20世纪初从事高分子化学纤维合成技术，于1978年将ROMEBRA反渗透膜元件推向市场。

（6）美国Desal公司。该公司现为美国Osmonics公司的子公司。

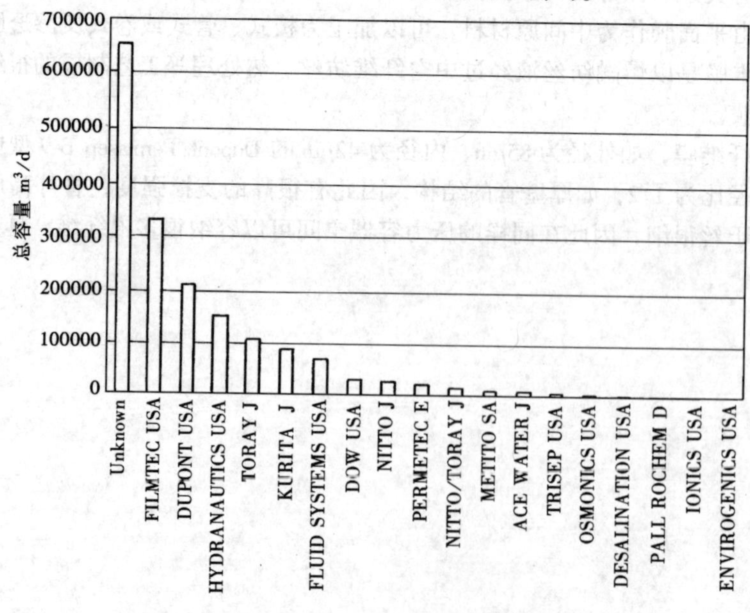

图4-1 1996、1997年市场用膜量的状况

(7) 美国 Tresap 公司。1970 年从事膜元件制造，1991 年购买了 Dupont 的 ACM 卷式膜生产线。

1998 年国际脱盐协会（IDA）报告，1996 年和 1997 年，产水量在 100m³/d 以上的水处理厂总用膜制水量的对比如图 4-1 所示，最多的是 Filmtec 公司，制水量为 330000m³/d。其次是 Dupont 公司，制水量为 200000m³/d，Hydranautics 公司制水量为 150000m³/d。

国际市场上的主要膜产品如表 4-1 及表 4-2 所示。

表 4-1　　国际市场通常应用的膜产品

种类	形态	膜材料	制造厂商	商品名
卷式	复合膜	交联全芳香族聚酰胺	日本东丽公司	TM－700，－800，－900
			Filmtec./Dow 公司	BW－30，BW－30HR/SW－30，SW－30HR/NF－70，NF－50 TFC
			Fluid Systems/Anglian Water 公司	
			日本电工/Hydranautics 公司	—
		聚酰胺 聚哌嗪酰胺 （杂环/芳香族）	东丽公司	TM－200，－500，－600
			Filmtec/Dow 公司	NF－40，NF－40F
			日东电工/Hydranautics 公司	NTR－739HF， NTR－729HF
		交联聚醚 /磺化芳香族	东丽公司	PEC－1000
			Nitto Denko	NTR－7400
		芳香族/脂环族聚脲	Dupout	A15
		脂肪族/芳香族	Nitto Denko	NTR 719HR
			UOP	PA300
			UTC 40HR	Toray
	非对称膜	醋酸纤维素	日本东丽公司	SC－1000，SC－3000
			Fluid Systems/ Anglian Water	ROGA
中空纤维	非对称膜	线型全芳香族聚酰胺	Dupont	Permasep B－9，B－10
		三醋（CTA）	日本东洋纺公司	Hollosep

Filmtec 公司的膜元件在近 10 年内销售量超过一百万根，应用在 50 多个国家的上百套水处理装置上；Fluid Systems 建成世界上最大的反渗透厂，其淡化处理容量每天超过 28 万 t。东洋纺在世界上已建成的大型反渗透海水淡化装置中占 46.3%；日东电工的低压、超低压复合膜，在市场上具有很强的竞争力。东丽公司全球销售份额占 20%。除表中所述及的厂家外，国际上生产膜的厂家还有美国 DDS Filtration，Desalination Systems Inc.，U.S.Filter，Fastek/Osmonics，Millipore 以及澳大利亚 Memtec Ltd.，意大利 Rochem，Separem，日本住友等上百家。

表 4-2　　国际市场主要的海水淡化膜

分类	制造厂商	商品名	膜材质	膜形态	特征
卷式	日本东丽公司	TM－800	交联芳香聚酰胺	复合膜	THM 去除率 > 90%
	Filmtec/Dow 公司	SW－30	交联芳香聚酰胺	复合膜	
	Fluid Systems/Anglian Water 公司	TFCL－HP	交联芳香聚酰胺	复合膜	
	日本日东电工/Hydranautics 公司	NTR－SWC	交联芳香聚酰胺	复合膜	
中空纤维	Dupont	Permeasep B－10	线型聚酰胺	非对称中空丝	商品化早，高压下运转（80kg/cm²）
	日本东洋纺公司	Hollosep	三醋酸纤维素	非对称中空丝	

（二）反渗透膜的使用寿命

反渗透装置的给水要求及预处理的各项指标，是为了保证膜的运行寿命而提出的。在反渗透正常操作和给水水质正常的运行中，反渗透装置没有出现像其他机械设备那样由于结构原因，在使用期间使某一特殊部位发生致命的损坏或消耗性磨损。但是反渗透装置在超过厂家保证的年限的长期运行中，由于材质和水质的原因仍会经历一个产水量逐步减少的过程。出现这种现象，正如膜的特性指标中的流量衰减或膜通量保留系数所指出的，在一定范围内是正常的、允许的。

在流量正常衰减的情况下仍可正常连续制水，因此，不是碰到流量衰减就要更换膜，这样做在经济上也是合理的。

杜邦公司 B-9 和 B-10 产品在超过厂家保证期后尽管流量有衰减，但并未出现水质恶化状况，其所用的膜是芳香聚酰胺的中空纤维膜。世界上有 5000 套以上的 B-9“Permasep”反渗透设备，B-10 有 500 套以上的海水反渗透装置在运行中，从给水和运行情况的数据中可能看出变化，但运行表明，B-9 已有平均大于 7 年的使用寿命，B-10 已有平均大于 5 年的使用寿命（见表 4-3、表 4-4）。以杜邦公司这一技术通报推断，采用卷式渗透膜更有利于防止污染，1982 年 Filmtec 公司调查认为，使用寿命 5 年是很普遍的，并且有醋酸纤维混合膜及聚酰膜薄层复合膜用于苦咸水脱盐 12 年无明显损坏的纪录，说明保证膜更长的使用寿命是可能的。

表 4-3　　B-9 使用寿命的实际数据

水处理场地	RO 设备出力（m^3/d）	给水 TDS	投产时间	反渗透元件数量	更换量	
					元件数量（个）	%/年
Rotunda West Florida，USA	1892	8000	1973	66	36	6
Card Sound Florida，USA	1136	7000	1974	35	0	0
Venice Florida，USA	3785	2400	1975	96	1	<1
Siemens AG West Germany	265	400	1973	9	2	3
IBM Deutschland Mainz，West Germany	927	400	1974	18	0	0
Shedgum Saudi Arabia	5200	1800	1978	246	0	0
Salbukh Saudi Arabia	6000	1300	1979	960	15	1

表 4-4　　B-10 使用寿命的实际数据

水处理场地	RO 设备出力（m^3/d）	给水 TDS	投产时间	反渗透元件数量	更换量	
					数量（个）	%/年
Florida Keys Florida USA	11350	38000	Dec1980	525	6	1
Gadafe I Venzuela	3875	38000	Apr1980	250	15	3
United Building Factories Bahrain	2271	10500	Jan1977	198	66	11
Ras Al Khaimah UAE	568	42000	Dec1977	50	2	1

二、商品膜简介

目前，市场上出现的反渗透商品膜主要有低压膜、超低压膜、近似于反渗透膜功能的纳滤膜、低污染膜、海水膜等。苦咸水或超纯水反渗透膜的发展趋势及性能变迁如图 4-2 所示，海水反渗透膜将在第 14 章“海水反渗透处理”中专题介绍，其余各种膜的性能和品牌将简述于后。

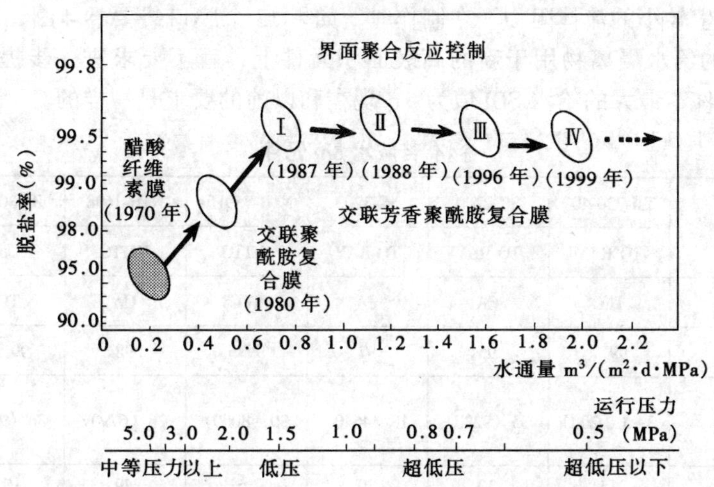

图 4-2 苦咸水或超纯水反渗透膜的发展趋势及性能变迁

（一）低压反渗透膜

以前，苦咸水反渗透脱盐操作的压力为 400～600psi。1986 年，较高通量的膜被开发，反渗透的投资费用和运行成本都由于可在 200～250psi 压力下运行而降低，低压操作还意味着这些通量高的膜系统可在卷式组件的设计导则限制范围［12～17gal/（ft^2·d)］内运行，这样可以减少在较高压力下操作可能会发生的膜污染。表 4-5 为苦咸水反渗透操作压力对能耗的影响。

表 4-5 苦咸水反渗透操作压力对能耗的影响

给水压力（psi）	能量消耗	
	（kW·h）/m^3	（kW·h）/（1000gal）
苦咸水 600	2	7.6
苦咸水 400	1.8～1.5	3.0～5.7

用新的低压反渗透膜除可提高生产率外，还可扩大对无机和有机两种清洗用药的选择范围，在有些情况下，还可增加膜耐受氧化剂的能力。这些性质使膜对各种应用，包括苦咸水脱盐特别有吸引力。这些低压反渗透膜适用于电子、发电和制药工业所用的高纯水、工业原料和工艺水的处理，及工业废水处理、饮用水生产、有毒废物处理、灌溉水脱盐。

图 4-3 显示出几种工业上可用的低压膜脱盐性能的比较情况。这些膜有的操作成本明显降低，同时也改善了产品水质，减少了投资费用。

以下概要介绍低压膜产品，见表 4-6。

1993 年，Filmtec 公司在 BW30 系列中增加了两个新的 8in 膜元件生产线，即 BW30-345，目前发展为 BW30-365 和 BW30-400（最后的三位数表示每一个元件的有效膜面积）。BW30-8040 重新定义为 BW30-330，这是为了反映出它的膜面积。提高膜的

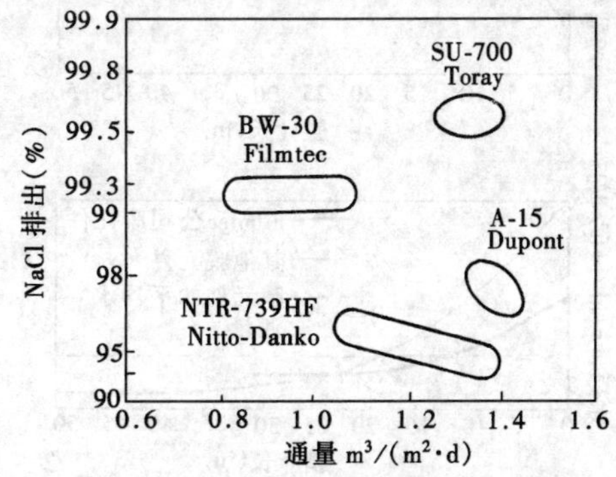

图 4-3 几种工业用低压膜的脱盐性能（原水为 1500mg/L NaCl，15kg/cm^2，25℃）

面积可使给水通过膜增加渗透水产量提供更多的机会，并不需要采用提高给水压力或者用高的水通量，因为采用提高压力将导致较多的膜污染和增大系统的运行费用。BW30-8040 和 BW30-400 8in 膜元件直径、长度尺寸相同，膜面积却有很大的增大，两种型号的区别仅是渗透水隔离物的材料不同，新的隔离物稍薄，但小于先前渗透水隔离物的阻力。考虑到元件的结构，BW30-400 同 BW30-330 比较，BW30-400 有多于 BW30-330 两倍的膜叶口袋。由于较短的膜叶口袋，使渗透水流到产品水管产生较小的流体阻力，在制作时，如果 13 个膜口袋要卷 4 圈，而 29 个口袋仅卷 2 圈。又由于同样的给水隔离物用于新的高表面积元件上，就不要求进一步提高对预处理的要求。对于原有的元件，最大的给水 SDI 值为 5，现在和以前的要求是一样的。

表 4-6　　标准苦咸水 8in 元件

型　号		TM-720-400	SC-2200	SC-3200	NTR-759HR	NTR-1698	BW30-365	BW30-400
		TO RAY	TO RAY	TO RAY	NITTO	NITTO	Dow	Dow
膜材料		TFC	CA	CA	TFC	CA	TFC	TFC
平均脱盐率（%）		99.7	95	97	99.5	98	99.5*	99.5*
平均产水量 m³/d（GPD）		39（10200）	35（9280）	18（4640）	30（8000）	26（6790）	36（9500）	40（10500）
试验状况	压力（kg/cm²）	15	30	30	15	29	15.8	15.8
	温度（℃）	25	25	25	25	25	25	25
	浓度（mg/L）	1500	1500	1500	1500	2000	2000	2000
运行状况	最大压力（kg/cm²）	42	42	42	30	42	42	42
	最大温度（℃）	45	40	40	40	40	45	45
	pH 值	3～9	3～8.5	3～8.5	2～10	4～7.5	2～11	2～11

注　*运行中稳定的脱盐率。

膜元件的膜叶长度与膜口袋中的压差、膜叶上的水通量关系如图 4-4 所示。

即水通量靠近产品水中心管处最大，沿叶片长度呈指数下降，为达到均匀的水通量，在叶片长度范围内，水通量更接近均匀，从而降低了水通量的最大值，减少了污染的趋势。Filmtec 公司 8in 反渗透膜元件的特性见表 4-7。

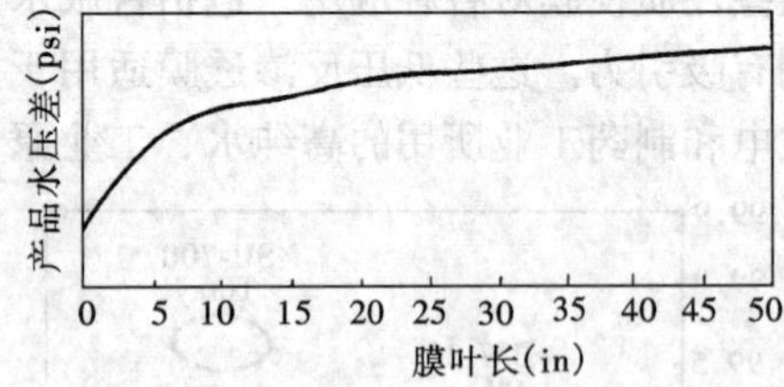

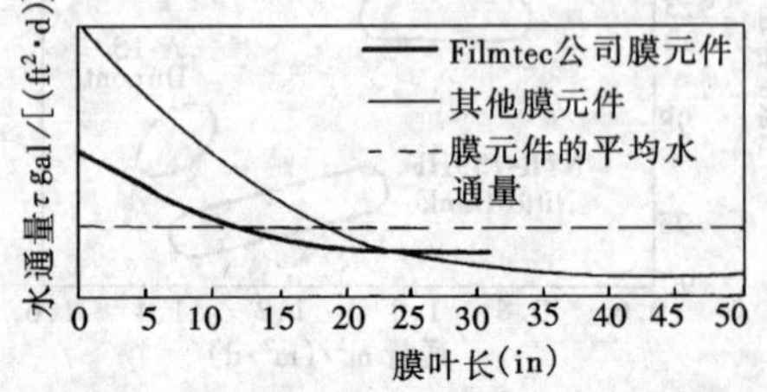

图 4-4　膜元件的膜叶长度与膜口袋中的压差、膜叶上的水通量的关系

Filmtec 公司的 BW30-365 元件具有 365ft²（34m²）的有效表面积，在标准条件下，其平均的渗透流量为 36m³/d（9500GPD）。BW30-365 膜的较高产水量是由于提高了膜面积的效果，从而代替了用较高的水通量的膜及提高给水压力的办法，并且膜的污染也降低了。

Filmtec 公司 BW30-400 具有 400ft²（37m²）的有效表面积，在标准条件下，其平均渗透流量为 40m³/d（10500GPD）。BW30-400 元件可用于新的系统设计，用较少的元件满足产品水期望达到的目标，这意味着可以使用更紧凑的系统，从而降低系统中元件和安装费用。

从表 4-8 所示的 8in 元件的运行数据可以看到 BW30-400 在标准条件下测试产水为 10500GPD，这比常规的 8in 膜（BW30-8040 即 BW30-330）产水 7500GPD 高出 40%。

表 4-7　　Filmtec 8in 反渗透膜元件特性

型　号		BW30-365	BW30-400	BW30LE-440
产水流量（m^3/d）		36（-7%~0%）	40（-7%~0%）	44（-7%~0%）
最低脱盐率（%）		98	98	98
额定的现场稳定脱盐率（%）		99.5	99.5	99.0
实验在 25℃条件下	给水浓度（mg/L）	2000（NaCl）	2000（NaCl）	2000（NaCl）
	给水压力（bar）	15.5	15.5	10.7
	回收率（%）	15	15	15
运行极限条件	最大运行压力（bar）	41	41	41
	最大运行温度（℃）	45	45	45
	最大给水浊度（NTU）	1	1	1
	最大给水 SDI	5	5	5
	允许 Cl_2（mg/L）	<0.1	<0.1	<0.1
	连续运行 pH 值	2~11	2~11	2~11
	最大给水流量（L/min）	265	265	321

BW30-365 产水 9500GPD，这比 BW30-330 高出 30%多，当产水性能以渗透水流量/有效膜面积表示时，对 BW-330、BW30-365，BW30-400 的比较结果为 22.7、26.0 和 26.3GPD/ft^2，这代表了新的高流量膜元件的产水效能。表 4-9 为不同厂商苦咸水膜元件结构的比较。

表 4-8　　8in Filmtec 苦咸水膜元件对比

产　品	表面积 (ft^2)/(m^2)	产品水流量 (GPD)/(m^3/d)	稳定的脱盐率 (%)
BW30-400	400/37.2	10500/40	99.5
BW30-365	365/33.9	9500/36	99.5
BW30-330	330/30.7	7500/28	99.5

表 4-9　　不同厂商苦咸水 8in 膜元件结构的比较

制造厂家	膜元件	给水通道隔网厚度	
		mil*	μm
Filmtec 公司	BW30-330	34	864
Filmtec 公司	BW30-365	34	864
Filmtec 公司	BW30-400	28	711
Filmtec 公司	BW30LE-440	28	711
Hydranautics 公司	Standard，BW	26~27	680~686
Hydranautics 公司	Standard，BW	27	686
Hydranautics 公司	Standard，BW	27	686
Hydranautics 公司	LE Type	26	660
Fluid Systems 公司	TFC 8822HR-365	31	787
Fluid Systems 公司	TFC8822HR-400	28	711

注　* 1mil = 0.001in。

Hydranautics 开发的 CPA 系列膜为高脱盐率苦咸水淡化膜，材质为芳香族聚酰胺复合膜，可在较低操作压力下获取高水通量。CPA2 膜的平均脱盐率为 99.5%，而 CPA4 膜元件的最低脱盐率为 99.7%，同时为了满足半导体工业对 TOC 的特殊要求，还特别设计了 CPA-ULTRAPURE 膜元件，专门用于半导体行业超纯水。表 4-10 列出了 CPA 系列膜产品的产水量、膜面积及脱盐率性能。

表 4-10　　CPA 系列膜的性能

产品名称		膜面积 (ft^2) / (m^2)	产水量 (GPD) / (m^3/d)	最低脱盐率 (%)
8in 元件	CPA2	365/33.9	10000/37.8	99.2 (12 支以上平均值为 99.5%)
	CAP3	400/37.2	11000/41.6	99.6
	CPA4	400/37.2	6000/22.7	99.5
	CPA-ULTRAPURE	400/37.2	11000/41.6	99.6
4in 元件	CPA2-4040	85/7.9	2250	99.2

注　上述试验数据均在给水压力为 225psi，温度为 25.0℃，回收率为 15%，pH = 6.5 ~ 7.0，含盐量为 1500ppmNaCl 条件下运行 30min 后得出。

CPA 膜元件的常规使用包括井水、地表水除盐，饮用水纯净化，离子交换系统前的预脱盐，电厂锅炉补给水的制取，半导体制造厂中所需要的超纯水制备，同时 CPA 膜元件也可用于电厂排污水处理。

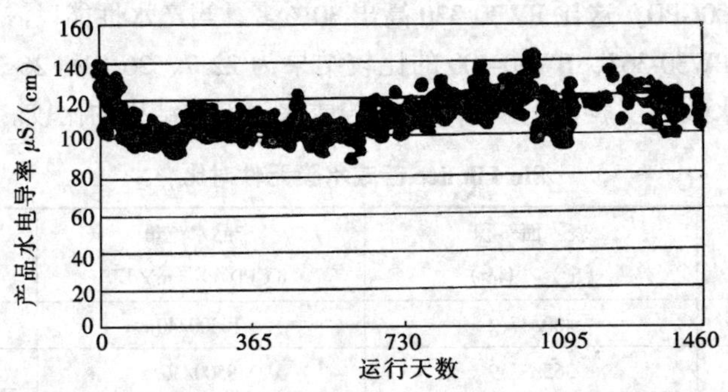

图 4-5　CPA 膜元件产品水的电导率与时间（四年）的关系

CPA2 及 CPA3 膜元件是苦咸水净化中所用的标准膜元件。由于 CPA2 膜元件平均脱盐率达 99.5%，且水通量高，因而适用于由苦咸水水源制取低含盐量的产品水。如果想在不降低水通量的情况下得到更高的脱盐率时，可选择单支膜最低脱盐率为 99.6% 的 CPA3 膜元件。如要求产水水质高（比如要求 RO 出水直接用作锅炉补给水），可选用 CPA4 膜元件，因为 CPA4 膜元件最低脱盐率可以达到 99.7%。

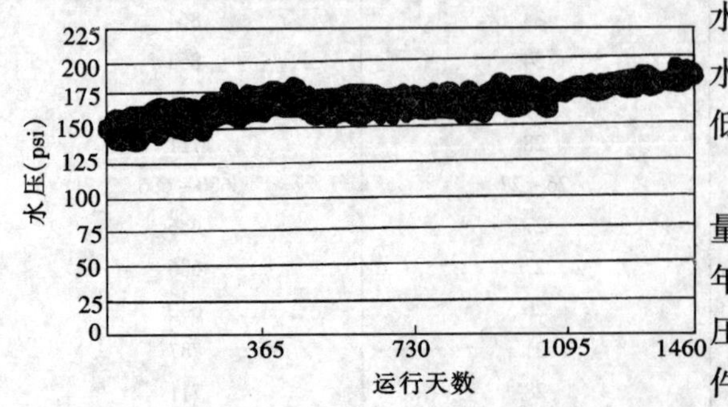

图 4-6　CPA 膜元件给水压力与时间（四年）的关系

CPA 膜元件耐久性很好，图 4-5 为某一产水量为 160t/h、回收率为 83% 的反渗透系统在四年中产水水质的变化情况。图 4-6 为该系统给水压力在四年中的变化情况，数据表明 CPA 膜元件的性能可长期达到稳定。

CPA-ULTRAPURE 膜元件的脱盐率及产水量

与 CPA3 膜元件相同，但该品种是经特殊加工制造和处理后的产品，这样可以保证初始起动时，每支膜元件的产品水 TOC 含量均在 50ppb 以下，对于半导体工业，这种特殊膜元件的优点在于可显著节约冲洗用水，缩短反渗透系统起动时间和显著降低半导体工业的成本。

图 4-7、图 4-8 给出了反渗透系统起动后电阻率和 TOC 浓度随时间的变化情况。

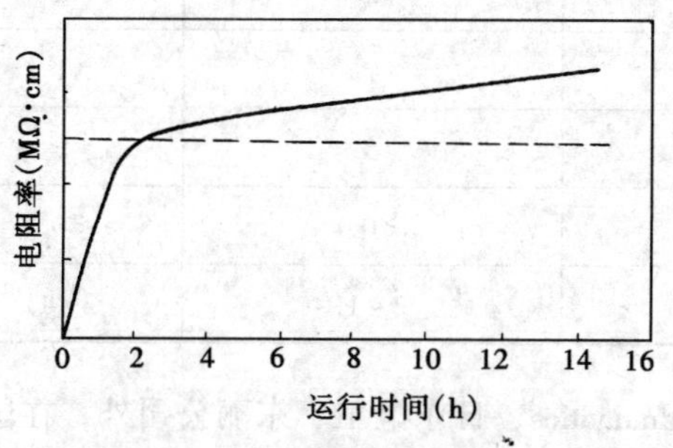

图 4-7　产品水电阻率与时间的关系

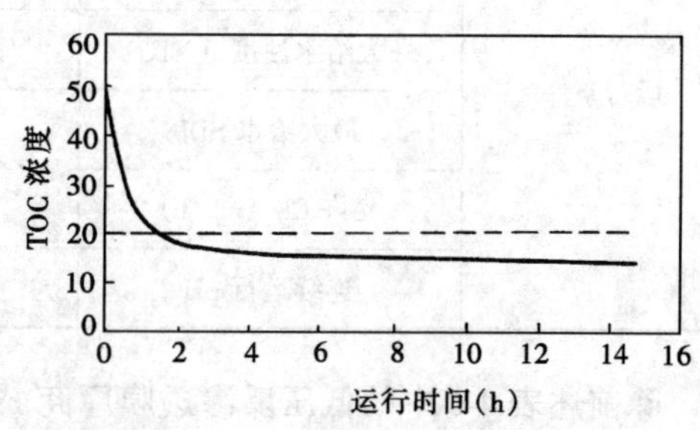

图 4-8　产品水 TOC 浓度与时间的关系

低压膜对二氧化硅的脱除。表 4-11 列出了在世界不同地区实测的反渗透系统对二氧化硅的脱除率。使用 CPA2 膜元件对二氧化硅的脱除率介于 98%～99.7%之间，在标准试验条件下，CPA 系列膜元件对二氧化硅的脱除率通常是 99.0%。

表 4-11　不同水处理厂二氧化硅脱除率

设备地点	给水 SiO_2 (ppm)	产品水 SiO_2 (ppm)	系统脱盐率 (%)	设备地点	给水 SiO_2 (ppm)	产品水 SiO_2 (ppm)	系统脱盐率 (%)
A	27.7	0.52	98.1	F	44.0	0.45	99.0
B	41.1	0.26	98.4	G	3.6	0.06	98.3
C	10.2	0.16	98.4	H	2.6	0.010	99.6
D	40.0	0.30	99.2	I	2.9	0.008	99.7
E	64.0	0.53	99.2				

Filmtec Loose Wrap 元件有时也叫 Full-Fits，见表 4-12。特点是水通量大，适于医药和半导体工作的需要，这些元件的设计有利于减弱生物滋长，可方便地清洗、杀菌和冲洗。

表 4-12　Loose Wrap 膜元件特性

型　号		BW30-8040LW	BW30-380LW	SW30-415FF
产水流量（m^3/d）		34（－15%～15%）	42（－15%～15%）	44（－15%～25%）
最低脱盐率（%）		97.5	97.5	98
额定的现场脱盐率（%）		99.5	99.5	99.5
试验在 25℃条件下	给水浓度（mg/L）	2000（NaCl）	2000（NaCl）	2000（NaCl）
	给水压力（bar）	15.5	15.5	15.5
	回收率（%）	15	15	15

续表

型号		BW30-8040LW	BW30-380LW	SW30-415FF
运行条件	最大运行压力（bar）	41	41	41
	最大运行温度（℃）	45	45	45
	最大给水浊度（NTU）	1	1	1
	最大给水 SDI	5	5	5
	允许 Cl_2（mg/L）	<0.1	<0.1	<0.1
	连续运行 pH	2～11	2～11	2～11

除前述表 4-6 中的低压反渗透膜厂商 Filmtec 和 Hydrauantics、日东电工、东丽公司外，在国际市场上 Fluid Systems、Desal、Trisep、世韩公司等厂商的产品也十分活跃。下面列出它们的产品分别如表 4-13、表 4-14、表 4-15 以及表 4-20、表 4-22、表 4-23 所示。

表 4-13　Fluid systems 高脱盐率膜（High Rejection-HR 膜）

型号		产水量（GPD）/（m^3/d）	Cl^- 脱除率（%）设计/最小	膜面积（ft^2）
4in×40in	标准　4820HR	1900/7.2	99.5/99.2	72
4in×6in	标准　4831HR	3200/12.1	99.5/99.2	121
8in×40in	标准　8822HR	6800/25.7	99.5/99.2	330
	高面积　8822HR-400	8300/3.14	99.5/99.2	400
8in×40in	标准　8822HR Premium	8500/32.2	99.7/99.7	330
	高面积　8822HR Premium	10500/39.7	99.7/99.7	400
4in×60in	4831HR Magnum	3200/12.1	99.5/99.2	121
8in×60in	8832HR Magnum	13000/49.2	99.5/99.2	510

注　主要运行参数：Cl_2=0，pH=4～11，SDI≤5，温度 1～45℃。主要试验参数：2000mg/L NaCl，p=1.55MPa，25℃，pH=7.5，回收率 10%。

表 4-14　超高脱盐率膜（Extra High Rejection-XR 膜）

型号		产水量（GPD）/（m^3/d）	Cl^- 脱除率（%）设计/最小	膜面积（ft^2）
4in×40in	标准 TFC 4820HR（TFCL 4820HR）	1500/5.7	99.6/99.3	72
8in×40in	标准 8822XR	6800/25.7	99.6/99.3	330
	高面积 8822XR-400	8300/31.4	99.6/99.3	400

注　主要运行参数：Cl_2=0，pH=4～11，SDI≤5，温度 1～45℃。主要试验参数：2000mg/L NaCl，p=2.24MPa，25℃，pH=7.5，回收率 10%。

表 4-15　　　　　　　　　　　　　Desal 低压反渗透膜

型　号	产水量 (GPD) / (m^3/d)	NaCl 脱除率 (%) 平均/最低	膜面积 (ft^2) / (m^2)	典型应用
AG4040F	2350/ (8.9)		90/ (8.4)	
AG4040FF	2200/ (8.3)		85/ (7.9)	
AG8040F	9200/ (34.8)		350/ (32.5)	苦咸水脱盐
AG8040F-400	10500/ (39.7)	99.5/99.0	400/ (37.2)	活性硅去除
AG2540FF	710/ (2.7)		27/ (2.5)	
AG4021FF	1050/ (4.0)		40/ (3.8)	
AG4026FF	1450/ (5.5)		55/ (5.1)	
AG4040C	2350/ (8.9)	99.5/99.0	90/ (8.4)	Durasan 适于高去污，
AG8040C	9200/ (34.8)		350/ (32.5)	压力损失低

注　主要试验参数：2000mg/L NaCl，$p=15.5$Pa，25℃，pH = 7.5，回收率 15%。

主要运行参数：余氯允许范围 1000ppm·h，pH = 4 ~ 11，温度最高 50℃，SDI < 3。

（二）超低压反渗透膜

国外著名的超低压反渗透膜特性如表 4-16 所示。

表 4-16　　　　　　　　　　　超低压反渗透膜特性

膜元件型号		额定流量 (GPD)	脱盐率 (%)		特性条件		回收率 (%)	平均面积 (ft^2)
			额定值	最小值	压力 (psi)	TDS ppm. NaCl		
FILMTEC	BW30LE-440	11500	99	98	150	2000	15	440
HYDRANAUTICS	ESPA1	12000	99	99	150	1500	15	400
	ESPA2	9000	99	99.5	150	1500	15	400
	ESPA3	15000	99	98	150	1500	15	400
FLUID SYSTEMS	TFC8823ULP-400	13000	99	97.5	150	2000	15	400
TORAY	TMG20-430	11000	99.5	99	110	500	15	430
NITTO DENKO	ES10-D8	7926	99.5	99	109	500	15	323
	ES15-D8	9775	99.5	99	109	500	15	400
	ES20-D8	7926	99.7	99.5	109	500	15	400
Soehan CSM	RE-8040-L	12000	99		150	2000	10 ~ 20	

各种膜的额定运行特性如图 4-9 所示。

以下简要介绍主要产品情况。

Hydranautics 公司 1995 年推出 ESPA（Energy Saving Poly Amide）系列节能膜元件，由于膜元件组装密度增加了约 12%，且运行压力较之低压复合膜降低了 25% ~ 40%，它具有更高的水通量(在大通量时有与其他复合膜相同的高脱盐率)，有更宽的水质适应范围和压力适应范围，可用于包括市政用水、瓶装水及轻工业用水在内的多种苦咸水应用领域。在苦咸水系统中，如果用户比较注重产水量，可采用 ESPA3 膜元件。

在电费较贵、水温较低或给水含盐量较高的应用场合，如使用 ESPA 膜元件来代替传统复合膜元件时，在美国，每支膜元件每年可节约 200 美元的电费。降低操作压力即意味着节省费用，因为低压操作时能耗低，其相关的水泵、管路及压力容器等花费也低。

1995 年以前推出的 ESPA1 膜元件，在测试压力（150psi）仅为 CPA 膜元件测试压力（225psi）的 2/3 的情况下，比相同尺寸的 CPA 膜产水量更高，而且其脱盐性能不受影响。1998 年，又推出

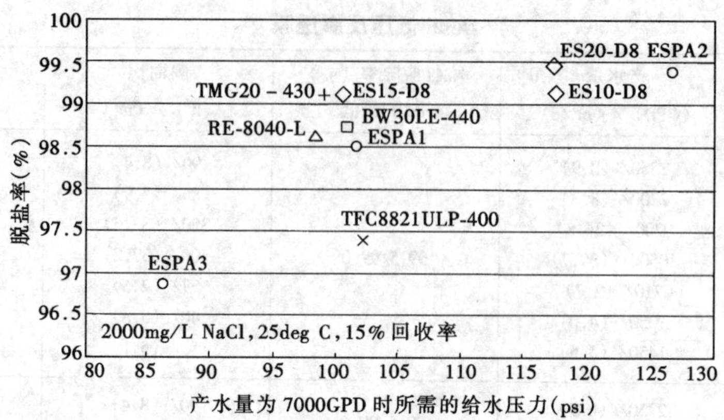

图 4-9 各种膜的额定运行特性

了脱盐率更高的 ESPA2 膜元件和产水量更高的 ESPA3 膜元件。另外，还推出特制的 ESPA-ULTRAPURE 膜元件以满足半导体工业的要求。ESPA-ULTRAPURE 膜元件用于高纯水系统时，投运初期每支膜产水 TOC 含量为 50ppb 以下。

ESPA1 膜元件适用于含盐量约为 1000～2000ppm 的给水。ESPA2 膜元件适用于给水含盐量为 2000ppm 以上的给水，该膜适用于硝酸盐去除或用作离子交换精脱盐的预处理。ESPA3 膜元件适用于含盐量较低（小于 1000ppm）的给水，而且在 150psi 的低压下产水量可达 15000GPD。

为了便于比较各种 ESPA 膜的使用压力及脱盐性能，如表 4-17 所示，比较了使用 3 种不同含盐量的给水来评价膜元件的性能。表 4-17 中列出了每种膜元件的产水含盐量及在产水量为 6000GPD（即水通量为 15GFD）时所需要的压力，每种膜元件的回收率均为 15%，水温均为 25℃。为了便于比较，也列出了使用高脱盐率复合膜 CPA3 膜元件时的结果。

表 4-17　　不同给水含盐量时的膜性能比较

膜元件型号	500ppm 给水		1500ppm 给水		4000ppm 给水	
	压力 psi（bar）	产水水质（ppm）	压力 psi（bar）	产水水质（ppm）	压力 psi（bar）	产水水质（ppm）
ESPA3	58（4.0）	16.6	68（4.7）	55.9	95（6.6）	147.0
ESPA1	71（4.9）	9.0	81（5.6）	31.0	109（7.5）	80.9
ESPA2	92（6.3）	3.4	103（7.1）	11.3	132（9.1）	29.8
CPA3	118（8.1）	3.2	129（8.9）	10.9	159（11.0）	28.7

几乎同时，Filmtec 公司于 1995 年将超低压膜推向市场，产品有 BW30LE-400，BW30LE-440。BW30LE-400 的运行压力为 105～150psi（7～10bar），在标准条件下，产水平均流量为 9000GPD（$34m^2$/D），可节省很大的能量。BW30LE-440 较之 BW30LE-400 效益更好，目前已由 BW30LE-440 取代 BW30LE-400。

BW30LE-440 元件是基于改变膜化学成分而生产的，有效表面积为 440 平方英尺，在 10.3bar（150psi）压力下，平均产水量为 $44m^3$/D（11500GPD），这是一种低耗能的元件，具有较好的经济性，它适用于那些低压运行并要求有较好脱盐率需要的用户。

1998 年 6～7 月，BW30LE-440 膜元件在 DSM 工业水厂使用了 1224 根。该反渗透有 4 个系统，每一系统容量为400m³/h，运行特性与工程设计一致。在世界范围内，还有许多较小的水处理厂，其运行自1996年以来也是成功的。

2002年，DOW公司又将最新的XLE-440推向市场，XLE-440操作压力比BW30LE-440低30%，更节能，购泵的成本更低，但脱盐率比BW30LE-440略低（运行脱盐率低于99%）。

以下列出各种超低压膜实际运行特性的比较，如图4-10所示。

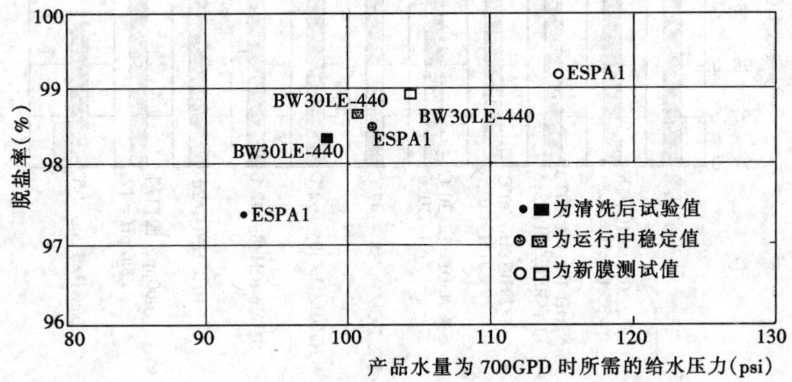

图4-10 实际运行特性比较

据分析，新膜试验得到的额定标称特性值，ESPA脱盐率高；而在运行中取稳定的最低脱盐率保证值，BW30LE-440的脱盐率较高，ESPA的脱盐率随运行时间增大。在清洗后的试验值，仍是BW30LE-440较高。

BW30LE-440的结构分析大致是：

（1）BW30LE-440有31个膜叶，膜袋长28.9in。较长的膜口袋在该渗透渠道里对渗透水将产生更大的阻力。在每个膜元件一定的产水量下会导致接近产水管出现较高的水通量，而在膜叶末端则使水通量较低。不均匀的水通量分布会加速膜叶的污染。市场上有的商品是21个膜叶，膜口袋为42in长，相比之下，会在较长的膜口袋上出现水通量不均匀的问题。

（2）BW30LE-440采用自动装配线制做膜元件，膜口袋的黏结线大约有0.76~1.11in宽。市场上采用手工制做的膜口袋黏结线变化较大，大约有1.06~1.46in宽，这就影响了膜的有效面积。

（3）市场上的膜口袋一般没有折痕的保护，而BW30LE-440膜为了保护折线，则用1.0in宽的透明带子保护起来。此外，曾发现市场上有的商品在膜上有一些被粘补的斑点和污点。

（4）Filmtec的盐水通道隔网（BCS）为0.028in厚，每1in有9股线。而有的厂商的产品是0.026in厚，每1in有10股线，相对较薄而松散，因而污染后的清洗也相对困难。

（5）Filmtec膜最原型的有效面积是414ft²，其他厂家相对应的则是397ft²，今天的膜元件已有430~440ft²的有效膜面积，较低的有效膜面积在给定的产水量下将会出现较高的平均水通量（Flux），亦即会出现较大的污染，或者需要一个更大的膜系统。

（6）Filmtec膜元件的产品水管（PWT）是由Noryl公司制造的，内径是1.50in，有132个孔（孔径0.12in）。市场上有的商品是环氧玻璃钢的，内径是1.087in，有36个孔（孔径0.09in）。产品水管上是较小、较少的孔，较细的管径在进入母管前会产生较大的产品水阻力（特别是在长的压力容器上）。

化学清洗后膜脱盐率的性能比较如图4-11所示，初始运行的ESPA膜脱盐率较高，但经各种清洗后，BW30LE-440膜脱盐率比较稳定。故ESPA适于在水质污染小的工况下应用，BW30LE-440

适于在环境污染较大的工况下应用。

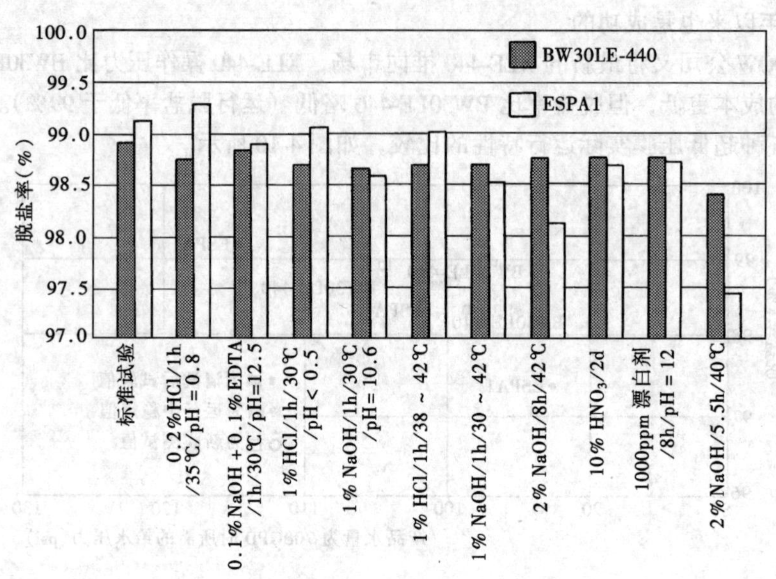

图 4-11 化学清洗后膜脱盐率的性能比较

除以上介绍的超低压反渗透膜产品外，Fluid systems、Desal、Trisep、Toray 公司等厂商的产品简略列于表 4-18、表 4-19、表 4-20、表 4-22。并选择 Trisep、Toray 公司的超低压膜和低压膜与相近的商品膜对比（如表 4-21、表 4-23 所示），Toray 公司的低压和超低压膜的运行性能比较见图 4-12，以供参考。

表 4-18　TFC 苦咸水超低压膜（ULP）（Ultra-low Pressure）

型　号		产　水　量 （GPD）/（m^3/d）	NaCl 脱除率（%） 平均/最低
4in×40in 标准结构	4820 ULP	2650/10	99/97.5
8in×40in 标准结构	8823ULP	13000/49.2	99/97.5

注　主要试验参数：2000mg/LNaCl，p = 150psi，25℃，pH = 7.5，回收率 15%。

主要运行参数：Cl_2 = 0，pH = 4～11，SDI≤5，温度 1～45℃。

表 4-19　Desal 超低压反渗透膜

型　号	产水量 （GPD）/（m^3/d）	NaCl 脱除率（%） 平均/最低	膜面积 ft^2（m^2）	典型应用
AK2540FF	710/2.7	99.0/98.0	27（2.5）	苦咸水脱盐 活性硅去除
AK4040FF	2200/8.3		85（7.9）	
AK4040F	2350/8.9		90（8.3）	
AK8040F	9200/34.8		350（32.5）	
AK8040F-400	10500/39.7		400（37.2）	

注　主要试验参数：500mg/LNaCl，p = 8bar，25℃，pH = 7.5，回收率 15%。

主要运行参数：余氧允许 1000ppm.h，pH = 4～11，最高温度 50℃，允许 SDI < 3。

表 4-20　　　　　　　　　　　Trisep 低压超低压膜

膜　型　号		产水量 GPD		脱盐率（%）	
		8″×40″/（ft^2）	4″×40″	平均值	最低值
ACM1		7500/（330）	1800	99.5	99.0
ACM2		9000/（345）	2300	99.5	99.0
ACM3		10500/（400）	2600	99.2	98.5
ACM4	225psi	14200	3200	99.2	98.5
	150psi	8500	2000	98.7	98.0
	100psi	5500	1300	98.0	97.0
X20		7500	1800	99.5	98.5

注　标准试验参数：2000mg/L NaCl，225psi，25℃。

Trisep 公司于 1994 年推出 ACM4 高流量反渗透膜元件。认为 ACM4 能在低的给水压力下运行，给水压力大约为 200psi 时在冷水条件下也可使用。

ACM4 的性能对应于 Hydranautics 公司的 ESPA 和 Fluid Systems 公司的 ULP 膜。

Trisep 与相近于 400ft^2 的膜元件结构性能比较如表 4-21 所示。

表 4-21　　　　　　　与 Trisep 膜相近的膜元件结构性能比较

厂　家	网线直径（mil）	织品厚（mil）	流道宽（mil）	膜叶片数	膜总面积（ft^2）	水通量（gfd）	脱盐率（%）
Trisep	7	10	26	18	401	10210	99.15
Hydranautics	6	10	26	21	390	6992	99.26
Fluid Systems	8	10	26	19	389	10052	99.00
Filmtec	6	10	28	30	387	10011	98.45

表 4-22　　　Toray（东丽）公司生产的低压膜，超低压膜及低压低污染膜的主要性能

运行压力型式			超　低　压　型				低　压　型							
型号			SUL-G10	SUL-G20	SUL-G20F	SUL-G20P	SU-710	SU-720	SU-710L	SU-720L	SU-720F	SU-720LF	SU-710P	SU-720P
性能	除盐率	平均（%）	99.5		99.5	—	99.4		99		99.4			
		最低（%）	99.0		99.0	—	99.0		98		99.0			
	透过水量	平均（m^3/d）	6.5	30	37	32	6.5	26	5.5		22	32		
		最低（m^3/d）	5.5	26	32	28	5.5	22	5.0		20	27		
测定条件	供给压力	MPa	0.75		0.75	0.75	1.5		1.0		1.5			
		（kg/cm^2）	（7.7）		（7.7）	（7.7）	（15）		（10）		（15）			
	温度（℃）		25		25	25	25		25		25	25	25	
	给水浓度		500mg/L NaCl		500mg/L NaCl	超纯水	1500mg/L NaCl		1500mg/L NaCl		1500mg/L NaCl		超纯水	
	浓水量（L/min）		20	80	80	80	20	80	20	80	80	80	20	80
	pH 值		6.5		6.5	—	6.5		6.5		6.5	6.5	—	

注　Toray 膜元件型号标头已改为 TM，其余定义不变。

表 4-23　　Toray 和 Filmtec 膜的性能的比较

膜的品种	膜型号	产品水流量（GPD）	脱盐率（%）	膜面积（ft²）	隔网厚（mm）
低压膜	BW30-365	9500	99.5	365	0.86
	TM720-370	9500	99.5	370	0.86
低压膜	BW30-400	10500	99.5	400	0.7
	TM720-430	11000	99.5	430	0.7
超低压膜	BW30LE-440	11500	99.0	440	0.7
	TMG20-430	11000	99.5	430	0.7
低污染膜	BW30-365FR	9500	99.5	365	0.86
	TML20-370	9500	99.5	370	0.86
海水膜	SW30HR-380	6000	99.60	380	0.7
	TM820-370	6000	99.75	370	0.8

注　T—表示 Toray（东丽）；M—表示 Memberane（膜）；7—表示低压膜；G—表示超低压膜；10、20—分别表示 4in、8in 膜（即 10cm、20cm）；370—表示膜面积（ft²）。

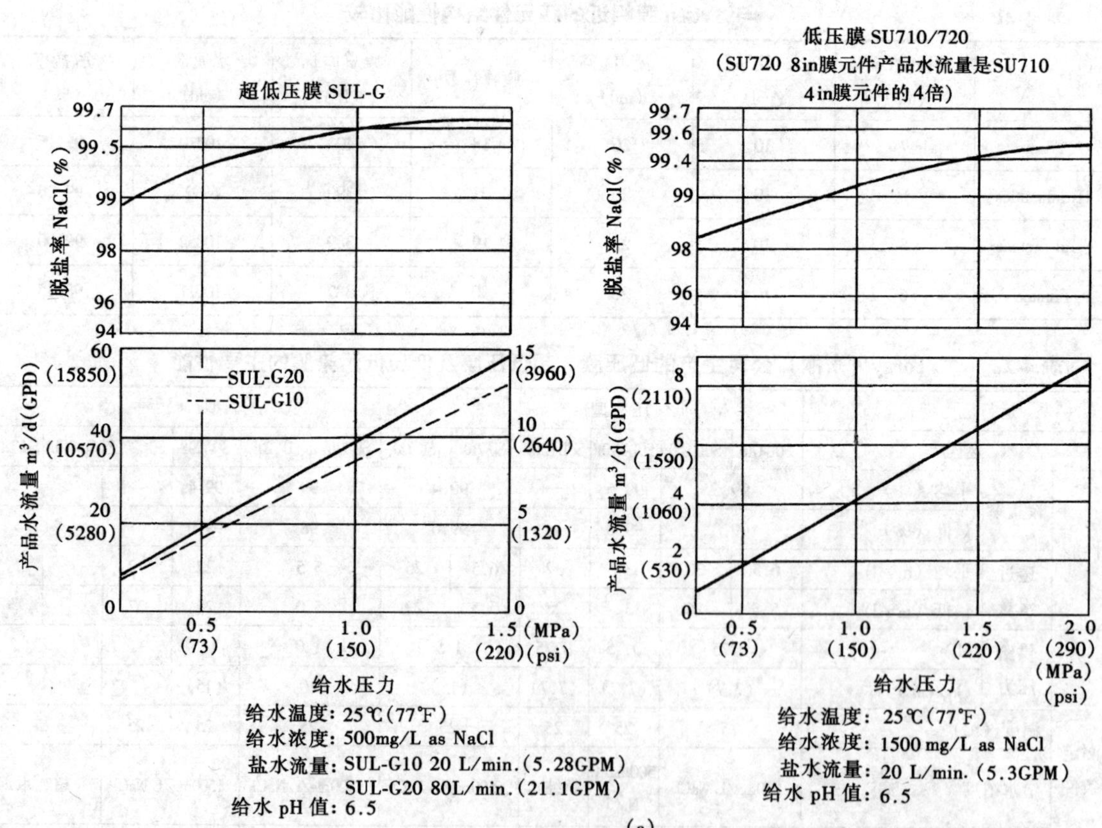

图 4-12　超低压膜和低压膜膜元件运行特性比较（一）

（a）给水压力与脱盐率、产品水量的关系

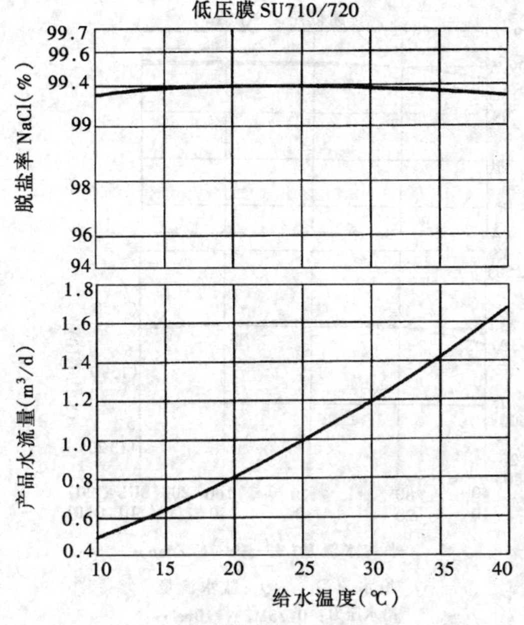

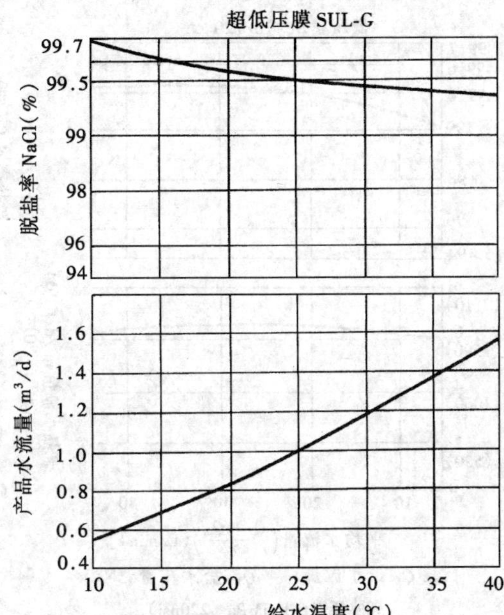

(b)

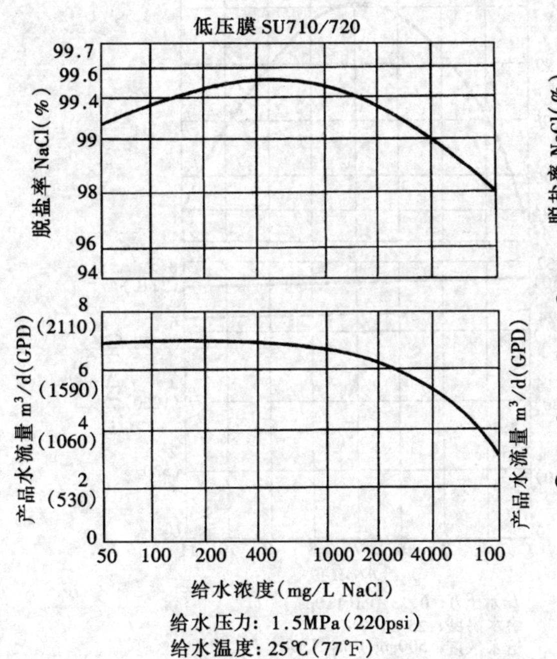

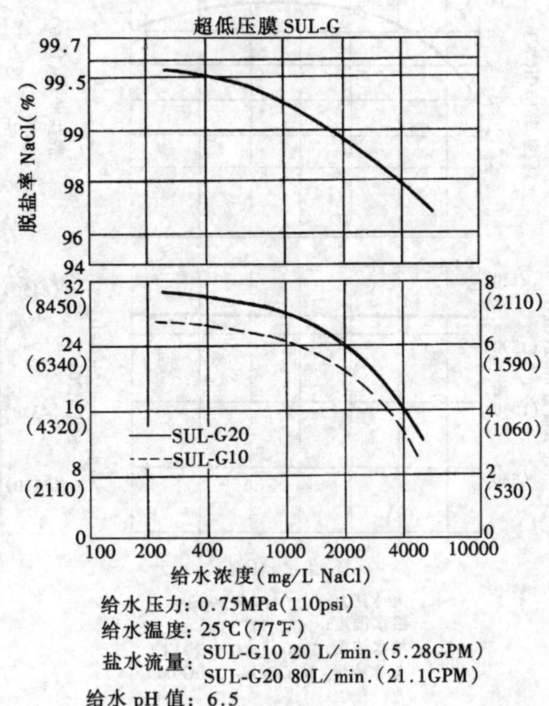

(c)

图 4-12　超低压膜和低压膜膜元件运行特性比较（二）

(b) 给水温度与脱盐率、产品水量的关系；(c) 给水浓度与脱盐率、产品水量的关系

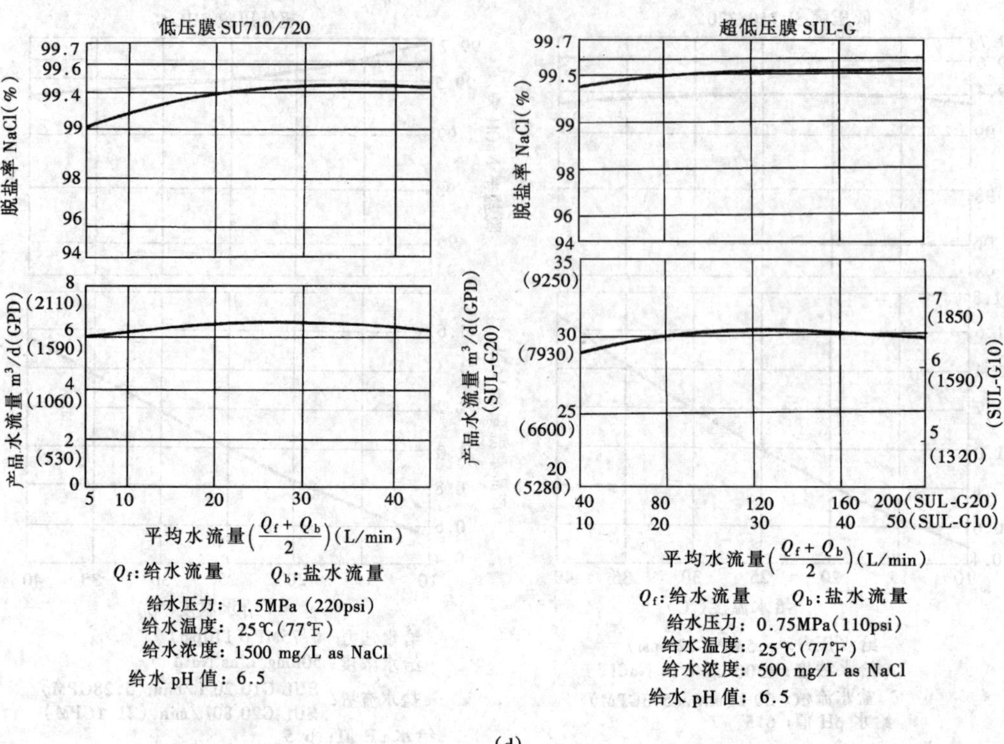

(d)

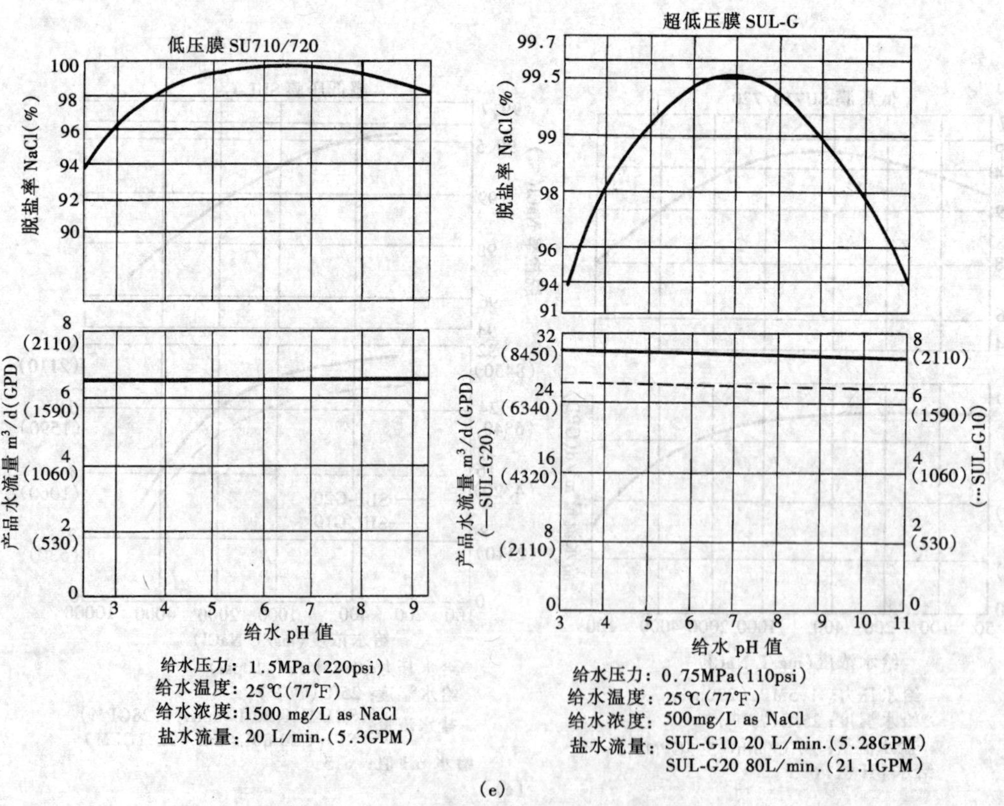

(e)

图 4-12　超低压膜和低压膜膜元件运行特性比较（三）

(d) 平均水流量与脱盐率、产品水量的关系；(e) pH 值与脱盐率、产品水量的关系

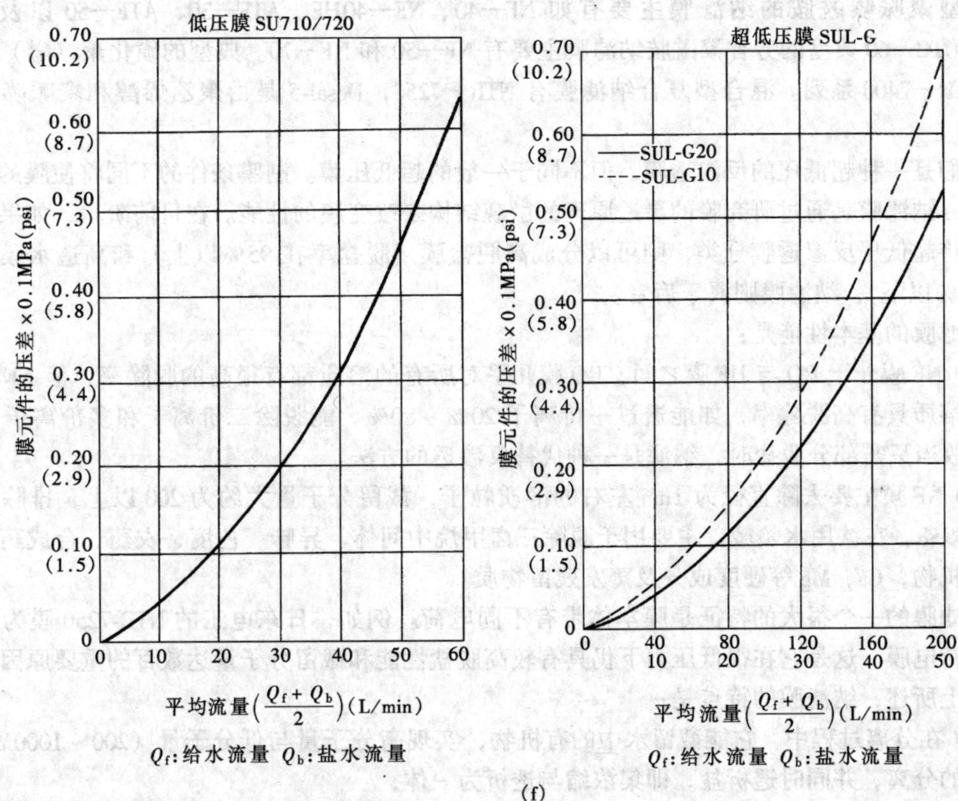

图 4-12 超低压膜和低压膜膜元件运行特性比较（四）

(f) 膜元件的压差与平均流量的关系

（三）纳滤膜

近年来，纳滤膜（NF）由于其分离范围宽广，在城市市政水处理的应用中得到了重视。值得注意的是，纳滤膜软化装置的增长速度，从 1992 到 1996 的 4 年中，纳滤膜软化装置增加了 500%，大大高于其他方法。这是因为纳滤膜不仅可在低压下对原水软化和适度脱盐，而且因为可脱除三卤甲烷(THM)、色度、细菌、病毒和溶解性有机物，因而日益受到青睐。1996 年 9 月，美国国立研究所曾以问卷调查方式统计了美国大型饮用水脱盐装置的状况。该调查发表了美国 50 个州中 21 个州的以饮用水为目的的 179 家脱盐水厂的数据。结果表明这些装置总的产水能力为 140 万 t/d。各种脱盐方法在总装置产水能力中所占比例分别为：地表水（苦咸水）反渗透 47%，纳滤膜软化 31%，可倒极电渗析 13%，海水淡化 8%。对各种脱盐方法的经济成本进行了统计比较，其结果无论是一次设备投资还是运行、维修费用，均以纳滤膜软化为最低(见表 4-24)。

表 4-24 美国大型水厂各种脱盐方法的经济比较

脱盐方法 费用	纳滤膜软化	地表水反渗透	可倒极电渗析	反渗透①海水淡化	多级闪蒸海水淡化
设备费（相对值）	1	1.5	2.4	4.1	6
运行维修费（相对值）	1	1	1.2	7.2	9

注 ①无能量回收。

1. 纳滤膜的基本性能

纳滤（NF）膜早期称为松散反渗透（Loose RO）膜，是 20 世纪 80 年代初继经典的反渗透（RO）复合膜之后开发出来的。

典型聚哌嗪酰胺的纳滤膜主要有如 NF—40、NF—40HF、ATF—30、ATF—50 以及 UTC—20HF、UTC—60 典型的芳香聚酰胺纳滤膜主要有 NF—50 和 NF—70。典型的磺化聚（醚）砜纳滤膜有 NTR—7400 系列。混合型复合纳滤膜有 NTR—7250，Desal-5 是由聚乙烯醇和聚哌嗪酰胺组成。

它们是一种超低压的反渗透膜，但不同于一般的超低压膜。制膜条件的不同将使膜的性能大大改变，纳滤膜是通过研究膜的渗透原理的微观结构来改变膜的性能。在目前阶段，如果根据脱盐性能将超低压反渗透膜分类，则可以分成高脱盐膜（脱盐率在 95%以上）和高造水膜（脱盐率在 95%以下），纳滤膜则属于后者。

纳滤膜的基本性能是：

(1) NF 膜介于 RO 与 UF 膜之间，RO 膜几乎对所有的溶质都有很高的脱除率，但 NF 膜只对特定的溶质具有高脱除率，如能透过一价离子 20% ~ 80%，能脱除二价离子和多价离子 90% ~ 99%，故当只需部分脱盐时，纳滤是一种代替反渗透的方法。

(2) NF 膜主要去除直径为 1nm 左右的溶质粒子，截留分子量大约为 200 以上，排除能力为 90% ~ 99%。在饮用水领域，主要用于脱除三卤甲烷中间体、异味、色度、农药、合成药剂、可溶性有机物，Ca、Mg 等硬度成分及蒸发残留物质。

纳滤膜的一个很大的特征是膜本体带有不同电荷。例如，日东电工的 NTR-7250 膜为负电荷膜和非荷电膜。这是它在很低压力下仍具有较高脱盐性能和截留分子量达数百的重要原因。

综上所述，纳滤膜的特点是：

(1) 在分离过程中，它能截留水中的有机物，实现高分子量与低分子量（200 ~ 1000MW）的有机物的分离，并同时透析盐，即集浓缩与透析为一体；

(2) 应用于对水中的单价盐，不需高脱盐率，可实现不同价态离子的分离；

(3) 由于无机盐能通过纳滤膜而透析，使得纳滤过程的渗透压远比反渗透过程的低，可实现低压力操作，节约动力。

纳滤膜的分离机理解释为：

纳滤膜对物质的截留可用静电效应与筛效应加以解释。一般说来，脱盐率是表征反渗透膜分离性能的重要指标之一。然而对于纳滤膜，仅用脱盐率还不能充分说明其分离性能。表 4-16 所列为各种常见市售纳滤膜的分离情况。例如，日东电工公司的 NTR-7450 膜，虽说对 Nacl 脱盐率是 50%，但对蔗糖的截留率却是 36%，NaCl 的分子量是 58，糖的分子量是 342，在 NTR-7450 膜上，表现出了大分子量的蔗糖比较小分子量的盐更容易通过的现象，这种现象只能用膜的荷电性来说明。NTR-7450 膜是负的荷电膜，截留分子量为 1000 ~ 2000，比盐的尺寸大许多。NTR-7450 膜之所以能够对盐类也有一定的截留，显然是膜荷电对溶质静电相互作用的结果。而对于尺寸较大的电解质的截留，则同时并存有筛分离的作用。有研究表明，认为在纳滤膜的表面上存在有从 1nm 到数个分子尺寸的细孔，可是目前对细孔的形状尚不明白。并且在分离过程中，膜的状态、水分子和离子的存在状态及其扩散系数等，都还有待于进一步探明和测定。

纳滤膜也显示出了建立在离子电荷密度基础上的选择性，因为膜具有离子选择性，含有不同离子的溶液，透过膜后离子分布是不相同的（透过率随其他离子浓度而变化），这就是 Donnan 效应。例如，在溶液中含有 Na_2SO_4 和 NaCl 时，膜优先截留 SO_4^{2-}，Cl^- 的截留随着 Na_2SO_4 浓度的增加而减少。同时为了保持电中性，Na^+ 也会透过膜，在 SO_4^{2-} 浓度高时，Na^+、Cl^- 截留甚至会被否定。

2. 顿南（Donnan）效应

为了便于理解，以下举例说明顿南效应。

如果利用纳滤膜来对含有1价和多价阴离子的溶液进行脱盐处理，则会出现如图4-13所示效应。

图4-13描绘的是氯离子和钠离子的截留率。实验是将硫酸钠逐渐添加到浓度为0.05mol/L的氯化钠溶液中，此时，体系中存在3种离子。所描绘的截留率变化曲线是在温度为25℃和进料压力为2MPa的条件下得到的。

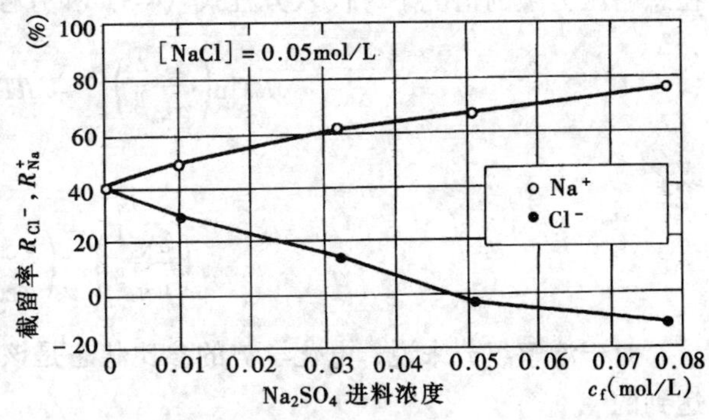

图4-13　在 SO_4^{2-} 存在的情况下，Na^+ 和 Cl^- 的截留率

从图4-13可见，1价氯离子的截留率随着2价硫酸根离子浓度的增加而下降，甚至呈现负值。负的截留率意味着氯离子逆其浓度梯度而渗透，在渗透液中，氯离子的浓度高于进料中的浓度。

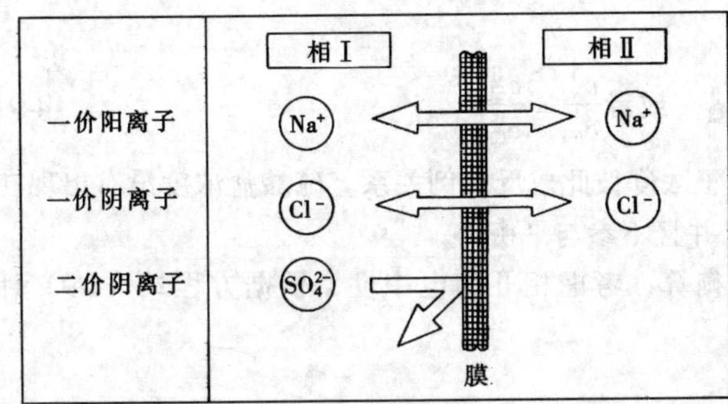

图4-14　离子选择性膜上的顿南平衡

为了解释这种效应，可以考察一下膜上的平衡关系。假设这种膜对于2价的阴离子是不可渗透的，而对于1价的阴离子或者阳离子则是可渗透的（见图4-14）。和前面描述过的实验一样，首先在Ⅰ相态中配好0.1mol/LNaCl溶液，设其为a体系，当达到平衡后，再逐渐地将0.1mol/LNa_2SO_4加入该相，设其为b体系。

这里引入电化学势 η_j 来描述出现的顿南平衡，即

$$\eta_j = \mu_j + z_j F\varphi \tag{4-1}$$

式中　z_j——被考察组分的电荷数；

F——每摩尔简单荷电组分的电荷量（称为法拉第常数）；

φ——相的内电位，并且具有电压的量纲。

电化学势不同于熟知的化学势，由于附加了 $z_j F\varphi$ 项，这个参数项包括了电场对渗透离子的影响。对于中性组分来说，由于 $z_j = 0$，所以电化学势相当于熟知的化学势。

不同于已经叙述过的中性组分间的物料平衡（在这种平衡中，组分的化学势是相同的），在荷电组分的平衡中，每种渗透组分的电化学势必须是同样大

$$\eta_j^{\mathrm{I}} = \eta_i^{\mathrm{II}} \tag{4-2}$$

根据方程式（4-2），在平衡中，渗透离子 Na^+ 和 Cl^- 满足平衡条件

$$\mu_{Na}^{\mathrm{I}} - \mu_{Na}^{\mathrm{II}} = z_{Na} F\Delta\varphi \tag{4-3}$$

或

$$\mu_{Cl}^{\mathrm{I}} - \mu_{Cl}^{\mathrm{II}} = z_{Cl} F\Delta\varphi \tag{4-4}$$

由计算化学势的方程式

$$\mu_j\ (T,\ p,\ x) = \mu_{j,0}\ (T,\ p_0) + RT\ln\alpha_j\ (T,\ p_0,\ x) + \overline{V}_j\ (p - p_0) \tag{4-5}$$

在忽略压力项的情况下，代入方程式（4-3）和方程式（4-4），相减得到

$$RT\ln\left(\frac{\alpha_{Na}{}^{Ⅰ}}{\alpha_{Na}{}^{Ⅱ}}\right)^{\frac{1}{z_{Na}}} - RT\ln\left(\frac{\alpha_{Cl}{}^{Ⅰ}}{\alpha_{Cl}{}^{Ⅱ}}\right)^{\frac{1}{z_{Cl}}} = 0 \tag{4-6}$$

或者

$$\left(\frac{\alpha_{Na}{}^{Ⅰ}}{\alpha_{Na}{}^{Ⅱ}}\right)^{\frac{1}{z_{Na}}}\left(\frac{\alpha_{Cl}{}^{Ⅱ}}{\alpha_{Cl}{}^{Ⅰ}}\right)^{\frac{1}{z_{Cl}}} = 1 \tag{4-7}$$

对于溶解组分来说，电化学势的参比状态是该组分的理想稀释态。理想稀释态是在低浓度下达到的

$$x_j \to 0,\quad \gamma_j \to 1,\quad \alpha_j = \gamma_j x_j \to x_j \tag{4-8}$$

在低摩尔分量的情况下，摩尔分率 x_j 和浓度 c_j 是彼此成比例的。如果在理想稀释态的条件下，用浓度来代替方程式（4-7）中的单离子活度，并且考虑到在给定的例子中：$z_{Na} = +1$，$z_{Cl} = -1$，则可得到以浓度比表示的平衡关系

$$c_{Na}^{Ⅰ} c_{Cl}^{Ⅰ} = c_{Na}^{Ⅱ} c_{Cl}^{Ⅱ} \quad 或者 \frac{c_{Na}^{Ⅰ}}{c_{Na}^{Ⅱ}} = \frac{c_{Cl}^{Ⅱ}}{c_{Cl}^{Ⅰ}} \tag{4-9}$$

对于给定的例子来说，渗透的钠和氯的离子浓度彼此成反比例关系。硫酸盐浓度没有出现在方程式（4-9）中，因为硫酸根阴离子不渗透，并且不参与平衡。

为了解释上述体系，首先对 Na^+ 和 Cl^- 作衡算，考虑相Ⅱ为电中性，根据方程式（4-9）计算，如表 4-25 所示。

表 4-25　　　　　　　　顿南平衡中的离子分布

体　系	单　位	相0	相Ⅰ	相Ⅱ
a	mol/L Na^+	0.1	0.05	0.05
	mol/L Cl^-	0.1	0.05	0.05
b	mol/L Na^+	0.3	0.225	0.075
	mol/L Cl^-	0.1	0.225	0.075
	mol/L SO_4^{2-}	0.1	0.1	0.1

通过 a、b 两体系结果的比较可以看出，在平衡的过程中，体系 a 会达到通常的平衡态，但在体系 b 中，氯离子一定会逆其浓度梯度而由相Ⅰ转入相Ⅱ，原因是：由于在相Ⅰ中加入了硫酸钠，就增大了相Ⅰ和相Ⅱ中钠浓度之间的比例。与此同时，仍要满足方程式（4-9），所以为了达到平衡，相Ⅱ和相Ⅰ中氯离子浓度之间的比例同样也要增大。

在加入硫酸钠的情况下，为了达到新的平衡，氯离子由相Ⅰ逆其浓度梯度转入相Ⅱ，这个过程被称为顿南效应。

归根结底，产生这种效应的推动力是由于加入硫酸钠而导致增大了膜上的钠离子浓度差。由于钠离子的浓度差增大了，于是就增强了钠离子的渗透，而为了保持电中性，所以氯离子也跟着渗透。

3. 纳滤膜的应用

(1) 软化水处理。

对于大多数溶解固体低于2000mg/L的水，纳滤膜可在70～100psi的压力下生产饮用水。而低压反渗透膜要在200psi下操作才能生产出较高质量的渗透水。

Toylor等在对10个运行中的纳滤和反渗透水处理厂进行调查后，得出的结论是纳滤处理的投资费用等于反渗透。虽然泵、阀和管道等对纳滤工厂来说是不贵的，但是需要的面积相同，且这两种类型的膜都有污染问题。对纳滤来说，系统结构上的较低成本与其膜的较高成本相抵。膜的成本只占生产总成本的11%左右。对38000m^3/d (10MGD)，操作压力为240psi，回收率为75%的低压反渗透处理的估计成本为0.38美元/m^3渗透水。在100psi压力下，同样规模的纳滤处理要便宜大约7%，这是由于电的成本较低。因此，将纳滤膜与反渗透膜相比较，其成本的优势是不明显的，但是，随着能源成本的提高，纳滤膜的优势将会增加。

在美国，目前已有超过40万t/d规模的纳滤装置在运转。大型装置多数分布在Florida半岛，其中最大的两套装置的规模分别为3.8万t/d (1989年) 和3.6万t/d (1992年)，这两套装置均为Hydranautics公司承建，使用聚乙烯醇材质的PVD1膜。Filmtec公司的NF-70膜也在多套万t/d以上的大型装置中获得了成功的应用。

(2) 饮用水中有害物质的脱除。传统的饮用水处理主要通过絮凝、沉降、砂滤和加氯消毒来去除水中的悬浊物和细菌，而对各种溶解性化学物质的脱除作用很低。随着水源的污染加剧和各国饮用水标准的提高，可脱除各种有机物和有害化学物质的“饮用水深度处理”日益受到人们的重视。目前的深度处理方法主要有活性炭吸附、臭氧处理和膜分离。膜分离中微滤 (MF)、超滤 (UF) 因不能脱除各种低分子物质，单独使用不能称之为深度处理。纳滤由于本身的性能特点，故十分适于饮用水的应用。美国环保局 (FDA) 曾用大型装置证实了纳滤膜脱除有机物、合成化学物的实际效果。日本也曾于1991～1996年组织国家攻关项目“MAC21” (Membrane Aqua Century 21) 开发膜法水净化系统。该项目的前三年侧重于微滤/超滤膜的固液分离，后三年重点开发以纳滤膜为核心，以脱除砂滤法不能脱除的溶解性微量有机物污染物为目的的饮用水深度净化系统。大量工业装置运行实践表明，纳滤膜可用于脱除河水及地下水中含有的三卤甲烷中间体THM (加氯消毒时的副产物为致癌物质)、低分子有机物、农药、异味物质、硝酸盐、硫酸盐、氟、硼、砷等有害物质。

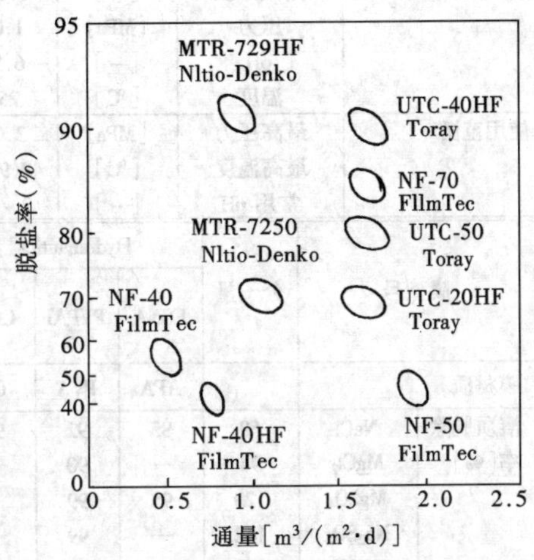

图4-15 国外主要纳滤膜性能比较

(3) 中水、废水处理。中水一般指将大型建筑物 (宾馆、写字楼、商场等) 中排出的生活污水处理后用于厕所冲洗等非饮用水，日本在中水领域已有膜的利用。

纳滤膜在各种工业废水中的应用也有很多实例，如造纸漂白废水处理等。生活废水中，纳滤膜与生物处理 (活性污泥) 相结合已进入实用阶段。

(4) 食品、饲料、制药行业领域中纳滤膜应用十分活跃，如各种蛋白质、氨基酸、维生素、奶料、酒类、酱油、调味品等的浓缩、精制。

(5) 化工工艺过程水溶液的浓缩、分离，如化工、染料的水溶液脱盐处理。

4. 纳滤膜主要生产厂家及其产品

国外主要的纳滤膜及其性能比较如图4-15和表4-26所示。

表 4-26　　国外主要纳滤膜性能表

膜型号		分子量	日本电工(NITTO DENKO)					东丽(Toray)			
			NTR					SU			SC
			729HF	7250	725HF	7450	7410	600	500	2005	1200R
膜材质			PVA	PVA	PVA	SPS	SPS	PA	PA	PA	CA
溶质脱除率(%)	NaCl	58	92	60	40	51	15	63	97	65	85
	$MgCl_2$	94	90	57	35	13	4	46	95	99.4	93
	$MgSO_4$	120	99	99	90	32	9	99.2	99	99.7	99
	Na_2SO_4	142	99	99	95	92	55	99.6	99	99.7	98
	NH_4NO_3	80	83	39	—	—	—	—	—	—	—
	SiO_2	60	70	40	13	—	—	30	85	—	40
	乙醇	46	25	26	7	—	—	10	—	8	10
	异丙醇	60	70	43	22	—	—	35	—	17	30
	葡萄糖	180	97	94	89	—	—	95.4	99	85	>99
	蔗糖	342	99	98	94	36	5	99	99	99	>99
产水量	8040元件	m^3/d	36	60	75	52	100	18	20	40	25
测试条件	测试浓度	[%]	0.15	0.2	0.2	0.2	0.2	0.1	0.05	0.1	0.15
	压力	[MPa]	1.0	2.0	1.0	1.0	1.0	0.4	1.5	0.8	1.5
	pH	[-]	6.5	6.5	6.5	6.6	6.5	6.5	6.5	6.5	6.5
	温度	[℃]	25	25	25	25	25	25	25	25	25
使用范围	最高压力	[MPa]	3.0	3.0	3.0	3.0	3.0	4.2	4.2	4.2	3.0
	最高温度	[℃]	40(90)	40(90)	40	40(90)	40(90)	45	45	45	35
	常用 pH	[-]	2~8	2~8	2~8	2~11	2~11	2~9	2~11	2~11	4~7

膜型号		分子量	Hydranautics			Filmtec(Dow)			Desal			Trisep		Fluid sys
			ESNA	PVPAI	CABI	NF			Desal			TS	A^-	TFC
						90	70	45	5K	5L	11	80	15	5
膜材质			APA	PVA	CA	APA	APA	PA	PA	PA	PA	PA	PA	PA
溶质脱除率[%]	NaCl	58	85	92	90	90	75	50	50	15	99.3	85	98	85
	$MgCl_2$	94	—	90	—	—	70	83	—	—	—	93	98.5	95
	$MgSO_4$	120	95	99	—	95	97.5	97.5	98	96	99.8	98	98.5	—
	Na_2SO_4	142	—	99	—	—	—	—	—	—	—	—	—	—
	NH_4NO_3	80	-	83	—	—	—	—	—	—	—	75	92	—
	SiO_2	60	—	70	—	—	—	—	—	—	98.5	86	96	—
	乙醇	46	—	26	—	—	—	—	—	—	—	—	—	—
	异丙醇	60	—	70	—	—	—	—	—	—	—	—	—	—
	葡萄糖	180	—	97	—	—	98	—	98	98	—	98	99.8	—
	蔗糖	342	—	99	—	—	99	—	—	—	—	99	99.9	—
产水量		m^3/d	30	42	32	39	46	28	30	30	34	30	36	35
测试条件	测试浓度	[%]	0.05	0.15	0.2	0.2	0.2	0.2	0.1	0.1	0.1	0.2	0.2	0.06
	压力	[MPa]	0.5	1.0	2.9	0.6	0.6	0.9	0.7	0.7	1.4	0.7	1.6	0.6
	pH	[-]	6.6	6.6	6.6	—	—	—	—	—	—	8.0	8.0	7.5
	温度	[℃]	2.6	26	26	26	26	26	26	26	26	26	26	26
使用范围	最高压力	[MPa]	2.8	2.8	4.2	1.7	1.7	4.2	4.2	4.2	4.2	1.4	4.2	2.4
	最高温度	[℃]	46	40(90)	40	36	36	46	60(90)	60(90)	60(90)	45	45	45
	常用 PH	[-]	3~10	2~8	4~6	3~9	3~9	3~10	4~11	4~11	2~11	4~11	4~11	4~11

注　APA:交联全芳香族聚酰胺　PA:聚酰胺;PVA:聚乙烯醇;SPS:磺化聚矾;CA:醋酸纤维。

* *:最高使用温度,括号内数值为热杀菌时的温度。

纳滤膜的性能适用于以下方面：除掉颜色和总有机碳（TOC）；除掉自然界有机物（NOM）和合成的有机物（SOC）；从氯化前的饮用水中除掉三卤甲烷的前身（腐植酸和富维酸）；消除总溶解固体中的硬度；水的部分脱盐；浓缩食品和药物工业中的有价值化学品；浓缩酶的预产物；

消除从地下水生产的饮水中的硝酸盐等。

下面简要介绍主要膜产品 ESNA、FILMTEC-NF、DESAL、TFC、SU 等系列的状况，分别如表 4-27、表 4-28、表 4-29、表 4-30、表 4-31 及图 4-16、图 4-17、图 4-18 所示。

1996 年，Hydranautics 推出 ESNA（Energy Saving Nano Amide）的膜材质均为芳香聚酰胺系列纳滤膜元件。这种膜元件一般用于脱除给水中的硬度及色度，脱除有机物、细菌和病毒，标准脱盐率为 60%～80%，可在极低压下运行，获得高水通量，达到节能、降低水中某些物质的目的，该膜已在市政供水系统中得到了广泛的应用。

表 4-27　　ESNA 系统纳滤膜元件

型　号	ESNA1-4040	ESNA1	ESNA2
最低脱盐率	70	70	50
透过水量 GPD（m^3/d）	2300（8.7）	11000（41.6）	15000（56.8）
标称膜面积（ft^2）	85	400	400

注　主要试验参数：500mg/LNaCl，压力 75psi（0.52MPa），温度 25℃，回收率 15%，pH＝6.5～7.0。
　　主要运行参数：pH＝3.0～10.0，最高温度 45℃，给水 SDI＜5.0，浊度＜1.0NTU，［Cl_2］＜0.1mg/L。

ESNA1 膜元件的优点之一是能有效脱除给水中含量相对较高的铁及三卤甲烷。对于一个回收率为 85%的大系统，实例结果表明，当给水含铁量高达 4ppm 时，其产水含铁量小于 0.10ppm。表 4-28 列出了该系统正常运行数据。

表 4-28　　ESNA 纳滤膜系统运行数据

（产水量 1×10^6gal/d，回收率 85%，给水不加酸）

分析项目	浓　度		透过率	标准化后盐透过率（折算成 Cl^-）	脱盐率（%）
	给水（ppm）	产品水（ppm）			
pH	7.14	6.1	—	—	—
电导率（μS/cm）	815	94	0.06	NA	94.3
Ca	107	4.7	0.02	0.28	97.8
Mg	6	0.31	0.03	0.33	97.5
Na	49.3	11.6	0.12	1.49	88.4
Fe	2.6	0.05	0.01	0.12	99.1
SiO_2	21.3	2.9	0.07	0.86	93.3
Cl	80	12.6	0.08	1.00	92.3
SO_4	30	0.8	0.01	0.17	98.7
碱度	290	25	0.04	0.55	95.8
TDS	586.2	58.0	0.05	0.63	95.1

ESNA1 膜元件对三卤甲烷脱除率可从一系统的实测结果得到证实。该系统给水中三卤甲烷含量超过 750μg/L，在系统回收率为 85%的情况下，其产水中三卤甲烷含量小于 25μg/L。

ESNA2 膜元件主要用于脱色，在去除造成给水显色的有机物时，其运行压力只需要 30psi (2bar)。ESNA2 膜元件的优点之一是它只部分去除硬度，而常规纳滤膜的硬度脱除率过高。对于因硬度低而导致管路严重腐蚀的场合，该优点极为重要。对于饮用水系统，采用 ESNA2 膜元件时无须在后处理过程中向系统添加硬度，因而可以节约药品费及处理费用。

Filmtec 的 FT-30 膜是芳香联胺在液相中同三酰氯的界面有机聚合反应而制取的。Filmtec NF

是基于两种化学反应，以两种型式制成的产品：一个是基于聚酰胺交联反应，为中西部研究院北极星研究所成功开发的NS-300，NF45被应用到生物、奶制品、食物和饮料工业，SR 90是一种特殊产品，用于去除注入油田的海水中的硫酸盐；另一种是基于完全的芳香族交联的聚酰胺，NF90，NF70（NF270）和NF55三种型式的膜均采用此种合成材料，NF90/70（270）膜元件已经用于市政水处理。在欧洲，NF70（NF270）也被引起注意并被采用。

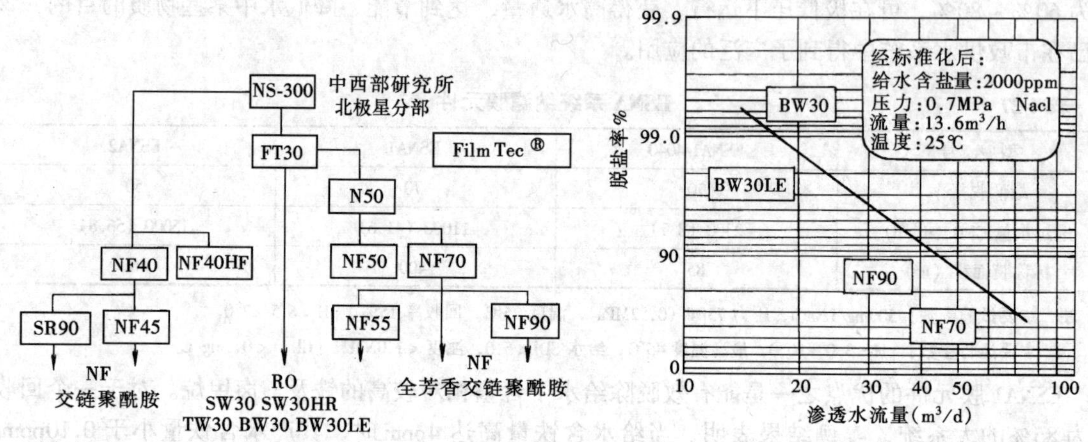

图4-16 Filmtec-NF膜的发展历史背景

图4-17 Filmtec-NF/RO运行性能比较

Filmtec的NF和RO的运行性能比较如图4-17、图4-18及表4-29所示。

表4-29 Filmtec 400RO/NF膜元件运行性能

型号		NF70-400	NF90-400	BW30-400
产水流量（m^3/d）		47	39	40
最低脱盐率（%）		60	95	98
典型的现场脱盐率（%）		—	—	99.5
实验在25℃条件下	给水浓度（mg/L）	2000（$MgSO_4$）	2000（$MgSO_4$）	2000（Nacl）
	给水压力（bar）	4.8	4.8	15.5
	回收率（%）	15	15	15

注 NF主要运行参数：最高压力17bar，最高温度35℃，给水SDI<5，运行pH=3~9，允许［Cl_2］<0.1mg/L，给水浊度<1NTU，最大给水流量265L/min。

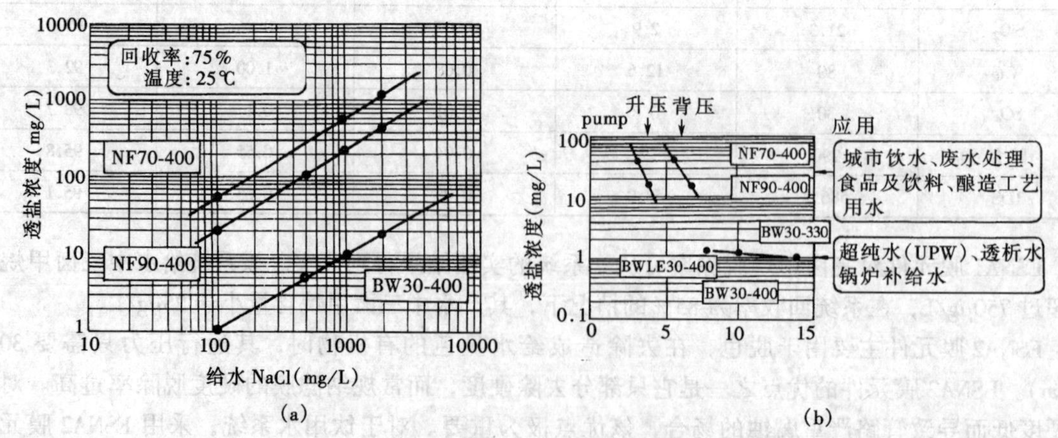

图4-18 Filmtec反渗透系统分析RO/NF设计性能

(a) 给水浓度与透盐浓度的关系；(b) 给水压力与透盐浓度的关系

表 4-30　　　　　　　　　　　　　Desal 纳滤膜

产品	型号（薄型 TFM）		产水量 (GFD)／(m^3/d)	$MgSO_4$ 脱除率（平均值）	膜面积 (ft^2)／(m^2)	截流特性	典型应用
D 系列	DK	DK4040F	2000/7.56	98%	90/8.36	对不带电的有机物截留分子量 150～300MW，可选择性地去除 2 价及多价阴离子，由于单价离子可透过膜不产生渗透压，故可在较 RO 更低的压力下运行	工艺物料分离，废水处理，油水分离，色度去除
	标准通量	DK8040F	10100/30.24		350/32.52		
	DL	DL4040F	2800/10.58	96%	90/8.36		
	高通量	DL8040F	10200/38.56		350/32.52		
H 系列	HL 水软化脱色	HL4040F	2600/9.83	98%	90/8.36 350/32.52	对不带电的有机分子截留分子量 150～300MW，可选择性地去除 2 价及多价阴离子，对单价离子去除因浓度而定	水软化，色度去除，THM 去除
		HL8040F	10100/38.18				

注　主要试验参数：2000mg/L$MgSO_4$，$p=100$psi（6.9bar），25℃，回收率 15%

主要运行参数：运行 pH=2～11，最高温度 50℃，进水 SDI<5。

Desal 公司生产的 Desal-5 膜对于去除天然水的硬度、色度及其他杂质提供了行之有效的工艺过程。

表 4-31　Desal-5 膜在市政用水及海水试验中的运行参数

运行参数		市政用水	海水
TDS (mg/L)		545	21130
SO_4^{2-}/(HCO_3^-+SO_4^{2-})		0.452	0.05
压力 (psi)		100	170
水通量 (GFD)		18	22
离子脱除率 (%)	Ca^{2+}	90	66
	Mg^{2+}	92	85
	Na^+	68	16
	HCO_3^-	78	62
	Cl^-	50	25
	SO_4^{2-}	98	96

表 4-31 是 Desal-5 膜在市政用水及海水试验中的运行参数。显然硬度在两种水质中都被减少，海水中较低的 2 价/1 价阴离子比率的影响将被高盐分所抵消，相应的海水中高 NaCl 透过率将在低压下达到高的水通量。

实验室的软化数据用 Desal-5 膜的软化受 TDS 和水中 2 价/多价阴离子比率的影响，多价阴离子增多有助于钙镁离子的脱除。2 价盐的 $MgSO_4$ 被较多地脱除，不受浓度的影响；2 价/1 价盐如 $MgCl_2$、$CaCl_2$ 脱盐率较低，受浓度影响大；NaCl 脱盐率也受浓度的影响，但与 $MgCl_2$、$CaCl_2$ 不同，从图 4-19 可看出提高浓度能降低脱盐率。表 4-32 为 Fluid Systems 公司聚酰胺软化膜特性。表 4-33 为 Toray 公司纳滤膜特性。

表 4-32　Fluid Systems 聚酰胺软化膜 (Polyamide Softening Membrane)

型号	产水量 (GPD)/(m^3/d)	硬度脱除率 (%)	Cl^- 脱除率设计/最小 (%)	膜面积 (ft^2)
TFC4920S	2000/7.6	98.5	85	78
标准 TFC8923s-400	9000/34.1	98.5	85	400
高面积 TFC8933s-575	12500/47.3	98.5	85	575

注　主要试验参数：1000mg/L $MgSO_4$，$p=80$psi，pH=7.5，25℃，回收率 15%。

主要运行参数：运行 pH=4～11，$Cl_2=0$，SDI≤5，温度 1～45℃。

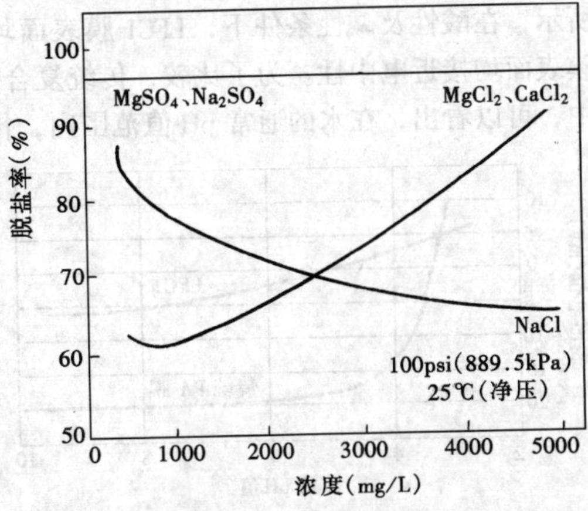

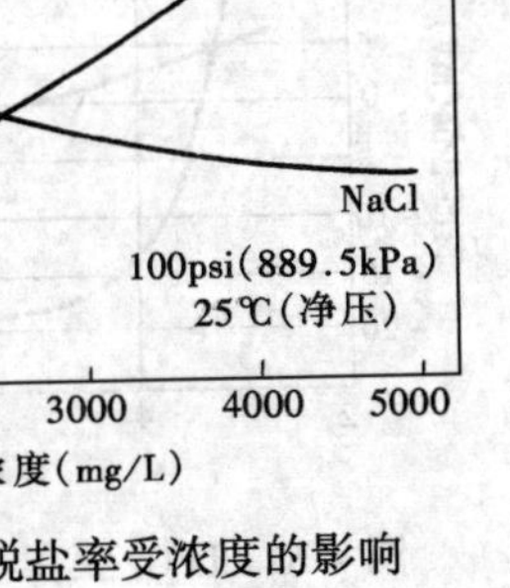

图 4-19　水中盐类的脱盐率受浓度的影响

表 4-33 Toray 纳滤膜

运行压力型式			纳滤（NF）		
型　号			TMN10	TMN20-370	TMN20-400
性　能	除盐率	平均（%）	99		85
		最低（%）	98		75
	透过水量	平均（m^3/d）	5.5	28	4.5
		最低（m^3/d）	4.4	23	4.0
测定条件	供给压力	MPa	0.3		0.3
	温度	℃	25		25
	给水浓度	—	500mg/L Nacl		500mg/L NaCl
	回收率	%	15	15	15
	pH 值		7.0		7.0

（四）抗污染膜

目前已有多家膜厂商为市场提供了抗污染的膜产品，如 LFC、Filmtec-FR、X-20 及 Desal 公司的多品种低污染反渗透膜，现予简要介绍。

1. LFC（Low Fouling Composite）系列抗污染膜

此膜是 Hydranautics 公司 1998 年推出的低污染型低压复合膜。LFC 系列膜元件在低压膜上涂敷聚乙烯醇材料以改变膜表面电性，这种膜不仅具有复合膜的各种优点，如低压、高通量、高脱盐率，而且还具有抗污染的特殊优点。该系列有 LFC1 及 LFC2 两个品种，这两个品种的膜材料与传统复合膜相同。但不同的是，传统反渗透复合膜表面带负电荷，而 LFC1 膜表面不带电荷，呈电中性，LFC2 膜表面则带正电荷（见表 4-34）。

表 4-34 LFC1 及 LFC2 8in 及 4in 低污染复合膜系列产品性能

组件尺寸	膜型号	膜面积（ft^2）/（m^2）	水通量（gal/d）/（m^3/d）	最低脱盐率（%）
8in 组件	LFC1-365	365/33.9	10000/37.8	99.5
	LFC1-400	400/37	11000/41.6	99.5
	LFC2	365/33.9	11000/41.6	95.0
4in 组件	LFC1-4040	85/7.9	2300/8.7	99.0
	LFC2-4040	85/7.9	2500/9.5	95.0

注　1. 所有膜元件的试验条件均为 225psi，25℃，15%回收率，pH = 6.5 ~ 7.0，1500ppmNaCl 溶液，30min 后取样。
2. 从 1998 年开始所有 4040 膜元件外皮材料均为玻璃钢。

（1）LFC1 膜元件的特性和应用状况。开发 LFC1 膜元件的目的是为了尽量减少有机污染物在膜表面的吸附，使得由于有机污染物在膜表面沉积而造成的水通量衰减降低至最小值。如图 4-20 所示，在酸性及碱性条件下，LFC1 膜表面均呈电中性，也就是说无论给水 pH 值是多少，LFC1 膜表面均接近电中性。为了比较，传统复合膜的表面电位随 pH 值的变化情况也一并示于图 4-20 中，可以看出，在水的通常 pH 值范围内，传统的聚酰胺复合膜的表面电位呈负值。

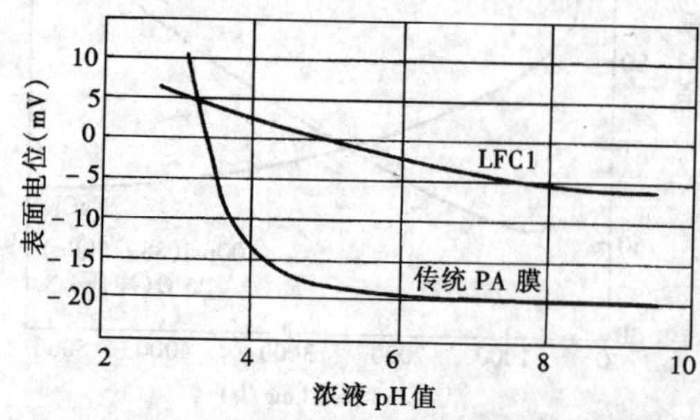

图 4-20　LFC1 膜在不同 pH 值下的表面电位

1）不同污染物的特性。污染物对膜的水通量有显著影响，图 4-21 所示为 LFC1 膜对不同带电污染物的抗污染性。为了便于比较，将带电的聚酰胺复合膜的性能也示于图 4-20 中。

在阴离子表面活性剂存在的情况下，尽管膜表面带负电的复合膜其水通量可维持不变，但当这些膜与阳离子表面活性剂、两性表面活性剂（例如，有些物质随 pH 值不同而呈现不同的带电特性）或者中性表面活性剂相接触时，其水通量则会大大降低，但对于 LFC1 膜来说，无论何种表面活性剂存在，均可以保证高水通量。

2）水通量的稳定性。在现场处理城市二级排水时，LFC1 膜可以维持水通量稳定，而传统复合膜的水通量会很快衰减，如图 4-22 所示。LFC1 膜元件在高污染环境下，也可以在很长时间内保持产水流量稳定。

3）应用。LFC1 膜元件主要适用于城市污水处理、锅炉排污水处理及高污染的地表水处理，很多原来必须使用醋酸膜的场合可以更换用 LFC1 膜，用 LFC1 膜代替醋酸膜时可以降低给水压力，增加产水量和提高脱盐率。采用 LFC1 膜与醋酸膜相比的另一显著优点就是不需要限制给水 pH 值为 4~6，因而可以省去昂贵的加酸费用及专门的控制系统。由于 LFC 膜元件是芳香族酰胺复合膜，因而使用 LFC 膜元件的给水不能有游离氯存在。当然某些情况下可以使用氯胺来控制细菌的生长。

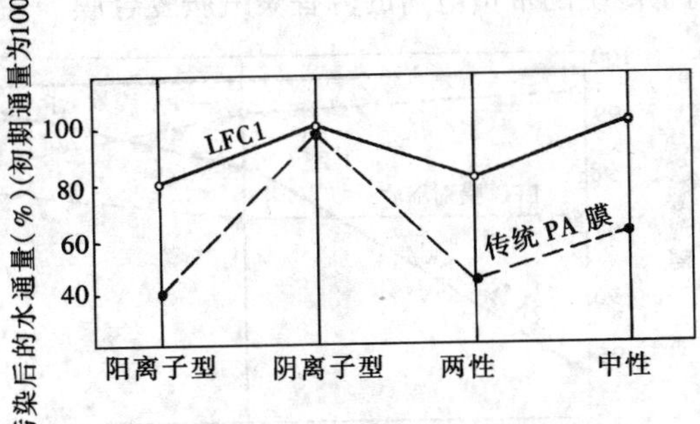

图 4-21　LFC 1 膜对不同带电污染物的抗污染性

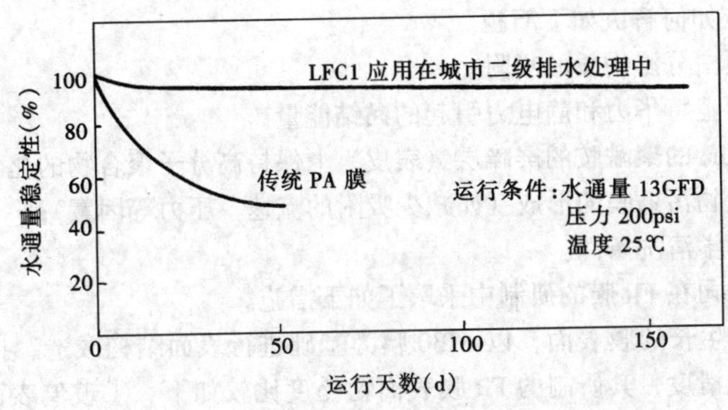

图 4-22　LFC 1 膜对水通量的稳定性

(2) LFC2 膜元件的特性和应用状况。LFC2 膜是膜表面带正电的芳香聚酰胺膜，这种带正电的膜与传统的带负电的膜性能完全不同，这种膜与阳离子表面活性剂接触后，可通过清洗来恢复水通量，而带负电的传统复合膜在与阳离子表面活性剂接触后，其水通量无法恢复。另外，在给水 TDS 含量低的情况下，LFC2 膜与其他带负电荷的高脱盐率复合膜相比，LFC2 膜对钠及其他阳离子的脱除率更高。由于膜表面带正电荷，所以在使用 LFC2 膜元件时，预处理药剂避免使用阴离子聚合物，因为这些阴离子聚合物在与 LFC2 膜表面接触时会导致表面产生不可恢复的污染(如图 4-23 所示)。

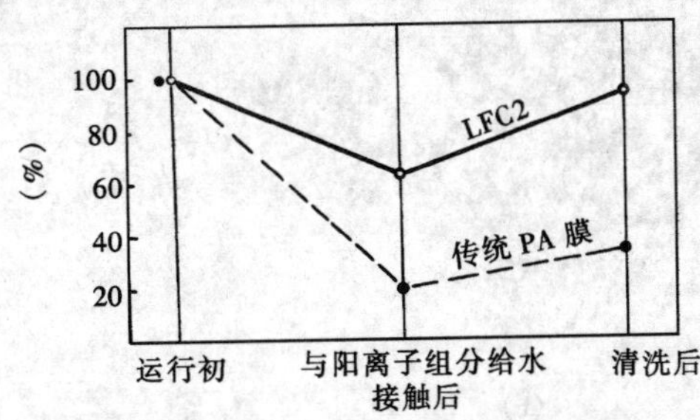

图 4-23　LFC 2 膜在阳离子聚合物存在时水通量的稳定性

1）在阳离子聚合物存在时水通量的稳定性。如图 4-22 所示，LFC2 膜与阳离子聚合物接触后可以通过清洗的方法恢复其水通量，而且，由于这种污染而导致的水通量衰减会远远低于使用带负电的传统复合膜。

2）脱盐率与给水含盐量的关系。尽管在标准试验条件下（1500ppmNaCl，225psi），LFC2 膜的最低脱盐率为 95%，但在极低含盐量的情况下，其脱盐率要高于传统的带负电荷的芳香聚酰胺复合膜。在含盐量高于100ppm时，传统的复合膜的脱盐率极高（>99.5%），但是，当含盐量低于10ppm时，它对钠的脱除率明显降低，因而总脱盐率也会降低。而LFC2膜由于表面带正电，在给水含盐量较低的情况下，对钠也有较高的脱除率，在给水含盐量低的情况下，LFC2膜的整体脱盐率要高于传统聚酰胺膜。在二级反渗透系统中，如果第二级使用LFC2膜，则这种膜比传统的聚酰胺膜有更高的脱除率，图4-24正好说明了这一点。

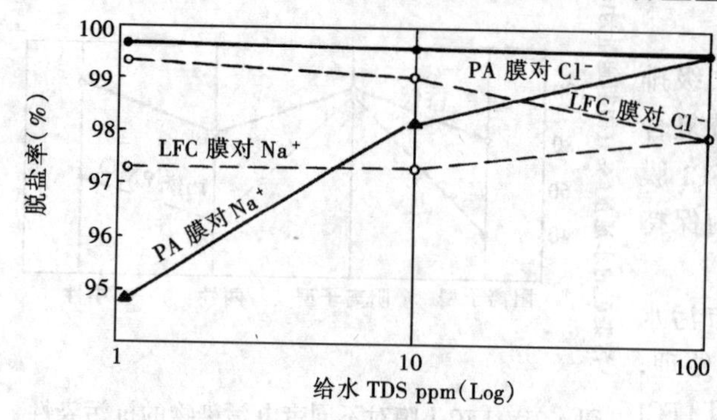

图4-24 LFC 2膜和PA膜脱盐率与给水含盐量的关系

2. Filmtec-FR系列抗污染膜

Filmtec-FR系列抗污染膜是Dow公司于1996年开发的产品。在F. Ridgway博士经过对微生物吸附的机理以及对醋酸纤维、聚酰胺膜的生物污染研究的大量论文，SEM和AFM的显微照片所提供的资料的基础上，1995年下半年，Filmtec的研究人员认为欲开发使用寿命长的抗污染膜，必须注意到膜的表面应如何解决如下问题。

（1）如何减少蛋白分泌物质的吸附；

（2）如何降低由范特华力和静电力引起的黏结能量；

（3）如何在0.2μm的聚酰胺的屏障层（表皮）上保持高分子聚合物的化学性质的均一；

（4）如何延缓生物污染膜的形成（如减少吸附的流速、压力等因素）；

（5）如何选择化学清洗条件。

因而，Filmtec公司在FR膜的研制中采取了如下措施。

（1）抑制微生物生长的膜表面，以FT30膜为基础进行表面结构改造，抑制生物膜形成。首先是改进膜表面的光滑度，其研制的FR膜表面粗糙度比较如下：①玻璃表面为1；②标准FT30膜表面为1.8；③FR膜为1.09。比FT30膜的光洁度高40%，可最大程度地抑制微生物的附着。图4-25为在超倍电子显微镜下膜表面的形貌比较。

（2）优化进水通道（FR膜隔网厚34mil，而一般隔网厚26~27mil），改进了清洗效果。

（3）采用自动卷膜，改善膜层间的均匀程度，水阻均一化；黏结边线变窄，提高了有效膜面积，叶片数增多，减短叶片，这样不致影响有效膜面积。

（4）将叶片缩短，叶片数增加，因而减少了产品水侧压力损失，并使压力分布均匀，水通量

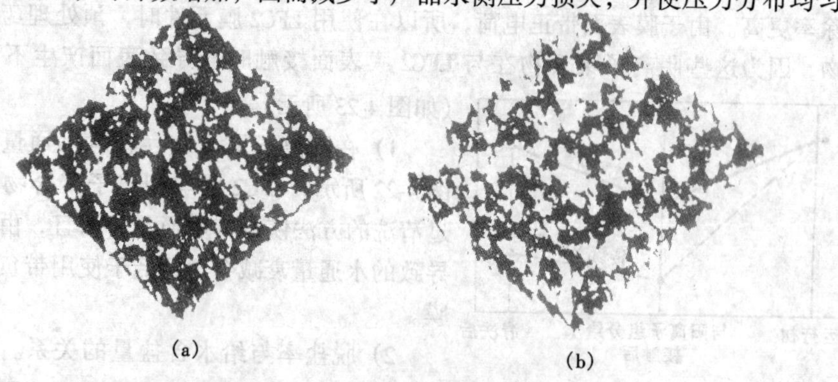

图4-25 在超倍电子显微镜下膜表面的形貌比较

（a）抗污染膜表面；（b）标准的复合膜表面

分布均匀，减少了浓差极化的可能性。

以下介绍 Filmtec 公司抗污染膜现场试验状况。

美国得克萨斯州的大型石油化工厂，原水污染严重，水温为 10～32℃，反渗透给水经氯化、多级过滤、离子交换软化、滤芯过滤和 $NaHSO_3$ 脱氯。自 1992 年起，严重的污染使聚酰胺反渗透膜每 2～3 周清洗一次，频繁的清洗增加了运行成本。

1996 年上半年，与普通膜 BW30-365 元件同时安装了一套 BW30-365（FR）抗污染膜，两套装置水通量相同。用非氧化性杀菌剂定期灭菌控制细菌生长，间断性的杀菌减少了化学清洗频率，稳定压差保持了 115 天后超过 OEM 标准，目前这套 FR 膜元件系统仍在运行。

普通反渗透膜元件一般 4 周清洗一次，此时压差为 60psi，这种情况下使用寿命为 3 年，图 4-26 为普通膜 34 天进行第一段膜的清洗，在 34 天时的压差。

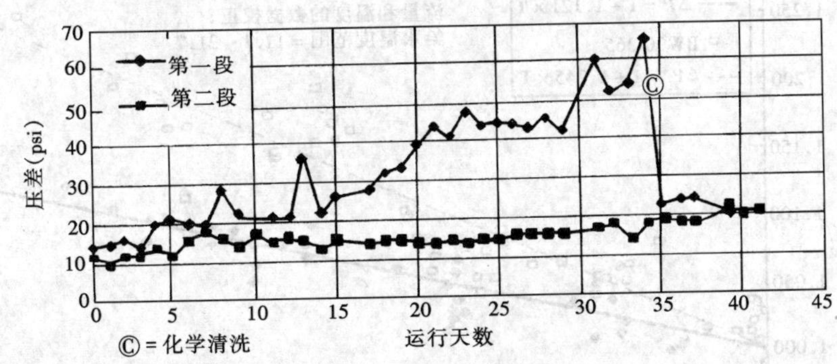

图 4-26　起动运行的数据—普通膜元件的压差

1997 年 4 月，BW30-365-FR1 膜开始安装并且运行到 1998 年 8 月上旬，只进行两次化学清洗（如图 4-27 所示）。此系统为 340m^3/h，给水预处理采用定期的非氧化性杀菌剂灭菌。

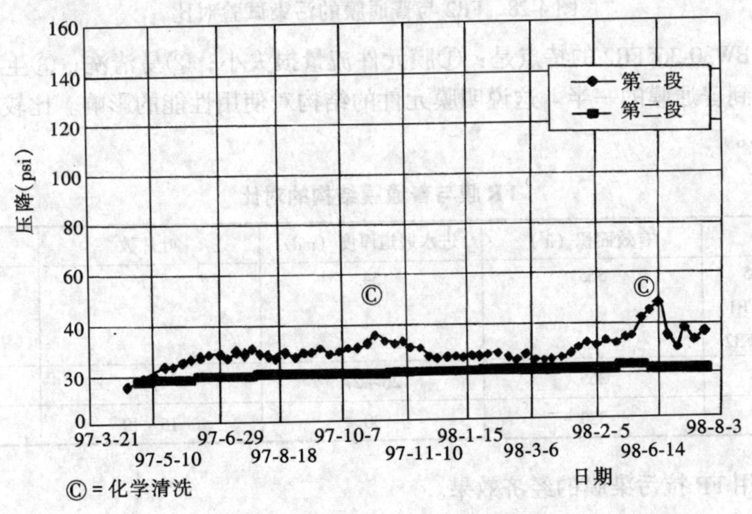

图 4-27　FR 膜元件的压差

1998 年第一季度，Filmtec 公司开发出了第二代抗污染膜 BW30-365-FR2，针对吸附是生物污染膜的关键，这种膜增强了反渗透膜抵抗微生物吸附的功能。

在短短一周时间的恶劣条件下试验（见表 4-35 及图 4-28），即反渗透给水为间断的工艺废水和自来水的混合水（工艺废水出口的细菌超过 2×10^6cfu/mL）。

表 4-35　　　　　　　　　　　　污染试验通量损失的比较

113h 之后细菌的平均数 = 6×10³cfu/mL				
平均 SDI（15）= 6.3		每一根压力容器 6 根膜元件；回收率 = 66.8%		
膜类型	Element Model（FILMTEC）	平均通量［L/（m²·h）］	通量损失	清洗后的通量恢复率
抗污染	BW30-365-FR2	24.2	7.6%	82.0%
普通	BW30-365	22.1	19.2%	36.5%

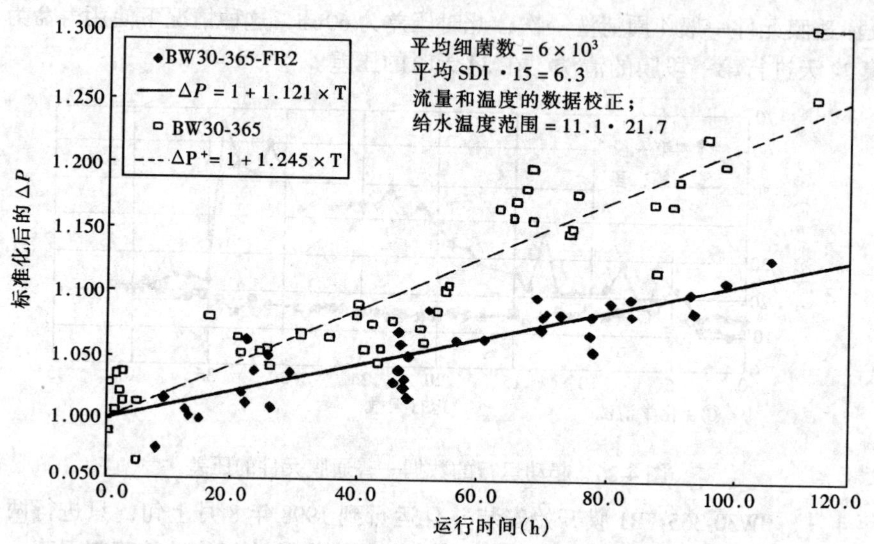

图 4-28　FR2 与普通膜的污染试验对比

试验结论　BW30-365FR2 的特点是：①膜元件流量损失小；②易清洗；③生物污染膜的形成之前，其压差不到普通膜的一半。这说明膜元件的结构对使用性能的影响。比较不同厂家的膜结构如表 4-36 所示。

表 4-36　　　　　　　　　　　　FR 膜与普通膜结构的对比

膜 元 件		有效面积（ft²）	进水通道厚度（mil）	叶片数	叶片长度（in）
FilmTec	BW30-365 BW30-365FR1 BW30-365 FR2	365	34	27	29
Hydanantics		365	26～27	19	42
Fluid Systems		330	30	16～19	40～45

以下介绍使用 FR 抗污染膜的经济效果。

现对 1996 年至 1998 年，世界上使用的 2000 根 FR 膜的使用效果总结如下：

（1）化学清洗次数及费用减少。化学清洗费用包括：①劳动力；②运输费用；③废液处理；③化学药品；⑤影响供水；⑥电费。估计每根元件的费用在 44～110 美元，若使用 FR 膜，保守估计为每年每根膜少清洗 3 次，以每根膜元件的清洗费用 60 美元计算，可节约 180 美元。一个系统以 100 根计，3 年使用寿命，就可节约 5.4 万美元。

（2）使用寿命延长。若原水是生物污染严重的水，因生物体的聚集引起生物膜的形成而易导致压差增加，从而必须进行化学清洗。这样，膜元件会经常受到严重的损伤。

有些反渗透系统设计非常苛刻，只关注大产水量。Filmtec-FR 膜元件，除开发了抗污染的膜片外，还优化了膜叶的长度和隔网的设计，使膜通量均一分布，化学清洗的效率更高。当然，每片膜叶都有大约 0.25in（0.63cm）宽的胶带边。这已是最大限度地减小死角，防止细菌的聚集和繁殖。用精密的滚轴转动方法将环氧树脂涂在 Filmtec-FR 抗污染膜元件的外壳，使元件成一整体，从而抵抗反复的化学清洗的冲击。估计 Filmtec-FR 抗污染膜比普通膜寿命长 30%左右。

（3）能耗降低。抗污染膜的生物聚集和污染的速度小，因而阻力小，可低压进水，故能耗小。图 4-29 是在 500gpm 条件下年能耗与进水压的关系。如在美国每千瓦时电为 0.1 美元，若进水压增加 25psi（>5%），则每年增加 7 千美元。

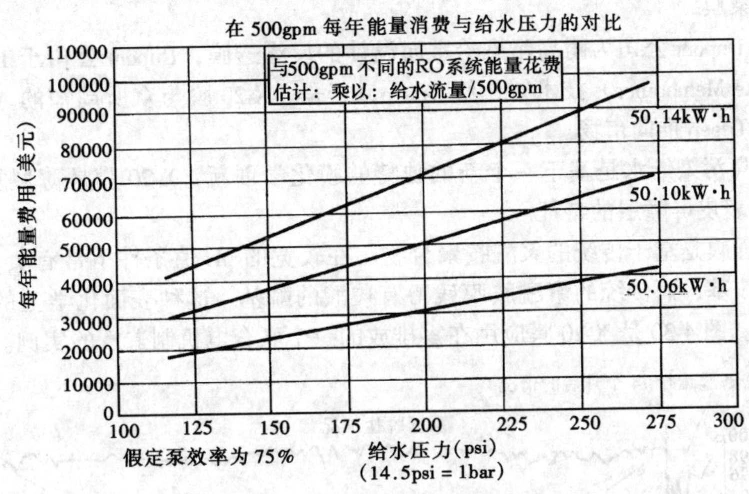

图 4-29 给水与能耗的关系（500GPM）

表 4-37 是根据 Filmtec-FR 抗污染膜元件的使用的总结。

表 4-37　FR 膜与普通膜使用费用和寿命的对比

膜类型	化学清洗的相对费用	相对的寿命
普通膜元件	3X~8X	0.5Y
抗污染膜元件	2X	0.7Y
抗污染膜和间断性的杀菌	1X	1.0Y

Filmtec-FR 抗污染膜元件的可清洗性与普通膜相似。pH 值在 1~12 之间，通常先酸洗后碱洗。而清除生物污染物最好其 pH 值大于 10，浸泡至少 4h，最后用足够的速度进行冲洗。Filmtec BW30-365FR 的 6 根膜元件的压力容器，推荐用流量为 30~40GPM（6.8~9.1m^3/h）。

Filmtec 推荐的间断性地杀菌的建议如下：

膜元件间断性地杀菌与抗污染表面的协同的研究，其目的是延长化学清洗间隔时间或延迟生物污染膜的形成。Dow 生产杀菌剂 7287，一般用含 DBNPA（2-dibromo-3-nitrilo propionamide）作为活性剂的杀菌剂，夏天 3~5 天一次，冬天 7 天一次。程序是：用 10~20ppm 的活性非氧化的杀菌剂，在系统运行时投入给水中。如果要减少水中生物介质，有时要提高杀菌剂的用量。一般投药时间为 30~60min。在生物污染特别严重的情况下，通常投药的时间要长一些。

Filmtec-FR 的产品特性：

目前市场上能提供两种 Filmtec-FR 抗污染的膜元件（如表 4-38 所示）。Filmtec BW30 365 FR 适用于传统多介质过滤器为主要预处理的系统 BW30-400FR 适用于微滤或超滤作为主要处理手段的系统。

表 4-38 **Filmter-FR 产品特性**

产品	Part No.	表面积（ft^2）/（m^2）	产水率（GPD）/（m^3/d）	稳定的脱盐率，Cl^-（%）
BW30-365 FR	174961	365/34	9500/36	99.5
BW30-400FR	202681	400/37	10500/40	99.5

注 1. 产水率和脱盐率基于下列条件：2000ppm NaCl，225psi（1.6MPa），77℉（25℃），pH＝8，回收率为 15%。
2. 单个膜的流量有变化，但在 7%左右波动。
3. 单个膜的最低脱盐率为 98.0%。
4. 隔网厚 34mil，能提高化学清洗效果。

3. X-20 低污染膜

X-20 膜原是 Dupont 公司为耐高污染给水而设计的反渗透膜，Dupont 公司于 1991 年末将 ACM（Advanced Compsite Membrance）技术转让给 Trisep，于是，X-20 膜与众所周知的 A-15 膜等卷式薄型复合膜一起由 Trisep 推向市场。

X-20 膜能耐高污染给水是基于一个新的独特的膜化学创新，X-20 膜是薄型复合膜，具有聚酰胺-尿素共聚物表皮屏障层的特征。

标准的反渗透膜是基于传统的聚酰胺聚合物，在较宽的 pH 值条件下常有负表面电荷。X-20 膜表面是残留有胺基，而传统的聚酰胺膜残留有羧酸的酰基。这种表面化学上的差异形成了 X-20 膜独特的特性。图 4-30 是 X-20 膜应用在零排放的一个联合电机制造厂的实例。

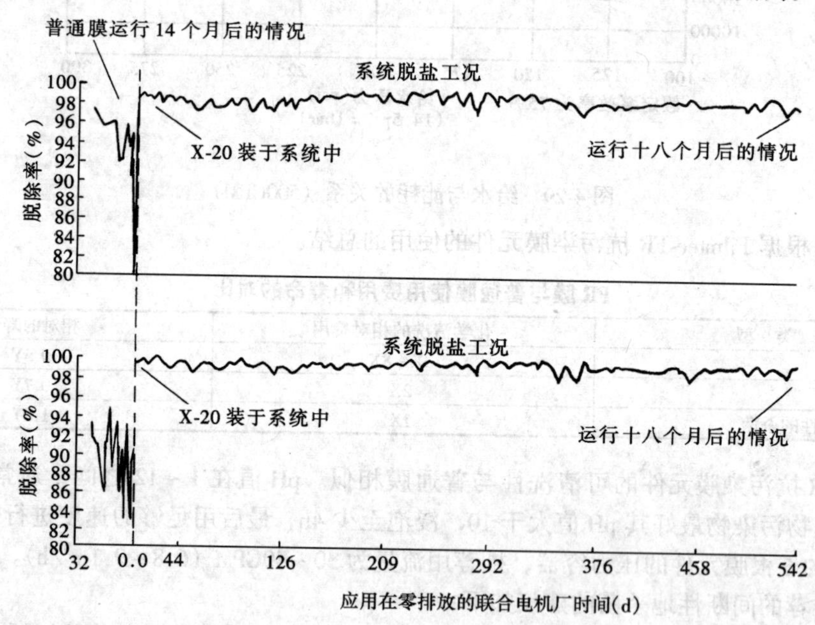

图 4-30 X-20 膜在零排放应用的实例

X-20 膜的特点是：低污染，易清洗，硅的脱除率得到改善，抗氯性超过 10ppm，现场试验证实运行性能保证 4 年以上，应用广泛，安装容量已超过每天 30000000gal。美国得克萨斯电厂使用 X-20 抗污染膜，减少了除盐再生次数 5 倍以上，每年节约了 192000 美元。X-20 膜与其他薄型复合膜对比，被认为对高有机物地表水、废水和其他问题的给水具有减低污染的倾向。1994 年 5 月国际超纯水文集中的文章指出：“X-20 膜运行中的水通量下降较之 Filmtec 膜是缓慢的。

X-20 膜在给水 pH＝9.5 以上仍能保持高于 98%的脱盐率，而其他膜在 pH 值较高的水中，脱盐率有下降的趋势。X-20 膜特性如表 4-39 所示。

表 4-39　X-20 膜　特　性

特　性	4040-X201-T2A	8040-X201-T2A
渗透水流量 GPD（m^3/d）	1800（6.8）	8000（30）
平均脱盐率（%）	99.5	99.5
最低脱盐率（%）	99.0	99.0
最大给水流量（GPM）/（m^3/h）	20/4.5	80/18
膜型号	X-20 聚酰胺超薄复合膜	
结构	蜗卷式，玻璃纤维外部缠绕	
建议运行压力	100～300psi（0.7～2.1MPa）	
最大使用压力	600psi（4.1MPa）	
给水 pH 范围	4～11 连续	
允许 Cl_2	<0.1ppm	
允许氯胺	10ppm 以上	
最小（盐水/渗透水）流量比	5:1	
最大 SDI（15min）	5	
最大浊度	2NTU	

注　标准试验状况：2000ppmNaCl，225psi，25℃，15%回收率，pH=8，运行 30min 后测定。

Trisep 涡式运行清洗（Trubo Clean）膜元件是 Trisep 公司为适应微生物十分敏感的膜分离过程（包括 Trisep X-20 低污染聚酰胺脲膜）而设计的（如图 4-31，表 4-40 所示）。

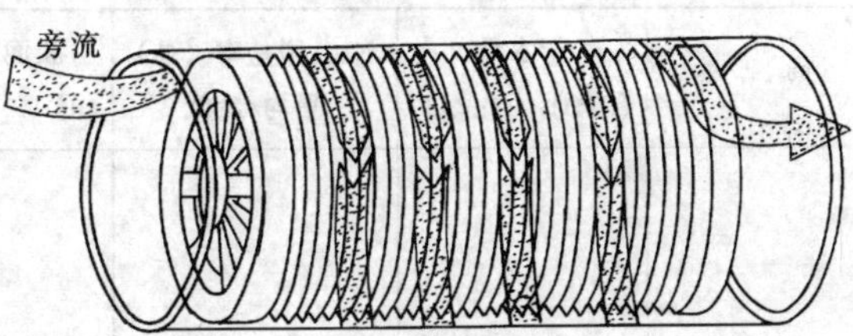

图 4-31　Turbo Clean 膜元件外形示意图

传统的卷式膜元件不适于在微生物很敏感的分离过程中使用。给水/浓水密封着，排放水围绕在膜元件的外侧形成一个死区，使此环境中的杀菌和抑制微生物很困难。如果疏忽了对此处的检查，微生物繁殖必然污染密封膜元件，以致于污染了产品水和整个工艺过程，造成膜的性能下降，其结果是增加运行成本。

Trisep 涡式清洗膜技术是以外壳包容并保护卷式膜，装在封闭的压力容器中，并取消给水/浓水密封，允许适当的控制水流绕着膜元件外侧而形成旁路，高速的旋涡流动，使该膜元件外部保持恒定的擦洗。

表 4-40　Turbo Clean 膜元件应用领域

	反渗透膜				纳　膜		超　滤　膜	
	X-20 低污染膜	ACM-LP 低压膜	ACM 标准复合膜	SB-20/50 醋酸纤维膜	TS80 90%NaCl 脱除率	TS40 98% $MgSO_4$ 脱除率	UA50 切割 3500MW	UE50 切割 100000MW
医药	√	√	√	√			√	
实验室	√	√	√	√			√	
透析	√	√	√	√			√	
生物技术	√	√	√				√	√
牛奶工艺	√	√	√			√	√	√
饮料工艺	√	√	√		√	√		√
食品工艺	√	√	√		√	√	√	√
半导体	√	√	√	√			√	
印刷电路板	√	√	√	√			√	
发电厂	√	√	√	√			√	√

4.Desal 高抗污染膜

Desal 高抗污染膜品种较多，且应用广泛，其特性分别如表 4-41、表 4-42、表 4-43、表 4-44 所示。

表 4-41　Desal 高抗污染膜特性（一）

型　号	产水量 (GFD)/(m^3/d)	NaCl 脱盐率（%）平均/最低	膜面积 (ft^2)/(m^2)	应用特点	典型应用
SC4040F SC8040F	963/3.64 3600/13.61	99.0/98.0	83/7.71 340/31.59	膜表面平滑，具有抗污染能力，对污水处理可采用玻璃钢外壳及标准流道；也可选用其他材质及特殊流道的设计	苦咸水脱盐废水处理，工艺物料浓缩，有机物去除

注　主要试验参数：32000mg/L NaCl，$p=55.2$bar，25℃，pH=6.5，回收率 15%。

主要运行参数：pH=2~11，最高温度 50℃，允许 Cl_2 范围 500ppm·h，进水 SDI<5。

表 4-42　Desal 高抗污染膜特性（二）

型　号	产水量 (GFD)/(m^3/d)	NaCl 脱盐率（%）平均/最低	膜面积 (ft^2)/(m^2)	运行 pH 值	最高温度（℃）	应用特点	典型应用
SC4040C2H SC8040C2H	1300/4.91 5000/18.09	99.5/98.5	97/9.01 350/32.52	4~9	连续运行 70/90	特别适用于对具有生物活性的料液的反渗透系统，膜元件包括有 Durasan 外壳，聚砜连接件，标准流道等耐高温材质，也可选用其他材质外壳及特殊流道设计	
SE4025T SE4026F SE4040F SE8040F	1200/4.54 1200/4.54 2000/7.56 7700/29.11	98.5/97.0	55/5.11 55/5.11 90/8.36 350/32.52	2~11	50	膜表面平滑，具有高抗污染能力，用于苦咸水脱盐及物料浓缩	膜表面平滑，具有高抗污染能力，用于苦咸水脱盐及物料浓缩
SE4040C2H SE8040C2H	1750/6.62 6500/24.6	99.0/97.5	97/9.01 350/32.52	4~9	70	膜表面平滑，具有高抗污染能力，可 70℃ 运行，定期热水消毒可在 90℃ 下进行，特别适用于对具有生物活性的料液进行反渗透处理。膜元件包括有 Durasan 外壳，聚砜连接件，标准流道耐高温材料	

注　主要试验参数：2000mg/L NaCl，$p=29.3$bar，25℃，pH=6.5，回收率 15%。

主要运行参数：最高温度 50℃，允许 Cl_2 范围 500ppm·h，进水 SDI<5。

表 4-43　　Desal 高抗污染膜特性（三）

型　号	产水量 (GFD)/(m^3/d)	NaCl 脱盐率（%）平均/最低	膜面积 (ft^2)/(m^2)	应　用　特　点	典型应用
SG4025T SG4026F SG4040F SG8040F	1200/4.54 1200/4.54 2000/7.56 7700/29.11	98.5/97.0	55/5.11 55/5.11 90/8.36 350/32.52	膜表面平滑，具有高抗污染能力，用于苦咸水脱盐及物料浓缩	苦咸水脱盐
SG4025C SG4040C SG8040C	1420/5.37 2000/7.57 7200/27.22	98.5/97.0	62/5.76 97/9.01 350/32.52	膜表面平滑，具有高抗污染能力，采用 Durasan 外壳或其他材料外壳及特殊流道设计	苦咸水及工艺物料浓缩

注　主要试验参数：2000mg/L NaCl，$p = 15.5$bar，25℃，pH = 6.5，回收率 15%。

主要运行参数：最高温度 50℃，允许 Cl_2 范围 500ppm·h，运行 pH = 2～11，进水 SDI < 5。

表 4-44　　Desal 高抗污染膜特性（四）

型　号	产水量 (GFD)/(m^3/d)	NaCl 脱盐率（%）平均/最低	膜面积 (ft^2)/(m^2)	应　用　特　点	典型应用
SG4040C2H SG8040C2H	1750/6.62 6500/24.6	98.5/97.0	97/9.01 350/32.52	膜表面平滑，具有高抗污染能力。运行中可 70℃，定期热水消毒可在 90℃ 下。采用 Durasan 外壳、聚砜连接件、标准流道等耐高温材质	适于具有活性的进液进行清洁的反渗透系统。在牛奶、食品、医药等领域应用

注　主要试验参数：2000mg/L NaCl，$p = 15.5$bar，25℃，pH = 6.5，回收率 15%。

主要运行参数：连续运行 70/90℃热水消毒，允许 Cl_2 范围 500ppm·h，运行 pH = 4～9，进水 SDI < 5。

与 Trisep 的涡式清洗方式相似，Osmonics/Desal 设计开发了 Durasan 外套，改革了膜元件的缠绕方式。该外缠绕的设计特点在牛奶、食品、医药和其他领域里应用已经超过 5 年，并得到认可。

Durasan 外套是附在蜗卷式反渗透膜元件上的很牢固的管状塑料网格壳体，装在封闭的压力容器中，没有盐水密封，而在膜元件外部靠控制压力容器周围旁路的水流以达到运行中的维护。

Durasan 的特点是：

（1）消除死区。控制膜元件周围的水流以消除环绕在膜元件周围的死区，防止细菌的生长和黏附。

（2）提高杀菌效果。应用体外杀菌系统（CIF），在有 Durasan 外套的情况下，达到完全的杀菌是可行的。

（3）快速外部冲洗。采用旁路控制快速外部冲洗和冲洗可去除残留物。

（4）溶出物量很小。对纤维玻璃钢和缠绕带子黏结物溶出极小。

（5）很易安装。由于制造允许误差小，Durasan 件很易安装。

第五章 反渗透膜组件

各种分离膜只有组装成膜器件，并与泵、过滤器、阀、仪表及管路等装配在一起，才能担负起膜的分离任务。膜器件是将膜以某种形式组装成膜元件并在一个基本单元设备内，在一定驱动力作用下，去完成混合物中各组分的分离装置。这种单元设备即反渗透器，可称为膜器件、膜组件（Module）或膜分离器（Separator），也称为渗透器（Permeator）。在工业膜分离过程中，根据生产需要，在一个膜分离装置中可由器的外壳（称压力容器）装数个或者更多的膜元件。

一、膜元件

（一）膜元件的型式及其特点

工业上使用的膜元件主要有管式、板框式、中空纤维式和涡卷式四种基本型式。管式和板框式两种是反渗透膜元件最初的产品形式，中空纤维式和涡卷式是管式和板框式膜元件的改进和发展。

1. 管式膜元件

所谓管式膜元件，是指在圆管状支撑体的内侧或外侧面上刮制半透膜而得的圆管形分离膜，其支撑体的构造或半透膜的刮制方法随处理原料液的输入方式及透过液的导出方式而异。这是20世纪70年代初最大众化的构型，管径一般为6mm或12mm，管子长度为3～4m，压力容器一般装有4～100根膜管或更多。

图5-1为Kalle公司圆管式膜元件示意图，膜敷制在多孔支撑管的内侧，料液进入管内，渗透液经半渗透膜后，通过多孔管集中排出，浓缩物从管子的另一端排出，从而完成分离过程。

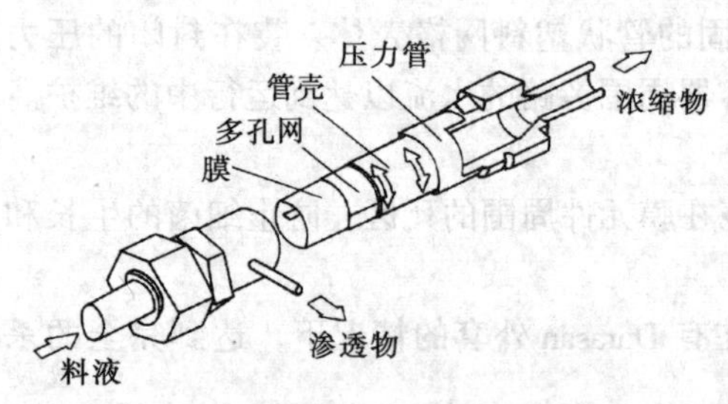

图5-1 圆管式膜元件示意图

内压单管式膜组件是一种单管膜组件。膜管裹以尼龙布、滤纸一类的支撑材料，并被镶入耐压管内。膜管的末端做成喇叭形，然后以橡皮垫圈密封。原水由管式元件的一端流入，于另一端流出。淡水透过膜后，于支撑体中汇集，再由耐压管上的细孔流出。许多管式元件并联或串联组成单管式反渗透组件。当然，为了进一步提高膜的装填密度，也可采用同心套管式组装方式。

内压管束式膜组件的结构与列管式换热器相似。首先是在多孔性耐压管内壁上直接喷注成膜，再把许多耐压膜管平行排列组装成有共同进出口的管束，然后把管束装在一个大的收集管内，即构成管束式淡化装置。原水是由装配端的进口流入，经耐压管内壁的膜管，于另一端流出。淡水透过膜后由收集管汇集。

另外，在管式组件中还有一种树脂黏结砂芯支撑管，膜是直接在砂芯孔内塑成。砂芯既起支撑作用，又起集水作用。

2. 板框式膜元件

板框式反渗透器早年由美国Aerojet General公司制造，基本上有两种型式：一为紧螺栓式，其外形与压滤机相似；另一种为耐压容器，是把膜脱盐板堆积组装后放入耐压容器中，并联结合，进口至出口依次递减以保持给水流速变化不大，从而减轻浓差极化现象。

Dorr.Oliver 和 Millipore 两家制造厂曾设计出一系列板框式组件，组件中的平板膜叠装在一种滤筒内，进料液沿着平板以平行的方式流动。具有代表性的平板式组件是丹麦 DDS 公司的产品。图 5-2 是 DDS 公司的平板式反渗透装置的示意图，膜是配置在椭圆形支撑板的两侧，膜与支撑板上有料液的进口与出口，透过水通过支撑板由支撑板边缘的导流管引出，组件由许多膜与支撑板相互叠加而成，支撑板上的料液进出口用抛物线形导流槽连接，它有利于避免料液在膜表面形成死角，减少膜的浓差极化。

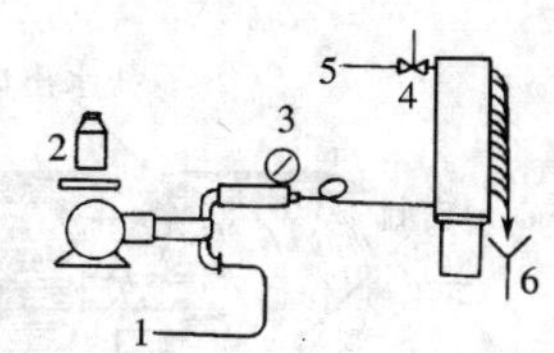

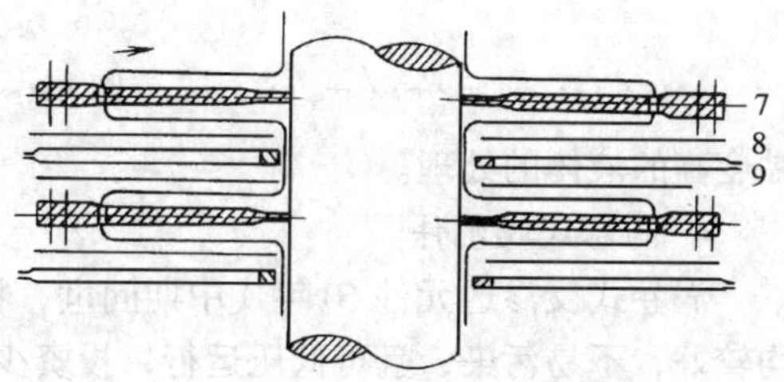

图 5-2 DDS 公司的反渗透流程与组件示意图

1—进料口；2—泵；3—压力计；4—安全阀；5—浓缩液取出口；6—透过液取出口；7—膜隔板；8—膜；9—膜支撑板

与 DDS 公司平板式组件相仿的有欧洲 Rhone Poulenc 公司的平板式组件，如图 5-3 所示，它的结构有些类似于板式换热器，液体流道高度约 1.5mm，不易堵塞，拆装便利，它最大能组装成 50.4m^2 膜面积的装置。

我国从 1967 年开始，中国科学院海洋研究所、中国科学院大连化学物理研究所、国家海洋局第二海洋研究所等单位先后研制了平板式装置，应用于医药、食品等行业。

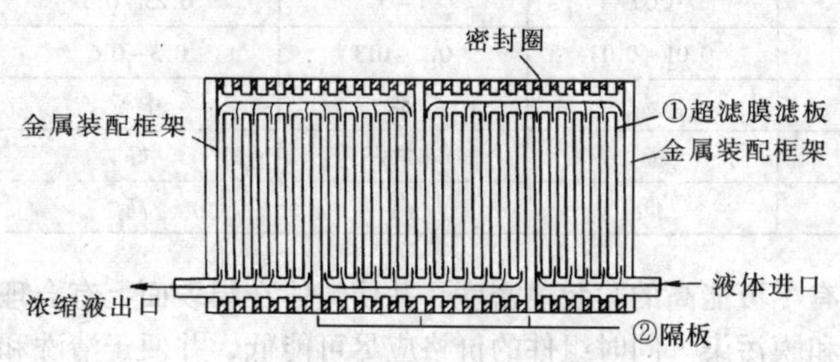

图 5-3 Rhone Poulenc 公司的平板式组件及装置

国家海洋局第二海洋研究所研制的圆板式海水淡化装置的有效膜面积约为 13m^2，在 100atm 压力下，对 28800ppm 的海水进行了累计 4000h 的海水一级脱盐淡化试验。淡水含盐量为 400ppm，该装置与电渗析相组合，进行了超纯水的制备。

中国科学院大连化学物理研究所于 1982 年研制了低压芳香聚酰胺（DP-1）膜板式反渗透器。隔板用聚碳酸酯注塑成型，成本较低，有实用价值，该反渗透器可在 15～20atm 下用于纯水的制备，苦咸水的淡化，pH = 4～11 电镀漂洗废水的处理，甘露醇的浓缩分离等。

3. 中空纤维膜元件

将中空纤维（膜）丝成束地以 U 形弯的型式把中空纤维开口端铸于管板上，类似于列管式热交换器的管束和管板间的连接。Dupont 公司生产的 8in 元件（如图 5-4 所示）的压力容器内可容纳 230 万根纤维。由于纤维间是相互接触的，故纤维开口端与管板间的密封是以环氧树脂用离心浇铸的方法进行的。其后，管板外侧用激光切割，以保证很细的纤维也是开口的。在给水压力作用下，淡水透过每根纤维管壁进入纤维芯内，由开口端汇集后流出压力容器，即为产品水。

该种型式的优点是单位体积的填充密度最大，结构紧凑；缺点是要求给水水质预处理非常严格，污染堵塞时清洗困难。

如将管式、平板式膜元件对比于中空纤维膜元件的填充密度很低，但可以用于高污染给水或

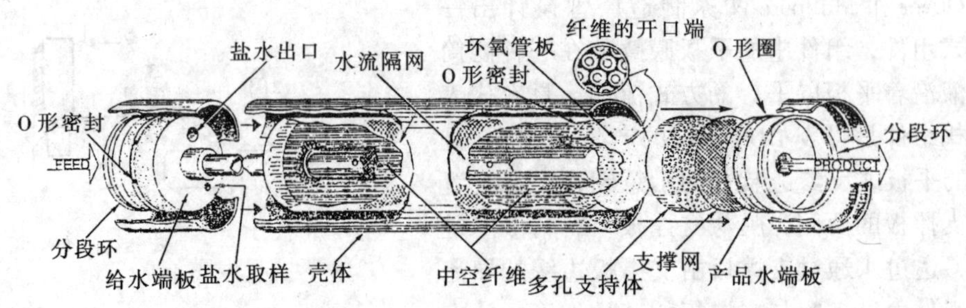

图 5-4　中空纤维式膜组件

黏度高的液体的处理。

4. 涡卷式膜元件

涡卷式反渗透元件60年代中期问世，特别是1980年出现低压复合膜后，膜的各项性能指标均较好，不易污染，且可低压运行，投资少，耗电低，脱盐率高，寿命长。因而涡卷式复合膜元件已成为被选用最多的膜元件。涡卷式膜元件将在下节详细介绍。

5. 膜元件性能的对比

表 5-1　　四种膜组件用于反渗透时的性能

项　目	涡卷式	中空纤维式	管　式	板框式
填充密度（m^2/m^3）	245	1830	21	150
需要料液流速［$m^3/(m^2\cdot s)$］	0.25～0.5	0.005	1～5	0.25～0.5
料液侧压降（MPa）	0.3～0.6	0.01～0.03	0.2～0.3	0.3～0.6
易污染程度	易	易	难	中等
清洗难易	差	差	非常好	好
相对价格	低	低	高	高

综上所述，对膜元件的基本要求是应有尽可能高的膜装填密度，并使流体在膜表面上有合理的流速与分布，以减少膜表面的浓差极化和膜污染。同时组件的价格应尽可能低，并便于清洗和更换，表5-2为4种膜组件的主要优缺点比较。

表 5-2　　4种膜组件的主要优缺点比较

类　型	优　点	缺　点	使用情况
板框式	结构紧凑、简单、牢固，能承受高压，可使用强度较高的平面膜，性能稳定，工艺简单	装置成本高，流动状态不良，浓差极化严重，易堵塞，膜的堆积密度小	适于小容量规模，用于高污染和黏度大的液体，已商业化
管式	膜容易清洗和更换，原水流动状态好，压力损失较小，耐较高压力，能处理含有悬浮物等易堵塞流水通道的溶液体系	装置成本高，管口密封较困难	适于中、小容量规模，用于高污染和黏度大的液体，已商业化
涡卷式	膜填充密度大，结构紧凑，可使用强度好的平面膜制作，价格低廉	制作工艺和技术较复杂，密封较困难，易堵塞，不易清洗	适于大容量规模，已商业化
中空纤维式	膜填充密度最大；不需外加支撑材料，浓差极化可忽略，价格低廉	制作工艺和技术复杂，易堵塞，不易清洗	适于大容量规模，已商业化

从不同的方面作比较，4 种膜组件的特点如下（由大至小的顺序）：

系统费用：管式、板框式≫中空纤维式、涡卷式。

设计灵活性：涡卷式≫中空纤维式＞板框式＞管式。

清洗难易：板框式＞管式＞涡卷式＞中空纤维式。

系统占地面积：管式≫板框式＞涡卷式＞中空纤维式。

污堵的可能性：中空纤维式≫涡卷式。

耗能：管式＞板框式＞中空纤维式＞涡卷式。

（二）涡卷式膜元件

1. 涡卷式膜元件的结构特点

涡卷式（以下简称卷式）膜元件类似一个长信封状的膜口袋，开口的一边黏结在含有开孔的产品水中心管上。将多个膜口袋卷绕到同一个产品水中心管上，使给水水流从膜的外侧流过。在给水压力下，使淡水通过膜进入膜口袋后汇流入产品水中心管内。

为了便于产品水在膜袋内流动，在信封状的膜袋内夹有一层产品水导流的织物支撑层。为了使给水均匀流过膜袋表面并给水流以扰动，在膜袋与膜袋之间的给水通道中夹有隔网层。

卷式反渗透膜元件给水流动与传统的过滤流方向不同，给水是从膜元件端部引入，给水沿着与膜表面平行的方向流动，被分离的产品水是垂直于膜表面流动，透过膜进入产品水膜袋的。如此，形成了一个垂直、横向相互交叉的流向（如图 5-5 所示）。水中的颗粒物质仍留在给水（逐步地形成为浓水）中，并被横向水流带走。如果膜元件的水通量过大，或回收率过高（指超过制造厂导则规定），盐分和胶体滞留在膜表面上的可能性就越大。浓度过高会形成浓差极化，胶体颗粒会污染膜表面。

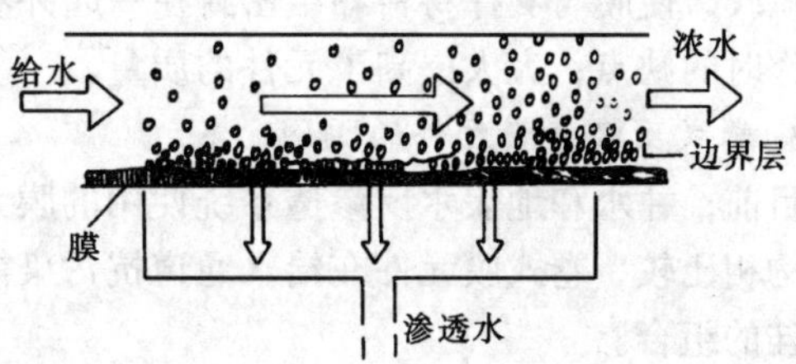

图 5-5　横流膜过滤

卷式膜元件被广泛用于水或液体的分离，其主要工艺特点为：

(1) 结构紧凑，单位体积内膜的有效膜面积较大；

(2) 制作工艺相对简单；

(3) 安装、制作比较方便；

(4) 适合在低流速、低压下操作；

(5) 在使用过程中，膜一旦被污染，不易清洗，因而对原水的前处理要求较高。

2. 卷式膜元件的结构和卷制

卷式膜元件中所用的膜为平面膜，常用的涡卷式膜元件结构如图 5-6 所示。

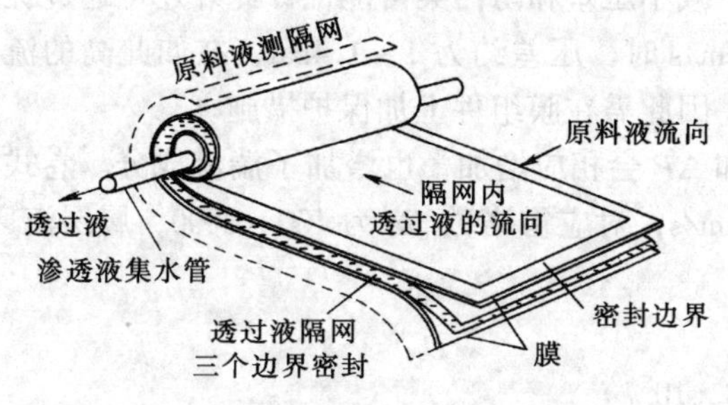

图 5-6　卷式膜组件的常规结构

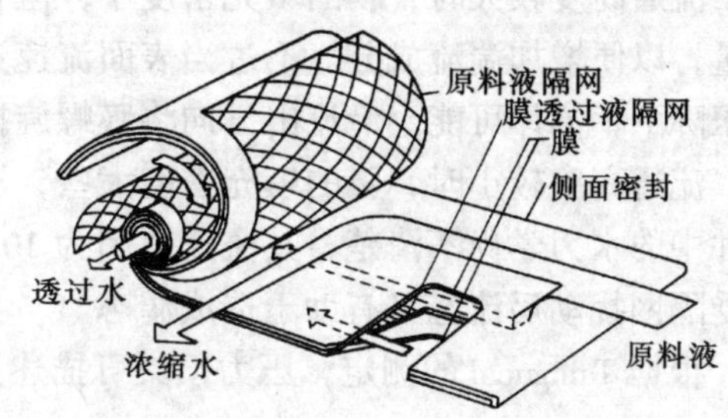

图 5-7　东丽公司的卷式膜组件结构

卷式膜元件中的另一种结构见图 5-7，其为日本东丽公司生产，它与一般组件的不同之处是：普通组件给水的流向是与中心管平行的，而东丽公司的是绕着中心管流动的。这种改进的好处为：①流速分布均匀；②流程增长，从而可以提高回收率；③不容易发生膜卷的变形。

卷式膜元件在制造和使用时应注意的问题是：

(1) 要防止中心管主要折弯处产生泄漏；

(2) 避免膜及支撑材料在黏结线上发生皱纹；

(3) 避免胶线太厚而可能会产生张力或压力的不均匀；

(4) 避免支撑材料移动而使膜的支撑不合适，出现移动现象；

(5) 由于膜的质量不合格，膜上会有针孔，因而要对膜进行严格的检验。

当黏结密封时，渗透液侧的支撑材料不易密封，因此它与膜边缘必须有足够的胶渗入，否则在装配支撑材料或膜时易发生折痕或皱纹，也有可能在密封边或端头处产生漏洞。胶的涂刷要完全，两条胶线互相之间要并排，否则黏结剂就不能完全渗入，因而密封边就可能渗漏。要严格使用黏结材料，以使胶线同膜牢固连接。常用的有效黏结剂是聚酰胺凝固环氧树脂。

目前，对于卷式组件的制作，有的厂商已实现机械自动化。例如，采用一种 0.91m 的滚压机连续喷胶，使膜与支撑材料黏结密封在一起并卷成筒，牢固后不必打开即可使用，这就避免了人工制作时的缺点，大大提高了元件的质量。

3. 卷式反渗透膜元件的隔网

目前，井水和地表水反渗透系统使用的膜元件绝大多数为卷式膜元件，与中空纤维式和板框式结构相比较，卷式膜元件在给水通道抗污染能力、设备空间要求、投资和运行费用等方面提供了最佳的组合。

选择卷式膜元件时的主要考虑因素为膜的有效表面积、给水通道隔网的几何形状、尺寸以及产品制造标准，这些质量标准是用来确保膜元件的可靠性的（包括密封完整性和 FRP 外皮的坚固性）。

隔网厚度必须综合考虑浓差极化与压力降之间的关系。早期，布雷（Bray）在分析计算后，确定用直径为 0.33mm 的聚丙烯单丝编织成 12×12 网格（即每英寸、2.54cm 中，纵横各有 12 根单丝）作隔网材料，其厚度为 1.1mm。纵横单丝互相垂直，并与膜组件轴向成45°角。这样制成的隔网材料的空隙率为 0.875，有效流道截面为 0.033cm×0.18cm。膜组件每米长的原水流道相应要长 0.43m。布雷设计的基础是膜的透水率为 $1.7cm^3/(cm^2·h)$，原水流速为 0.102m/s，维持浓差极化值是 1.1，而压力降在可接受的范围内。美国 GGA 公司试制多孔支撑材料时主要是采用这些分析计算结果。

近年来，常用的给水隔网厚度大多为 0.76～1.1mm，给水经 5～25μm 的预过滤。美国工业膜手册也建议用 0.76mm 的隔网。

流通高度较大时，膜的填充密度小，但有利于减小压差和防污染可能性；此外还可通过提高流量，以便增加湍流成分。不过当表面流速达 25cm/s 时，压差约为 1～1.4bar，在如此高的流速和压降下，流体可能会沿流出方向将膜螺旋推出，因此需在膜组件上加保护措施。

流通高度较小时，膜的填充密度大些，流速和 ΔP 会相应增加，也增加了湍流成分。卷式膜元件中的水力学尚不清楚，其流速范围为 10～60cm/s，对应雷诺数 Re 为 100～3000，属层流区，但受隔网扰动后流态又有助于造成湍态。

根据 Taniguchi 的测定，压力损失可描述为

$$\zeta = \frac{1.08 \times 10^5}{Re^{0.362}}$$

$$Re = \frac{\rho VH}{\eta}$$

式中　V——通道内的流动速度；

　　H——通道高度。

无论是给水还是产品渗透水，在膜组件内的流动都被当作颗粒流动床的层流处理。

为了提高给水的有效通道，还制造了捆扎疏松的膜元件（Loose-Wrap Module）。这种膜元件不是通常的外部捆绑，也不集中密封，只是当它遇到给水时，可使原先卷绕的膜扩展，以接触到压力容器壳体上。这样可使膜件得到较高的有效通道，并有利于消除浓差极化和清洗过程中产生的死角。

进水流速对脱盐回收率或产水率都有明显的影响。以聚砜为例，在低进水流速（如小于2cm/s）下，随进水流速增大，膜的脱盐率明显提高；在 2 ~ 3cm/s 以上时，膜的脱盐率逐渐提高。该试验让我们大致了解一个趋势，看到低流速使脱盐率降低。膜流道进水流速对运行性能的试验结果列于表 5-3 中。

表 5-3　　　　膜流道进水流速对运行性能的试验结果

流速（cm/s）	0.63	1.44	2.35	3.88	4.92	7.20
产水量（mL/min）	407	411	412	412	412	417
脱盐率（%）	52.10	81.82	87.80	89.14	90.06	90.75

在一定的给水流量下具有最大膜面积的反渗透系统可在运行中获得最低水通量和最高横向流速。

反渗透膜元件采用塑料网作为给水通道隔网，其目的是向给水提供一条尽量接近湍流的通路，使给水在卷式膜片之间充分扰动。以前，市场上多数苦咸水反渗透膜元件都是采用 28 ~ 31mil(0.71 ~ 0.78mm)厚的金刚石形隔网。后来，有一些反渗透膜元件使用了 26mil(0.66mm)的薄隔网来增加膜面积、产水量，增大了元件中的给水与浓水的压力降，而另一些元件采用了 31 ~ 34mil(0.78 ~ 0.86mm)厚的隔网，这样减小了膜面积、产水量，降低了给水与浓水的压力降。

以地表水为原水，采用较厚隔网的目的是：①由于给水与浓水间的压力降开始时较低，因而可延长两次清洗之间的运行时间，从而能容纳更多的污染物；②一旦反渗透膜元件被污染，将易于清洗，并可缩短清洗时间。

以下介绍各厂商 8in × 40in 反渗透膜元件部分工艺参数，如表 5-4 所示。

表 5-4　　　　8in × 40in 反渗透膜元件部分工艺参数

厂　家	膜元件型号	有效膜面积 (ft^2)	给水隔网厚度 (密耳，mil)	给水通道体积 (ft^3)	膜叶长 (in)	膜叶数
Hydranautics	CAB（醋酸膜）	340	28	0.79		
	CPA（复合膜）	330	31	0.85		
		365	28	0.85	42	19 ~ 21
		400	26	0.87	42	21
Filmtec	FT-30	330	31		52	12
		365	34		29	27
		400	30		29	
		440	31		29	
Fluid Systems	TFC	330	30		42 ~ 50	16 ~ 19

表5-4是市售的8in×40in反渗透元件的部分数据，包括膜工作面积、给水隔网厚度、给水隔网的大约体积（ft^3）。在运行期间，厚隔网的有利方面是压力降可能较低。厚隔网也有雷诺数低的消极影响，这可能是一个小缺点（因为所有隔网的雷诺数都是100左右，这个数值使隔网水流完全处于0~2000的层流范围内）。重要的是在清洗期间，厚隔网的有益影响是能更快地去除较大的污染物，因此可缩短清洗时间。

天然水中的胶体等大多带有负电荷，这种胶体由带正电的胶核与带负电荷的外层所构成，由于胶体的多层结构及水化作用，因而胶体能悬浮于水中。并且胶体带负电荷的外层与其他胶体带正电荷的胶核也相互吸引，使许多带有相同电荷的胶体粒子同时存在，但粒子之间并不实际接触。

由于复合膜制造过程中使用的带负电荷的基团未完全反应，因而复合膜的表面通常带有一定的负电性，这种负电性在制造过程中是有意控制的，其目的是为了更好地排斥带负电荷的物质。

当给水送入膜元件后，大部分胶体会随水流通过给水隔网并排出膜元件，此时两种作用力影响着这些胶体在膜元件内的迁移速度。第一种作用力使胶体颗粒沿与膜表面平行的方向移动；第二种作用力带着胶体向膜表面垂直移动，以替换由于水的透过而留下的空间。胶体颗粒到达膜表面的速度与产水通量有关，水通量越高，会使膜表面处的胶体浓度越高。在靠近膜表面处，由于边界层效应，水流阻力最大，因而水平流速近乎为0，从而造成一些胶体颗粒相互黏连并黏附于膜表面，更增加了边界层的厚度，造成堵塞效应，这就是膜元件发生污染时，产水量会迅速下降的原因。保持给水中足够的膜面积横向流速，将集聚在膜表面的胶体等颗粒及时冲刷、剥离掉，维持恒定的边界层厚度，对维持膜的产水量是有积极影响的。

较高的横向流速可增加水流的湍流程度，减少颗粒物质在隔网空隙中的堆积和在膜表面上的沉淀。较高的横向流速也提高了膜表面处高浓度盐分的扩散速度，降低了浓差极化的危害，减薄了边界层的厚度，防止了难溶盐在膜表面处的沉淀、结垢。

膜面横向流速的大小是由给水流量、膜元件给水通道的宽度及厚度等因素所决定的。给水通道（即给水隔网）越厚，则需要更高的横向流速才能达到相同的湍流程度和边界层效果，而更高的横向流速就要求有更高的给水流量，同时，给水的隔网越厚则会使同样膜元件里的膜面积减小，这就意味着为达到原来的产水量必须提高膜的水通量。水通量大了，污染的因素增加。

在利用反渗透技术处理地表水或城市排水时，主要污染方式将是：①由于溶解有机物而造成膜表面污染；②由于细菌菌群黏膜堵塞；③给水中的固体颗粒堵塞。

溶解有机物所引起的膜表面污染的主要表现形式为特征水通量自然下降（如为了维持一定的产水量，需增加给水压力），洛杉矶加州大学的Elimelech等人研究的结果是随着水通量的增加，膜污染速度也增加。其原因是由于水通量越高，则膜表面有机物浓度越高，而且，垂直于膜表面的推动力越高，因而造成污染速度加快。

各种反渗透膜在美国加州桔县21水处理厂的运行结果也证实了上述结论，该水厂用反渗透处理三级处理后的城市排水，由于给水中含有高浓度的溶解有机物，因而给水的污染势必很大，该厂曾多次试图把产水通量提高到10GFD以上，但其结果总是增加污染速度、增加清洗频率及增加给水压力。据认为，这种结果与系统中膜元件采用何种材质（醋酸膜还是复合膜）和给水隔网的厚度均无关系。

采用薄隔网者认为为了使反渗透系统性能可靠，设计一个好的预处理系统远比强调给水隔网厚度好得多。

Filmtec公司则认为厚隔网膜有利于防污染，因而采用了厚的隔网。在FT-30-8040膜元件的改造中，在同样的外形尺寸条件下，将BW30-8040改造为BW30-365、BW30-400，增大了膜的有效面积，并没有提高给水的压力、也没有提高水通量。在给水隔网的厚度没有改变（仅是渗透水的隔离物稍薄，材料也有所不同）的情况下，由于减短了膜叶的长度，增加了膜叶的个数，并且采用自动卷膜的制造工艺，因而有效地增加了膜面积且减小了渗透水的流动阻力，减小了沿膜叶长度渗透水通量的偏差；减小了膜口袋黏结边的宽度，有效面积增大了，从而具有优化的最大水通量，减少了浓差极化的机会，不易造成污染，且污染后清洗容易。事实证明，上述在设计制造工艺上的改进取得的效果是肯定的。

隔网厚度何者为宜，仍待在实践中认识提高。

二、压力容器及其密封

（一）压力容器

无论何种膜元件,都必须装入压力容器中方可使用。由于每种膜元件本身的尺寸大小是不一样的,因而用于装填膜元件的压力容器的尺寸也就不一样。以压力容器的直径为例,常见的就有2.5in、4in、8in等种类,但是每种压力容器的构造都大同小异。图5-8为8in压力容器的内部示意图。

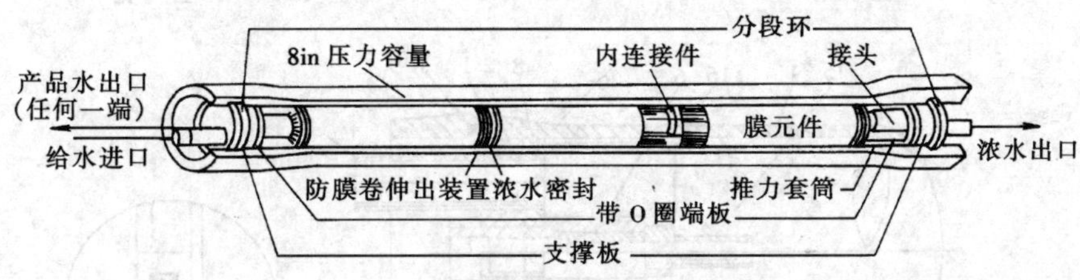

图5-8　反渗透器内部示意图

在每一个压力容器内，既可以只安装一个膜元件，也可以串连安装几个膜元件，通常在每个压力容器中可以安装1~7个膜元件。在膜元件与膜元件之间采用内连接件连接，膜元件与压力容器端口采用支承板、密封板、锁环等支承密封。图5-9是生产厂家Advanced Structures，Inc。生产的E8U压力容器构造图。

当前，压力容器生产厂家有不同结构的产品，主要区别在端部，如给水浓水有端接、侧接等形式，图5-10为压力容器的端部标示。

在实际运行过程中，给水从压力容器一端的给水管路进入膜元件。在膜元件内一部分给水穿过膜表面而形成低含盐量的产品水，剩余部分的水继续沿给水通道向前流动而进入下一个膜元件，由于这部分水的含盐量比给水要高，在反渗透系统中把它称为给水/浓水。产品水和浓水最后分别由产品水通道和浓水通道引出压力容器。

给水在压力容器中的每一个膜元件上均产生一个压力降，如果不采取措施，这一压力降足以使膜卷伸出而对膜元件造成损害。因此，在压力容器内的每一个膜元件的一端均有一个防膜卷伸出装置，以防止运行时膜卷窜出。同时在设计时，给水的流量不能超过规定值。

（二）密封

正如一切膜分离过程一样都要在外界施加不同形式的能量才能进行（如压力差、电位差、浓度差、温度差等），反渗透器为实现其分离的目的，需要有足够的压力差，因而需要在给水与产品水之间采取一定的密封措施，包括膜与膜之间、膜与压力容器之间、膜元件与膜元件之间的密封，以及与管路连接接口的密封。对于卷式反渗透器，主要的密封有：

(1) 膜口袋的三个边密封；

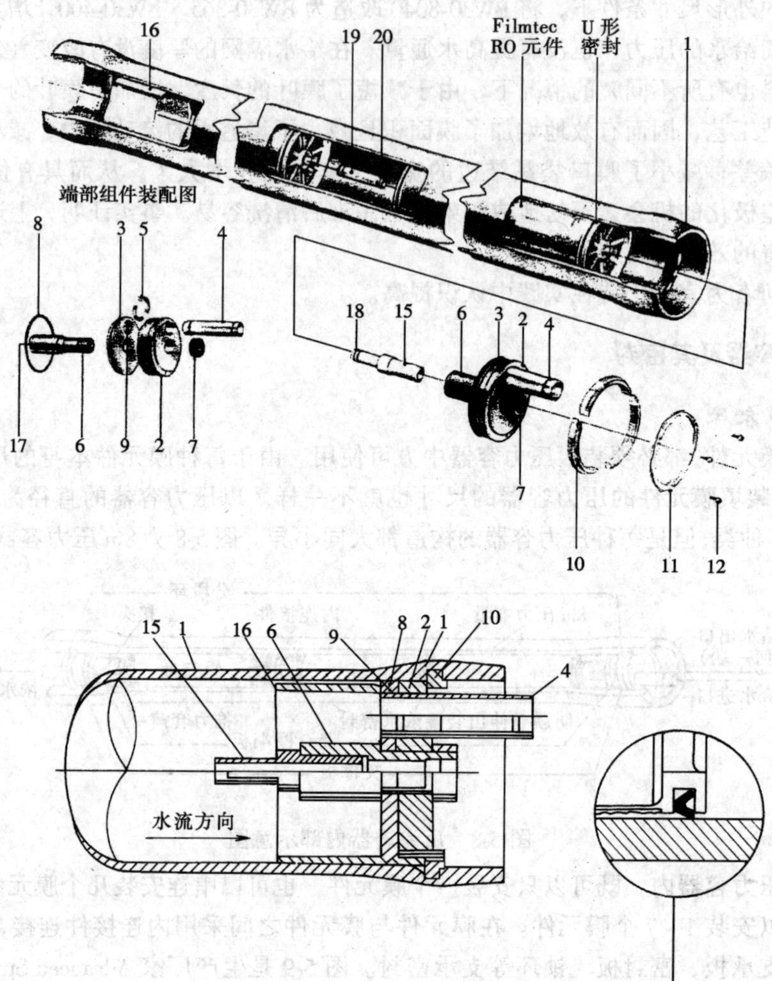

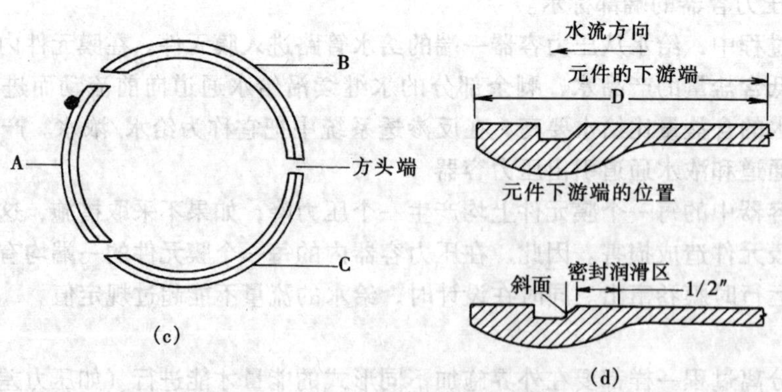

图 5-9 ASI生产的 E8U压力容器构造图

(a) 端部组件装配图；(b) 端部剖面图；(c) 锁环组件；(d) 端部润滑尺寸

1—外壳；2—支承板；3—密封板；4—给水/浓水管口；5—管口卡紧组件；6—产品水管口；7—管口螺母；8—端头密封；9—管口密封；10—锁环组件；11—固定环；12—固定螺丝；13—鞍座；14—抱箍；15—适配器；16—推力环；17—适配器 O形环；18—PWT O形环；19—连接器；20—连接器 O形环

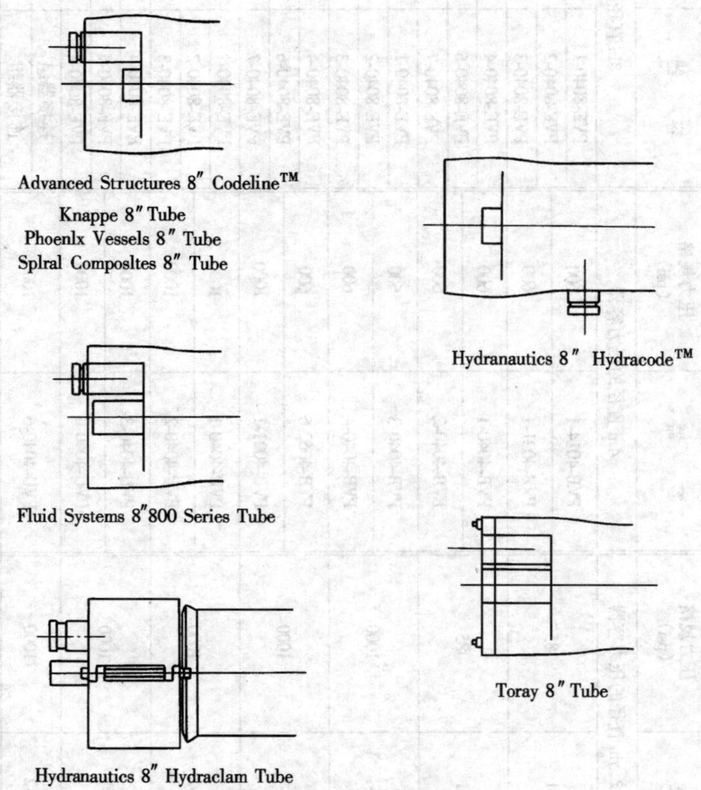

Advanced Structures 8″ Codeline™
Knappe 8″ Tube
Phoenlx Vessels 8″ Tube
Splral Composltes 8″ Tube
Hydranautics 8″ Hydracode™
Fluid Systems 8″800 Series Tube
Toray 8″ Tube
Hydranautics 8″ Hydraclam Tube

图 5-10 压力容器的端部标示

12 × 30deg
32
D
E
1.400
1.485
B
C
238
A
型式为一号的适配器
Advanced Structures 8″ Codeline™
Hydranautics 8″ Hydracode™
Hydranautics 8″ Hydraclam
Phoenix Vessels 8″ Tube
Trisep 8″ side
12 × 30deg
B
G
C
D
E
1.400
1.485
F
H
2.38
A
型式为二号的适配器
Fluid Systems 8″ 800 Series Tube
Knappe 8″ Tube
Osmonics 8″ Tube
Spiral Composites 8″ Tube
Toray 8″ Tube
Trisep 8″ side

检验尺寸(误差 + / -)、图中尺寸为

Trisep 8″数据:

A =: ______ / ______
B =: ______ / ______
C =: ______ / ______
E =: ______ / ______

单位用英制和米制

检验尺寸(误差 + / -)、图中尺寸为 Trisep 8″数据:

A =: ______ / ______
B =: ______ / ______
C =: ______ / ______
E =: ______ / ______
F =: ______ / ______
G =: ______ / ______
H =: ______ / ______

单位用英制和米制

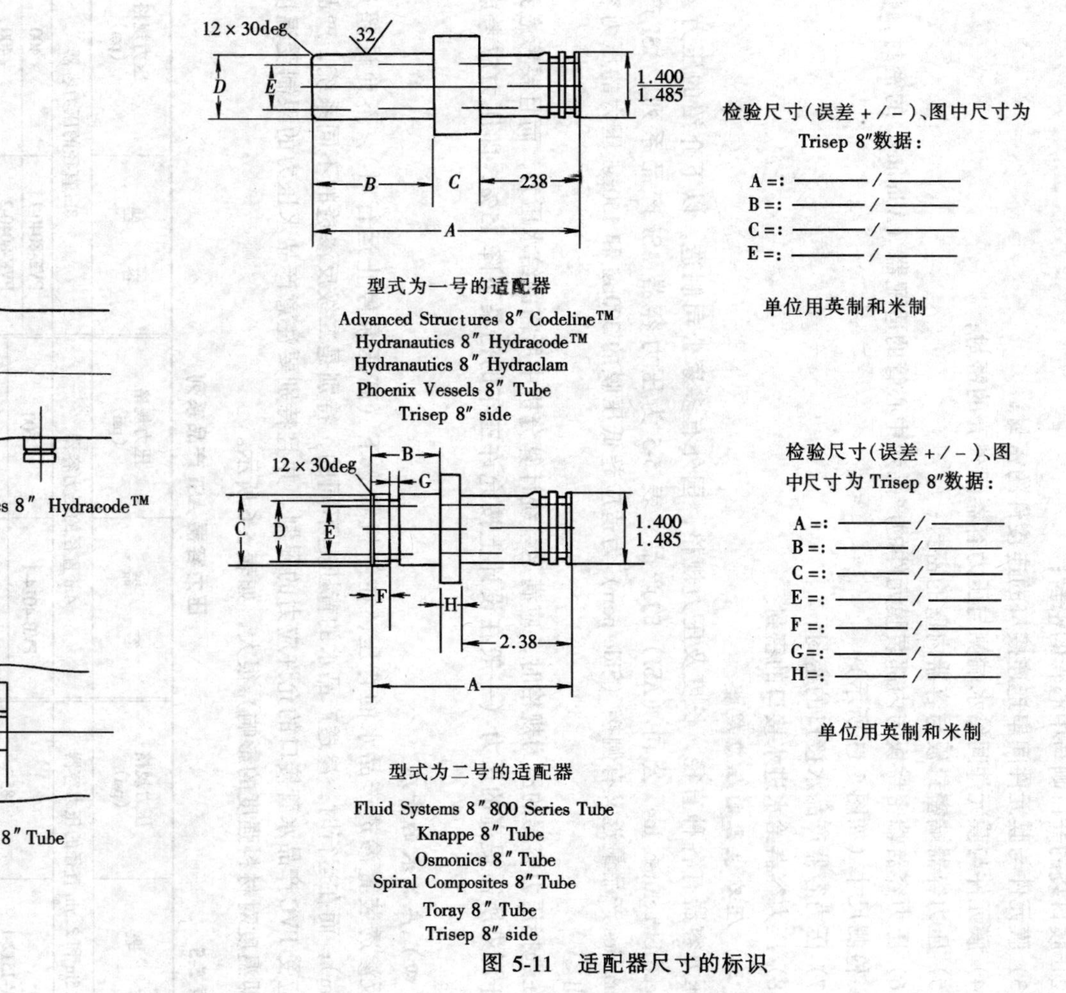

图 5-11 适配器尺寸的标识

(2) 膜口袋的开口侧与中心管的密封；

(3) 膜元件与膜元件间串连连接口的连接件的密封；

(4) 膜元件与膜元件间给水端侧与压力容器间外壳的密封；

(5) 压力容器端密封板与容器内壁的密封；

(6) 压力容器端密封板与内部装膜元件的产品水中心管的适配器（Adaptor）的密封，使用前一定要检测尺寸（如图 5-11 所示）；

(7) 压力容器产品水接口的密封；

(8) 压力容器给水进水接口的密封。

（三）压力容器的压力规格

压力容器有各种直径、长度及压力规格，国外有多家公司制造，以下介绍的压力容器为 Advanced Structures Inc. 公司（ASI）的产品，表 5-5 为压力容器 ASI 产品系列，ASI 产品及 Hydranautics 产品最近又有侧接（Side port）为适应超低压膜的 300psi 和 150psi 压力的压力容器系列推出。

在选择压力容器的压力规格时，应满足系统计算分析中所需的给水压力，而且要考虑到运行中由于污染所需提高的压力（一般在设计上按允许三年的污染下降 15%，即压力应考虑增加 15%）。

（四）产品水的背压

反渗透装置渗透产品水的背压，在停机状态下（高压泵停止运行时），不允许超过 5psi (0.3bar)；而在运行时，渗透产品水的背压是不同的，特别是二级反渗透的不同系统，产品水背压还应受 PVC 产品水管接口的允许应力的限制。并且特别要注意产品水压力的限制受温度的影响（即温度对材料强度的影响）很大，如表 5-6 所示。

表 5-5　　压力容器 ASI 产品系列

容　器	压力规格 (psi)
1.5in 和 2.5in 直径的压力容器	
PV-1512-1	85
PV-1812-1	85
PVS-2514-1	1000
PVS-2521-1	1000
PVS-2521-2	1000
PVS-2540-1	1000
PVS-2540-2	1000

容　器	压力规格 (psi)
4in 直径的压力容器	
PVB-4014-1	600
PVB-4021-1	600
PVB-4040-1	600
PVB-4040-2	600
PVB-4040-3	600
PVB-4040-4	600
PVB-4060-6	600
PVU-4021-1	1000
PVU-4040-1	1000
PVU-4040-2	1000
PVU-4040-3	1000
PVU-4040-4	1000
PVU-4040-6	1000

容　器	压力规格 (psi)
8in 直径的压力容器	
PVE-8040-1	400
PVE-8040-2	400
PVE-8040-3	400
PVE-8040-4	400
PVE-8040-6	400
PVE-8040-7	400
PVE-8040-1	600
PVE-8040-2	600
PVE-8040-3	600
PVE-8040-4	600
PVE-8040-6	600
PVE-8040-7	600
PVE-8040-1	1000
PVE-8040-2	1000
PVE-8040-3	1000
PVE-8040-4	1000
PVE-8040-6	1000
PVE-8040-7	1000
连接器组	400/600
连接器组	1000

表 5-6 运行中压力容器产品水出水接口对产品水背压的极限规定

温度（℃）	允许的产品水的最大背压（bar）	（psi）
45	10.0	145
40	12.4	180
35	15.1	219
30	17.7	257
25	20.6	299
20	23.3	338

（五）压力容器 ASI PVE-8 使用安全要点

环氧玻璃钢（FRP）在压力的允许下表现有一定的伸缩，当支撑板或适配器接口连接件的密封不当时可能引起泄漏。与金属元件连接部分必须保持干燥、避免腐蚀，以免端板零件的损坏。

（1）管线的装配，不要做成固定式的配管或以箍夹在压力容器上，否则会造成在压力下无法伸缩。要注意在设计压力下，装有 6 个元件的压力容器直径可能扩张 0.4mm（0.015in），长度 4.4mm（0.175in）。

（2）吊装时不要施力于压力容器出口、入口接头，或以压力容器支撑其他物体。分支管允许在端头接口连接的质量不应超过：给水/浓水，7kg；产品水，4kg。

（3）工作压力不得超过设计压力的 105%，不得超过设计温度。

（4）压力容器不允许在温度超过 49℃、渗透压超过 9bar（125psi）下使用。

（5）不要把产品水接管口的螺扣紧过劲，用手紧时不能过紧一扣。

（6）在任何情况下，可允许两端端板处出现潮湿现象。在确认锁环和固定环均已就位完善后，才可加压。在确认压力容器压力完全泄放前不得修换任何零部件。

（六）压力容器与膜元件的组合装配

1. 准备工作

（1）在膜元件放入压力容器及组合之前，要检查压力容器膜元件组合时所需的零件的品种，并应有足够的数量（参见图 5-9）。主要零件是：

1）压力容器外壳（shell）；

2）支撑端板（Bearing plate）、密封板（Sealing plate），新型号端板采取侧接，两者合一；

3）给水/浓水接口（Feed/concentrate port），接口有端接（End port）和侧接（Side port）两种；

4）接口制动装置（Port retainer set）；

5）接口螺母（Port nut）；

6）端塞密封（End plug seal）；

7）接口密封（Port seal）；

8）分段锁环组件（Locking ring set）；

9）固定环及螺栓（Secaring & screw）；

10）鞍座（Saddle）；

11）钢带组件（Srap assembly）；

12）适配器（导管）及 O 形环（Adaptor and adaptor O-ring）；

13）推力环（Thrust ring）；

14）产品水 O 形环（PWT O 形环）；

15）连接短管（连接件）及 O 形环（Coupler and Coupler O rings）。

（2）仔细清除压力容器内所有的尘土和污物，也可用类似拖把的工具来擦拭。

（3）用清水冲洗，必要时先用化学药剂冲洗。

（4）用棉花浸上 50% 甘油水溶液，涂于所有的 O 形密封圈，并轻轻的撑大一些（不用旋转方式拧入），使之进入放圈的沟槽内。

(5) 对每个组合好的压力容器上的零件，不要将其混淆弄乱。

(6) 做好装入记录，记录滑架上的每个部位的压力容器及每个容器内排列位置上的膜元件的编号。

2. 打开压力容器

根据端接（End port）型的压力容器拆卸步骤。

(1) 用工具把固定环螺栓拧下来，轻敲端部支撑板，使固定环松动后掰下来（注意不要敲打给水/浓水、产品水的孔口）。

(2) 将分段锁环组中有两个平行边的 A 先掰下来，再将 B、C 分别移至顶部即可先后取下。

(3) 在取出端板前先清理干净压力容器的端部，并在凹槽处涂以甘油，抓住给水/浓水的进口管和产品水出水口，把端部支撑板和密封板一起拉出来（此时可能需要轻擦、轻拉才能移动）。

3. 装入膜元件

(1)、(2) 项亦可在膜元件装入后再进行。

(1) 首先先把压力容器的出水端（按给水进水方向）端板参照装入程序（4）装好。

(2) 装上推力环。

(3) 细致地用甘油润滑 U 形圈接触面，将 U 形圈的开口端面向进水流方向放进膜元件的密封圈槽内。

(4) 把两个 O 形圈轻轻地用甘油润滑并装在适配器（Adaptor）导管上，把适配器的密封口端插入对着压力容器的产品水管口内。

(5) 压力容器处于水平位置时，将第一个膜元件滑进压力容器的进水口（注意：U 形密封朝向进水方向，适配器只插入第一个膜元件的最端部）。元件的端部留下几英寸在容器外，以便连接下一个膜元件。

(6) 将甘油轻轻抹在 4 个 O 形圈上，并把合适的环放在膜元件产品水管的凹槽内。

(7) 轻轻地、缓慢地把连接件（短管）的一端放进元件的产品水管中（元件可接管长大约是连接件长的一半）。

(8) 把欲装入的下一个膜元件与前一个膜元件对齐，并把它组装到已与前一个膜元件连接好的连接件的露出部分上，以轻缓的动作放入第二个膜元件的另一端。在组合过程中，不要让连接件承受元件的质量，以免对产品水管造成损害。

(9) 把第一个元件推入容器内，第二个元件仍留几寸在容器外。重复上述步骤，直至装入预定的膜元件。最后的元件不再插入连接件，而要装产品水适配器。

(10) 用甘油轻抹最后的两个 O 形环，把它们放到适配器上，并放入压力容器端板的产品水管的入口中。在最后一个膜元件装入完毕后，使最前段的膜元件头部留有尺寸 D（参见图 5-9），不要把膜元件向前推过头，因为推过头再往后退就十分困难了。压力容器进水端端板装入后，稍加用力便可将两端适配器恰到好处地与膜元件的组合体连接在一起了。

(11) 压力容器的给水进水端（上游）不需要推力环。

4. 压力容器的封装

(1) 用甘油润滑压力容器壳内［图 5-9（d）］的斜面一半处，直到距斜面大约 1/2in 的范围。戴上防护手套，以防玻璃钢纤维刺伤。

(2) 将推力环装在压力容器的给水下游。

(3) 将端板组件推入压力容器前，应对好给水/浓水管的水平垂直方向，装入后则应避免再旋转。装入时端板应与容器内壁壳呈垂直角度。

(4) 用两手推端板直至不能再移动为止。当组件处于合适位置时，大约会露出 1/2in 宽的槽。

5. 安装分段锁环组件及固定环

（1）在端板组件推入压力容器后，把锁环组件的B环［图5-9（c）］装入槽的底部（环上带有台阶的一侧向外）。

（2）逆时针方向旋转B环，待腾出底部槽的位置后再装入C环。

（3）在槽内滑动B环和C环，直到方头的位置处于时钟3点钟的位置再装入A环，如再逆时针旋动至方头处于12点钟的位置时，则可避免B环、C环掉下来。

（4）将固定环滑向支撑板直至它与锁环组件相触，将3个固定螺栓拧入支撑板两扣，再用改锥手柄在固定环周边敲动，以便将环贴在支撑板上，其后紧固螺栓直至适度为止，过紧将会影响拆卸，或引起螺栓断裂。

三、*多接口压力容器*

多接口压力容器是为了减少常规的压力容器间用汇集母管连接的一项新的技术。使压力容器的接口从端接发展为侧接口，至今已有30000套侧接口压力容器在运行。但是多接口压力容器较之侧接口压力容器有很明显的优点，因而可能会被用户所接受，而且不只一家厂商在开始推广。之所以叫做“多接口”，是在膜的压力容器侧面的每一个端部管都具有比单一个给水或浓水接口有更多的功能。例如，在膜的容器侧端有两个或三个接口，可以直接地把压力容器连接在一起。这样就可以取消系统上常规的连接母管，提供了可以节约投资的机会。如果不是不适当地改变接口尺寸，就会保证系统运行的可靠。

当使用多接口的压力容器时，需要充分注意的是，当取消外部母管时，应遵守如下导则和压降的规律（见图5-12）。

应用多接口压力容器时，首先要注意到如下几点：

（1）要估计压降的影响。要考虑每一只压力容器在充满时流过给水（或浓水）、渗透水的压降是多大。

（2）要掌握系统流量的平衡。以某一级的最末一个容器出口的浓水的总量为基础进行流量偏差的比较。

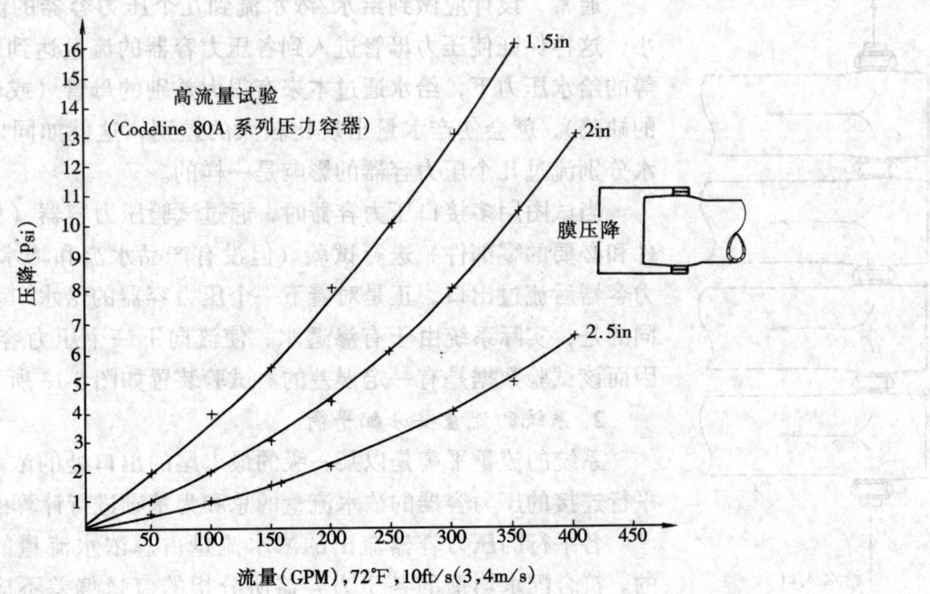

图5-12　多接口压力容器的压降

(3) 最好从某级膜的给水两端或中间进水，这样可使压降偏差小些，如果从该级的一端进水，压降偏差会过大。

(4) 征求膜厂家对系统设计方案的意见。

(5) 应读懂导则。

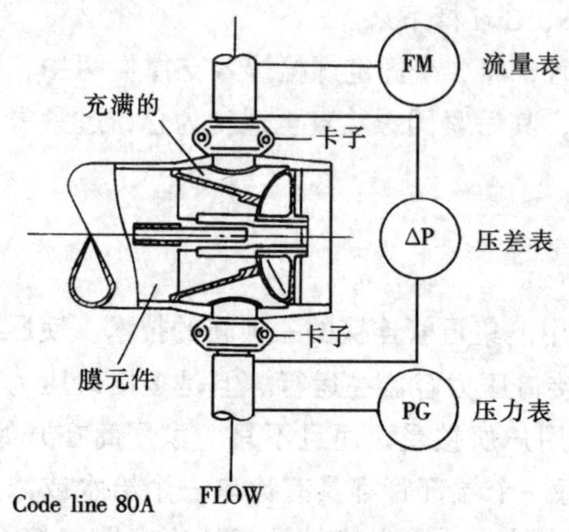

图 5-13 多接口压力容器试验装置

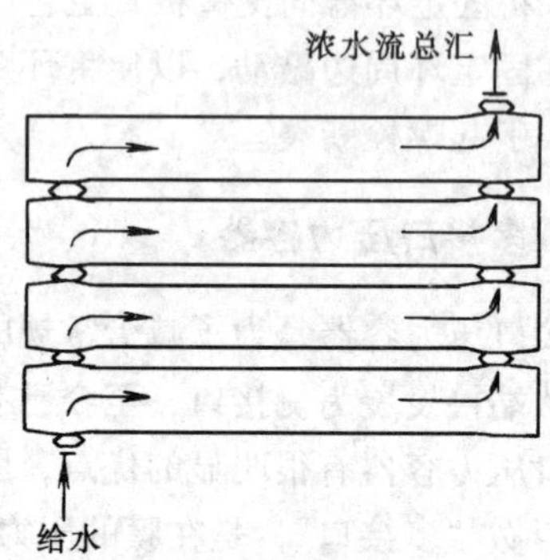

图 5-14 给水/浓水流量平衡图

其次，也要注意不该做的几点：

(1) 不要改小压力容器接口的尺寸。不能用有母管时的接口尺寸，否则将引起压降的影响。

(2) 不要改小给水/浓水的接管尺寸。除非已掌握了系统压降的平衡。

(3) 不要在系统上局部地应用多接口压力容器，或选择部分应用多接口容器，因这样可能把系统复杂化。

总结起来，采用多接口压力容器（取消连接母管）的导则如下：

1. 估计压降

估计压降就是对穿过每一只充满水的压力容器进行压降大小的估算，即弄清每一只压力容器的渗透水量和给水/浓水流量对压力降的影响。

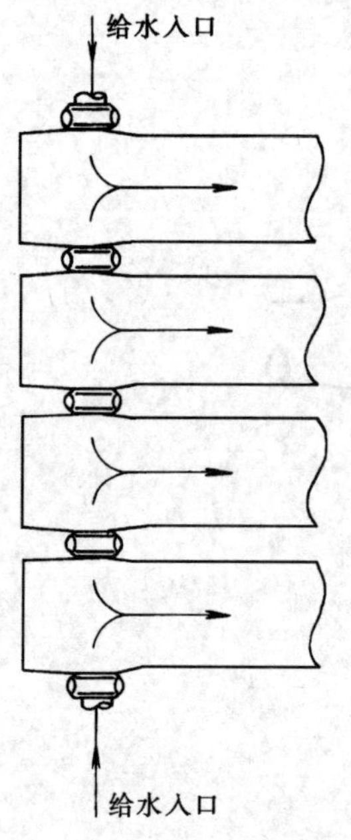

图 5-15 给水引入方式

通常，设计应做到给水/浓水流到几个压力容器的流量差别达到最小，这样保证使压力母管进入到各压力容器的流量达到近于相等。在均等的给水压力下，给水通过本来有很大差别的母管（或母管存在安装上的缺陷），就会使产水量出现比较大的差别，这就如同以不同压力的给水分别流过几个压力容器的影响是一样的。

当试图用多接口压力容器时，通过试验压力容器（只装有一个膜元件和必要的零部件）进行试验（但没有产品水流和浓水流）。水流经压力容器后流过出口，正是对着下一个压力容器的给水口。与实际系统不同的是，实际系统由于有渗透水，使流向下一个压力容器的流量减少。因而该试验数据是有一定误差的。试验装置如图 5-13 所示。

2. 系统的流量要分配平衡

系统的流量平衡是以某一级的最末尾的出口处的浓水流量（即多个平行连接的压力容器的浓水流量的总和为基础进行计算的）。

各平行的压力容器流出的浓水流量占总浓水流量的比值应是相近的。符合配水均衡的各压力容器所分担的流量偏差不应超过总水量的5%。

压力容器的给水压力将沿程地依次低于前一个压力容器。虽保持这样的压力降的趋势，但给水流过每个压力容器的压降却可能是相近的。如图 5-14 所示。

3. 给水的引入点宜位于某一级的两侧或中间

当给水仅从某一级的一侧引入压力容器时，在系统中所形成的压差会超过从某一级的两侧或中间同时引入。

给水流量被分为两部分，流速将减低一半，由于压降值是与流速的平方成正比，因而从两侧进入将可能有最大的经济效益。又由于压力低，还可使用塑料管。如图 5-15 所示。

在高流速下，由于速度头转换为压力头的原因，压力容器排列的下游与上游间也可能出现另一种可能，即第一个和最末的压力容器间的平均给水压力和流量逐个由低至最大值，这样会影响到渗透水量的均衡。所以压力容器的出口接口是不能改小的。

在整个系统中，每一只压力容器中所装的膜的运行性能都应经过检查，以确认膜的运行性能均衡。

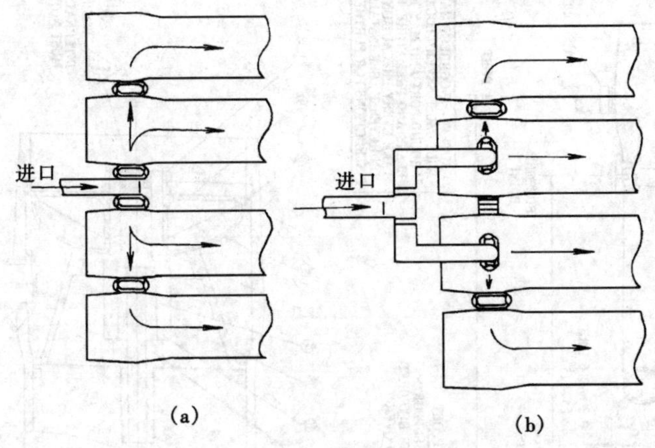

图 5-16　中间进水以三通方式连接

(a) 以三通方式连接；(b) 在中部位置的两容器上的接口

给水从某一级的中间引入将需要用一个三通把去两侧的压力容器连接起来，如图 5-16（a）所示，或把给水接口连接在某级中部位置的两个压力容器上，如图 5-16（b）所示。

4. 与膜供应厂商协商评定多接口无母管系统

考虑到取消母管将对整个膜系统的运行性能有些小的影响，如系统的压降的改变，又可能由于经验不足而出现些问题。因此，对新的系统的设计，要取得膜厂商的支持并取得帮助而加以改进。

5. 要考虑高流速时的影响

在特别的操作情况下，例如，冲洗或化学清洗时可能要采取高流速下的运行，其结果可能会出现尾部末端的速度头的能量转换为静压头而使流量不均衡，因此要在设计上考虑高流速下的排放不受阻，即在选择压力容器的接口尺寸时要给以适当放大。

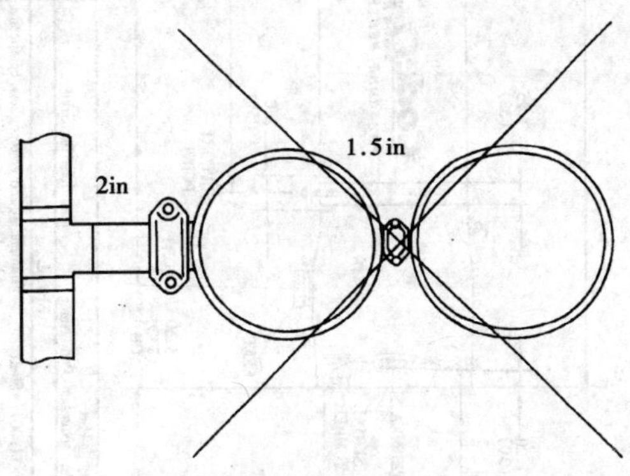

图 5-17　不允许减小给水/浓水接口尺寸的示意

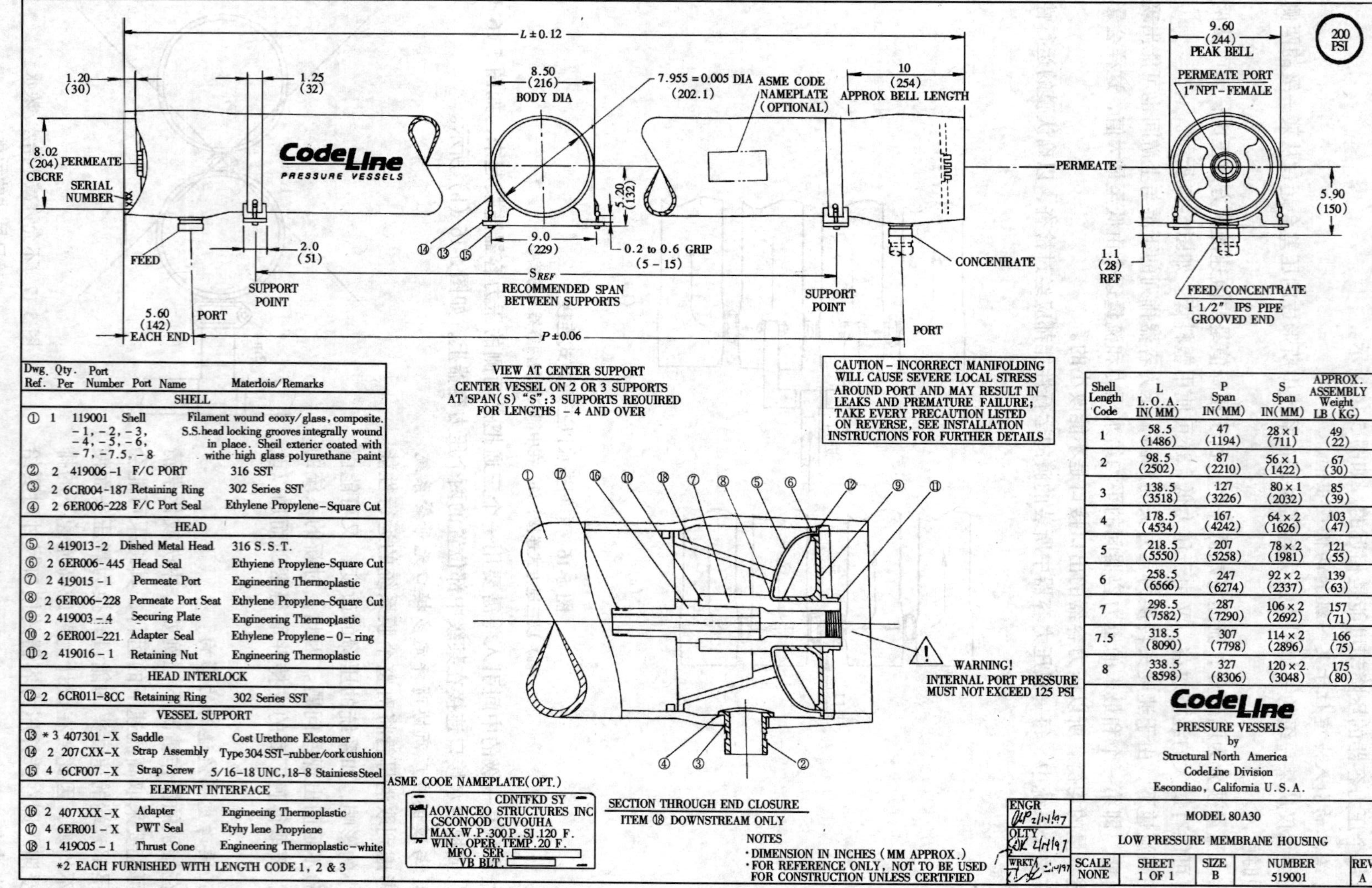

Dwg. Ref.	Qty. Per	Port Number	Port Name	Materlois/Remarks
			SHELL	
①	1	119001 -1, -2, -3, -4, -5, -6, -7, -7.5, -8	Shell	Filament wound eooxy/glass, composite. S.S.head locking grooves integrally wound in place. Sheil exterior coated with withe high glass polyurethane paint
②	2	419006-1	F/C PORT	316 SST
③	2	6CR004-187	Retaining Ring	302 Series SST
④	2	6ER006-228	F/C Port Seal	Ethylene Propylene-Square Cut
			HEAD	
⑤	2	419013-2	Dished Metal Head	316 S.S.T.
⑥	2	6ER006-445	Head Seal	Ethyiene Propylene-Square Cut
⑦	2	419015-1	Permeate Port	Engineering Thermoplastic
⑧	2	6ER006-228	Permeate Port Seat	Ethylene Propylene-Square Cut
⑨	2	419003-4	Securing Plate	Engineering Thermoplastic
⑩	2	6ER001-221	Adapter Seal	Ethylene Propylene-0-ring
⑪	2	419016-1	Retaining Nut	Engineering Thermoplastic
			HEAD INTERLOCK	
⑫	2	6CR011-8CC	Retaining Ring	302 Series SST
			VESSEL SUPPORT	
⑬	*3	407301-X	Saddle	Cost Urethone Elcstomer
⑭	2	207CXX-X	Strap Assembly	Type 304 SST-rubber/cork cushion
⑮	4	6CF007-X	Strap Screw	5/16-18 UNC, 18-8 Stainiess Steel
			ELEMENT INTERFACE	
⑯	2	407XXX-X	Adapter	Engineeing Thermoplastic
⑰	4	6ER001-X	PWT Seal	Etyhy lene Propyiene
⑱	1	419C05-1	Thrust Cone	Engineering Thermoplastic-white

*2 EACH FURNISHED WITH LENGTH CODE 1, 2 & 3

Shell Length Code	L L.O.A. IN(MM)	P Span IN(MM)	S Span IN(MM)	APPROX. ASSEMBLY Weight LB (KG)
1	58.5 (1486)	47 (1194)	28×1 (711)	49 (22)
2	98.5 (2502)	87 (2210)	56×1 (1422)	67 (30)
3	138.5 (3518)	127 (3226)	80×1 (2032)	85 (39)
4	178.5 (4534)	167 (4242)	64×2 (1626)	103 (47)
5	218.5 (5550)	207 (5258)	78×2 (1981)	121 (55)
6	258.5 (6566)	247 (6274)	92×2 (2337)	139 (63)
7	298.5 (7582)	287 (7290)	106×2 (2692)	157 (71)
7.5	318.5 (8090)	307 (7798)	114×2 (2896)	166 (75)
8	338.5 (8598)	327 (8306)	120×2 (3048)	175 (80)

图 5-18 Code Line 8in 侧接压力容器典型

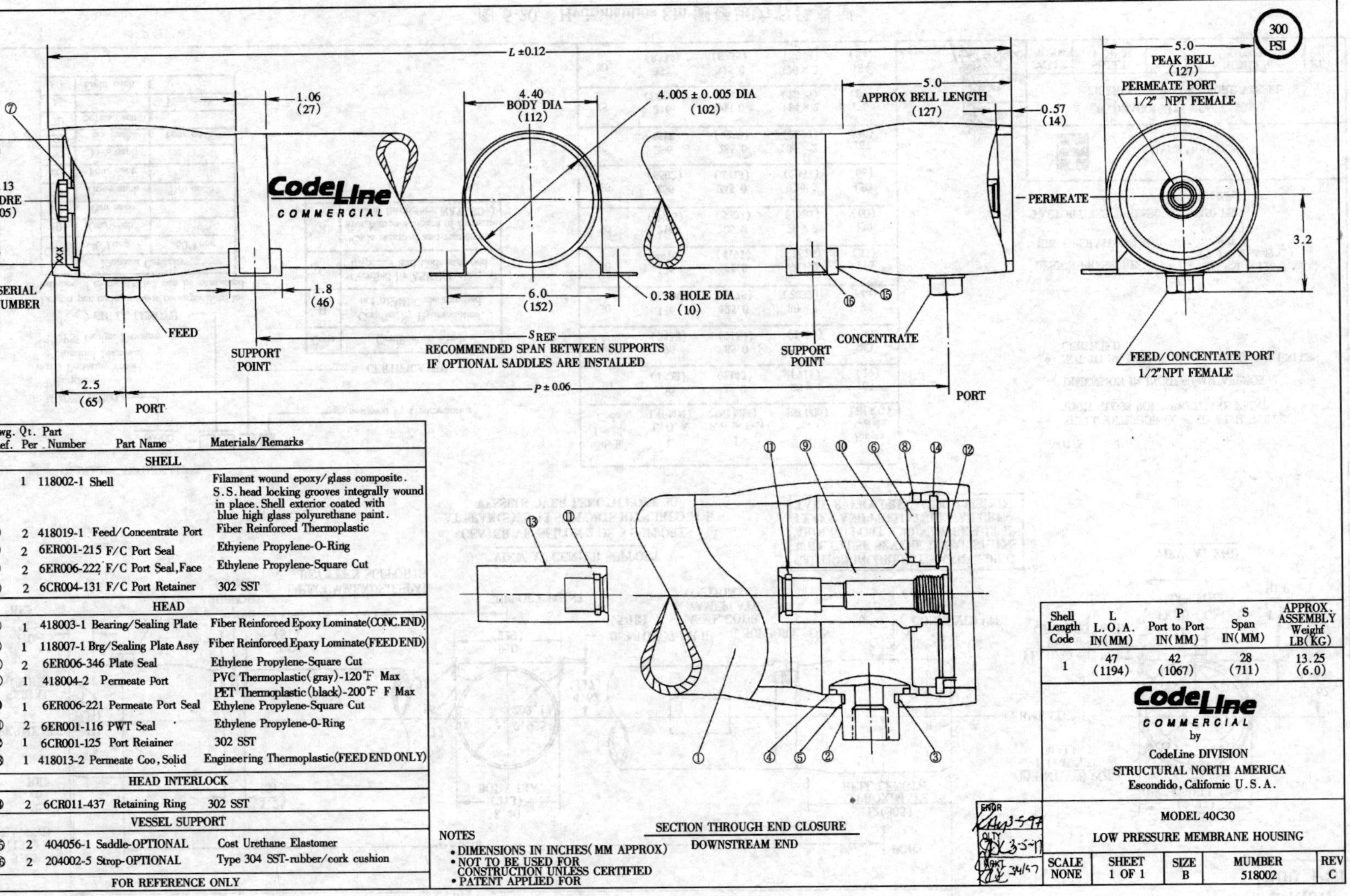

图 5-19　Code Line 4in 侧接压力容器典型

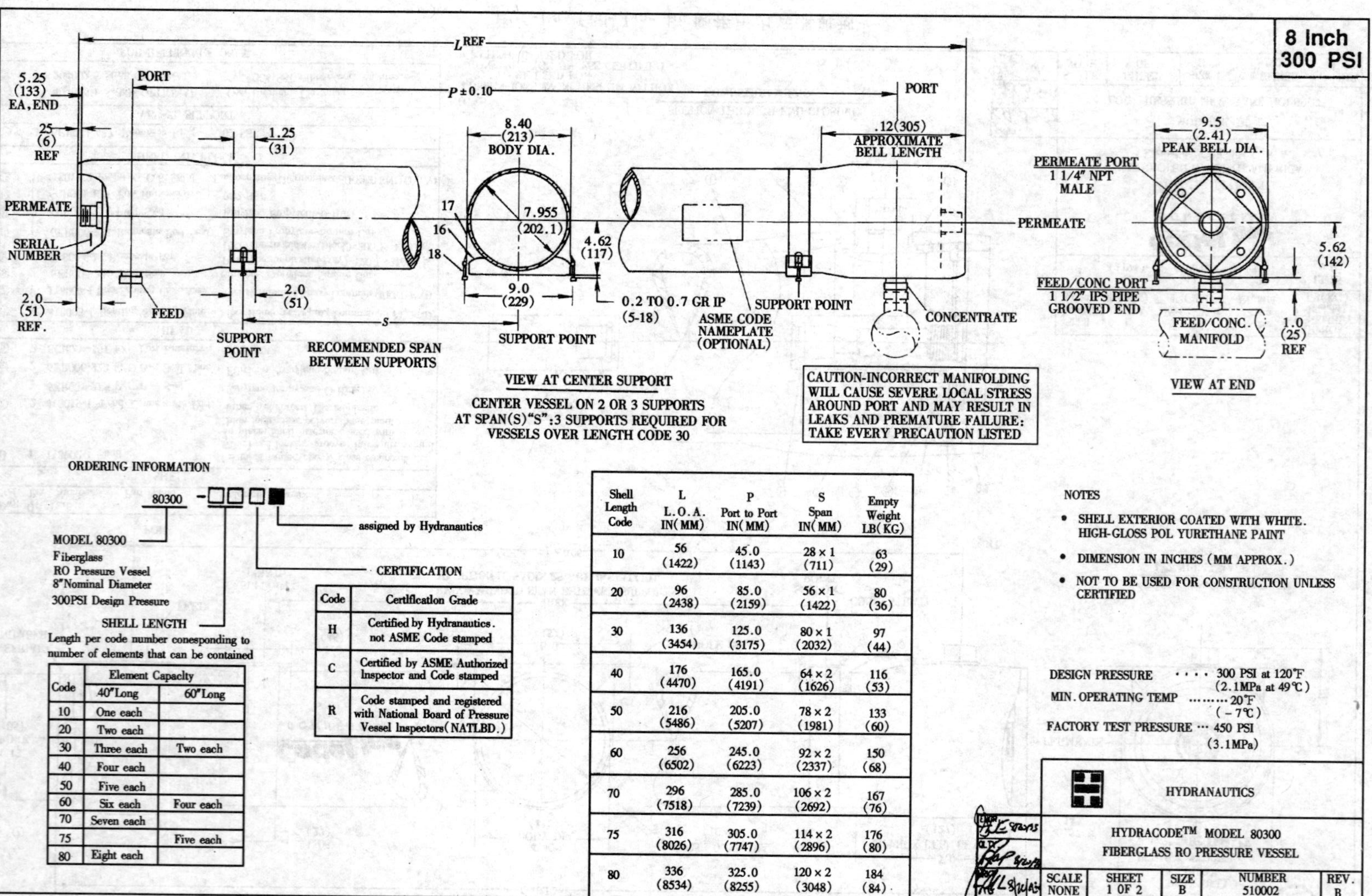

Code	Element Capacity 40"Long	60"Long
10	One each	
20	Two each	
30	Three each	Two each
40	Four each	
50	Five each	
60	Six each	Four each
70	Seven each	
75		Five each
80	Eight each	

Code	Certification Grade
H	Certified by Hydranautics. not ASME Code stamped
C	Certified by ASME Authorized Inspector and Code stamped
R	Code stamped and registered with National Board of Pressure Vessel Inspectors(NATLBD.)

Shell Length Code	L L.O.A. IN(MM)	P Port to Port IN(MM)	S Span IN(MM)	Empty Weight LB(KG)
10	56 (1422)	45.0 (1143)	28×1 (711)	63 (29)
20	96 (2438)	85.0 (2159)	56×1 (1422)	80 (36)
30	136 (3454)	125.0 (3175)	80×1 (2032)	97 (44)
40	176 (4470)	165.0 (4191)	64×2 (1626)	116 (53)
50	216 (5486)	205.0 (5207)	78×2 (1981)	133 (60)
60	256 (6502)	245.0 (6223)	92×2 (2337)	150 (68)
70	296 (7518)	285.0 (7239)	106×2 (2692)	167 (76)
75	316 (8026)	305.0 (7747)	114×2 (2896)	176 (80)
80	336 (8534)	325.0 (8255)	120×2 (3048)	184 (84)

图 5-20 Hydranautics 8in 侧接压力容器典型

6. 多接口压力容器连接的接口尺寸不应小于有母管时的尺寸

因为给水要穿过充满水的压力容器，所产生的压降总是大于流过一等量长度相同接口尺寸的管子的压降。所以，选择接口尺寸时至少要达到等效的结果，或者尽可能地大于采用有外部母管时连接的接口尺寸。

7. 不可减小给水/浓水的接口尺寸

在系统中出现图 5-17 的做法是不允许的，除非是不得已，并且对所产生的影响要有所准备。

多接口连接不像采用外接母管那样，容易减小压力容器的接口尺寸，因为它们是连接在一起的。一个压力容器的给水接口可能是正对着另一个压力容器的相同尺寸的接口。

图 5-17 的做法将引起额外的压降，在设计上要充分注意到其所造成的影响。

另外，不应在外部母管的系统中局部应用多接口的压力容器，也不应在多接口压力容器系统中部分应用外接母管。

附带介绍几种典型的侧接压力容器，如图 5-18，图 5-19，图 5-20。

第六章 反渗透系统的预处理概要

一、涡卷式反渗透系统给水的一般要求

反渗透给水的水质要求如表6-1所示。

表 6-1　反渗透给水的水质要求

给水水质	醋酸纤维素膜	芳香聚酰胺复合膜
pH值	4～6	2～11
温度（℃）	5～30	1～45
浊度（NTU）	<1.0	<1.0
淤泥密度指数（SDI）	<5	<5
总有机碳（TOC）（mg/L）	<3	<3
氯（mg/L）	<1	<0.1
铁含量（mg/L）	给水中溶氧>5mg/L时，Fe<0.05	
SiO_2（mg/L）	浓水中 SiO_2<100	
Ca，Sr，Ba	硫酸盐离子积<$0.8K_{sp}$	
LSI	pH_b-pH_s为负值	

注　表中后四项是一般值，其与加药处理有关。

二、反渗透给水预处理的必要性

为了保持膜组件良好的设计性能和安全的运行，保证膜的使用寿命，必须对原水进行适当的预处理。必须根据水源的水质条件、膜组件的特性和对给水质量的要求，选择合适的预处理方式。

（一）不同原水水源的处理对象

不同原水水源由于组成与杂质成分的不同，其预处理对象区别如下：

（1）地下水是从井中取出的地下砂层的水，水中的混浊物质、有机物含量很少，因此深井水的污染指数几乎小于1.0，一般小于2.0，故预处理系统相对比较简单。因地下水不与大气接触，水中溶氧量少，含微生物与菌类较少，含2价Fe、Mn及H_2S等还原性物质多。有的地下水也含有Sr、Ba等盐类。原水分析要根据设计要求，Sr、Ba含量要分别测至ppm和ppb级才适合于防垢计算的需要。

（2）地表水溶氧量大，在阳光下具有生物生存的条件，因而水中往往有微生物存在，且很少存在还原性物质。一般地表水含有以硅、铝为主的悬浮物、胶体物及有机物形成的胶体物质。

（3）海水中则可能含有微生物、有机物、胶体和悬浮物颗粒。

（二）促使膜性能降低的膜污染因素

（1）使膜本身发生化学变化。包括使芳香聚酰胺膜的胺基受氯和其他氧化性因素的作用而破坏；醋酸纤维素膜的酯基团受温度和pH值影响而水解；膜受强酸、强碱的溶解等。

（2）使膜表面或膜内受水中悬浮物、胶体颗粒的覆盖和污堵。

（3）膜表面微溶盐的结垢。

（4）膜受水中微生物、菌藻类的黏附、污堵、侵蚀和生物降解。

（5）水中有机大分子对膜的污堵或小分子有机物对膜的吸附污染。

三、给水处理方法概要

膜的污染、堵塞和侵蚀性因素包括结垢物、金属氧化物、悬浮物和胶体、有机物、生物污染等，所采取的措施主要是经典常规的水处理方式，但要求比较严格。反渗透给水预处理方法概要如表6-2所示。

表6-3为对膜的污染因素的处理方法汇总，亦可组合数种方法一起使用。

表 6-2　　　　反渗透给水预处理方法概要

被处理的有害物质	预处理方法提要
$CaCO_3$、$CaSO_4$、$BaSO_4$、$SrSO_4$ 结垢物质	$CaCO_3$ 结垢可通过对浓水 LSI 的计算，LSI 为负值时水质稳定，否则应处理。$CaSO_4$、$BaSO_4$、$SrSO_4$ 可通过 IP_b 的计算，其值小于 $0.8K_{sp}$ 时稳定，否则应处理。可根据情况选择合适的处理措施，如：①钠离子交换软化，加六偏磷酸钠或有机阻垢剂；②氢离子交换后脱 CO_2；③加酸稳定，加石灰进行沉淀处理
水中颗粒物质	砂、黏泥、SiO_2 等粒径大于 2μm 可通过过滤方式处理，小于 2μm 可通过凝聚、双滤料过滤（由于胶体带有与膜表面相反的电荷，水中小于 0.1μm 的真正的胶体并不一定易于引起膜的污染，令人担心的却可能是于其聚集后所形成的 0.3～0.5μm 的颗粒）。在进入给水泵前设置 5μm 保安过滤器。在保安过滤器前必须设置机械过滤器
铁、锰、硫化物	水中溶有的铁、锰或硫化物，遇到空气或 Cl_2 可能氧化和沉淀。 膜所允许的铁浓度，由于 pH 值、溶氧的不同而变化很大，一般为 0.1～0.05mg/L。Fe 小于 0.5mg/L，加酸至 pH = 5.5，对膜无污染。给水中最大允许含铁量与含氧量和 pH 值的关系大致是： O_2（mg/L）　pH　允许 Fe^{2+}（mg/L） <0.5　<6.0　4.0 0.5～10　6～7　0.5 5～10　>7　0.05 降低原水中大量铁，可采用曝气—锰砂过滤。 井水中存在 H_2S 时，如被氧化成硫磺，会污染膜表面。可采用阳光下曝气氧化、过滤脱硫。 重金属经氧化或空气氧化后，通过过滤或直流混凝过滤除去
管道、泵等设备锈蚀产物	采用耐腐蚀材料的管道和设备，低压部分采用塑料，高压部分采用 316S.S.，或内衬耐蚀聚合材料。 注意管道系统的严密性，以防空气进入系统而使铁氧化。 采取过滤方式，过滤前需加凝聚剂。 为了防垢的加酸系统，及加酸后的水系统都要采用防腐蚀材料
胶体物质	地面水含胶体物较多，主要是铝类的黏土，这类胶体颗粒大小在 0.3～1.0μm 范围，带负电荷，单用过滤无法除去，故采用凝聚、过滤或直流混凝方法，使胶体颗粒增大至 10～20μm 过滤除去。 当悬浮物、胶体含量过多时，还需凝聚、澄清、过滤。 凝聚剂的使用要注意膜的性质，聚酰胺复合膜带负电荷，因此不可采用阳离子型的聚合物。 有效的混凝—过滤配合是采用聚合铝和双滤料（0.6mm 石英砂和 1.2mm 的无烟煤）及加凝聚剂混凝后再经细砂（0.3～0.5mm 滤层 800mm）过滤
有机物	有机物对膜污染是复杂的，凝聚澄清和活性炭过滤都仅能除去部分有机物。 也可采用超滤除去有机物
细菌	细菌会以醋酸纤维为食物，因而醋酸膜易受细菌的侵蚀；对于复合膜，虽不易被细菌侵害，但细菌黏膜会造成膜的污堵。杀菌一般采用氯： $Cl_2 + H_2O = HClO + H^+ + Cl^-$ 加入水中的氯只有 1/2 变成 HClO，另外的 1/2 在水中产生 Cl^-，不起杀菌作用（反应产物的比例取决于水的 pH 值和温度）。 采用加 NaClO 时： $NaClO + H_2O = HClO + NaOH$ 从以上两式的比较中可以看出一个 NaClO 分子的作用相当于一个 Cl_2 分子的作用
氯	醋酸纤维膜要求给水中含有残余氯，以防细菌滋生，而氯含量过高又会破坏膜，最大允许连续余氯的含量为 1mg/L。复合膜抗氯性差，不允许含有余氯。采取加氯杀菌后需加亚硫酸氢钠或经活性炭过滤来消除余氯。
油和脂	进入膜组件的水不允许含有油和脂。处理油和脂一般采用活性炭过滤，也可采用超滤
SiO_2	膜元件在运行中浓水不允许析出 SiO_2，过饱和的 SiO_2 可能聚合而形成不溶解的胶体硅，硅胶会引起结垢。 防止 SiO_2 结垢的措施： 控制系统回收率，这是一种容易的防硅垢的方法，靠降低系统回收率使水中的浓度降低到符合溶解度（对给定的 pH 值和温度）的要求。 可采用石灰软化，一般可降低给水中 50% 的硅，或在澄清时加入氧化镁、氯化铁和铝酸钠。 无定形硅的溶解度取决于温度，提高水的温度可以防止结垢，也可以将提高温度与降低系统回收率结合使用。 发现硅的浓度过高时，必须立即清洗，硅垢一旦形成，就非常难于去除

表 6-3　　　　　　　　　　　　对膜的污染因素的处理方法汇总表

前处理	$CaCO_3$	$CaSO_4$	$BaSO_4$	$SrSO_4$	SiO_2	CaF_2	SDI	Fe	Al	细菌	氧化剂	有机物
加酸法	•							○				
加阻垢剂	○	•	•	•	•	○						
离子交换软化	•	•	•	•	•							
离子交换脱碱	○	○	○	○	○							
石灰软化法	○	○	○	○	○	○	○	○				○
预防性清洗	○					○	○	○	○	○		○
调整回收率		○	○	○	○	•				○		
介质过滤						○	○	○	○	○		
氧化过滤							○	•				
直流混凝							○	○	○	○		○
混凝						○	•	○	•	○		•
微/超过滤						•	•	○	•	○		•
滤芯过滤						○	○	○	○			
氯化										•		
脱氯											•	
冲击处理										○		
预防性杀菌										○		
GAC 过滤										○	•	○

注　○可能，•非常有效。

第七章 防止膜的悬浮物和胶体颗粒污染的技术

一、*悬浮物和胶体颗粒污染概要*

(1) 悬浮物和胶体颗粒的危害直接影响反渗透膜元件的运行性能，表现在产品水流量降低，膜系统的压差增大，有时也影响脱盐率。

(2) 悬浮物、胶体污染的初期标志是反渗透系统的给水/浓水压差增大。

(3) 给水中的淤泥胶体来源通常有：①细菌、黏土、大分子有机物、胶体硅；②不溶解的金属铁的腐蚀产物；③给水预处理使用的混凝剂，如铝盐、铁盐或带正电荷的聚电解质在澄清和过滤中未能有效地除去的物质；④预处理所加入的带正电荷聚合物的凝聚剂与加入的带负电荷的阻垢剂产生的沉淀颗粒。

(4) 水中胶体及悬浮颗粒的污染因素以 SDI 量度表征，对于卷式反渗透膜，进水要求小于 5，中空纤维膜小于 3。一般原水为井水的 SDI 常小于 1，而地表水则较高，必须预处理。图 7-1 为 SDI（淤泥密度指数，Silt Density Index）对膜的产水量的影响曲线。

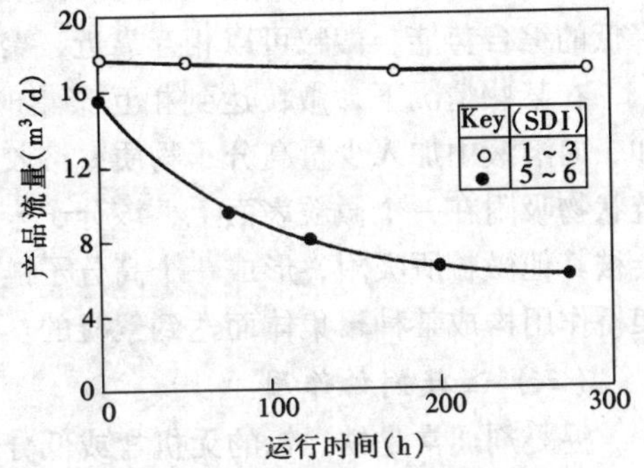

图 7-1　SDI 对膜的产水量的影响曲线

(5) 淤泥密度指数 SDI 作为反渗透给水重要的指标，在反渗透运行中每天应测定 3 次。

1) 标准测定方法（Standard Test Method）：ASTM 试验方法 D189-82。

2) SDI 测定装置如图 7-2 所示，它包括以下组成部分：①ϕ47mm，孔径为 0.45μm 的过滤膜；②ϕ47mm 过滤膜支撑板；③ϕ47mm 过滤器；④1-5bar（10～70psi）压力表；⑤调压用的针型阀；⑥取样总阀（球阀）。

3) 测定步骤：①将过滤膜置于膜过滤器内的支撑板上，小心地放好 O 形密封圈并垂直摆正，拧紧压紧螺栓；②调整压力至 2.1bar；③纪录开始过滤 500mL 样品所用的时间 t_0（整个过程要调整保持压力）；④在取样压力保持 2.1bar（30psi）的情况下，连续过滤 15min；⑤15min 后再测量过滤 500mL 所用的时间 t_{15}；⑥计算：

$$SDI = (1 - t_0/t_{15}) \times 100/15$$

过滤膜的样品应妥善保留以便核查。

当 t_{15} 为 t_0 的 4 倍时，SDI 为 5［即 SDI =（1 - 1/4）×100/15 = 5］。当 SDI 为 6.7 时，水样将完全堵住过滤膜。反渗透给水一般应小于 5，测定中发现这种情况时，即刻可得到判断。

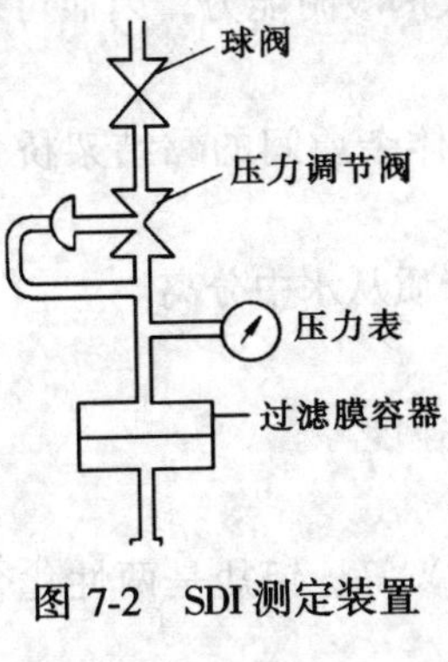

球阀
压力调节阀
压力表
过滤膜容器

图 7-2　SDI 测定装置

(6) 去除天然水中悬浮颗粒及胶体的常规处理方法有：混凝澄清、直流凝聚过滤、介质过滤、滤芯过滤、氧化（除铁、锰）过滤的深度过滤。近年来，微滤、超滤的膜分离方法引入反渗透给水预处理领域，并可望成为代替常规处理方法的新技术。

二、混凝—澄清的基本概念

（一）混凝—澄清的目的

混凝—澄清的目的是在被处理的原水中加入混凝剂，促使水中微小的颗粒变成大的颗粒而下沉，经过混凝—澄清的原水可以有效地去除悬浮物和水中的有机物胶体、细菌等微生物以及部分硅化物，并进一步经过过滤可使反渗透给水达到SDI要求。

（二）混凝过程——凝聚和絮凝

混凝过程是指在被处理的水中加入混凝剂后经过混合搅拌，使水中胶体颗粒脱稳，此处理方法称为凝聚。如进一步经絮凝搅拌，使脱稳的胶体颗粒又和其他微粒结成絮体，此物理化学过程的处理方法称为絮凝。凝聚和絮凝这两个阶段统称为混凝。

药剂按在混凝过程中所起的作用可分为凝聚剂和絮凝剂两类，此两类药剂分别在混凝过程中起脱稳和结成絮体的作用，总称为混凝剂。

也就是说，凝聚是在投加药剂后，溶胶微粒由于电中和而使胶体颗粒脱稳而达到聚集的。例如，加无机金属盐时，溶胶微粒的扩散层被压缩到一定程度，此时布朗运动的能级超过微粒间被降低的综合势能，微粒可以相互靠近，聚集到一起而达到凝聚。

在某些情况下，微粒达到相互聚集时，也许并未达到电中和脱稳，这种聚集即为絮凝。例如，向溶液中加入少量高分子物质，溶胶微粒和高分子间会发生相互作用。开始时一个高分子的链状物吸附在一个微粒表面上，该分子未被吸附的一端就伸到溶液中去。这些伸展的分子链节又会被其他微粒所吸附，形成一个高分子链状物同时吸附在两个以上微粒表面的情况，就是靠这种架桥作用构成某种聚集体而达到絮凝的。

（三）混凝剂的作用

混凝剂通常是铁、铝的无机盐或低分子、高分子聚合物。混凝剂在水中经过电离、水解形成胶体，在吸附和聚沉等许多过程的作用下，最后使胶体和悬浮物除去。

市场上有许多混凝剂，现以典型的硫酸铝［$Al_2(SO_4)_3$］说明混凝过程如下：

硫酸铝的电离　　　　$Al_2(SO_4)_3 \longrightarrow 2Al^{3+} + 3SO_4^{2-}$

当$pH>4$时，Al^{3+}的水解逐渐增多，$Al^{3+} + H_2O \longrightarrow Al(OH)^{2+} + H^+$，并开始发生羟基桥联反应，如$2Al(OH)^{2+} \longrightarrow [Al_2(OH)_2]^{4+}$生成双核络合物，再进一步发生羟基桥联还可生成更高级的多核羟基络合物，可见铝基在水中产生一系列的水解产物，因而它们可以由不同的形态发挥三方面的作用：

（1）脱稳凝聚。低聚合度高电荷的多核羟基络合物对胶体杂质具有大的吸附能力，因而可以发挥电中和作用及压缩双电层的作用。

（2）架桥絮凝。高聚合度低电荷的无机高分子及凝胶状化合物在胶体杂质间的黏结架桥作用。

（3）吸附卷扫。氢氧化物沉淀物生成微小凝絮，可吸附、卷带胶体杂质从水中分离。

（四）常用的凝聚剂和使用条件

影响凝聚效果的因素有天然水的pH值、凝聚剂用量、水温度、混合速度等。

1. 铝盐

常用的典型的铝盐有$Al_2(SO_4)_3 \cdot 18H_2O$，无机聚合物有聚合铝（PAC）等。铝盐是两性化合物，pH值过高或过低都会促其溶解，使残留铝量增加。水中含铝和铁造成的影响是一样的，是反渗透给水处理要十分注意的。

$$pH<5\text{时，}Al(OH)_3+3H^+\longrightarrow Al^{3+}+3H_2O$$

$$pH>7.5\text{时，}Al(OH)_3+OH^-\longrightarrow AlO_2^-+2H_2O$$

在 pH = 6.5 ~ 6.7 时，$Al(OH)_3$ 溶解度最低。当 pH > 9 时，$Al(OH)_3$ 溶解度迅速增大。

铝盐作为混凝剂的特性是：

(1) 由两性化合物组成的胶体，其 ζ 电位和等电点（其 ζ 电位为 0 的那一点）主要决定于水的 pH 值。ζ 电位愈接近于 0，胶体间的斥力愈弱，凝聚速度愈快。氢氧化铝和天然水中的胶体，如腐殖质、黏土都具有两性，因而 pH 值是影响凝聚速度的重要因素。

(2) 铝盐在水中形成氢氧化铝胶体粒子之后，受 pH 值影响。在 8 > pH > 5 时，胶体带正电荷；当 pH < 5 时，因吸附水中 SO_4^{2-} 为外层扩散层离子而带负电荷；而当 pH 值为 8 左右时，它以中性胶粒存在，最易沉淀下来。

以铝盐作混凝剂时，最优的 pH 值一般为 6.5 ~ 8.0。其一般规律是当混凝剂加入量较小时，此时氢氧化铝胶体所带正电荷量较大，有利于中和自然胶体的负电荷（降低其 ζ 电位），水中自然胶体主要靠其本身的凝聚而析出。当混凝剂加入量较多时，主要靠混凝剂本身所形成的大量氢氧化铝胶体的絮凝胶体呈中性（pH 值在 8 左右）并因其吸附作用而将水中的悬浮物和自然胶体一同沉淀下来。

混凝过程的实际加药量是需要根据原水水质、温度以及反应速度的条件进行实际的试验室杯罐的模拟试验取得的，一般加入量 $Al_2(SO_4)_3\cdot 18H_2O$ 在 0.1 ~ 0.5epm（10 ~ 50mg/L）左右调节。

硫酸铝是 19 世纪用于给水处理的。由于它的投量大，会降低出水的 pH 值，在低浊、低温和高浊下效果不够理想。早在 30 年代，德、日、美等国就发现了聚铝的高效无机高分子凝聚剂。60 年代末，日本在给水处理中聚铝的用量就超过了硫酸铝。目前应用最广泛的是聚合氯化铝 (Poly-Aluminium-chlorinated)，简称 PAC。

PAC 可以看作是铝盐水解聚合最终变为 $Al(OH)_3$ 沉淀物过程中的中间产物，它有较高的电荷和分子量，因而吸附脱稳和黏结架桥作用均较强，加入到水中后会迅速发挥优异的混凝作用。

PAC 并不是单分子的化合物，而是具有不同形态的同一类化合物，其通式可表示为 $Al_n(OH)_mCl_{3n-m}$。例如 $Al_2(OH)_5Cl$、$Al_6(OH)_{16}Cl_2$ 以及 $[Al_2(OH)_5Cl]_n$ 等，它们在溶液中电离为高价离子，如

$$Al_{13}(OH)_{34}Cl_5\longrightarrow Al_{13}(OH)_{34}{}^{5+}+5Cl^-$$

发挥混凝作用的就是这些带正电荷的高价离子。

PAC 的两个重要指标是碱化度和聚合度。碱化度 B = [OH]/3 [Al]，即化合物中羟基与铝的当量比值。例如，$Al_2(OH)_5Cl$ 的 B = 5/（2 × 3） = 83.3%。一般来说，碱化度越高的聚合氯化铝，其分子量就越高，因而黏结架桥能力越好，但稳定性较差，会生成 $Al(OH)_3$ 沉淀物。目前，聚合铝的制品碱化度多为 50% ~ 80%，聚合氯化铝的聚合度即分子中的 n 值，表明高分子的分子量，一般无机高分子量远较有机高分子量小，大约只在数千左右。

PAC 加到水中后，碱度降低较小，因而 pH 值下降也小，其最佳 pH 值较宽，一般 pH = 7 ~ 8 可取得良好的效果，低温时效果仍较稳定，加药剂量对低浊水相当于 $AlCl_3$ 的一半，高浊度相当于 1/3。有时 1mg/L（Al_2O_3）效果就很好。

2.铁盐

常用的铁盐有 $FeSO_4 \cdot 7H_2O$ 和 $FeCl_3 \cdot 6H_2O$ 等。用铁盐作混凝剂时，其水解和胶体的形成、混凝过程和铝盐相似。但当用二价铁盐时，水解产生的 $Fe(OH)_2$ 溶解度较大，必须在混凝过程中将 Fe^{2+} 氧化成 Fe^{3+}，才能适应混凝的需要，其在 pH > 8.8 时氧化和水解过程如下：

$$4Fe^{2+} + O_2 + 2H_2O \longrightarrow 4Fe^{3+} + 4OH^-$$

$$Fe^{3+} + 3H_2O \longrightarrow Fe(OH)_3 + 3H^+$$

由于在低 pH 值条件下完成氧化速度缓慢，所以上述反应常在石灰处理时完成，此时 pH 值约为 10.2 效果较好。

氢氧化铁也是两性的氢氧化物，但其碱性强于酸性，只有当 pH 值很高时才显示出酸的作用。当 pH < 3 时，铁以 Fe^{2+} 形式存在于溶液中，在 pH > 9 时，经氧化后才以 $Fe(OH)_3$ 的形式存在，水中残留的 Fe^{2+} 才会低下来。

但如果用 $FeCl_3 \cdot 6H_2O$ 作混凝剂时，由于其混凝过程中不可控制地迅速电离出 Fe^{3+}，不必经过氧化，能在 pH = 4 ~ 10 的范围内水解，所生成的凝絮较密实，比重较大，易于沉降，受温度影响不大，加入剂量比二价铁盐低。缺点是 $FeCl_3$ 具有强的氧化性，腐蚀性强。

Fe^{3+} 和腐殖酸会生成不沉淀的有色化合物，故铁盐很少作为处理含有有机物的水的混凝剂。

3.有机高分子絮凝剂

有机高分子絮凝剂都是水溶性的线型高分子物质，沿链状分子有若干官能基团，在水中大部分可电离，属于高分子电解质。根据可离解基团的特性，可以分为阴离子型、阳离子型、两性型等类。阴离子型的基团如 $-COOH$、$-SO_3H$、$-OSO_3H$ 等，阳离子型的基团如 $-NH_3OH$、$-NH_2OH$、$-CONH_3OH$ 等，两性型的同时含有两种基团。此外也有不能电离的非电解质，可称为非离子型。非离子型的聚合物分子在水中呈螺旋管状，其长度不能展开，类似非电解质。

高分子絮凝剂的链状分子可以发挥黏结架桥作用，分子上的荷电基团则发挥电中和的压缩扩散层作用。现有的高分子絮凝剂较多的是阴离子型，它们对水中负电胶体杂质只能发挥絮凝作用，往往不能单独使用，而是配合铝盐、铁盐混凝剂使用，以改善混凝过程，因此也常称为助凝剂。也有把阴离子型的絮凝剂直接用于过滤，也可称其为助滤剂。

阳离子型絮凝剂可以同时发挥凝聚和絮凝作用，因而可以单独使用。但由于常用的反渗透膜表面呈现负电荷，为防止膜表面的污染，故不宜使用。

有机高分子絮凝剂的有效剂量一般约为无机混凝剂的 1/30 ~ 1/200，即与无机混凝剂配合加入 0.1 ~ 2mg/L（分子量以 $1.5 \times 10^6 \sim 6 \times 10^6$ 时效果最佳），即可显著发挥其助凝作用。

有机高分子絮凝剂如聚丙烯酰胺（PAM）用 NaOH 水解后长链上带有许多负电荷的 COO^- 基团，由于负电荷的相斥作用，长链的 PAM 分子得以伸展，有利于与其他微粒的接触而产生架桥作用，如果加入量过大反而影响了长链的伸展，会影响效果。

表 7-1 为混凝剂概要表，概括介绍了上述各种凝聚剂、絮凝剂的特点。

在反渗透预处理中，混凝剂的加入剂量如前所述要根据原水水质进行小型试验以确定调节参考剂量：一般 $Al_2(SO_4)_3 \cdot 18H_2O$ 的加入剂量为 0.1 ~ 0.5epm（10 ~ 50mg/L）左右，$Al_2(OH)_5Cl$ 的加入剂量可少很多，一般为 5 ~ 20mg/L 左右；$FeSO_4 \cdot 7H_2O$ 的加入剂量为 50 ~ 100mg/L；$FeCl_3 \cdot 6H_2O$ 的加入剂量为 10 ~ 50mg/L；聚合硫酸铁 $[Fe_2(OH)_n(SO_4)_{3-n/2}]_m$ $[n < 2, m = f(n)]$ 的加入剂量为 20 ~ 60mg/L。

表 7-1　　　　混凝剂概要表

类别	性质	名称	化学式	适用 pH 值	说明
无机盐类	铝盐	硫酸铝 聚合氯化铝	$Al_2(SO_4)_3 \cdot 18H_2O$ $Al_n(OH)_mCl_{3n-m}$的聚合物	6~8	最常用，又称为硫酸矾土，有除色效能，优点是对水的 pH 值影响不大
	铁盐	硫酸亚铁 氯化铁 硫酸铁	$FeSO_4 \cdot 7H_2O$ $FeCl_3 \cdot 6H_2O$ $Fe_2(SO_4)_3 \cdot nH_2O$	9~11	若作用不当，铁质会残留于处理水中，使水着色
有机高分子絮凝剂	阴离子型聚合物	聚丙烯酰胺的部分水解产物 马来酸聚合物		6 以上	吸附架桥作用，避免过量使用
	阳离子型聚合物	聚乙烯亚胺季胺盐		有的可用于酸性溶液中	对带负电的胶体可单独使用，并起到主剂作用
	非离子型聚合物	聚丙烯酰胺		可在不太强的酸碱性溶液中使用，pH 为 8 以上	用作矿石微粒、$Mg(OH)_2$ 的助凝剂，有效、价廉
助凝剂	硅酸类	活化硅酸黏土	硅酸聚合物		用作助凝剂很有效，但制备方法和可使用时间不易控制
	pH 值、碱度调节剂	无机酸类 碱类	H_2SO_4, HCl, $Ca(OH)_2$, $NaOH$, Na_2CO_3, $NaHCO_3$		可利用含该成分的废液
	氧化、还原剂	氯、漂白粉、锰酸盐、硫酸亚铁	Cl_2, $CaOCl_2$, $NaHSO_3$, $KMnO_4$, $FeSO_4 \cdot 7H_2O$		用于铁、锰、胺氮的氧化和杀菌;用于臭味、锰等的去除;与亚硫酸相同,用于废液的还原

混凝过程中不要加入过高剂量的无机铁、铝盐混凝剂或高分子絮凝剂，以避免当采用铁或铝的混凝剂混凝后，对未经调低 pH 值的反渗透给水造成铁、铝的膜污染。又因当于过滤后加入阻垢剂时，由于阻垢剂几乎都是带负电荷的，因此会被带正电荷的凝胶中和而沉淀造成膜污染。

（五）混合、搅拌

混凝包括凝聚与絮凝，这两个阶段都需要有原水与混凝剂的混合过程。

混合的作用是使药剂快速搅拌以便均匀地扩散到水中，继而进行化学和物理化学的凝聚作用，形成小絮体（小矾花），但仍达不到重力沉降的颗粒，还要通过絮凝过程成长为大颗粒（0.6~1mm 左右）而沉降分离。

混合搅拌所需要的时间很短，一般可在 10~30s 内完成，形成单核氢氧络合物的时间大约仅为 10^{-10}s，形成聚合体的时间还不到 1s。

水中胶体颗粒的碰撞（或称接触）主要有三种途径，即颗粒的布朗运动、颗粒沉降速度的差异以及水体的流动。

一般认为颗粒直径大于 1.0μm 时，布朗运动引起的碰撞可以忽略。在反应池中水流激烈的湍动下，初始絮凝颗粒很小，沉降速度差异引起的颗粒碰撞也可以忽略，因而，水体流动引起的颗粒碰撞在混凝过程中起着很重要的作用。水体流动的重要参数是速度梯度（以 G 表示），即

$$G=\sqrt{\frac{P}{\mu}}$$

式中　P——单位体积搅拌所需要的功率，$(kg \cdot m)/(s \cdot m^3)$；

μ——水的动力黏度系数，$(kg \cdot s)/m^2$；

G——水流的速度梯度，s^{-1}。

当采用水力搅拌时，上式可按水头损失计算，即

$$G = \sqrt{\frac{\gamma h}{1000 \mu t}}$$

式中　γ——水的密度，kg/m^3；

h——水头损失，m；

t——反应时间，s。

由絮凝反应动力学可知，增加悬浮物体积浓度（c）和速度梯度（G）均可以加速絮凝反应，因而在凝结沉淀设备中，利用泥渣再循环和悬浮泥渣可以提高混凝处理效果。实践表明，在混合阶段控制适宜的 G 值在 $500 \sim 1000s^{-1}$之间。在絮状反应阶段，控制 Gt 值在 $10^4 \sim 10^5$ 之间（此时 $G = 50 \sim 70s^{-1}$或 Gt 值在 100 左右。因为 Gt 值和 Gtc 值间接地反映了在反应时间内颗粒总碰撞次数。所以要达到相同的混凝处理效果，只要保持 Gt 或 Gtc 的乘积值相同，即 G 值一定时可以增加 t 值，或 Gt 值一定时可增加 c 值。

上述结论与实际会存在差距，这是因为忽略了絮凝颗粒受到水流剪切力所引起的破碎和絮凝过程中的密度变化，所以在混合搅拌时要时间短、速度快，在絮凝阶段要避免搅拌过激而被水流的剪切力打碎絮体。

（六）反渗透预处理系统中的混合搅拌装置

（1）管道混合——药剂直接加入混凝沉淀设备的进水管中，不需另外的设备，布置简单，应用较广。

满足于速度梯度所需消耗的功率，即

$$P = Q \cdot \gamma \cdot h$$

式中　P——需消耗的功率，kg·m/s；

Q——原水流量，m^3/s；

γ——水的密度，$\times 10^3 kg/m^3$；

h——必要的水头损失，m。

一般管道中的流速为 1.5 ~ 2m/s，投药点后的管道水头损失不应小于 0.3 ~ 0.4m，因而此点至设备距离不应小于 50 倍管道直径。加药管应伸入原水管中 1/3 ~ 1/4 直径处。

（2）压力式多孔隔板混合器——进水管道上装多孔板混合器，为满足混合时损失 0.3 ~ 0.4m 的需要，混合孔板可设多个。

小孔流速 v 取 2 ~ 2.5m/s，每道孔板的水头损失为 h（m），则

$$h = \frac{v^2}{\mu^2 \times 2g}$$

$$n = \frac{4Q}{\pi d^2 v}$$

式中　μ——阻力系数，当孔眼直径与板厚之比为 1.25 ~ 3 时，取 0.62；

n——孔眼总数；

Q——原水流量，m^3/s；

d——小孔直径，m。

三、澄清的基本概念

（一）澄清

天然水中常含有一些悬浮颗粒物，经过混凝后的水中也将出现不同的不均质絮体，因而需要经过沉降或絮凝沉降，将形成的沉淀物排除并取得所需要的澄清水，这个过程称为澄清。

（二）沉淀池

原水如果含砂量很高（泥砂浓度大于5000~10000mg/L）时，在混凝澄清之前往往要先经过沉淀池预先除去一部分泥砂，不经过混凝过程的泥砂属于自然沉淀，这种利用悬浮固体的重力沉降作用来分离悬浮固体的设备称为沉淀池，这种沉淀池也可称为预沉池。沉淀池和一般沉淀设备（包括自然沉淀或者是混凝沉淀的设备）都是根据离散的悬浮固体颗粒自由沉降这一假定而设计的。

（三）颗粒在静水中的自由沉降

自由沉降是颗粒在静水中沉降时，沉降速度没有受到干扰的沉降。而由于水中颗粒浓度很大，颗粒在沉降过程中彼此间拥挤干扰，所以和单独沉降时的速度不一样，这种沉降称为受阻沉降或干扰沉降。一般认为泥砂浓度小于5000mg/L时，颗粒间就不会有干扰。

自由沉降速度的计算常采用斯托克斯（Stokes）定律，即

$$u = \frac{1}{18} \times \frac{(\rho_s - \rho)gd^2}{\mu}$$

式中 μ——水的绝对黏度，$N \cdot s/m^2$；

ρ_s、ρ——分别为颗粒和水的密度，$\times 10^3 kg/m^3$；

g——自由落体的重力加速度，$9.8m/s^2$；

d——颗粒的直径，m；

u——颗粒沉降速度，m/s。

该公式是有假设条件的，如颗粒为阻力很小的理想的球体，在静水中沉降 $Re < 0.2$，阻力系数和 Re 成直线关系的层流区内。

这样，就可以用这一公式计算颗粒的沉降速度了。从Stokes定律可知，颗粒沉降的影响因素如下：

(1) 当水温以及黏度 μ 一定时，沉降速度与颗粒直径的平方成正比。在混凝过程中，形成的絮体直径越大，沉降速度会成平方的关系增长，因而，改善混凝过程对提高水质和减少设备尺寸会有明显的效果。

(2) 水温变化时，水的黏度变化。温度越高，μ 越小，沉降速度就越快，因而应尽可能提高原水温度。一般单纯混凝最佳温度为25~30℃，而沉淀处理（如石灰苏打处理）则在40℃。

(3) 当处于拥挤沉降速度时，干扰沉降速度可用干扰系数（<1）乘自由沉降速度修正（该系数可以实验求得）。拥挤沉降速度出现在澄清沉淀设备的泥渣区，该参数实际应用于悬浮泥渣区及浓缩池的设计和运行。

悬浮颗粒的沉降速度作为澄清过程的重要特性，是因为它决定了澄清设备内被处理的水流上升速度，因而可以计算出澄清设备的水流截面的面积，这也就意味着通过混凝提高悬浮颗粒的沉降速度对降低设备的结构规模和造价、改善运行水质是至关重要的。

（四）颗粒在动水中的沉降

颗粒在静水中的沉降主要受颗粒本身性能（如颗粒直径、比重、形状和浓度）的影响。但在动水中沉降时，除上述因素外，还受水流流动特性的影响。水流的特性是通过水流的不均等性和水流的稳定性这两个因素影响颗粒沉降的。

在澄清沉淀设备中，在设计各个截面的水流流过时是不均等的，这有利于颗粒之间的碰撞几率增大，为小颗粒间相互形成大颗粒创造条件。但悬浮物颗粒在澄清、沉淀过程中，水流的不稳定（如水温变化、水量变化）是造成局部流动和异重流的主要原因。在水力学中，常以弗罗德Fr准数来衡量水流的稳定性（因为流体的运动的变化是惯性力和其他作用在该流体上的力的相互作

用的结果)，即应以惯性力对其他力的比值来表示。

$$Fr = \frac{v^2}{R \cdot g} = 惯性力/重力$$

式中　v——流体流速，cm/s；

R——断面水力半径，cm；

g——重力加速度，980cm/s^2。

Fr 值大，表明水流的惯性力影响相对大，重力的作用相对减少。因此在其他条件相同时，Fr 值越大，水流就越稳定。运行经验表明，沉淀池合适的 Fr 值大于 $10^{-5} \sim 10^{-4}$。

（五）提高沉淀效率的斜管和斜板

为了在澄清设备的一定出水流速下改善出水水质，在沉淀池中或澄清设备的出水区域（清水区)，常设置有斜管或斜板。斜管和斜板都是根据“浅层沉淀”的概念设计的沉淀装置。当沉降速度一定时，颗粒的除去率与沉淀池的表面面积有关，而与池深无关。因此，在沉淀池内，沿池深用水平隔板分隔 n 个层面，等于沉淀池的表面积相应增加 n 倍，结果是沉淀效率相应增加，异向流的斜管沉淀池内上升流速可达 3～5mm/s。

斜管或斜板的沉降效率高的原因是：①增加了沉淀面积，缩短了沉降距离；②斜板上或斜管内絮体将进一步再凝聚；③改善了水力条件。斜管或斜板由于其湿周大，水力半径小，因而 Re 低（约为 100～200)。斜管的水力半径比斜板小，往往小于 100。从水流稳定性分析，Fr 准数要比一般沉淀池高 10～100 倍（可达 $10^{-3} \sim 10^{-4}$)。

（六）澄清池

澄清池的分类按照工作原理可分为泥渣悬浮型澄清池和泥渣循环型澄清池（也称加速澄清池）两大类。

这两种类型的澄清池内部都应蓄留有作为接触介质的泥渣层，泥渣层对被处理的水起接触凝聚的作用，从而能较大程度地提高澄清效果。

1. 悬浮泥渣型澄清池

在悬浮泥渣型澄清池内，原水与药剂经过混合后，生成大量的泥渣和絮体（矾花)。在一定的上升流速作用下，矾花处于悬浮状态，且保持其动态平衡，泥渣既不下降也不上升。随着处理水的不断通过，处于动态平衡状态的泥渣逐渐积累，当达到一定浓度时，就形成能够促进澄清作用的悬浮层。一般澄清池投运后，数小时就可形成悬浮层。

2. 泥渣循环型澄清池

在泥渣循环型澄清池内，先前生成的泥渣作循环运行，即泥渣区中有部分泥渣回流到进水区与进入的原水混合后共同经过混合反应区、泥渣分离区，待至澄清分离后，泥渣又回到泥渣区中。

尽管两种型式的澄清池内泥渣所处的状态不同，但这先前形成的泥渣却都起到接触絮凝的作用。

在絮凝过程中，水中大小不同的两种颗粒 d_1 和 d_2 在速度梯度的作用下，相互碰撞时，颗粒直径的差别越大，碰撞的机会就越多。碰撞吸附的结果是，矾花颗粒 d_1 不断长大，但数量不变，而悬浮颗粒 d_2 的数量不断减少。由于 $d_1 \gg d_2$，直径 d_1 的颗粒吸附直径为 d_2 的颗粒后，可以认为平均直径 d 基本上保持不变，则根据在某一时间内 d_2 的颗粒数量变化的规律可知，即其数量的降低与 d_1 颗粒的总容积有关，随着 d_1 颗粒总容积的增加，d_2 颗粒数量迅速下降。

分子间具有与分子力相同性质的吸引力，这种吸附力是在固相和液相分界面产生的，其吸附速度与被吸附物质和吸附物质自由表面相碰撞的几率成正比。在同一吸附物体积浓度下，吸附物颗粒表面积越大，吸附进行得越强烈。在澄清池内，泥渣颗粒的不断增大和聚积，又能加速混凝剂的水解和氢氧化物胶体的形成速度，这种加速作用可称之为自动催化作用，它随着接触介质的浓度升高而增大。

综上所述，在接触介质条件下，沉降效率的提高与颗粒间的吸附作用、以及颗粒相互接近的几率有关。

此外，悬浮泥渣型澄清池的悬浮层还能使泥渣颗粒的大小组成保持相对稳定。由于泥渣颗粒体积浓度较大，颗粒间间距较小，水流通过悬浮层时受到阻挡而改变方向，导致泥渣颗粒产生不规则的运动。这种脉动在一定程度上改善泥渣层颗粒浓度的分布状态。

影响澄清池接触絮凝的因素很多，但起较大作用的是以下因素：①接触介质体积内的固相表面积；②接触介质中悬浮颗粒的扩散速度；③水在接触介质中的停留时间，以及影响颗粒相互聚集的因素。

而这些因素可综合为：与介质的体浓度、接触介质层高度、澄清池中水的流速有关。影响悬浮接触介质浓度的主要因素是原水悬浮物含量和水流的上升流速。在其他条件相同下，上升流速大，悬浮接触介质浓度就低。通常悬浮泥渣层的浓度为 3～10g/L（属于拥挤沉降过程），运行中流量的变化控制在每小时 10%以下，水温变化控制最佳为每小时波动 ±1℃。

（七）澄清池的选型

澄清池是集混凝、接触吸附絮凝，最后经过泥渣的沉降分离生产澄清水的一体化的设备或构筑物。澄清池的两个类型（悬浮泥渣型、泥渣循环型）又可根据结构分为机械搅拌、水力循环、脉冲和悬浮澄清等具体型式。澄清池型式的选择主要根据原水水质、出水要求、产水规模以及场地布置等条件，其一般结构状况、主要优缺点及适用范围列于表 7-2、表 7-3、表 7-4。

表 7-2　　悬浮澄清池的特点

悬浮澄清池池型结构 （示意简图）	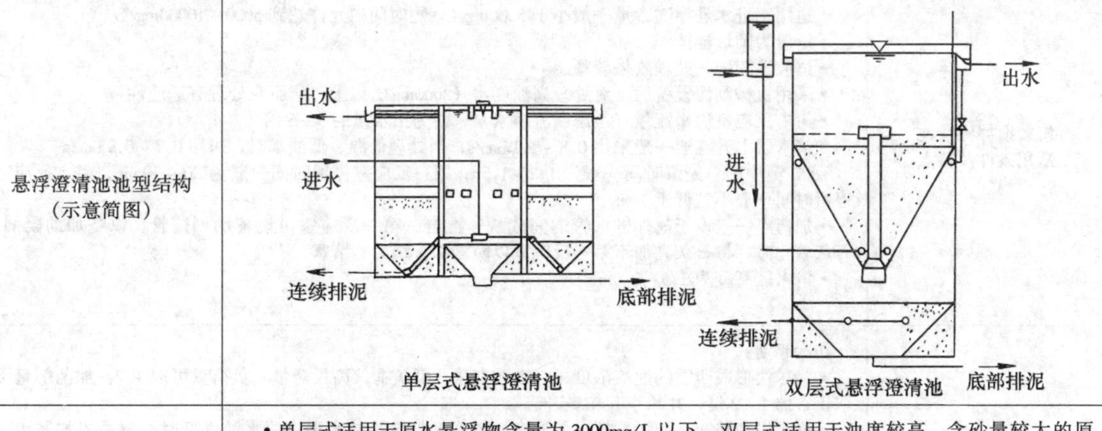
悬浮澄清池 适用条件及特点	• 单层式适用于原水悬浮物含量为 3000mg/L 以下，双层式适用于浊度较高、含砂量较大的原水，原水悬浮物含量一般在 3000～10000mg/L 之间 • 一般为圆形池体，单层高不小于 4m，双层池高不大于 7m • 需要设空气分离器 • 原水温度变化较敏感，每小时温度变化应不大于 1℃，运行稳定性较加速池差 • 原水浊度较低时，可装设泥渣回流，在半小时内使悬浮层泥渣浓度提高至 $2kg/m^3$ • 采用穿孔管配水，孔口流速为 1.5～2.0m/s；采用喷嘴旋转配水，喷嘴出口流速为 1～1.75m/s • 悬浮泥渣层高度一般为 2.0～2.5m，用于石灰软化时不小于 1.5m，低温低浊的原水宜取大值。泥渣层停留时间一般为 20～30min • 清水区高度为 1.5～2.0m • 清水区上升流速与原水悬浮物浓度、混凝剂类别及加入量、水温等因素有关。当原水浓度小于 5000mg/L 时，上升流速为 0.8～1.0mm/s；原水浓度 5000～10000mg/L 时，上升流速为 0.7～0.8mm/s

续表

悬浮澄清池运行要点	·空池起动运行时，应采用较小的上升流速（为设计值的1/2~1/3）及较高的混凝剂（为正常剂量的1.5~2倍），必要时可适当投加黏土以促进泥渣形成。当出水悬浮物含量降到20mg/L以下，同时悬浮泥渣层达到排渣口下0.3m时，即表明悬浮层已经形成。此时，可将进水量逐渐加大，使上升流速逐渐提至设计值，然后降低至正常药量 ·悬浮澄清池一般不宜间歇运行。长期停运后重新起动时，在开始几分钟先以高负荷运行，以较高的上升流速（1.6~2.0mm/s）冲动悬浮层的泥渣（以松动压实的底部泥渣）。当悬浮层达到设计高度后暂停进水，稍作稳定后，即以正常流速投入运行，一般在1h左右即可出清水。当澄清池在未充满水的情况下起动，水流开始上升时，出水非常浑浊，此时应把最初的出水排掉 ·悬浮澄清池起动后的初期或负荷急剧增大时，应加大进入泥渣浓缩室的泥水量，稳定后应相应减少 ·运行中负荷变动不宜频繁，一般短时间（20~30min）内负荷变化不宜超过10%~20% ·处理低浊度水时，为加速悬浮层形成，保证悬浮层浓度，除适当增加混凝剂外，还可用泥渣回流的方法，将底部泥渣回流至空气分离器中 ·当原水悬浮物含量在500mg/L以上时，可开启底部排泥管，进行连续排泥 ·多孔排泥管排泥不畅时，可设压力冲洗管，冲洗一次约2min左右，可取得较好的效果

表 7-3　　机械搅拌澄清池的特点

机械搅拌澄清池池型结构（示意简图）	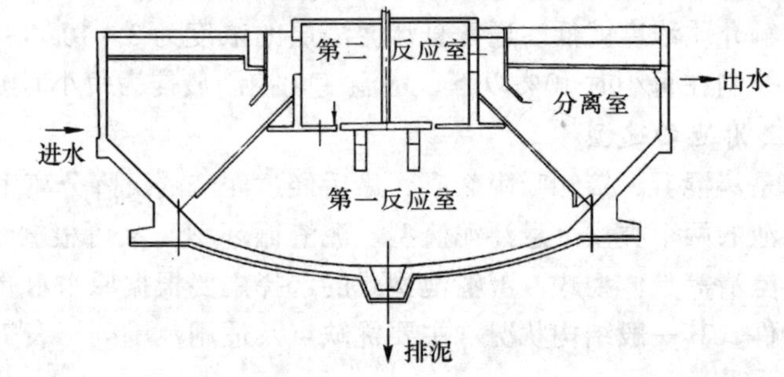
机械搅拌澄清池适用条件及特点	·适用于进水悬浮物含量一般小于5000mg/L，短时间内允许达到5000~10000mg/L ·一般为圆形池体 ·适应性较强，处理效果较稳定 ·采用机械刮泥设备后，对处理高浊度水（3000mg/L以上）或石灰处理有适应性 ·第二反应室通水流量（考虑回流因素）一般为出水量的3~5倍 ·清水区上升流速一般采用0.8~1.1mm/s；当处理低温、低浊水时，采用0.7~0.9mm/s ·水在池中的总停留时间一般为1.2~1.5h，第一反应室停留时间一般为20~30min，第二反应室停留时间一般不宜低于1min ·加药点一般设于池外进水管内完成快速混合，第一反应室可设辅助加药管，以备加助凝剂。石灰软化时，将石灰乳加于第一反应室以防进水管结垢、堵塞 ·清水区高度为1.5~2.0m
机械搅拌澄清池运行要点	初次起动： ·为尽快形成所需的泥渣浓度，起动初期采取低负荷、高投药量。负荷量可取1/2，加药剂量可取正常的1~2倍，并减小叶轮提升流量 ·逐步提高转速，加强搅拌。如泥渣松散，絮粒较小或水温、原水浊度低时，要适当加黏土或石灰以促进泥渣的形成 ·在泥渣的形成过程中，进行转速和开启度的调整，找出开启度和转速的最佳组合 ·在形成泥渣的过程中，经常取样测定池内各部位泥渣沉降比，若第一反应室及池子底部泥渣体积浓度（沉降比）开始逐步提高，表明泥渣正在形成（一般需2~3h），此时运行已正常 ·泥渣形成后，出水浊度达到设计要求（小于10NTU）时，要逐度减少药量至正常值，然后逐步增加进水量。每一次增加负荷不超过额定值的20%，负荷增加间隔不小于1h，逐步达到额定值 ·当泥渣面高度接近导流筒出口时，开始排泥，以控制泥渣面在导流筒出口以下。一般控制第二反应室的5分钟泥渣比在10%~20%左右 停运后重新起动： ·当较长时间停止运行后，泥渣成压实状态，重新运行时，应先排出底部少量的泥渣，并控制最大的进水流量、加大投药量，待底部泥渣松动，然后调整至正常水量的2/3左右运行，待出水水质稳定后再逐渐降低加药量，增大进水量

表 7-4　　水力循环澄清池的特点

水力循环澄清池池型结构（示意简图）	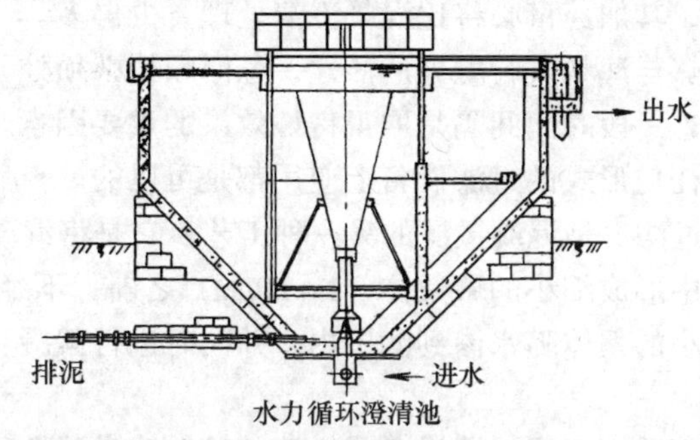
水力循环澄清池的适用条件及特点	• 适用于进水悬浮物含量一般小于 2000mg/L，短时间内允许 5000mg/L • 不设机械搅拌设备，构造较为简单 • 对水质、温度变化适应性较差，需要进水有较高的水头 • 一般为圆形池体，适于小型水处理系统 对国内现有池型的设计，有经验认为： • 回流量一般为进水流量的 2～4 倍，由于结构所限，强调过大的回流将使原有设计已经很短的反应时间而导致反应不能充分的问题突出，原设计喷射器的喷嘴流速 6～9m/s 过高，经验证明 6～7m/s 是有效的 • 第一反应室 50～80mm/s，第二反应室 40～50mm/s，原设计使水在反应区停留时间过短 • 清水区上升流速一般为 0.7～1.0mm/s，低温、低浊的原水还要适当降低，清水高度一般为 2～3m • 总停留时间为 1～1.5h，原设计总反应时间不足 2min，经验认为 3～7min 效果较好

四、介质过滤的基本概念

（一）粒状介质过滤（Particle filtration）

粒状介质过滤是去除水中悬浮颗粒的有效途径，粒状过滤的工作过程是“过滤—澄清”，即悬浮颗粒被滤层截留，使水得到澄清。

过滤—澄清过程的机理是水中悬浮颗粒在滤料颗粒表面上被截留下来，但这种截留在水力作用下并不牢固，可能从滤料颗粒表面脱落下来，被水流带入下一层滤料，又被截留和附着。这个过程经历着截留迁移和附着。

截留迁移过程与物理或水力学的因素有关，包括筛分作用、布朗运动、重力沉降、惯性碰撞、流动接触。最重要的是筛分作用和重力沉降。附着过程起作用的因素有机械附着、静电作用、范德华力、化学作用和生物作用，其中静电作用和范德华力的作用使水中颗粒物引起凝聚，并在通过过滤介质的过程中体现着接触凝聚的作用。

（二）混凝过滤（Coagulation filtration）

当原水中悬浮物含量不大（通常，原水中悬浮物含量小于 50mg/L）或原水中胶体硅含量不高时，在常规预处理系统中，不必设置澄清设备，以便节省投资、减少工艺流程。此时，可直接在过滤器中进行混凝—过滤处理，这种将混凝过程和过滤过程一体化的工艺称为混凝过滤。此法能有效地处理 SDI 稍大于 5 的原水。

混凝过滤的工艺方式按其特点可分为直流混凝过滤（也称为加药过滤或称在线直流过滤 in-line filtration）和微絮凝过滤（microflocs filtration）。

（1）直流混凝过滤。在原水管道中加入混凝剂后，为了能与水混合好以完成水解过程，加药点应在距滤池 50 倍管子直径的管道中，但还没来得及生成肉眼可见的絮体时，进入滤池。

一般认为，直流混凝过滤法的悬浮物截留机理是悬浮物颗粒在滤料颗粒上的凝聚作用。因而，所需凝聚剂的剂量是以能够把悬浮物颗粒和滤料颗粒的电位下降至能够进行相互凝聚的界面电位为限，这样，其加药量必将比混凝澄清处理要少得多。

为了保持能够与滤料进行凝聚的活性，悬浮颗粒必须处于相互进行凝聚前的状态。所以，从投药到进入滤层这一段时间间隔是取得良好效果的重要因素。

直流混凝在任何形式的过滤设备上应用都是可以的。

（2）微絮凝过滤。是混凝过滤的另一种工艺。它是将混凝剂与原水进入快速混合器，并立即进行搅拌，在水中形成细小的微絮体（1～50μm）之前，不经澄清就将此含有微絮体的水进入过滤设备。这些微小的絮体随水渗到滤层内，并同时进行絮凝和过滤，这样，滤层的截污能力就能得到充分的利用。

微絮凝过滤宜采用双层过滤设备或逆流的接触式过滤器。这是为了避免加药搅拌过程或加药点不当，以致进入滤池前就已形成较大的絮体，这样会造成滤层堵塞。

直流（加药）混凝过滤与微絮凝过滤的差异是：

1）在微絮凝过滤时，悬浮物到达过滤层时已形成肉眼可见的絮体，而直流混凝过滤则仅将混凝剂水解而未形成絮体。

2）直流混凝过滤加药剂量会比微絮凝过滤低。

3）直流混凝过滤甚至可以不必加高分子絮凝剂。

4）直流混凝过滤的加药至进入滤层的时间非常重要，会很大地影响处理效率。

经过混凝澄清—过滤或混凝过滤后，一般可使原水 SDI < 5 进入反渗透系统。由于过滤介质（滤料）的大小、品种以及过滤水流速度或方向不同，会有不同的过滤出水水质和过滤运行周期。

（三）双层过滤器（池）

由滤料所构成的滤层用来截留水中数十微米大小的微粒甚至胶体级的微粒，通过慢滤池（器）和快滤池（器）来实现。由于慢滤池是借表面过滤截留悬浮固体颗粒，滤速太慢（0.1～0.3m/h），因而运行周期短，后来发展为快滤池（最初的标准滤速是 5m/h，现代快滤池通常是 10～18m/h，甚至可高达 40m/h）。快滤池是将水中悬浮物截留分布在滤层介质中间，也称滤层过滤。表面过滤具有典型的筛除作用，滤层过滤则是如前所述的典型的粒状介质过滤的截留、迁移和黏附作用。

快滤池可以定义为：利用滤层中粒状过滤介质所提供的表面积，截留水中已经过混凝处理的悬浮颗粒的设备。应该强调，进入过滤池的原水都应是经过混凝处理的。

滤池结构的关键组成部分是滤层及滤层下部的配水装置和支撑层。按滤层的结构，过滤设备可分为单层滤池、双层滤池以及多层滤池。这种结构的形成是由于滤层在运行一阶段后（一周期后），由于积污增加了阻力，需要进行反洗。经过反洗的滤层由于水力分级的作用，最初是均介的滤层就变成了分级滤料的滤层。

水力分级的结果是反洗过程中悬浮的滤料颗粒会自动地按小颗粒在上、大颗粒在下的顺序排列。由于分级作用，过滤会出现两方面的缺点：一是上部滤层由于孔隙小，能容纳的悬浮固体也就比下部滤层少，整个滤层容纳能力不均匀；另一个是，水流通过上部滤层的阻力比下部大，运行后期就更为严重。其后果是滤层顶部迅速被悬浮物堵塞，水头损失迅速上升，在过滤的水头损失达到允许值时，整个滤层的截污能力却未能发挥出来。

为了解决上述问题，采用反向过滤（逆流过滤）可获得近似理想的滤层，但由于反向过滤存在水质等另一些缺点，在此情况下，出现了双层、多层过滤。

双层过滤是由滤层总高不小于 0.8～1m，上层的无烟煤（0.8～1.8mm）颗粒和下层的细粒石英砂（0.5～0.8mm）构成的。由于无烟煤的比重（1.4～1.9）比石英砂的比重（2.6）小，反洗后无烟煤层仍然保持在石英砂层上面。就整体来说，双层滤料体现了水先通过粗粒滤料，后通过细粒滤料的理想滤层概念。

双层滤池的运行特点是运行流速高、滤层含污量大，在运行过程中发挥了滤层中滤料的整体作用。在运行后期，阻力达到规定压差（一般为0.03~0.06MPa）进行反洗时，要采取由罗茨风机提供的0.05bar压力的压缩空气擦洗措施（可以水气混洗也可气擦和水洗分开），这样能有效地去除滤料颗粒上黏附的混凝絮体颗粒物。

1. 双层滤料过滤器（池）的结构型式

作为反渗透给水预处理的过滤设备，通常采用压力式过滤器，有的采用无阀滤池，图7-3为压力式过滤器的结构。

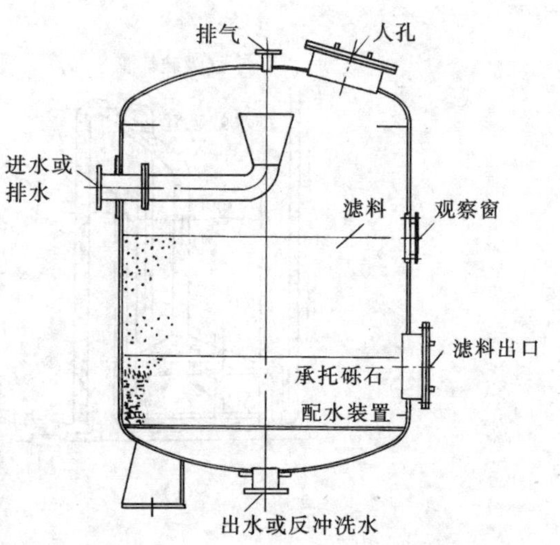

图7-3 压力式过滤器的结构

图7-4为无阀池的工作原理，它巧妙地利用了虹吸现象，所以当过滤阻力增高到预定值时，滤池自动开始反冲洗。

原始的无阀滤池，其虹吸作用尚不十分可靠。实际的无阀滤池，则利用水射器来抽吸虹吸管内的空气，确保虹吸作用可靠无误。除此之外，也有用阀门代替虹吸反冲洗的单阀滤池。

2. 双层过滤器（池）的结构及运行要点

（1）配水系统。一般采用管式大阻力系统。由母管和支管组成的配水系统在母管进口处和远离进口处的某支管的末端孔眼流出的流量不可能相等，这是因为流向各支管的总阻力是不相等的。配水系统的设计任务就在于使这不等的总阻力尽可能地相近。方法之一就是增大配水系统上孔眼的阻力，使配水系统上配水均匀率不低于95%。这种设计的水头损失较大（一般大于3m），因此可把配水的整个截面水流蹩均匀，故称为大阻力系统。大阻力系统中的孔眼流速控制在3.5~5m/s，母、支管长和直径的比例要按计算控制，孔眼总面积与滤池截面积比值为0.2%~0.3%，孔眼一般为8mm。

小阻力系统用于反洗水头低的系统，如无阀滤池。小阻力系统即水流经系统各组成部分的损失都小，以使各部位的水头损失差别很小，也能保证配水均匀率超过95%。小阻力系统通常采用滤帽式，格栅式或滤网式。

（2）支撑层的组成和厚度。表7-5为支撑层的组成和厚度。

表7-5 支撑层的组成和厚度

层次（由上而下）	粒径（mm）	厚度（mm）
1	2~4	100
2	4~8	100
3	8~16	100
4	16~32	末层顶面高度高出配水系统孔眼100mm

表7-6 滤料级配组成

滤料	粒径（mm）	不均匀系数 K	厚度（mm）
无烟煤	$d_{max}=1.8$ $d_{min}=0.8$	<2.0	400
石英砂	$d_{max}=1.2$ $d_{min}=0.5$	<2.0	400

（3）滤料级配组成。表7-6为滤料级配组成。

（4）滤速。一般采用10~18m/h，在原水温度低、浊度低时，滤速应取低值。

（5）冲洗强度。可取13~16L/（s·m^2）。为防止冲洗时无烟煤滤料冲出，滤层膨胀率达40%~50%使孔隙度大约达到0.60（此时碰撞率最高），高低温可取不同的冲洗强度（应经调试确

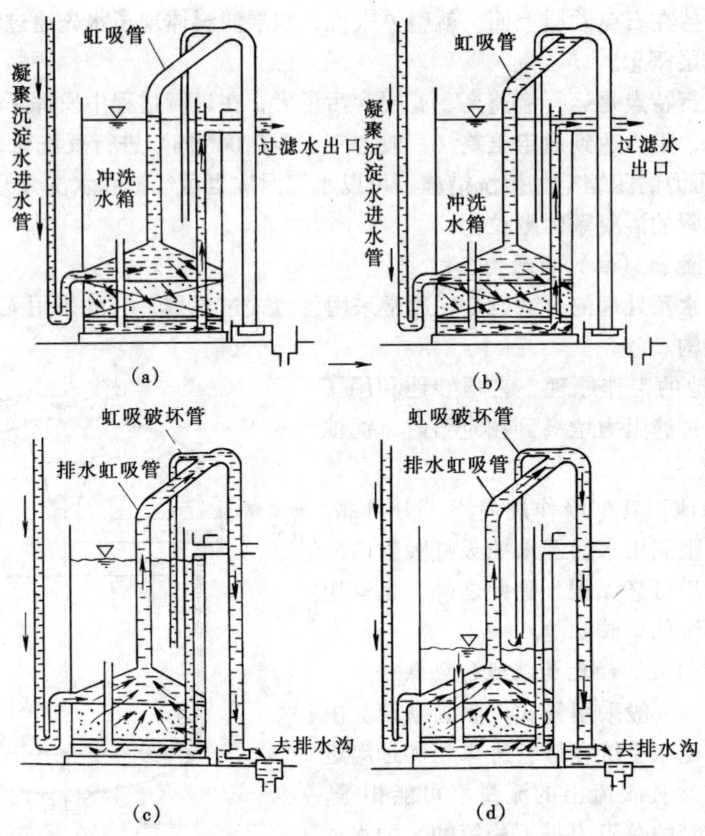

图 7-4　无阀滤池的工作原理

(a) 过滤过程（初）；(b) 过滤过程（终）；(c) 冲洗过程（初）；(d) 冲洗过程（终）

定）。

(6) 冲洗时间。冲洗时间为 5 ~ 7min。

(7) 空气擦洗。当采用混凝或沉淀处理时，滤料上黏附的悬浮物应在较大剪切力的作用下，经滤料间的碰撞、摩擦，以使黏附物脱落。为此要用空气和水交互冲洗和擦洗。

空气擦洗的方法有先空气擦洗，后水反洗，或同时进水、进气反洗（往往是在底部带滤帽的孔板上设置长柄水帽，使孔板下积有空气层，此气层用反洗水排挤，空气通过长柄帽上的孔进入滤料层）4 ~ 5min，并于停气后再水洗 2 ~ 3min。

(8) 运行压力和周期失效压降。重力式过滤通常保持 5m 水头的进水压力，压力式过滤通常压力为 2 ~ 4bar。运行失效一般采取运行压降达到一限定值时，停下进行反洗，无阀重力式滤池的压降为 1.4m 水柱，压力式过滤器压降常取 0.5 ~ 1.0bar 或定期进行反洗。

（四）细砂（精密）过滤器

细砂过滤器在预处理过程中具有精密过滤的作用，细砂过滤器在反渗透给水预处理系统中的双层过滤之后，能有效地去除被漏过的微小颗粒悬浮物和胶体，使反渗透给水 SDI 达到合格的要求。

细砂过滤器的结构与快滤池中的单层石英砂滤层是相似的，仅仅是滤层的粒径更细更小，由 0.5 ~ 1.2mm 减少到 0.3 ~ 0.5mm，在运行流速上也由 8 ~ 14m/h 下降到 5 ~ 7m/h，具有表面过滤的性质。这种变动使我们回想起快滤池的演变是由慢滤池发展起来的过程，慢滤池是最早作为给水工程制取自来水的滤池（据报道，至今在欧洲如德国、法国，还在一些现代城市的自来水厂应用)。慢滤池的特点之一是滤料为0.3~1mm，而滤速又很低，仅为0.1~0.3m/h。也正因为这一特点，使得以反洗而筛分的滤层表面的滤料颗粒极为细小，于是很容易使原水中的微小颗粒在经过一个“成熟期”（顶部滤层由原来分散的砂粒变成了一个发黏的滤层所需的时间）后而成为“滤膜”(实际为活泥层)。滤膜的形成使滤层砂粒间的孔隙结构起到了有利于截留微小颗粒、胶体以及微生物，因而对水质净化起到了特殊作用。

现代快滤池的单层石英砂滤层，因为其颗粒和过滤速度不能起到上述的作用，所以减小了滤料粒径，滤速降低到快滤池初期的5m/h，以便降低反渗透给水的SDI。显然，细砂过滤器是为反渗透给水的特殊需要而设置的，它不是慢滤池（因为滤料粒径和滤速都比慢滤池高得多)，但它又不是现代的快滤池（也是因为它的粒径和滤速很低于快滤池)。最近的一些反渗透工程中，也在探索将双层过滤器的下层石英粒径改小到0.6~0.8mm，滤速降至6~8m/h，调整级配、调整滤速，以适应改善SDI的需要，其前景还要视其效果及经济性进一步考察。

五、除铁、除锰

我国地下水含铁量一般多在5~15mg/L，有的高达20~30mg/L，超过30mg/L的极少。含锰量多在0.5~2.0mg/L。原水含铁、锰0.1mg/L以上就有可能对反渗透膜造成胶体污染，因而预处理要采取对策除铁、除锰。

常用的除铁方法有曝气除铁和锰砂过滤除铁。

Fe^{2+}极易被氧气、氯气等氧化成Fe^{3+}。地下水通常以$Fe(HCO_3)_2$的形式存在，当被提升至地面时，Fe^{2+}遇氧会被氧化成Fe^{3+}，形成红棕色的沉淀物$Fe(OH)_3$，过滤除去，其反应式为

$$4Fe^{2+} + O_2 + 10H_2O \longrightarrow 4Fe(OH)_3\downarrow + 8H^+$$

此过程需氧量很少，故易进行。所需O_2量为

$$[O_2] = 0.14\alpha\,[Fe^{2+}]$$

式中 $[O_2]$——除铁需氧量，mg/L；

$[Fe^{2+}]$——水中二价铁量，mg/L；

α——过剩溶氧系数，一般取$\alpha = 3 \sim 5$。

曝气氧化法除铁一般适用于水中含铁量在5~10mg/L，pH值在6.5~7.0，高些更好，处理后水中含铁量可降至0.3mg/L以下，在反渗透给水中经pH值调节即可达到给水允许值。

常用的曝气装置有喷头或跌水的方式。喷头一般置于重力式滤池的上部或水箱的上部，使喷淋水量与出水量保持平衡。当原水Fe^{2+}含量小于5mg/L时，喷头距水面高约1.5m，当Fe^{2+}含量大于10mg/L时，高度约为2.5m，喷头直径为105~300mm，孔眼为3~6mm。

跌水方式的跌水高度一般为0.5~1m，即可满足5~10mg/LFe^{2+}脱除的需要。

锰砂过滤除铁是借天然锰砂中含有的MnO_2成分，MnO_2是使Fe^{2+}氧化成Fe^{3+}的良好催化剂，适合含铁量小于20mg/L的原水除铁，其反应式为

$$4MnO_2 + 3O_2 \longrightarrow 2Mn_2O_7$$

$$Mn_2O_7 + 6Fe^{2+} + 3H_2O \longrightarrow MnO_2 + 6Fe^{3+} + 6OH^-$$

$$Fe^{3+} + 3OH^- \longrightarrow Fe(OH)_3\downarrow$$

$Fe(OH)_3$沉淀物经锰砂滤层除去，锰砂既是催化剂又是滤料。

锰砂过滤除铁反应中，仍要求水中有足够的溶解氧，往往是把曝气和锰砂过滤结合在一起。补入空气的方法是在原水进入锰砂过滤器前设一个气水混合器，使水先充氧，再经过锰砂催化后净化。气水混合器可以是水喷射器吸入空气。

当原水中含铁和含锰量较低时，铁、锰可在同一滤料中去除。

从铁、锰去除的化学反应式可知，水的 pH 值愈高，愈有利于向铁、锰被氧化的方向进行。接触氧化除铁时，水的 pH 值应在 6.0 以上，除锰时至少应在 7.0 以上，最好为 7.3 ~ 7.5 以上。原水碱度低于 2.0mol/L 将明显影响铁、锰的去除。

地下水都有不同程度的溶解性硅酸，我国地下水 SiO_2 含量为 30mg/L 以下，也有的达到 30 ~ 60mg/L，水中的硅酸将明显影响铁在空气中的氧化。当硅酸含量多的水曝气后，pH 值又在 7.0 以上，Fe^{2+} 氧化为 Fe^{3+} 时，形成三价铁的硅酸化合物的细小胶体会穿过滤层而致含铁量不合格。

六、滤芯过滤器（Cartridge filter）

滤芯过滤是借分布在过滤介质的表面，或被捕捉于滤材的深度部位以从水中去除颗粒物的过滤方式，其过滤材质的类型包括有微滤膜、缠绕纤维滤芯、微孔材料或粉末材料构成的多孔滤芯，固体滤芯等。这种过滤装置结构简单、运行方便，称为滤芯过滤器。

在反渗透系统中，用于膜的给水预处理的最后屏障（微孔滤芯过滤器）是介于微滤（Micro-Filtration）与颗粒介质过滤（Particle Filtration）之间的比较精密的过滤装置。因为它可起到安全防护作用，故也称为保安过滤器。

（一）滤芯过滤器的作用

经过颗粒过滤（或称介质过滤 Media Filter）后，进入反渗透膜之前，为了除去系统中带入的大颗粒（如管路的锈蚀产物等），防止膜受到大颗粒的冲击和划破，并保护高压泵不受意外碎片的伤害，在高压泵前均装设有滤芯过滤器。通常器内装设 5μm 的滤芯，如果浓水的 SiO_2 浓度超过理论溶解度值时，建议采用 1μm 的滤芯过滤，以减低与铁、铝产生硅酸铁、硅酸铝胶体。此种过滤器一般在压降到达 0.2MPa 的极限值前即要更换，但为了减少微生物污染，一般不超过三个月。考虑到反冲效果不好，同时也为了避免微生物污染及滤芯缝隙变大，不建议采用反洗的滤芯。

5μm 的滤芯过滤器的设置不是为了过滤大量悬浮物的，即不承担过滤的负荷，它只是起对反渗透装置的保护作用，否则运行成本会很高，效率很低，且可能导致膜频繁地被污染。

对于洁净的地下（井水）水，如果不采用颗粒介质过滤器，为了避免污染物质堵塞 5μm 的过滤器或穿透 5μm 过滤器的可能性，可以在 5μm 过滤器前串设一个孔隙较大的滤芯过滤器（如 20μm）。

（二）滤芯过滤器的精密度

绝对精度（Absolute Rating）指能 100% 滤除所标示精度的颗粒，这对任何型式的过滤器几乎是不可能达到的、并且不实际的标准。市场上通称的绝对过滤器即为薄膜过滤器（Membrane Filter），严格地说，只能是“趋近于绝对”的过滤器。

公称精度（Nominal Rating）指滤芯初始过滤精度的公称值，初始精度与公称精度对应值如表 7-7 所示。

表 7-7　　滤芯的精密度

公称精度（μm）	初始精度（μm）	最大颗粒（μm）	公称精度（μm）	初始精度（μm）	最大颗粒（μm）
0.5	3 ~ 8	10	20	35 ~ 60	60
0.8	5 ~ 10	25	30	40 ~ 70	70
1	10 ~ 20	30	50	55 ~ 80	80
3	20 ~ 30	38	75	75 ~ 105	110
5	25 ~ 40	40	100	110 ~ 150	160
10	30 ~ 50	50			

公称精度中所标示的粒径并不是实际的精度。例如，对 5μm 颗粒的去除率同为 95%时，两种过滤器特性却可能有极大的差异（如图 7-5 所示）。

（三）滤芯过滤的选用原则

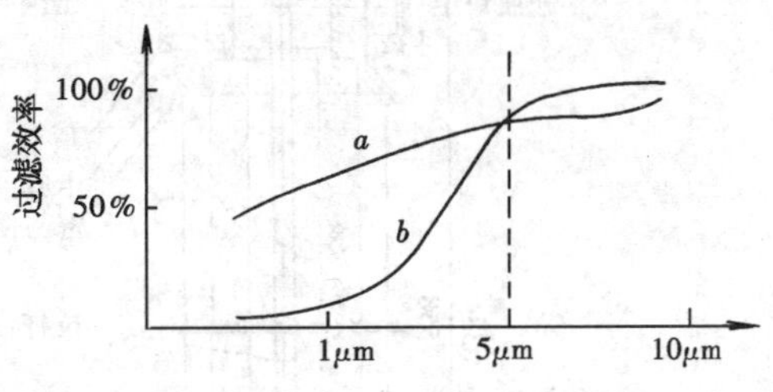

图 7-5 两种滤芯精度的差异

（1）过滤器的材质。应选用符合温度、压力、pH 值条件的材料，如耐腐蚀性、耐温性，在介质（水）中的溶解污染程度，饮用水、饮料的过滤则要符合国家规定的标准。

（2）过滤精度的选择。如要除去肉眼可见的颗粒，可选用 5~10μm 的滤芯过滤器（要滤除水中细菌，则需选用 0.22μm 膜滤器）。

（3）过滤精度的试用原则。各厂家的产品精度不一、差异很大，解决的办法就是试用。

（4）滤芯数量。一般系按滤芯厂家提供的单个产水量去除欲过滤的水流量。

根据经验，往往尽可能降低滤芯所承担的流量，即采取用多一些的滤芯以延长过滤的周期，而采取如下方式求得延长使用的周期：

设 1 根滤芯过滤额定流量，其运行周期为 1，则以 n（$n>1$）根滤芯过滤相同流量，n 根运行总周期为 $n^2\times0.7$，即每根滤芯的运行周期预测为 $n^2\times0.7/n$。例如，改用 2 根代替 1 根滤芯的过滤器时，$n=2$，则 $n^2\times0.7/2=1.4$（即用 2 根滤芯时，每根的寿命比用 1 根滤芯时延长了 40%）。

此种设计方法是因为滤芯承受的压差较小，因此不会造成滤芯的纤维组织结构变化，这样才延长了使用寿命。

（5）如设计需经常杀菌的过滤器，则应设计得小一些。一般过滤材质对杀菌的时间和次数都有一定的承受程度，假设一个每天须蒸汽杀菌的过滤器，其滤芯只能承受 5 天的杀菌，却装了足够 20 天的滤芯，明显地多浪费了 3 倍的滤芯成本。

（6）选择杂质捕捉量高的滤芯。用高杂质捕捉量的滤芯，可以减少滤芯数，并降低滤芯更换频率，减少各部分零件的损耗。常用滤芯过滤器的系列结构如表 7-6 所示。图 7-6 为滤芯过滤器示意图。

表 7-6　　常用滤芯过滤器的系列结构

安装滤芯位数	装芯长度（nm）	流量范围（m^3/h）	滤筒直径（mm）	外形尺寸（mm）	进出口管径（in）
1	250	0.5	89	115×334	G3/4
1	508	1	89	115×558	G34
4	250	1~2	200	248×647（H）	$1\frac{1}{4}$
4	508	2~4	200	248×901（H）	$1\frac{1}{4}$
6	508	4~6	220	270×901（H）	$1\frac{1}{2}$
6	7762	6~8	220	270×907（H）	$1\frac{1}{2}$
6	1016	8~10	220	270×1415（H）	$1\frac{1}{2}$
18	508	10~15	350	490×1155（H）	2
18	762	15~20	350	490×1409（H）	2
18	1016	20~25	350	490×1663（H）	$2\frac{1}{2}$

注　材质：不锈钢（1Cr18Ni9Ti）；最大工作压力：0.6MPa。

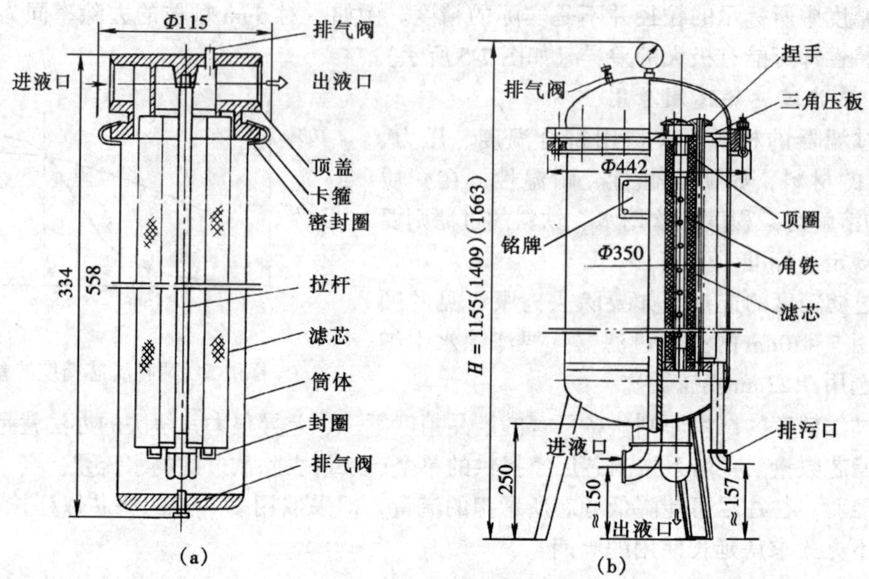

图 7-6 滤芯过滤器示意图

(a) 家用或小型（≤1m³/h）的过滤器；(b)（≥1m³/h）中大型工业过滤器

第八章 天然水中去除有机物的反渗透给水处理

一、天然水中的有机物

天然水中的有机物大多来自土壤中的腐殖质、生活污水和工业废水。腐殖质中的有机物按其性质大体上可分为富维酸和腐殖酸，如图 8-1、图 8-2 所示。腐殖酸主要表现为酸不溶的（pH = 1

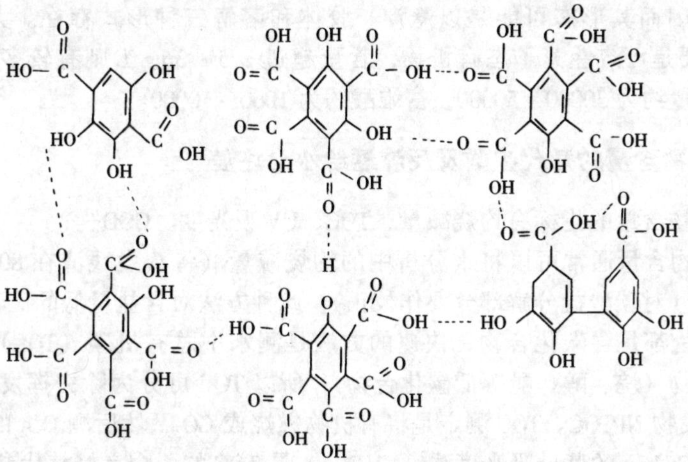

图 8-1　富维酸的结构

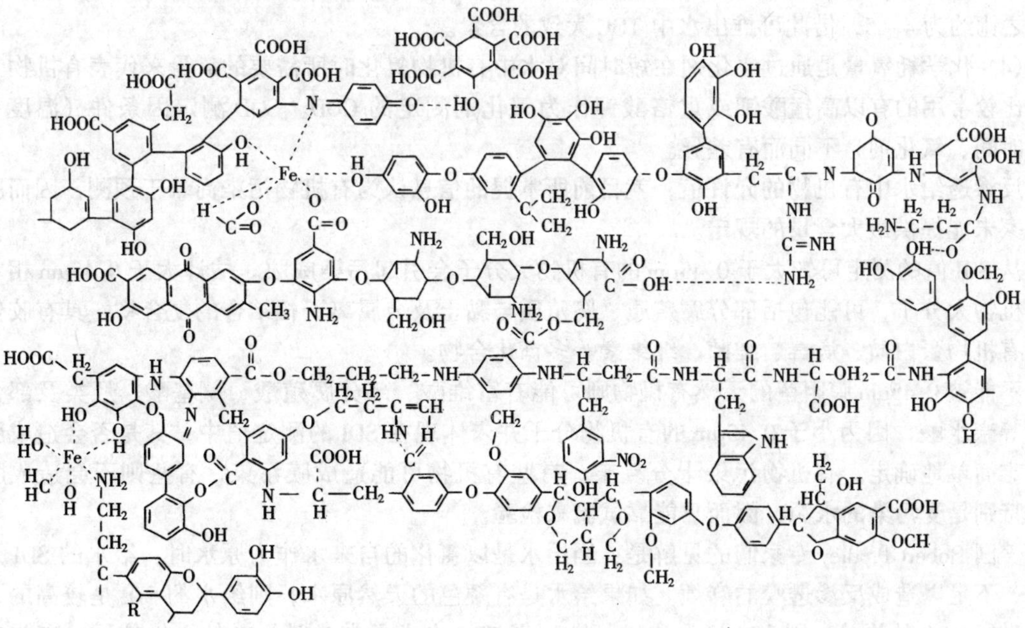

图 8-2　腐殖酸的结构

时），在水中可能呈胶体状态，它不能用紫外吸收法检出，而能用 COD 法检出，用混凝法易除去。富维酸主要表现为酸可溶的（pH = 1 时），在水中可能是真溶液状态。

天然水中的有机物是十分复杂的分子集合体，其部分是分子量小于 1000 的物质，部分是分子量为 10^3 ~ 10^6 的小胶体及部分可溶物。它们的分子结构是以苯环为基本骨架，由醚链 R—O—R′连接起来，带有羧基、酚基、酮基、醇基、羰等。天然水中的有机物还存在有金属（铁、铝）氧化物、硅酸盐的络合体，被大分子有机物包裹的颗粒，以及生物态颗粒和油的乳浊液，有的则是溶解态的物质。

腐殖质具有与金属离子络合的能力，例如，含有 100mg/L 富维酸的水中能溶解 Fe^{2+} 8.4 mg/L、Al^{3+} 4.0mg/L；不含富维酸的水中 Fe^{2+}、Al^{3+} 浓度达到平衡大约要低 2 个数量级。这可能是由于腐殖质中官能团与金属离子结合为稳定的络合物（或螯合物），也可能是由于金属氢氧化物胶体粒子吸附了腐殖质形成稳定的溶胶。含腐殖质多的水往往溶解金属总量也多，这样往往其外观特征色度也深。因而其形态可能是以悬浮、胶体和溶解三种形式存在。大体上当 COD 低于 1.5mg/L 的水中主要是可溶性离子态有机物，含量超过 2.5 ~ 3mg/L 则有较多的胶体物质。有报道称，腐殖酸分子量约为 30000 ~ 50000，富维酸约为 1000 ~ 10000。

二、水中有机物含量的替代参数及反渗透给水允许值

表征水中有机物含量的指标有灼烧减量、TOC、UV 吸光度、COD 等。

（1）水中有机物含量通常可以将水分析中的灼烧减量（将蒸发残渣在 800℃下灼烧的残渣）看作为有机物含量（对碳酸盐分解部分要作校正），此种方法对含盐量低的比较近似。

（2）由于有机物都是含碳化合物，快速的方法是测水中总有机碳（TOC）。又因水中可能含有可挥发的碳化合物（烷、醇、醚等低碳化合物），所以 TOC 可分为除去挥发物 PTOC（即 purge-TOC）和未除去挥发物 NPTOC。TOC 测定是将有机物燃烧成 CO_2，然后测 CO_2 的红外线吸收性能。

（3）用波长为 254nm 的紫外吸光度法（UV 法），是 TOC 的一个良好替代参数，这是因为水中有机物具有能吸收紫外光的基团，测定非常方便。在美国，他们的水中有机物的 UV 吸光度与 TOC 之比约为 4 ~ 5，借此可推出水中 TOC 大致的含量。

（4）化学耗氧量是通过氧化剂在短时间对水中有机物氧化时所需要的氧量来代表有机物含量的，比较常用的有以高锰酸钾或重铬酸钾作为氧化剂测定的 COD。COD 测定因条件（温度、酸度、时间、氧化剂）不同而有差异。

反渗透给水中有机物的允许值，就目前所掌握的信息认为有机物污染尚难于预测，因而膜生产厂家未能提供最大含量的规定。

从 SDI 值的测定可知大于 0.45μm 的有机物大分子会引起污染威胁。估计大于 0.45μm 相对应的有机物大分子，可能包括部分腐殖质、腐殖质与黏土及金属离子相结合的复合物、具有胶体性质的有机物蛋白质、病毒、细菌、纤维素等多糖化合物。

不能被 0.45μm 膜阻留的天然有机物则可能有富维酸、部分腐殖酸、氨基酸、烃类及部分脂肪酸等亲水酸，因为小于 0.45μm 的有机物分子并未体现在 SDI 的测定值中，其是否会造成膜污染尚难简单地确定。有机物污染十分复杂，有些有机物可能造成膜污染，有些则不会造成膜污染，特别是受污染的水源，因而只能靠试验来检验。

美国 Robert Prodley 专家们的见解是：当给水是以氯化的自来水作为原水时，给水的 SDI 是很低的，不足以造成反渗透膜的麻烦。如果给水是有颜色的天然原水，则给水的 SDI 是较高的，此时应进行 TOC 的检验。因为有机物比较复杂，高 TOC 未必是产生膜污染的可靠信号，有些有机物（如腐殖酸）不一定会污染膜，而有些像丹宁酸等有机物却可能造成膜污染。

鉴于上述原因，究竟要控制TOC值多大才能防止膜的有机物污染仍是难以确定的。有的膜生产厂家建议TOC应低于3mg/L，也有的建议应低于2.0mg/L（以碳计），2mg/L TOC大致相当于5mg/L的总有机生成量，即当反渗透膜以13GFD［约合22.1L/（m^2·h）］的水通量工作一年，且假定运行中这些有机物并不被连续地冲掉，也未被定期地清洗掉时，全部在膜表面上堆积达0.05in厚（约合1.27mm），相当于给水隔网厚度的近两倍。也就是说，当TOC含量为2mg/L时折合的有机物，是在完全没有运行中横向冲洗、也没有化学清洗条件下才会发生，实际上是不会有这种情况的。

从目前的认识来看，反渗透给水以SDI和TOC作为防止有机物污染的指标还有其不足之处。但可以作为预防有机物污染的参考。

三、传统处理方式对有机物的去除水平

如前所述，去除水中有机物的常规方式为氯化、混凝、澄清、过滤。据1985年美国对65家水处理厂的运行统计，其TOC的去除率平均为30%，欧洲、日本的一些水厂TOC去除率为25%~40%，去除率达60%的实属少见。我国大部分电厂于混凝处理后COD去除率为20%左右，这是由于原水有机物组成不同，只有特殊的原水才可能超过30%以上的去除率。我国颐和园湖水试验证实TOC去除率为35%~55%。淮河水混凝结果表明，分子量大于10000的有机物几乎能全部除去，分子量为1000~10000的有机物能去除$\frac{1}{3}$，低于500的反而有所增加。

四、混凝处理去除有机物的机理及效果

混凝处理一般以铝盐或铁盐为凝聚剂，其去除机理为：

（1）带正电荷的金属水合离子与带负电荷的有机物胶体电中和而脱稳凝聚。

（2）金属离子与溶解的有机物分子形成不溶性复合物沉淀。

（3）有机物在金属氢氧化合沉淀物表面的物理化学吸附，或借分子引力（范德华力）吸附。

第一种机理是对大分子的腐殖酸（Humic acid）而言的，只要有足够的凝聚剂，即可除去。对于溶解状态的富维酸（Fulvic acid）分子，则主要依靠第二、三两种机理。

富维酸和金属离子形成不溶性沉淀的程度与金属离子浓度有关，当提高凝聚剂量，降低pH时（最佳pH=5.0~5.5），可使金属离子浓度增大，有利于反应，但过低的pH值会抑制富维酸中的酸性基团的电离和不利于反应。

通常低剂量凝聚剂是在pH=6.5~7.5下进行的，水中的自然胶体（包括有机大分子）是靠铝盐的带正电荷的氢氧化物胶体去中和带负电荷的自然胶体，然后主要借自身的凝聚而析出，是属于第一种机理。过高的凝聚剂量需要高的pH值（约为8），水中有机物（腐殖酸）等自然胶体（甚至于小分子的富维酸），则是依靠氢氧化铝的吸附作用，属于第三种机理。

可生化分解的有机物和大分子量的腐殖酸在水中均可能呈胶体状态，这部分有机物在天然水中只在少部分（小于20%），在混凝过程中可被优先去除，其去除率达90%以上。由于天然水中处于真溶液状态的小分子有机物亲水性强，占有机物的主要部分（约80%以上），它在水中虽也呈负电性，但其为溶液状态，不可能被凝聚，它们仅靠与金属离子反应生成复合沉淀和金属氢氧化物的吸附作用，即上文中的第（2）、（3）中所叙的机理，其去除率最高仅为20%~30%，因而对总的有机物去除率是难以超过30%的。

一个实例为美国密西西比（Mississibi）河水的有机物去除情况是，分子量大于10000的有机物以正常的凝聚量即可全部去除，这属于胶体的脱稳凝聚。但这部分有机物在水中的相对含量很

少（如图 8-3 所示）。

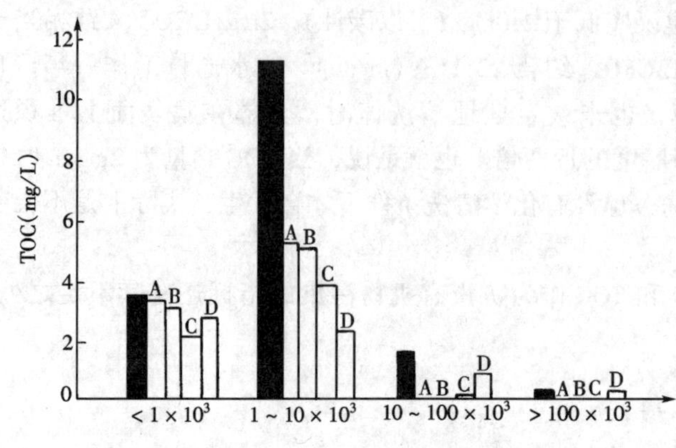

图 8-3 Miississibi 河水中有机物的凝聚

分子量为 1000 ~ 10000 的有机物，其形态处于胶体和真溶液之间，其去除机理是脱稳凝聚、复合沉淀和表面吸附的综合，是部分去除。分子量小于 1000 的有机物处于真溶液状态，只能靠后两种机理，仅去除一小部分（可参见国内研究者的试验结果，见表 8-1、表 8-2）。

有些天然水中分子量较大的有机物会吸附在天然胶体的表面上，起保护胶体的作用，使胶粒之间不易聚集，影响混凝效果，因而在混凝之前加氯、臭氧或生物处理破坏、降解有机物以提高混凝的效果。可以说，目前尚没有一种方法可以解决所有有机物的污染问题。

如前所述，天然水中有机物分子量大部分在 10000 以下，即大部分是以溶解的富维酸存在的，即使提高凝聚剂量，调节原水的 pH 值效果仍有限。一般反渗透预处理只要 SDI、TOC 合格，应允许进入反渗透。有些有机物能够随反渗透的浓水排出。但如经试验某些分子量尽管不太大的有机物对膜能引起污染时，采用活性炭吸附过滤，仍不失为一个可行的办法。

表 8-1　　烧杯试验混凝对不同分子量有机物去除比较

有机物分子量区间	有机物含量（mg/L）		去除率（%）
	淮河原水	混凝沉淀出水	
DOC	8.35	5.18	37.96
10×10^3 ~ DOC	1.24	0.08	93.55
1×10^3 ~ 10×10^3	1.21	0.81	33.06
$< 1 \times 10^3$	5.90	4.29	27.29
< 500	1.31	4.19	—
BDOC	3.37	2.78	17.51
NBDOC	4.98	2.53	49.20

表 8-2　　现场试验淮河原水常规处理对不同分子量有机物去除比较

有机分子量区间	有机物含量（mg/L）		去除率（%）
	原　水	砂滤出水	
TOC	13.2	6.9	47.2
DOC	9.6	6.7	30.20
DOC ~ TOC	3.6	0.2	94.44
10×10^3 ~ DOC	3.8	0.8	78.95
1×10^3 ~ 10×10^3	3.4	2.4	9.41
$< 1 \times 10^3$	4.9	5.2	—

五、活性炭的吸附性能及有机物吸附的一般概念

活性炭的强吸附性能除与它的孔隙结构和巨大的比表面积有关外（其比表面积可达 500 ~ 1700m^2/g），还与细孔的形状和分布以及表面化学性质有关。活性炭的细孔一般为 1 ~ 10nm，其中半径在 2nm 以下的微孔占 95%以上，对吸附量影响最大。过渡孔半径一般为 10 ~ 100nm，占 5%以下，它为吸附物质提供扩散通道，影响扩散速度。半径大于 100nm、所占比例不足 1%的大孔

也是作为提供扩散通道的。

活性炭的吸附通道决定影响吸附分子的大小，这是因为孔道大小影响吸附的动力学过程。有报道认为，吸附通道直径是吸附分子直径的1.7～21倍，最佳范围是1.7～6倍，一般认为孔道应为吸附分子的3倍。

活性炭表面化学性质可以说其本身是非极性的，但由于制造过程中处于微晶体边缘的碳原子共价键不饱和而易与其他元素（如H、O）结合成各种含氧官能团，如羟基、羧基、羰基等，以致活性炭又具有微弱的极性，并具有一定的化学和物理吸附能力。这些官能团在水中发生离解，使活性炭表面具有某些阴离子特性，极性增强。为此，活性炭不仅可以除去水中的非极性物质，还可吸附极性物质，优先吸附水中极性小的有机物，含碳越高范德华力越大，溶解度越小的脂肪酸愈易吸附，甚至微量的金属离子及其化合物。

活性炭对有机物的去除受有机物溶解特性的影响，主要是有机物的极性和分子大小的影响。由于活性炭表面性质基本上是非极性的，故对分子量同样大小的有机物，溶解度越大、亲水性越强，活性炭对其吸附性越差，反之对溶解度小、亲水性差、极性弱的有机物（如苯类化合物、酚类化合物、石油和石油产品等）具有较强的吸附能力。

对于分子量大的有机物，由于其憎水性强，体积大，又由于膜扩散、内扩散控制吸附速度，因而导致吸附速度很慢。

基于上述活性炭对污染物的吸附现象，可以认为其主要吸附方式为：一是范德华力（分子间力）吸附，是很弱的力，吸附力与活性炭的性质和活性炭本身的微孔结构有关，两者分子间不发生电子转移，故不形成化学键；另一种是物质在活性炭表面之间有电子交换或共享。前者是物理吸附，是可逆的，后者是化学吸附，是不可逆的。但无论何种吸附方式，都必须接受活性炭本身结构的孔道尺寸是否能够使有机物进入，而后才能被吸附的事实。

研究认为，分子量在500～3000是活性炭可能吸附的范围，并随分子量的增大，吸附容量减小（见表8-3）。分子直径大于活性炭孔径的有机物难以被活性炭吸附。若有机分子直径近似于活性炭孔径，则可能堵塞，形成不可逆吸附。

表8-3　活性炭对不同分子量有机物去除比较

原水	分子量范围	活性炭进水 TOC（mg/L）	活性炭出水 TOC（mg/L）	去除率（%）
淮河流域	$<0.5\times10^3$	0.81	1.39	—
	$(0.5\sim1)\times10^3$	1.66	0.59	64.46
	$(1\sim3)\times10^3$	0.90	0.48	46.67
	$(3\sim10)\times10^3$	0.06	0.58	—
北京田村	$<0.5\times10^3$	0.49	0.49	—
	$(0.5\sim1)\times10^3$	0.5	0.15	70
	$(1\sim3)\times10^3$	1.36	1.15	15.44
	$(3\sim10)\times10^3$	0.25	0.23	8.00

尽管两个原水水质不一样，但活性炭对不同分子量有机物的去除却表现出共同的特征。活性炭对分子量为500～3000的有机物有十分好的去除效果，对分子量小于500和大于3000的有机物没有去除效果。对于分子量小于500的有机物没有去除效果，反而还有使其增加的可能，这可能是由于分子量小于500的有机物亲水性较强，易被分子量大于500、且具有比其更强的憎水性的、能进入活性炭微孔内的有机物所取代。

活性炭对不同分子量的有机物的吸附量的不同是因为活性炭细孔是最有影响的孔径，即孔径1～10nm间被吸附分子直径占活性炭细孔的1/3者，占主要吸附容量，可以说，在此范围内的有机物，基本上是小于2～3nm的有机物，能被活性炭表面吸附（如图8-4所示）。

六、去除有机物的活性炭的选择

目前，国内生产的优质活性炭品种很少，且多数属于气相炭（即18~20埃的细孔占绝大多数），自然界的污染物和有机物要比气体分子大得多，使用气相炭是不适当的。据报道，国内还没有专门适用于饮用净水的活性炭。用于市政自来水处理的活性炭是过渡孔隙并不足够多的代用品，所以吸附效果较差，周期短。特别是设计者和应用者往往盲目地按活性炭的一般吸附性指标（即比表面积、碘值、四氯化炭吸附值、亚甲基蓝吸附值）来选取处理天然水的活性炭，这是不洽当的。例如，椰壳炭大部分孔隙直径是18~20埃，其20埃（2nm）以下的微孔占95%以上，尽管这种炭的比表面积最大，达到上千平方米，它只对于气体或小分子具有很高的吸附容量；但对于水中分子量较大、分子体积较大的有机物其吸附程度则受活性炭的过渡孔道的影响，因而用于去除天然水中分子量较大的有机物，需要选用过渡孔占高比例的活性炭。现举太原新华炭ZJ—15型炭孔隙特征如表8-4：

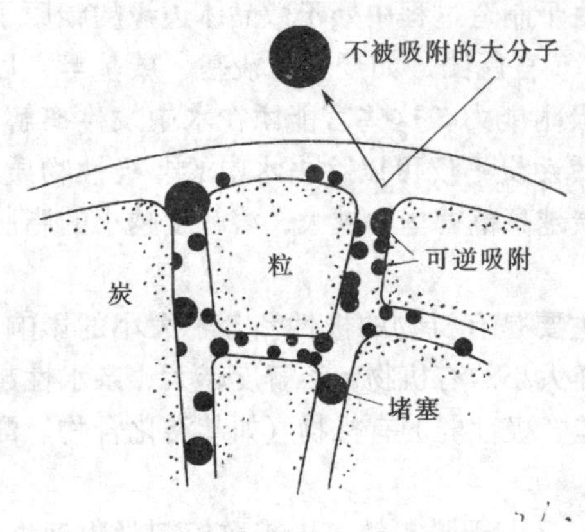

图8-4　活性炭吸附有机物示意

表8-4　**太原新华炭孔隙特征**

孔隙类型	大　孔	过　渡　孔	细　孔
孔直径（埃）	>1000	40~1000	<40
孔容积（mL/g）	0.31	0.07	0.4
占总比表面积比例（%）	<5		>95
比表面积（m^2/g）	0.5~2		1000~1500

活性炭对碘、四氯化碳、亚甲基蓝这些小分子物质的吸附是可以进入活性炭的微孔中，其吸附值仅是反映了活性炭对小分子物质的吸附能力。

天然水中的有机物主要包括腐殖酸、富维酸等物质，其分子量比碘、亚甲基蓝、四氯化碳（分子量大都在100~200以下）的分子量大得多，故其吸附值不能代表对天然水中有机物的吸附能力。表8-5为活性炭一般吸附性指标。

表8-5　**活性炭一般吸附性指标**（国标GB/TB 804—1990）

炭品种	果　壳	核桃壳及杏壳	椰　子　壳
比表面积（m^2/g）	682.6	738.3	1024.9
碘吸附值（mL）	833.4	895.7	1111.6
亚甲基蓝吸附值（mg/g）	9	9.5	12.5
CCl_4吸附值（%）	41.08	45.11	64.78
球磨强度（%）	94	94	92
灰分（%）	2.0	2.0	2.5

活性炭的吸附容量和吸附速度除了与表面积有关外，还与其吸附动力学因素（即吸附质能否顺利迁移至活性炭孔的表面）有关，如前已述及的观点：吸附分子直径大于孔道直径的1/3以上，吸附运动就会受阻，吸附量就会下降。

选择天然水有机物吸附活性炭应视炭的吸附量多少（运行周期长短），即与炭的过渡孔多少有关，而与“微孔”的多少无多大关系。对于天然水有机物的吸附，椰壳炭不是最好，最好的是核桃壳及杏壳炭（参见表 8-5、表 8-6）。

以下介绍研究者对淮河水处理的实验结果，淮河水活性炭吸附速度如表 8-6 所示。

表 8-6　　　　淮河水活性炭吸附速度

吸附物	腐殖酸			富维酸			木质素			丹　宁		
活性炭	果壳	核桃壳 杏壳	椰壳	果壳	核桃壳 杏壳	椰壳	果壳	核桃壳 杏壳	椰壳	果壳	核桃壳 杏壳	椰壳
4min 内平均吸附速度［mg/（g·min）］	6	15	2	5	6	4	7	8	5	20	25	6

各种活性炭吸附性能（吸附容量和吸附速度）排列次序如表 8-7 所示。

表 8-7　　　　活性炭吸附容量和吸附速度的排列

活性炭品种	腐殖酸	富维酸	木质素	丹　宁	长江水质运行排列次序
煤				10	
椰壳				11	
果壳				3	3
椰壳	2	2	2	2	2
杏壳	1	1	1	1	1
椰壳				9	
椰壳				6	
（日本）椰壳				8	4

注　活性炭过滤器失效按吸附量降至 15%～20%时为终点，大约运行三个月。

影响反渗透给水胶体和悬浮颗粒的水质指标是 SDI（即污染指数），污染指数 SDI 的测定是以 0.45μm 微孔膜作为依据的。大于 0.45μm 微孔的有机物相对分子量大约是上百万，这对于有效吸附分子量为 500～3000 的活性炭来说，是无能为力的。即使活性炭过滤使 SDI 有所降低，使 COD 有所下降，也只能认为是机械过滤的作用，而不是靠吸附的作用。况且活性炭还存在有成为细菌滋生源的负面作用。因而在反渗透预处理中，活性炭仅是作为吸附部分小分子有机物之用，很显然以活性炭过滤作为降低由于大分子颗粒形成的高 SDI 的手段，是不当的。

七、臭氧在处理含有机物的天然水时的作用

臭氧用于水处理始于 1905 年，现在世界上已有上千个水处理厂用臭氧灭菌和除去有机物，代替了可能产生致癌卤代物的加氯处理。

臭氧在常温下是一种不稳定的淡紫色气体，有刺激腥味，微量时具有一种清新的气味。臭氧在水中不稳定，会产生氧化能力极强的单原子氧（O）和羟基（OH）等，有极强的杀菌和杀病毒作用，它能破坏或分解细胞壁，迅速地扩散透入细胞内，氧化破坏细胞内酶，杀死病原体。臭氧的氧化能力强，在水中的氧化还原电位为 2.07V，仅次于氟（2.87V），居第二位，它的氧化能力高于氯（1.36V）、二氧化氯（1.50V）。臭氧杀菌速度比氯快 600～3000 倍，它可氧化、分解水中的污染有机物，是一种“万能”的水处理方法。

臭氧在水中的“半衰期”为 20min（pH = 7.6 时为 41min，pH = 10.4 时为 0.5min），产生的羟基的氧化与氟的氧化能力相当。

在杀菌应用中水的浑浊度在 0.5mg/L 以下时影响极微，在清水中 0.3～2mg/L 就能杀死细菌。浊度较大时，细菌、病毒被网罗在悬浮颗粒内而不能被杀死。应用于分解有机物中，每 1mgCOD 需 2～4mg 臭氧完成氧化分解。

在臭氧氧化分解过程中，O_3 一般首先与腐殖酸分子中含有 π 键的生色基团作用，将原来的大分子碳化物打碎，生成小分子中间产物，而最终生成 CO_2、H_2O 比较少，为很小部分。

臭氧处理并非要将有机物分解至最终的 CO_2 和 H_2O，因为这样做 O_3 需要量太大，很不经济，而是要减小有机物的分子量，使水中小分子有机化合物增多，以适应其后处理进水的需要。如混凝中过大的有机物分子链会吸附在水中的天然胶体粒子上面，起保持胶体的作用，使胶粒不易凝聚（集）。在活性炭吸附中，活性炭的孔隙不会容纳和通过大于孔隙直径的有机物分子，这样，进行生化活性炭处理等就需考虑配合臭氧处理。

臭氧投加量应合适，要根据不同的水质情况，通过试验得出有价值的数据。

如某污水处理厂采用太原新华产品 ZJ-15 型粒状炭时，在进入活性炭之前处理有机物时所需的最佳臭氧量为 0.21 ~ 2.7g（O_3）/g（COD），见表 8-8。

表 8-8　处理有机物的最佳投加量

有机物质	O_3 最佳投加量［g（O_3）/g（COD）］
苯胺	0.46
邻苯二酚	0.21
间苯二酚	0.24
间苯三酚	0.668
CN^-	0.79
ABS	2.77

去除水中有机物投加 O_3 量的可调范围是 2 ~ 4mg/L。O_3 处理水时停留时间一般直流式为 5 ~ 10min。游泳池是杀菌循环运行，采用 0.4mg/L，4min。饮用水的最后用 O_3 消毒也是采用这一控制参数。掌握停留时间可估算出吸收过程（吸收塔）的容积参数。

大庆石化总厂于过滤后的水中采用加入 3mg/LO_3 被认为是适当的，如当 COD > 10mg/L 时，可适当提高至 4 ~ 5mg/L，这样加入 O_3 去降解 COD 有助于后续活性炭吸附，并可对活性炭起到部分“再生”的作用，明显地延长活性炭的使用寿命。

投入混凝剂时的 O_3 加入是“预臭氧化”，这个步骤与活性炭处理之前的“预臭氧化”的目的是不同的。前者是为了有助于混凝沉淀去除有机物，协同常规处理；后者则是为了进一步协助活性炭（或生物活性炭）去除有机物，这一步骤是设于混凝沉淀过滤常规处理之后。两者虽都起到杀菌作用，但主要目的均不是为了杀菌。

在水系统中，一般只要有 10μg/L TOC 就可满足异氧菌的营养而生长，常可能从水中检出 1 ~ 10^5cfu/mL 的细菌，故在送至用户前（或装罐装瓶），都要采用“后臭氧化”或紫外照射，这种后处理则完全是为了杀菌。

国内外城市供水的自来水处理部门认为臭氧化和活性炭吸附对水中污染物（包括有机物）的去除是非常有效的，被称为处理污染原水的两大法宝，但单独运用却都存在着是否经济合理的问题。前者加入剂量高、能耗高、投资运行费用高，后者活性炭使用周期短。采用臭氧—粒状活性炭联用法，当臭氧加于原水中之后，能将大分子有机物分解为小分子有机物，将原来不能被生物所降解的有机物氧化为能为生物所降解的物质。这些改变了结构形态和性质的有机物，易于被后续的活性炭床所吸附，从而为活性炭床中大量生长的微生物的生命活动提供了营养源。同时臭氧还可自行分解为氧气，这就为活性炭床中的微生物生长提供了有利条件。而反过来，微生物对被活性炭吸附的有机物的氧化分解又对活性炭起到了再生作用，这就大大延长了活性炭的吸附工作周期，也大大提高了臭氧的利用率。该方法充分发挥了臭氧和活性炭的协同作用。1961 年，德国 Dusseldorf 市水厂率先成功运行的 O_3—GAC 法，我国先后于北京田村山水厂、九江炼油厂采用。国内外大量生产实践证明，臭氧—活性炭联用是去除水中有机物和无机污染的有效方法，在城市供水中成为混凝、沉淀、过滤工艺之后的必要工艺。

臭氧—生物活性炭法（称为 O_3—BAC 法）是德国 Dusseldorf 水厂在成功地运行之后的又一先进技术，在 20 世纪 70 年代具有代表性的是在 Mulheim-Dohne 水厂的使用。

由于采用了 O_3—BAC 工艺，可使活性炭延长寿命 2 ~ 3 年，可省去活性炭再生设备。国产活性炭机械强度差，再生过程损失也会大，设再生装置反而不经济。

我国于20世纪70年代末也进行多项研究（如表8-8），并先后设计、调试运行了大庆化肥厂、前郭炼油厂饮用水深度处理水厂。表8-9为臭氧—生物活性炭去除有机物效果。

表8-9　　臭氧—生物活性炭去除有机物效果

处理方式	太原新华化工厂 ZJ-15 型炭		北京光华木材厂 GH-16 型炭	
	COD平均去除率(%)	BOD平均去除率(%)	COD平均去除率(%)	BOD平均去除率(%)
臭氧化	26.01	25.86	26.01	25.86
生物活性炭	37.34	41.89	31.48	35.72
臭氧—生物活性炭	62.89	67.75	57.50	61.58

BAC—生物活性炭是经过专门筛选的微生物以活性炭为载体进行固定化之后的活性炭，所筛选的细菌应具备的条件是：具有强的抗氧化性；能在贫营养环境中生长和繁殖；具有强的附着力；具有强的酶活性（即酶能进入炭的微孔中——尽管细菌因个体较大可能进不去）；菌体为非致病菌；对有机物浓度有强的适应性。

八、石灰处理在有机物处理中的作用

采取石灰处理方式作为去掉有机物的预处理方式，是由于石灰处理过程中要形成大量的$CaCO^3$、Mg（OH）$_2$沉淀，这些沉淀的表面积很大，会对水中有机物产生吸附。除有机物时关键是需要有镁盐存在，在高pH值下吸附凝聚。20世纪80年代，美国伊利诺大学Stephen等从理论上研究了石灰处理的影响因素，国内也进行过一些简单试验，但效果不明显。澳大利亚Baywater/Liddell火力发电厂冷却水零排放系统采用了石灰软化—双介质过滤器—精密过滤—反渗透系统，国内邯郸热电厂采用污染了的河水为原水作为锅炉补给水，北京高碑店热电厂采用石灰处理当地有机物较高的地下水作为锅炉补给水，邯郸电厂的有机物（COD）大致都是6.7mg/L的原水经过处理后降为5.6mg/L左右，相当于去掉15%，高碑店电厂认为最多下降20%左右，这些处理都不够理想。

研究者的实验结果是，常规石灰处理时（pH=10.2），总COD去除仅能达到25%，但如果把pH值提高到非常高的情况下，如提至pH=11.5，去除率可达40%，镁含量高的水效果会更好一些。如果单独混凝处理时，仅能去除12%。

天津军粮城电厂采用被污染了的海河水作为原水。利用加NaOH形成苏打处理，控制pH=10.5～11.2条件下（加入300mg/L NaOH）以$FeCl_3$80～120mg/L为凝聚剂量（相当于0.5～0.75epm），预先加入PAM 0.5mg/L助凝，NaOCl 2～4mg/L杀菌。使给水SDI<4。

天津蓟县电厂石灰处理维持最低pH=10.5时，聚合铁凝聚，也使带有色的原水的SDI合格。

九、膜分离在有机物处理中的作用

膜分离方法去除有机物是膜分离应用中的特点之一，应该充分地发挥膜的这一特殊功能。反渗透给水预处理重要的是要求去除造成膜污染的有机物，因而微滤、超滤膜在反渗透的预处理中将大有可为。曾有现场经验，采用0.2μm微滤使原水COD 30～40mg/L处理后达到SDI<2。

微滤（MF）可滤除0.1～10μm的微粒，如细菌病毒、病原原生动物、胶体等，操作压力一般小于0.3MPa。超滤（UF）膜能去除几nm～1μm颗粒，包括全部病毒和相对分子量为500～10^6的有机物，操作压力一般小于0.2MPa。

1996年，AWWA发表的MF和UF对河水分别以混凝和不混凝的试验结果如表8-10所示。

表 8-10　　MF 和 UF 去除污染物的效果

水　质	原水	不混凝 + NF	混凝 + MF	不混凝 + UF	混凝 + UF	饮用水质标准
Fe/去除率(mg/L)(%)	0.59	0.03/94.9	<0.001/100	<0.01/100	<0.01/100	0.3mg/L
大肠肝菌/去除率(%)	33	0/100	0/100	0/100	0/100	0
COD/去除率(mg/L)(%)	5.2	3.5/32.7	3.7/28.6	3.4/34.6	3.2/38.5	
THM/去除率(mg/L)(%)	0.039	0.033/15.4	0.032/17.9	0.032/17.9	0.027/30.0	
NH_3/去除率(mg/L)(%)	0.35	0.02/94.3	0.03/91.4	0.03/91.4	0.024/94.3	0.2mg/L
As/去除率(mg/L)(%)	0.012	0.007/41.7	0.009/25.0	0.007/41.7	0.009/41.7	0.01mg/L
浊度/去除率(NTU)(%)	1.5	<0.1/295	<0.1/>95	<0.1/>95	<0.1>95	1NTU

纳滤膜和反渗透膜具有大约5~10埃的微孔，纳滤膜去除直径为1nm左右的溶质粒子，截留分子量大约为200以上的有机物，这是基于脱除为筛网效应的说法。但随着研究的深入，有机物去除并非如此简单，有机物分子的去除与分子量和分子的空间几何大小有半定量的关系，还发现分子的化学特性、特别是形成氢键的能力也起着重要作用。

纳滤膜和反渗透膜去除有机物（TOC、DOC、THM），颜色都是很好的，而且效果是相近的，测试结果如表8-11所示。

表 8-11　　纳滤膜和反渗透膜去除污染物的效果

	压力(MPa)	TOC/去除率(mg/L)/(%)	DOC/去除率(mg/L)/(%)	色度/去除率(PCU)/(%)	THM/去除率(mg/L)/(%)	分子量/回收率(%)
原水	—	4.42/4.24	15	35	961	—
反渗透膜出水	1.3 1.3	1.08/75.6 0.95/76.4	0.6/96	1/97	32/97	100/60
纳滤膜出水	0.4		1.4/90	1/97	39	400/65

在防止和抵抗膜的有机物和生物污染方面，20世纪90年代中后期，许多膜厂商都有抗污染膜产品问世，膜表面经精心处理后其亲水性很好，可以减轻膜受有机物和微生物的污染，这些元件已在第四章介绍，此处不再赘述。

第九章 反渗透膜微生物污染

一、反渗透给水系统中的微生物概述

所有的原水中都含有微生物，预处理系统本身也可能成为污染源。

微生物包括细菌、藻类、真菌（霉菌、酵母菌）及其孢子和病毒。细菌颗粒极小，一般为1～3μm。病毒则更小，约为0.2～0.01μm。藻类和真菌要比细菌大许多。细菌的数量可能是很大的数值，一滴水多者可含有几千万个细菌，极少者1ml也会有几个、几十个。通常认为反渗透给水预处理只有对地表水（河水、湖水等）才要采取微生物消毒杀菌处理，但实际上也频频出现来自地下水（如深井水）的原水对膜的污染。如同在地下水输水管道的管壁上也常出现有生物膜的问题一样。在含有游离氯的条件下还经常存在膜的污染，增大余氯量有时也无济于事（甚至在用臭氧作为消毒剂的情况下也出现过生物膜）。微生物污染基本上是一个生物膜生长的问题，控制生物膜是十分复杂而困难的。

微生物可视为胶体，带负电荷，因此通过凝聚过滤手段可以除去相当多的部分，但彻底除去则十分艰难而复杂，尽管有氯化消毒、氧化消毒等手段。这里要指出的是，氯化（或其他杀菌剂）消毒，是指只能杀死一部分微生物，也可能是90%，并不能杀死其芽孢和孢子。美国9.11事件后的炭疽袭击，就是利用炭疽芽孢杆菌。芽孢的抵抗力很强，可数十年不死，即使已死亡多年的菌尸，仍可成为污染源，其芽孢可在土壤中生存40年之久，极难根除。只能用蒸汽消毒或焚烧杀灭。因而灭杀微生物过程中的消毒和杀菌是有区别的。即使采取精密过滤、超滤手段，杀菌也是不尽人意的。例如，国外为微电子用水设计的280t/h纯水站预处理，经超滤的出水仍然含有细菌，并不像其保证的那样。

实际上，在自然环境中的每一个表面都被细菌占据着，从微生物图谱中发现，膜材料最易被细菌黏附，甚至像超纯水系统那样非常低的营养环境，也能使微生物幸存并生长黏膜。据认为，黏附是饥饿的微生物求生存的一种方式。当它黏附在生物表面时，它可以呼吸空气并积蓄所需的营养，并且还可以对杀菌剂施行包围。细菌能够变成直径小于0.1μm的超微细菌以应付营养的缺乏。有人发现绿浓杆菌可在TOC仅为25μg/L下的自来水中生长，碳的养分是由多种物质提供的。因此在含TOC<5～100μg/L的高纯水中仍能产生微生物黏膜。

有实例证明，预处理系统的设备结构、连接、运行方式不当几乎都会成为生物污染源。如中东的一个水处理厂整个预处理系统恰好是反渗透系统的主要污染源。另一水处理厂反渗透给水加药（$NaPO_3$）$_6$，（$NaPO_3$）溶液可能带有微生物，它既是微生物源也是营养源（加其他药剂，如絮凝剂、阻垢剂等也有带入细菌的问题）。阻垢剂溶液箱内壁全部都附有微生物黏膜，后来改为非磷的聚丙烯酸系阻垢剂，仍然出现上述同样的污染。我国H电厂（$NaPO_3$）$_6$加入系统也发现是反渗透膜污染的一个渠道，停止加药后，污染受到控制。Z电厂给水系统设置了备用泵，由于备用时间长，成为水流动的死角，为细菌提供了繁殖的场所，拆开备用泵连接管后，发现管内滋生了黏稠的生物黏膜。

预处理系统被微生物污染后，很少能得到彻底的有效清洗，即使反渗透膜经清洗后，又会由清洗的不彻底性和被来自预处理的污染源再次污染，2～3天就要清洗1次。预处理系统被污染后往往成为反渗透膜迅速、频繁被污染的根源。所以碰到这种情况，对5μm过滤器以及其他前置过滤设备也要定期采取加杀菌剂的清洗措施。

二、形成生物膜的微生物

生物膜主要是由微生物及其胞外多聚物所组成，这些只有在光学显微镜下才能观察到具体形态的微生物，形态迥异，种类繁多，但归纳起来主要有细菌、真菌、藻类（在有光条件下）、原生动物和后生动物等，此外还有病毒。这些微生物体，有的细胞结构简单（如原核生物），有的细胞结构则较复杂（如真核生物），而病毒只是非细胞的组织结构。

1. 细菌

细菌是微生物膜的主体，而其产生的胞外多聚物为生物膜结构的形成奠定了基础。生物膜上细菌的种类取决于其生长速率和微生物膜所处的环境，诸如水中营养状况、附着生长状况、细菌在生物膜中所处的位置和温度等环境条件。根据所需营养的不同，细菌可分为无机营养型的自养菌和有机营养型的异养菌，其中异养菌是生物膜中的主要细菌类型，能够从流经生物膜表面的水中获得足够的营养物。

按照细菌的生存是否需要和有无氧气，异养菌又可分为好氧异养菌、厌氧呼吸型异养菌、厌氧异养菌和兼性厌氧菌四类。好氧异养菌只能在有氧气存在的条件下生长，它们在呼吸过程中分解复杂的有机分子并从中获得能量，并将电子通过一系列电子受体最终传给氧气，氧气便形成水。

2. 真菌

真菌是具有明显细胞核而没有叶绿素的真核生物，大多数具有丝状形态，包括单细胞酵母菌（在一定条件下亦形成菌丝）和多细胞霉菌。

真菌可利用的有机物范围很广，特别是多碳类有机物，故有些真菌可降解木质素等难降解的有机物。

3. 藻类

藻类是受阳光照射下的生物膜的主要成分。有的只是单细胞，有的则是多细胞结构。

三、形成微生物污染黏膜的因素

微生物污染黏膜起源于反渗透膜表面的生物物质的分子吸附，是由活的或死的微生物、有机物组成，夹在反渗透膜高分子聚合物中间，并分泌出多糖的衍生物。所以形成微生物污染，不能用一个简单的参数说明，它取决于微生物本身、周围环境以及附着表面的变化的各项因素。

据专家分析，微生物污染黏膜大致与下列因素有关：

（1）原水中细菌的种类和数量［以 cfu（菌落数）/mL 表示］；

（2）膜表面状态和隔网的几何形状、尺寸影响微生物的吸附；

（3）膜的化学成分在适宜的条件下会促使膜表面生物膜的形成；

（4）运行参数，如水通量、回收率、温度、pH 值、进水压力、进水浓度；

（5）给水中营养物质和数量，大多数异养菌以碳氢化合物作为碳的来源和能源，利用铵盐或氨基酸作为氮的来源；

（6）预处理方式和处理效果；

（7）水中无机粒子对黏膜形成的作用。

四、生物膜及其形成过程

微生物细胞几乎能在水环境中的任何适宜的载体表面牢固地附着，并在其上生长和繁殖，由细胞内向外伸展的胞外多聚物使微生物细胞形成纤维状的缠结结构，便被称之为生物膜。可见，生物膜是由附着生长在载体上、并镶嵌在有机多聚物中的细胞所组成。

生物膜能在惰性载体表面上形成，同样会在反渗透膜上形成，在隔网上形成。有时均匀地分布在整个表面上，而有时却非常不均匀；有时仅由单层的细胞所组成，而有时却相当厚，随着营养物、时间和空间的改变而发生变化。由于生物膜主要是由微生物细胞和它们所产生的胞外多聚物所组成，因而生物膜通常具有孔状结构，并具有很强的吸附性能。我们所观察到的生物膜通常还含有大量被吸附和镶嵌于内的溶质和无机颗粒，从这个角度上说，生物膜是由有生命的细胞和无生命的无机物所组成。

按照 Characklis（1990）的研究，生物膜的累积形成是以下物理、化学和生物过程综合作用的结果。

(1) 有机分子从水中向反渗透膜表面运送，其中有些被吸附便形成了被微生物改变了的反渗透膜表面［如图 9-1（a）所示］。

(2) 水中一些浮游的微生物细胞被传送到改变了的反渗透膜表面，其中碰撞到反渗透膜表面的细胞一部分在被表面吸附一段时间后因水力剪切或其他物理、化学和生物作用又解吸出来，而另一部分则被表面吸附一定时间后变成了不可解吸的细胞［图 9-1（b）］。

(3) 不可解吸的细胞摄取并消耗水中的营养物质，其数目增多。与此同时，细胞可能产生大量的产物，有些将排出体外。这些产物中有一些就是胞外多聚物，将生物膜紧紧地结合在一起，由此，微生物细胞在消耗水中营养物的能量进行新陈代谢时便使得生物膜形成累积［图 9-1（c）］。

(4) 细胞在增殖时亦可以向水中释放出游离的细胞［图 9-1（d）］。

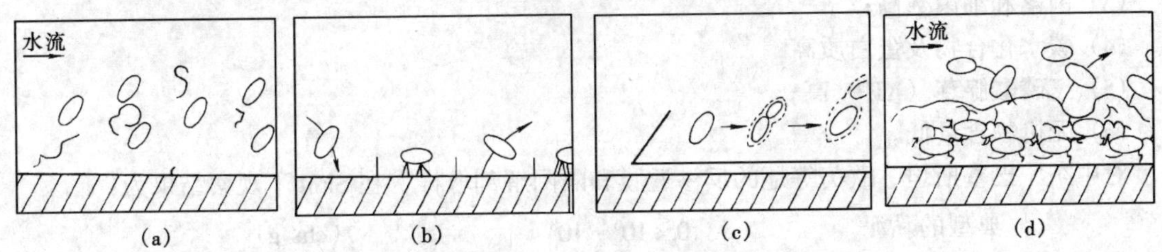

图 9-1　生物膜附着生长在反渗透膜表面的形成过程

五、反渗透系统生物膜的性状

微生物黏膜是微生物在水中（具有有机物、无机物积累在膜面上的营养环境，特别是处在过高的水通量或发生浓差极化）呈数倍的快速繁殖代谢而形成的一种胶黏物，其黏附力很强，难以清除，具有保护微生物不受水流剪切的作用。在非静态条件下，膜表面处建立起一个滞流边界层，它的厚度与流速、水的黏度以及表面粗糙度等有关。在正常的反渗透运行中，其厚度可能在 $10\sim50\mu m$，明显地大于单个细菌的厚度，这便解释了生物黏膜为何能在高流速下存在。湍流的剪切力达不到黏滞内层及影响单细胞层。生物黏膜也不怕化学消毒药物的影响，由于总是不能彻底清除因而加速黏膜的再生。严重的生物黏膜便是黏泥。

形成生物黏膜的微生物源于浮游细菌（Plantonic bacteria）和附着细菌（Sessile bacteria），在膜污染的试样中发现有一多半为棒形杆菌属。非棒状菌（包括假单孢菌属）是水中形成生物膜的主要成分。

我国常见的黏泥源于 11 个细菌属，多数为杆状菌，按其出现率排列为：假单孢菌属、气单孢菌属、微球菌属、芽孢样菌属、棒形杆菌属、肠杆菌属、杆菌属和布鲁氏菌属等。

此外，还可能包括有藻和真菌，其化学组分总称为糖原—外聚多糖类基质。在膜上，他们的数量是不同的，通常真（霉）菌和酵母菌相对于细菌的数量是很少的，但真（霉）菌、酵母菌尺寸较大，所占容积为细菌的许多倍，也有能力产生孢子促进膜的生物污染。藻类在给水系统中，当它们找不到足够的营养时，便呈团形成一黏泥外套，这些单细胞微生物就可利用邻近的已经死了的微生物为补充营养物。细胞物质分泌的黏液导致进一步污染。通过 SEM 观察，发现几个水厂的膜面上的真（霉）菌数在 2.9×10^5cfu/cm^2 以上，藻类数在 1.0×10^5cfu/cm^2 以上；隔网上真菌数为 1.5×10^5cfu/cm^2。当真菌数达 1.0×10^2cfu/g 以上就能形成生物黏膜污染，尽管数量少，但其体积大，因而是不可忽视的。

对典型的生物污染的观察表明，膜的进水一侧常常涂了一层灰黑色或棕色的黏液状物质，呈现出一种规则的十字形花纹，与膜间进水流道的隔网的花纹一致。污染物有滑腻感，很容易从膜面刮下或洗下。生物黏膜呈现着明显的层状结构。通常在生物黏膜内明显地有 3~5 层，每层约 3~5μm 厚的有机体。细菌显然被牢固地紧闭在内细胞的分泌物构成的黏膜基质中。

为研究黏泥生物膜，除常对膜面采集的黏泥进行标准的菌落和细胞数测定外，还需进行化学分析，包括水含量、干物质、总有机碳（TOC）、COD、600℃下的残渣以及蛋白质、ATP、碳水化合物，无机物有 SiO_2、SO_4^{2-}、Fe、Ca、Cu、Ti 以及余量的 P_2O_5、PO_4^{3-} 等。

实测发现有机物（150℃灼烧损失）一般在 60%以上，最高可达 96%。

生物粘膜的组成一般具有如下特点：

（1）含水量高（70%~95%）；

（2）有机物高（70%~95%）；

（3）菌落和细菌数高；

（4）碳水化合物及蛋白质高；

（5）三磷酸腺苷（ATP）高；

（6）无机物含量低。

对中东、巴基斯坦、欧美等地的反渗透膜和隔网解剖取样，在 SEM 下观察结果为：

典型的黏泥	$1.0\times10^6\sim10^8$	(cfu/g)
保安过滤器表面	1.4×10^9	(cfu/g)
污染的膜表面	$1.5\times10^2\sim1.3\times10^7$	(cfu/g)
塑料格网层	$4.1\times10^2\sim4.9\times10^6$	(cfu/g)
渗透产品水	$0\sim2.6\times10^6$	(cfu/g)

（注：cfu——菌落数）

以上结果可以看到细菌已存在于产品水中，从理论上讲好像细菌不能透过反渗透膜，但事实上却是真实地存在。分析原因有如下可能性：①透过松动的 O 形环或其他密封材料；②微生物透过膜材料的微观缺隔，或因压力变化使微生物在缺隔处迁移。③给水侧由于操作原因造成微生物污染；④产品水排出口管道有微生物存在。

因而产品水箱可能是再污染的污染源。未消毒的空气中的细菌进入水箱，当系统停运时，细菌会逆向水流进入管道中。如果反渗透膜已经有细菌黏膜存在，产品水检测到细菌更不足为奇了。

六、生物膜形成过程中的运行控制

针对微生物膜发展的进程，宏观地采取必要的运行控制，以阻止发展是有实际意义的，图

9-2为生物污染的控制过程。

第一阶段是在形成生物污染的诱导条件的阶段，而水中有有机物（腐殖质、聚糖酯等微生物的代谢产物）等大分子物被膜表面吸附，成为生物膜生长的诱因条件。

天然水中，绝大部分细菌是异养菌，这种有机型细菌靠有机物作为碳素养分的来源，并利用这类物质分解过程中所产生的能量作为生命活动所需要的能源（它的氮素养分则是无机或有机的氮化物）。

膜表面的有机物分子作为诱因，为后来黏附于其上的细菌提供生存的食物。因而要控制反渗透给水的TOC、COD含量，也要避免过高的渗透水通量。

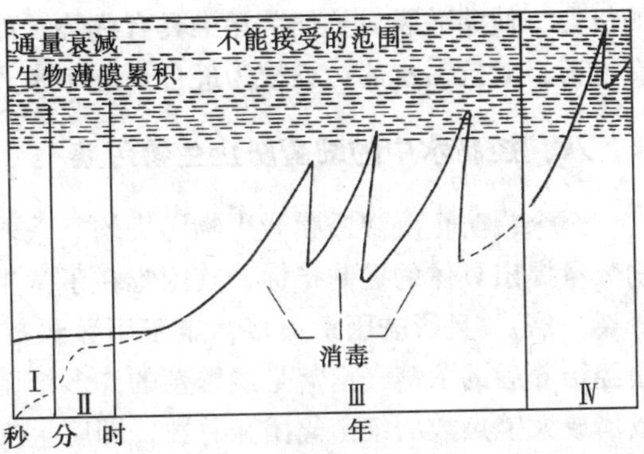

图9-2 生物污染的控制过程

阶段Ⅰ—条件作用薄膜的形成；阶段Ⅱ—最初黏附；阶段Ⅲ—生物薄膜的发展，消毒措施；阶段Ⅳ—组件不可逆的堵塞。生物薄膜的累积：通量下降

第二阶段是在给水中浮游的微生物迁移至膜上的过程（细菌向膜面迁移是靠主体水流的流动、湍流、透过液的推动力，细菌本身的游动，布朗运动的扩散），在膜上处于非稳定的可逆状态。如果水流速度快则可能被冲下来又进入至水中，因而保证给水/浓水的流速具有重要意义。

第三阶段是积累和发展的过程。已黏附的和浮游的不断被黏结，细菌依靠有机物作为营养物生长并新陈代谢，产生的代谢物黏液积累为不可逆生物膜。

因而，采取措施控制生物膜的生长是很重要的：一是要在运行中严格控制给水中的细菌总数TBC和营养物TOC、COD；二是采取冲击式消毒或清洗，使反渗透膜上的生物污染物受到控制，维持在一个可以承受的水平上。

第四阶段是当膜的不可逆污染超出允许值并向水中释放时。此时膜的阻力上升，产水量下降，必须果断地停止运行，采取特殊的清洗措施，如果延误，则清洗将更为困难。实践证明，当产品水量下降至原产水量的50%时，则清洗难以奏效。

七、醋酸膜和复合膜对细菌污染的差异

反渗透水处理技术发展已有30多年，对微生物污染的认识是从防止醋酸纤维素膜开始的，醋酸纤维素是细菌的营养素，易被细菌污染而破坏（有一种机理是：直接或间接地促进反渗透膜高分子聚合物分解；也有的认为细菌能产生直接侵蚀和水解反渗透膜的酶或其他物质，但降解机理尚不清楚）。因而对杀菌的要求很高。当采取氯化处理时，给水中要维持残余氯，但过高的氯又会造成醋酸膜的氧化破坏，为此保持氯加入后反应0.5h，控制的余量常在0.2～0.5mg/L直至0.5～1.0mg/L。聚酰胺复合膜出现后，其性能的各个方面均优于醋酸纤维素，20多年来得到了很大的发展，但由于其化学结构的原因，含有酰胺基团极易被氧化性物质破坏，不能接受含有氧化剂的给水（包括游离氯），按膜制造者的一般要求，不能含有氯（最大不能超过0.1mg/L），其破坏极限为1000ppm·h。所以进入聚酰胺复合膜的经过杀菌的给水必须预先脱氯。采取活性炭过滤吸附或加入还原剂（如亚硫酸氢钠），使给水氯为0，甚至要采用氧化还原电位检测仪施行在线监测，以保证膜的使用安全。

聚酰胺（包括芳香聚酰胺）复合膜虽然在许多性能方面优越，但由于杀菌后的给水不能持久维持余氯量，给膜再次受到细菌的污染提供了机会，反而成为复合膜的一个缺点，相比之下，醋

酸膜表面光滑、不带电荷，其在处理被污染的水，特别是微生物污染的废水时，仍有发挥其作用的机会，使醋酸膜对抗细菌污染具有优势。而聚酰胺膜除了不能维持进水余氯，尚由于膜表面带有电荷，对抗污水的污染较为逊色。近年来开发出的低污染型聚酰胺膜正在改变这一现状。

八、控制水中的细菌防止生物污染

至今，防止反渗透膜微生物污染均靠采取宏观的杀菌措施，尚没有膜生产厂家和用户对微生物数量提出具体的控制指标，其困难在于微生物的生长繁殖快（通常在适宜条件下20～30min将分裂一倍），且影响因素很多，难于用数量控制。通常所称细菌总数（TBC）并非实际菌数，而是经培养后的菌落（菌落是经繁殖的许多细菌堆积在一起成为肉眼可观察到的小白点，可以肉眼或借放大镜点数的细菌集团）总数，即腐生细菌数目。而藻类的计量由于其表面积很大，则以每毫升所占面积表示污染程度。因而测定结果的准确度差，偏差值甚至大于1个数量级。且测定需较长培养时间，对运行很难有及时指导的作用。

尽管至今尚无确切的控制标准，但通过反渗透系统各个环节的水中细菌总数（TBC）的测定（指1mL水样在培养基中经一定温度和时间的培养所生长的细菌菌落cfu/mL的总数），对于估计生物膜污染的作用仍是有意义的。

一般认为，洁净的地下水（深井水）每毫升只会有几十个菌落，因其难以在水系统中形成规模群落，因此难以在正常运行条件下繁殖并形成为黏泥的生物膜。当原水受到污染，或地下水中达到1.0×10^4cfu/mL时，则应引起重视，采取杀菌措施以避免在膜上发展为生物黏膜。

SDI污染指数是唯一被广泛接受的检测方法。SDI数据与生物污染间的关系虽没有建立起来，但SDI必然认为是一个警报。而低SDI未必不存在隐患，因为微生物在适当条件下繁殖异常迅速。

九、生物黏膜的预测

（1）通量下降、脱盐率下降、进水/浓水压差增加，这些并非是生物污染的防止指标，欲防止生物污染，必须进行有效的监控：

1）装有代表性的模拟膜元件的监控系统。

2）加强对进水和所有的预处理用药的微生物监控

3）经常对反渗透系统和模拟装置上的运行参数进行分析。

有报道称，在最初运行的3天内虽用肉眼观察膜表面上并无明显的生物污染，但已有约2×10^5cfu/cm^{2}的细菌菌落覆盖在反渗透膜的表面上；在运行的最初1～2星期内，污染的细菌产生一个接近聚集的“草地”（约一个细胞层厚的厚度铺展在整个膜面上，甚至在几天后就观察到这一现象）。因此，可以说，黏膜在运行通量、压差、水质参数有反映之前就已经形成了。

（2）防止生物黏泥的运行预测有以下几个方面：

1）测定原水入口—预处理各环节—反渗透给水、浓水以及渗透产品水的细菌总数（TBC），观察细菌变化数值。当发现浓水中的TBC明显增加，说明反渗膜上可能有黏泥形成。

污染严重（致危险）时，对原水为地表水的水处理厂，每天检查脱氯后给水（5μm过滤后），并每周检查以下6处：地表水引入（加氯前）、澄清器后、过滤后、脱氯后、浓水、产品水。

2）给水中的有机物含量除它本身可形成膜的污染外，它还作为细菌生存的条件。所以可对有机物（以总有机碳表示，简称TOC）的含量进行监测，膜厂家提示控制TOC低于2mg/L（以碳表示）。2mg/L TOC大致相当于5mg/L的总有机生物量，总有机碳（TOC）和细菌（TBC）有一定的相应关系，可以间接地监视生物膜的发展。

3）定期细致地检查反渗透前的滤芯过滤器及给水管、浓水管内部的清洁程度，当发现有黏状物或臭味即为产生生物黏泥的征兆。

反渗透系统（包括对可疑处）的检查和处理措施还应包括：①预处理所加入的化学药品中微生物的检验；②密封的中间水箱，其空气吸入或排出口应有过滤细菌的装置（如呼吸型 HEMA 空气过滤器）；③有盲肠段的管路应定期地杀菌，在设计上应防止盲肠死角；④停用的过滤器（砂滤或滤芯）应防止其表面暴露于空气中，如果不用时应杀菌；⑤预处理系统应定期地（根据各厂的原水中微生物状况）采取折点加氯杀菌；⑥根据情况采取用加氯的水去反洗过滤器内的过滤介质；⑦为了杀菌，应以大量的水定期采取冲洗并严格地清洗反渗透装置；⑧处理系统的管路、母管、过滤装置、储存水箱在停运期间应该杀菌处理，为再起动提供条件，当起动后连续运行时，要对反渗透前的系统定期采取折点加氯杀菌。

4）检测方法。检测水中的细菌是预测和防止微生物膜污染的重要手段。目前为人们所关注的 Filmtec 推荐的细菌总数（TBC）的检测方法就是简便快捷的方法之一，此法是将水样过滤后直接在显微镜下观察，计算在滤膜上的微生物的数目。

Orange（吖啶橙）染色后的微生物能够在荧光显微镜下直接得到 TBC，并区别开微生物的种类，对于死的和活的细胞，也可以用 INT 染色技术辨别开来。

十、微生物的消毒和灭菌

（一）常规的消毒和灭菌方法

通常把水中的病原微生物（包括细菌、病毒及原生物和孢子）去除并防止其再增殖的处理，称为水的消毒。消毒常用的方法主要有：①氯化及其他杀生药剂消毒；②臭氧消毒；③紫外线消毒。

消毒只杀死一部分微生物，主要是病原微生物。一般常用的消毒剂的浓度只可杀死普通微生物，而不能杀死其孢子。

灭菌则指杀死一切微生物，包括芽孢和孢子。据认为，高温灭菌（指蒸馏和高压蒸馏灭菌）亦称湿热灭菌，多用于经反渗透脱盐后作为医药注射针剂的终点处理。

湿热穿透力比干热的穿透力大，湿热时微生物吸收了高温水分，较易使菌体蛋白凝固，湿度越大，杀菌力越强，但不适用于反渗透水系统。而在干燥环境中，微生物抵抗高温的能力较强，孢子则更强。一般湿热灭菌在 115～120℃左右只需 15～30min，而干热灭菌则需在 160℃下灭菌 2h，才能达到与湿热相同的效果。

湿热灭菌在一般水处理系统中不宜采用，而常用的是氯化等处理方法。

1. 采用氯化——加氯、次氯酸钠或二氧化氯杀菌

水中加氯后，生成次氯酸（HClO）和次氯酸根（ClO^-）

$$Cl_2 + H_2O \rightarrow HClO + H^+ + Cl^-$$
$$HClO \rightarrow H^+ + ClO^-$$

HClO 和 ClO^- 都有氯化能力，但 HClO 是中性分子，可以扩散到带负电荷的细菌表面，并渗入细菌体内，借氯原子的氧化作用破坏菌体内的酶而使细菌死亡，而带负电荷的 ClO^- 难于靠近带负电荷的细菌，所以氧化能力较差。

其他凡具有 +1 价的氯原子的含氯氧化剂都可以接受 2 个电子，使其从 +1 价降至 −1 价，故有氧化能力。氯气（Cl_2）的 1 个氯原子可接受 1 个电子（从 0 价降至 −1 价），故 2 个氯原子可有

2个电子转移。因此，计算次氯酸钠 NaClO 或 ClO_2 等含氯氧化剂时，都可以通过计算有效氯的方法来考虑其相对于 Cl_2 的加入剂量。

如 NaClO 可写为 $Na^{+1}Cl^{+1}O^{-2}$，可见在它的分子量为 23 + 35.5 + 16 = 74.5 中，以原子 Cl 为标准的有效氯为 Cl^{+1}，有2个具有氧化能力的电子转移（相当于2个氯原子的作用），故其有效氯为（2×25.5）/74.5×100% = 94%

同样，$Cl^{+4}O_2^{-2}$ 的有效氯为（4×25.5）/（35.5 + 16×2）×100% = 210%，即相当于2.1倍的 Cl_2 的氧化能力。

水中的 Cl_2、HClO 和 ClO^- 量的多少主要取决于水的 pH 值和水温，一般当水的 pH≥3 和 Cl^- < 1000mg/L25℃时，Cl_2 基本上全部能成为 HClO 和 HCl（HClO 大约占97%，Cl_2 占3%）。亦即 pH 值低时主要是 HClO，pH 值较高时主要是 ClO^-。图9-3所示为 HClO 的存在形态。

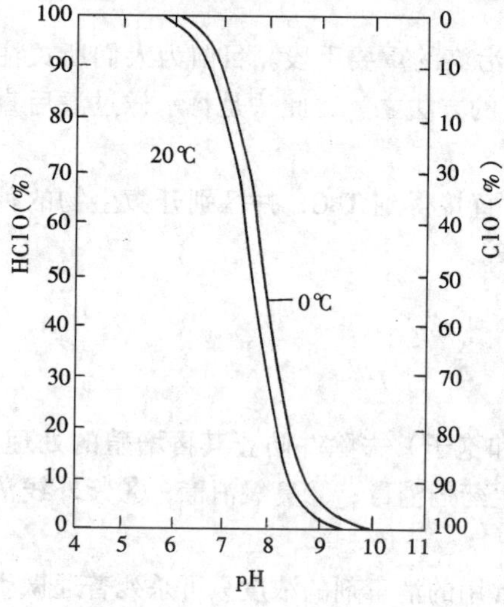

图9-3 HClO的存在形态

氯化处理要注意反应的浓度和时间，TC 值对杀菌处理是重要的，加氯一般需半小时左右的反应时间。

对于海水，在氯化过程中与苦咸水最大的不同处是在海水中含有约65mg/L的溴化物，溴化物会迅速地与次氯酸反应生成次溴酸，即

$$Br^- + HClO \longrightarrow HBrO + Cl^-$$

因此，以氯化的海水为主要的杀生剂为 HBrO，而并非 HClO。HBrO 随后即解离为次溴酸离子，即

$$HBrO \longrightarrow BrO^- + H^+$$

HBrO 的解离度小于 HClO，在 pH = 8 时只有28% HClO 未离解，但 HBrO 却有高达83%未离解。换句话说，对含有溴化物的海水，较高的 pH 值时将比苦咸水能更有效地杀菌。

需要注意的是在含有溴化物时将影响残余游离 Cl_2 的测定。

次氯酸钠处理对于剥离黏泥曾得到较好的效果，1个 HClO 分子的杀生作用相当于1个 Cl_2 分子的作用。如下式

$$NaClO + H_2O \longrightarrow HClO + Na^+ + OH^-$$

二氧化氯（ClO_2）分子中的 Cl 为 +4 价，杀生能力比 Cl_2 强，ClO_2 用量小（用 2mg/L ClO_2 作用30min能杀死几乎100%，而尚有剩余0.9 mg/L），杀生作用比 Cl_2 快，剩余剂量持续作用时间长。

ClO_2 不与水中的氨或有机胺反应，这一点与 Cl_2 不同，即 ClO_2 在有氨存在下仍能起杀菌作用。ClO_2 不与水中有机物反应生成氯烷、且对藻的灭杀作用好于次氯酸钠。

ClO_2 的杀菌适应的 pH 值较宽，在 pH = 6 ~ 10 均能有效杀菌。

2. 反渗透给水的脱氯

当采用 Cl_2，NaClO，ClO_2 消毒杀生药剂处理反渗透给水时，对于聚酰胺膜必须脱氯。膜的耐氯限度为200 ~ 1000ppm·h，氯的危害程度与水的 pH 值有关，因对膜的氧化产物为相应的酸，当碱性条件下更较严重（与碱性条件比较酸性条件对膜损害较差且适于杀菌的需要）。如果水中含有较高的铁含量，因其催化膜的降解过程更应注意。此外，温度高也有严重的影响。

水中残余的游离氯可由活性炭过滤除去，即

$$C + 2Cl_2 + 2H_2O \longrightarrow 4HCl + CO_2$$

活性炭吸附 Cl_2 非常迅速，Cl_2 在滤层中停留时间一般为 1～2min 已足够。在活性炭吸附含氯的水过程中经过实验建立有“半衰值”的概念：在 1cm/s 的线速下，使任意的 Cl_2 值降低 1/2 时的活性炭高度，据测定一般为小于等于 5cm（1cm/s 线速相当于 36m/h）。这个数值提出了设计吸附 Cl_2 滤层的基础。当然为了使滤层高度满足更长的时间使用了可以取更高值，但过高对无氯滤层的细菌污染又增添了新的问题。

设计上脱 Cl_2 的过滤体积流速可达到 30～60m^3/（m^3·h）；若为了脱除有机物的滤层，则要很低的流速［如 6～8m^3/（m^3·h）］，才会取得较好的效果。

活性炭吸附氯的容量和周期，曾有大约 1g（Cl_2）/g（活性炭）的实例，当吸收了 2.5g（Cl_2）/g（活性炭）时，活性炭已遭到破坏。也有对自来水的残余氯的吸附可达 33 万倍自来水的体积的实例，在吸附 Cl_2 至 14000 倍体积的过程中靠 $C + 2Cl_2 + 2H_2O \longrightarrow 4HCl + CO_2$ 的反应，其后靠物理吸附。

当活性炭吸附不再有效时，往往采取更换，考虑到经济上不合算，一般不再生。

在活性炭过滤器运行过程中，因为活性炭脱了氯，又吸附了有机物变成了细菌繁殖的温床，一旦发现出水中细菌有明显的增大时，要及时用化学药剂清洗。

亚硫酸钠（$NaSO_3$）除氯是另一重要的脱氯方法，工业上常用焦亚硫酸钠（$Na_2S_2O_5$），焦亚硫酸钠溶于水即得 $NaHSO_3$，亦可直接采用 Na_2SO_3。其反应式为

$$Na_2S_2O_5 + H_2O \longrightarrow 2NaHSO_3$$

$$NaHSO_3 + HClO \longrightarrow HCl + NaHSO_4$$

理论上，1.34mg Na_2SO_3 可除去 1mg 余氯，实际上需加入 3mg 。

$Na_2S_2O_5$ 在凉爽干燥的贮存条件下，可贮存 4～6 个月，其在空气中易氧化，配制溶液随浓度而异。

溶液（含量%）	最长放置时间
2	3 天
10	1 周
20	1 个月
30	6 个月

$Na_2S_2O_5$ 要求无杂质，且为食品级的，配制的溶液中加入后要与含 Cl_2 的给水经过很好的混合（加设固定的混合器），加入点最好在保安过滤器后，以便水中氯仍能对保安过滤器起到消毒作用，但必须在加入前使溶液先经另一个 5μm 过滤器过滤。

为了及时检测水中有无 Cl_2 存在，可在 $NaHSO_3$ 给水混合器后装设氧化还原电位（ORP）检测表，检测 Cl_2。

3. 采用异噻唑啉酮（Isothiazolone）杀菌

异噻唑啉酮是非氧化性杀菌剂。它具有广谱（能杀死水中的细菌、真菌、藻，包括黏液膜下的微生物）、高效（剂量 0.5mg/L 就能抑制细菌生长）、低毒（对昆明种小鼠的 LD_{50} 为 2.732g/kg）、安全等优点。

常使用的为异噻唑啉酮的衍生物，例如 2-甲基-4-异噻唑啉-3-酮（2-methyl-4-isothiazolin-3-one）、5-氯-2-甲基-4-异酮（5-chloro-2-methyl-4-isothiazolin-3one），它们的结构分别为

$$\begin{array}{ll} HC_4 - {}_3C{=}O & HC_4 - {}_3C{=}O \\ \| \quad\quad\quad | & \| \quad\quad\quad | \\ HC^5 \quad\quad {}^2N{-}CH_3 & Cl{-}C^5 \quad\quad {}^2N{-}CH_3 \\ \diagdown \; S \; \diagup & \diagdown \; S \; \diagup \end{array}$$

异噻唑啉酮的杀菌原理是由于它的分子中含有氮—硫键，能使细菌细胞的蛋白质的键断开而起杀菌作用。当与微生物接触后，就不可逆地抑制其生长，导致微生物细胞的死亡。在细胞死亡之前，用异噻唑啉酮处理过的微生物不能再合成酶和分泌有黏附性的生物膜（biofilm）的物质。异噻唑啉酮还能穿透黏附在设备、管道、水箱表面的生物黏液膜，抑制和杀灭黏膜下的微生物。

4. 采用紫外线杀菌

由于常见的预处理工艺去除细菌的效果较差，在反渗透前的预处理中增设紫外线（UV）杀菌器来去除水中的细菌也常用于小型反渗透系统。

当采用30W低压汞灯，发出波长为2537埃的紫外线照射被处理的水后，细菌细胞核中的脱氧核糖核酸（DNA）和细胞质中的核糖核酸（RNA）吸收了波长为2500～2650埃（峰值为2600埃）的紫外线能量，可以杀死细菌细胞，或阻滞它的生长，或通过遗传因子的突变而改变其细胞的遗传特性，从而达到杀菌的目的。此外，UV照射在水内也会产生少数H_2O_2，它可破坏细菌细胞起到一定的辅助杀菌作用。

但水中的浊度、色度、藻类及某些离子（如Fe^{2+}、Fe^{3+}）都会减弱UV的作用，因此UV应安装在预处理设备之后。

紫外线强度与反应器内表面的反射效果和温度有关，因而常采用304或316不锈钢的抛光面内表面。采用石英玻璃反射灯和套筒以利于紫外线高输出的需要。为保证最佳工作状态，紫外光与水的距离不能过远（参见表9-1、表9-2）。

紫外线反射灯的光能强度随时间衰减，初始最大输出光能为40000（$\mu W \cdot s/cm^2$，连续使用一年后能量输出不应低于25000（$\mu W \cdot s$）$/cm^2$，一般发射灯能量输出必须高于8000（$\mu W \cdot s/cm^2$），才能杀死一般的细菌。

表9-1　水温与UV的强度系数的关系（以水温40℃为标准，强度系数为1）

水温（℃）	12	16	20	24	28	32	36	40	44	48	52	56	60	64
强度系数	0.22	0.30	0.40	0.53	0.68	0.85	0.95	1.00	0.98	0.93	0.85	0.75	0.66	0.58

表9-2　距离与UV的强度系数的关系（以1m为标准，强度系数为1）

距离（cm）	5.08	7.62	10.16	15.24	20.32	25.40	30.48	35.56	45.72	60.96	91.44	100.0
强度系数	32.3	22.8	18.6	12.9	9.85	7.94	6.48	5.35	3.60	2.33	1.22	1.00

5. 臭氧（O_3）的消毒和灭菌

O_3发生器是在高频（5～20kHz），高压（6～20kV）的脉冲电压下，在电晕和接地极间（通常两者的距离为3～5mm）放电，气体从外部电场获得电离能量，形成等离子体。同时部分能量变换为气体动能、激发能、解离能和光能。使通过电介质表面的干燥空气或O_2变成O_3。主要反应为

$$O_2 + e^* \longrightarrow 2O \quad \text{（在 10ns 内）}$$

$$2O + 2O_2 \longrightarrow 2O_3 \quad \text{（在数十纳秒内）}$$

O_3在水中时刻发生还原反应，产生十分活泼的、具有强氧化作用的单原子氧（O），瞬时分解水中有机物质，杀死细菌等微生物。

$$O_3 \longrightarrow O_2 + (O)$$

$$(O) + H_2O \longrightarrow 2(OH)$$

羟基（OH）是强氧化剂、催化剂，使有机物发生连锁反应。

$$(OH) + RH \longrightarrow R\cdot + H_2O$$

连锁　$R\cdot + O_2 \longrightarrow RO_2$

$RO_2\cdot + RH \longrightarrow ROOH + R$

$ROOH \longrightarrow CO_2$ + 氧化生成物

臭氧在水中的“半衰期”为20min（pH = 7.6时为41min，pH = 10.4时为0.5min）。上述反应十分迅速，产生的单原子氧（O）和羟基（OH）对各种致病微生物具有强烈的杀菌作用（OH氧化还原电位为2.80V，与氟的氧化能力相当）。

O_3 的消毒是急速的，且有一个阈值。当 O_3 在水中的浓度达到阈值浓度时，瞬间发生作用。水中 O_3 浓度为0.5～1mg/L时，在5min内就可以杀死细菌，在 O_3 达到2～4mg/L时，1min内就可以达到杀菌100%。用浓度为1～1.5mg/L的臭氧水对生产管线、容器、瓶桶进行杀菌，仅用1min的洗泡就可以100%杀灭细菌总数、大肠杆菌、酵母菌、黑曲霉菌。

过量臭氧对人体健康会有危害，国家劳动卫生部允许标准是0.3mg/m^3，大气允许标准是0.01mg/m^3。

臭氧在水中的溶解度与气体臭氧浓度有关（臭氧发生器引出的气体并不都是 O_3），在25℃时气体 O_3 浓度为1%时，在水中的饱和浓度是3.5mg/L。如果气体臭氧浓度为0.1%，则水中饱和臭氧浓度只有0.35mg/L。一般均不能达到饱和浓度（参见表9-3）。

表9-3　O_3 在水中的溶解度（100kPa下测定）

O_3 气体浓度			溶解度（mg/L）						
含量（%）	mg/L	ppm	0℃	5℃	10℃	15℃	20℃	25℃	30℃
1	12.07	6044	8.31	7.39	6.50	5.60	4.29	3.53	2.70
1.5	18.11	9069	12.47	11.69	9.75	8.40	6.43	5.09	4.04
2	24.14	12088	16.64	14.79	12.00	11.19	8.57	7.05	5.39
3	36.21	18132	24.92	22.18	19.50	16.79	12.86	10.58	8.09

美国水质协会（WQA）认为，如果 O_3 在水中的浓度是1mg/L，在4min内可杀死所有细菌和病毒，而当 O_3 为0.1mg/L时则是40min。国际瓶装水协会建议纯净水 O_3 的添加量为0.1～0.4mg/L。这是由于瓶装水封瓶后与 O_3 有很长的接触时间，即使在0.1mg/L以下，也可保证杀菌效果，所以一般添加量常为0.05～0.1mg/L。

（二）消毒杀菌方式

这里推荐四种防止微生物污染的特殊消毒杀菌方式，对于反渗透运行，特别是对发现有微生物污染的水处理现场会有借鉴作用。

1. 定期进行预防性消毒

对反渗透膜采取预防性定期消毒杀菌，其作用较常规的杀菌更为有效。因为杀死单个的、少量的、不成菌落地附在膜上、隔网上或系统管路上的细菌，相比杀死较多的、聚集于一起的菌落、累积已很厚密的生物膜要容易得多。

2. 冲击性杀菌处理

在正常处理过程中，定期采取短暂地加入杀菌剂于给水中。加入的药剂为最通常使用的 $NaHSO_3$，剂量为500～1000mg/L，每次持续30min，每天一次。加入 $Na_2S_2O_5$ 应为食品级，可加在

5μm过滤之前。加入期间可能会影响产品水水质，要注意应用时的水质影响。

亚硫酸盐对好氧菌（好氧菌生活时需要氧气，有氧时可将有机物分解为CO_2+H_2O），比厌氧菌（可在无氧条件下将复杂的有机物分解为简单的有机物和CO_2）有效，使用时可检测细菌总数（TBC）以观察效果（自然界中大部分为兼气性细菌，可在有氧或无氧环境中生长）。

3. 高剂量亚硫酸氢钠给水处理

进入反渗透膜前的给水的$NaHSO_3$处理，对于常规处理方式，是为了除去加氯消毒后的残余氯，避免造成膜受氧化而破坏。而采取高剂量$NaHSO_3$处理是为了依靠$NaHSO_3$消毒杀菌，此方式类似于停用时膜的保护和前述的冲击处理，加入量大于50mg/L补偿无氯的防菌缺陷，可有效地防止进入膜的微生物繁殖。还可消除水中溶氧，防止膜长期运行中的氧化。由于$HSO_3^- \longrightarrow H^+ + SO_3^{2-}$，离解的酸还兼控制碳酸盐垢而代替另外加酸。

4. 定期对污染膜杀菌

采取"定期杀菌"可减缓中等程度的膜污染。一般"定期杀菌"可每隔1个月1次，或相隔时间更短，要根据给水（如污染严重的地表水、废水）或产品水（渗透水，例如医药的纯水）的水质要求不同而异。这样做会一定程度地影响反渗透膜的寿命，但其综合效果应是有益的。

杀菌的效率取决于下述因素：杀菌剂的种类、浓度、用量、pH值、温度、接触时间以及存在的有机体类型、微生物的生理状态、生物黏膜的存在状态等。作为一般规则，温度越高，接触时间越长、杀菌剂浓度越高、杀菌效果就越好。如生物黏膜陈化后会增大去除的难度，需要强化处理。

定期杀菌是在运行过程中，当发现反渗透膜已有被生物污染的征兆时，可以停止运行，进行短期加药杀菌处理。其清洗方法与常规清洗过程相同，当确认只有生物污染而无其他垢时，可以省略洗垢的过程，只将备好的1%~3%的甲醛溶液或其他杀菌液，打入并循环1h，再排出，后以给水冲洗约10~15min，至出水品质合格即可投入运行。

使用甲醛是因其具有价格低以及广谱杀菌的优点。但对管道，定期用甲醛消毒并不能明显消除分枝杆菌的繁殖。某些菌用甲醛消毒达96h后，尚有2%幸存下来。

甲醛作为定像液，可以和蛋白质起作用，这种定像性能使生物膜保持停滞态而不是解附态。甲醛更大的缺点是它的挥发性，具有刺激臭味，也可导致细菌及霉的变异。甲醛的毒性很大。

除了使用甲醛杀菌剂外，还可加入二甲基二硫代氨甲酸钠（Sodium Dimethyl Dithiocarbamate）非氧化性杀菌剂，每星期冲击加入一次，每次1h，剂量为20mg/L。

异噻唑啉酮作为杀菌用，商品名为Kathon（市售溶液含1.5%活性成分），用于冲击杀菌和停运保养，建议浓度为15~25mg/L。

"定期杀菌"的药剂除采用上述几种外，还可根据对生物污染黏泥物的试验进行筛选。如0.2%的H_2O_2或H_2O_2与过氧乙酸两者浓度之和为0.2%的杀菌液。

凡氧化性药剂均会对反渗透膜造成一定的破坏，最好节制其使用。当单纯使用0.2%H_2O_2时，溶液的pH值应小于4，建议pH值为3，因为pH值高时对膜的氧化性更大。若使用含过乙酸的混合液时，则可不必调pH值。

采用H_2O_2清洗时，其对膜的影响还与温度和铁含量有关，此溶液温度不可超过25℃，试验证明如0.5%H_2O_2在34℃下，反渗透膜的盐透过率在与几个小时后就可很高，而在24℃时，96h后其盐透过率仍不受影响。

H_2O_2溶液中含铁或其他过渡元素时，它们会作为催化剂加速膜的氧化破坏。在含有铁的自来水中，以0.15%H_2O_2在150h后，膜的盐透过率急剧上升。以H_2O_2作为杀菌剂时特别需要注意如下问题：

(1) 反渗透膜上和管道及其他零件上的沉积物、黏泥在加入 H_2O_2 前需用碱性清洗液除掉，以便减少其中隐藏的微生物，从而提高杀菌效果。碱性清洗后要冲洗系统。

(2) 用酸清洗反渗透系统，如以 0.1%的 HCl（体积）将膜表面的铁除去，后用水冲洗膜系统。

(3) 用 0.2% H_2O_2 溶液（最好含过乙酸）循环 20min，此溶液用产品水稀释，用 HCl 调 pH 值至 3~4，温度保持在 25℃以下。

(4) 膜元件浸泡于杀菌液中 2h。

(5) 用产品水冲出杀菌液，并对整个系统进行冲洗。

家庭用反渗透器"定期杀菌"可以采用 70%乙醇作为杀菌剂。

十一、防治膜生物污染问题中的一些概念

目前人们对反渗透系统中发生的生物污染有一定的了解，但还缺乏客观真实的认识，现举美国 STUTTGART 大学研究所 Flemming 博士在他的著作中的一些见解，可供读者借鉴。

(1) 常规消毒对水中细菌并不能达到完全杀灭。

有些细菌对氯化处理具有抗性，能继续黏附在膜上，并很快地污染反渗透膜。有实例称：水管道系统中余氯为 1~2mg/L 时，细菌尚超过 $10^4 cfu/cm^2$。若欲使生物黏膜除去 99.9%，在运行中则需保持 Cl_2 为 3~5mg/L。采用氯化消毒的系统比非氯化系统的细菌对结合氯及游离氯的抗抵能力更强。抗氯作用强的活体能在 Cl_2 为 10mg/L 下暴露 2min 而生存（这还包括革兰氏阳性孢子形成杆菌、放线菌和某些小球菌）。

氯化后的腐殖酸降解可成为细菌的含碳营养物（AOC），会使细菌有较多的附着机会并有明显的后生长作用，在较高的水温下（25~35℃），后生长作用及生物膜污染发生很快。

臭氧（O_3）对腐殖酸也有类似的反应。

紫外（UV）线照射杀菌也出现有抗性，特别是已形成了生物膜，紫外就更无能为力。UV 照射下的残存细菌也能快速生长繁殖。不透光的生物黏膜的表层会吸收 UV 的绝大部分能量，能量减弱后的紫外线不会对较深层的生物膜起作用。

归纳反渗透膜系统中消毒杀菌后可能出现的情况是：

1) 活着的浮游的细菌被杀死后，结果是产生死的浮游细菌，这些死的浮游细菌就如同活的细菌一样地附着在膜面上。

2) 活着的生物黏膜杀菌后，结果是产生死的生物膜，这些死的生物膜仍然留在反渗透膜面上，为后来附着到其上的细菌提供培养基和基底，并掩蔽培养基的原有的表面。

3) 死的细菌若沉积在反渗透膜面上，结果是沉积为死的生物膜。

4) 死的生物膜被去除时，结果是形成为死的细菌而在水中浮游。

5) 死的浮游细菌与氧化性杀生剂反应后，结果是长链有机分子分裂成较小的分子，悬浮溶液可能变为较澄清的溶液。

6) 杀菌清洗后的细菌被损伤又存留下来，结果会在经过清洗系统中成为生物接种体。

(2) 以为靠完全杀灭所有的细菌，就能消除反渗透膜生物污染，这是一种认识上的谬误。

引起反渗透膜污染的是生物黏膜，而不论细菌是死是活（活性）。消毒杀菌的根本目的是控制生物黏膜的生长，而不是要杀死所有的细菌，亦即既使没有活的细菌（细菌都死亡了），已经出现的生物膜仍可继续形成生物污染的效果，因而控制并削弱生物膜生长才是有效地减小生物污染危害的关键。

值得注意的是，在反渗透系统中的死端、角落和缝隙都可能带有生物膜，而这些角落是杀生

剂不能达到的，这些地方的生物膜对清洗过的系统起到接种物的作用，导致细菌快速的后生长。这里的生物黏膜会保护微生物免受杀生剂的作用，而且缺乏营养又能提高微生物的抗杀生剂的本能。例如，曾发现在反渗透系统的生物黏膜中的分枝杆菌，当它仍嵌入生物膜内时，抵抗杀生剂的能力有明显的提高。

更应值得注意的是，市场上宣传的杀生剂效率的数据，常常是由以悬浮培养物进行试验取得的结果。这些数据往往要高于同一类微生物在生物膜中的杀生效果，大致会高 50～500 倍。甚至在杀生剂的输送管道壁上细菌仍能存活。

(3) 对杀菌后检测结果的评述

许多研究者观察到在经杀生剂处理后，生物污染又迅速恢复，这一现象被称作为“后生长”或“再生长”。Characklis 在 1990 年建议用“恢复”一词更为恰当，因为生长只是与生物膜重新建立有关的过程之一。

研究认为促成“恢复”的原因是：

1）余留的生物膜含有足够的有机体，从而在生物膜发展过程的“累积”阶段中有足够的营养储备。

2）残余的生物膜具有比光滑表面更粗糙的表面，促进微生物细胞对表面的迁移和吸着。

3）杀生剂是优先与死浮游细菌反应，但杀生剂并不能达到生物膜中的细胞，因而当处理后，这些细胞留存下来并更加曝露于营养物之中。

4）幸存的有机体迅速变成死浮游细胞，此死细胞作为杀生剂的牺牲品而保护生物膜中的细菌。

5）在杀生剂处理后，有机体已有抵抗作用，下次再遇杀生剂时会减小反应的敏感程度，并于其后快速生长。

Flemming 和 schanle 在 1989 年发现膜清洗剂用于去除膜表面上的成熟的生物膜的去除，其去除率不会超过 80%。但是余留的 20%生物膜却是后来的细胞的基质，又起培养基的作用，使得这 80%的消毒效果，实际上只是短暂的效果。

在水中的细胞的数量并不表明生物膜的情况。消毒后通常是最初的数小时每毫升菌落数为 0，然后数量便增加。若死细胞未去除，则它们也要黏附于膜上。

为了弄清生物膜的情况，对反渗透系统的某些有代表性的部分必须进行检测。生物污染不仅发生在膜表面（虽然膜表面可提供最直接的检测结果，但并不一定要检测），而且也发生在系统和与水接触的整个过程的表面上。如紧挨着膜组件前后的管壁、过滤器，却经受与膜同样的过程，对这些部位的检测会提供出更有意义的信息。

虽然所有的浮游细胞可能是死的，但生物膜中的细胞可能仍是活的，杀生剂一旦停止加入就会快速繁殖，因此，只监测水中的细胞数量还不是检验生物膜杀菌的最合适的方法。

(4) 要求完全没有生物膜是不客观的，杀菌处理只是控制在一个低污染的平衡的水平上，实际上，反渗透系统是在与生物黏膜共处下运行的。

在实践中我们认识到“没有生物污染”并不意味着“没有生物黏膜”，没有生物污染的含意是：没有由于生物黏膜造成超过允许的影响值。在反渗透膜表面上，生物膜的发展超过允许程度的影响值是：超过允许的压降，水流摩阻力的增大导致水通量超过规定下降值，这就表示是造成了影响，出现了问题。

生物膜的生长是有限度的，在第三阶段的快速生长阶段之后达到稳定状态，即单位面积上微生物黏膜物质的增加量等于其减少量，可以认为是一个大致的动态平衡，可表述为下式

$$\Delta M_{黏附} = \Delta M_{生长} = \Delta M_{解附} + \Delta M_{消散}$$

式中 $\Delta M_{黏附}$——与水流中的细菌数、营养物、膜材料的“生物的亲和性”、流速、附着效率、通量等有关；

$\Delta M_{生长}$——与给水中的营养物、流速、温度、生物膜中的各组分有关；

$\Delta M_{解附}$——主要受垂直方向的剪切力、通量、表面结构（平滑或粗糙）、黏膜强度、弹性的控制；

$\Delta M_{消散}$——取决于细胞的老化、生物黏膜的老化、生长条件、杀生剂的作用。

经验认为，采取垂直的错流高流速，使之产生大的剪切力，可使生物膜减薄，在有生物膜存在的情况下，可控制使膜的水通量衰减至20%～40%的近于平衡的状态。

图9-4显示了在生物污染为主要因素达到污染平衡的过程的实例。这是在实际上无污垢及低SDI的条件下，在运行最初的几天，通量就急剧下降，用膜清洗剂是无效的。在此期间，$M_{黏附}$可能是最重要的因素。通量几乎衰减50%后用NaOH（pH=10）每天进行冲洗，达到了平衡，这是由于NaOH的作用提高了$M_{解附}$。

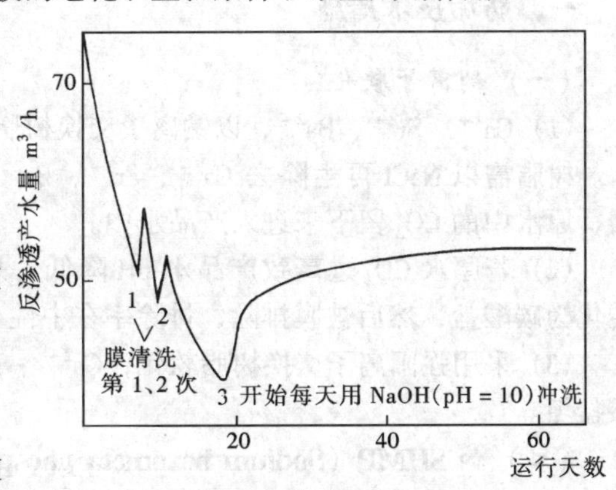

图9-4 用膜清洗剂和杀菌剂控制膜污染的平衡过程

目前，并没有通用的生物污染的抑制剂或消毒剂。普遍认可的原则是：只能寻找适合于每个具体的独特环境下生物污染的个别处理方案和策略。在对待生物膜的处理问题上，应从对生物膜的发展动力学的研究中取得控制在低于临界阈值下的处理方法，与生物膜共存。

第十章 膜的防垢技术措施

一、防垢技术措施

（一）钠离子软化

（1）Ca^{2+}、Sr^{2+}、Ba^{2+}，以钠离子交换树脂软化，适于中小型苦咸水反渗透处理，不适于海水。树脂需以 NaCl 再生除去 Ca^{2+}、Sr^{2+}、Ba^{2+}，此种处理不改变水质的 pH 值，因之不需脱碳器，原水中的 CO_2 留下来进入产品水中。

（2）若原水 CO_2 过高致产品水 pH 降低，并影响电导率，可于软化后加一些 NaOH 以将 CO_2 转化为碳酸盐，然后被膜排除，排除率在中性 pH 时最高。

（3）采用强阳离子交换树脂软化，Ca^{2+}、Sr^{2+}、Ba^{2+}除去率高于 95%，可避免碳酸盐垢和硫酸盐垢。

（二）加 SHMP（Sodium hexameta phosphate）或有机阻垢剂

（1）防垢应用较多的方法是加入阻垢剂，作为对硫酸盐、碳酸盐及氟化钙的防垢控制。

（2）阻垢剂具有低限效应（threshold effect），即少量抑制剂吸附在洁净晶格上而阻碍结晶成长。SHMP 需用食品级，在加药时要防止水解（注意 pH 值和温度），加入给水中的剂量为 5mg/L，到浓水中最高可达 20mg/L。

（3）有机聚合阻垢剂比 SHMP 更有效，但其可能与预处理所使用的用于凝聚的阳离子聚电解质或多价阳离子（如 Fe、Al）产生沉淀物，且较难于从膜上除去。因此要避免超过剂量使用。

（4）海水由于渗透压的缘故回收率较低（限制在 30%～45%之间），但为了安全，也常在回收率超过 35%时使用阻垢剂。

（5）有机阻垢剂是经不少于 1000h 测试无不良影响（且在浓水中膜表面的浓度不超过 50mg/L 时）。高浓度的阻垢剂可能与预处理后水中的金属离子产生沉淀。为了防止微生物滋生，也不可将阻垢剂过于稀释（按厂家说明）。

（6）当加入阴离子阻垢剂时，要避免反渗透给水预处理时加入或过量加入阳离子型聚合物，以防产生沉淀。

（三）弱酸性阳离子交换树脂脱碱

（1）弱酸离子交换树脂只有 Ca^{2+}、Sr^{2+}、Ba^{2+}的碳酸氢盐（暂时硬度）被 H^+ 交换除去，使水的 pH 值降至 4～5。当树脂的 −COOH 交换基团在 pH = 4.2 时，离子交换过程停止，羧基不再离解，因此只是部分软化。

此种处理最适于含高碳酸盐的水，其化学式为

$$HCO_3^- + H^+ \longrightarrow H_2O + CO_2$$

（2）CO_2 用脱气塔除去。高 CO_2 透过膜时对膜有抑制细菌生长的作用，因此脱气处理在产品水进入水箱前为好。若为了提高反渗透脱盐率而需要在给水中脱除 CO_2 时，按平衡过程，在 $pH<5$ 脱除 CO_2 效果较好，脱 CO_2 后 pH 值将升高。

（3）弱酸树脂脱碱的优点是：再生时，仅需小于理论量的 1.05 倍酸，可减少酸耗，减少排放污染。在除碳酸氢盐的同时也降低水的 TDS。

（4）弱酸树脂脱碱的缺点是尚有残余硬度。若需完全软化，还需在弱酸交换器中加入部分强

酸阳离子交换树脂，此法的经济效果也较好，但投资费用较高，因此适于大出力的水处理采用。另一防止残余硬度结垢的方法是在脱碱后的水中加入阻垢剂。

(5) 处理后的水的 pH 值变化范围为 3.5 ~ 6.5，视树脂的饱和度而异。pH 值的变化使脱盐率难以控制。当 $pH < 4.2$ 时，无机酸的膜透过量会增大，产品水 TDS 变高，因此建议使用几个交换器不同时再生以平衡调节 pH 值的变化。为避免渗透产品水 pH 值过低，也可在脱 CO_2 后加入 NaOH。

（四）石灰软化法

(1) 此法可除去钙、镁的碳酸盐硬度，但由于反应的平衡过程，除碳酸盐硬度并不彻底。

(2) 水中的非碳酸盐硬度可以用 Na_2CO_3 进一步除去。石灰—苏打处理也可降低 SiO_2 浓度约 60% ~ 70%，并借加入活性炭与多孔状 MgO 可使 SiO_2 降至 1mg/L 以下，同时可大量减少 Ba、Sr 及有机物。此过程在进入反渗透前需经凝聚过滤与 pH 值调整。

(3) 石灰软化法常用于苦咸水水处理能力大于 $200m^3/h$ 时。

（五）预防性清洗

一般回收率小于 25% 的系统，无须软化或添加化学药剂。用于小型单个膜的自来水或海水的饮用水，一般每 1 ~ 2 年清洗或更换膜一次。

最简单的冲洗法为：打开浓水阀，低压顺向冲洗，每 30min 冲洗 30s。化学清洗则要参考常规清洗方法进行。

二、膜的防垢控制计算

膜结垢是由于水中的微溶盐在给水转变为浓水时超过了溶度积而沉淀到膜上。在苦咸水中，为防止 $CaCO_3$ 和 $CaSO_4$ 及其他盐类如 $SrSO_4$、$BaSO_4$ 和 CaF_2，都需要根据计算来确定在浓水中是否会超过溶解度极限。

大多数水都存在 $CaCO_3$ 结垢趋势，确定给水的 $CaCO_3$ 的结垢趋势，对苦咸水而言一般要采用 Langelier 饱和指数（*LSI*）判断。判断和控制结垢的方法大致如下。

（一）估计浓水参数时的假设条件

估计浓水参数时需要假设以下条件，以便确定 $CaCO_3$ 及其他垢的趋势。

(1) 浓水的温度与给水相同。

(2) 浓水的离子强度等于浓缩倍率（*CF*）［按式（10-1）确定］乘以给水的离子强度，即

$$CF = 1/(1 - Y) \tag{10-1}$$

式中　Y——系统回收率，以小数表示。

这个公式忽略了一些离子会通过膜。

(3) Ca^{2+}、Sr^{2+}、Ba^{2+}、SO_4^{2-}、SiO_2、F^- 在浓水中的浓度可以用 *CF* 乘以给水中的浓度来估计。

(4) 浓水中的 $[HCO_3^-]_r$ 按式（10-2）计算

$$[HCO_3^-]_r = [HCO_3]_f \frac{1 - (Y)(SP_{HCO_3^-})}{1 - Y} \tag{10-2}$$

式中　$[HCO_3^-]_r$——浓水中的 HCO_3^- 浓度（以 mg/L $CaCO_3$ 表示）；

$[HCO_3^-]_f$——给水中的 HCO_3^- 浓度（以 mg/L $CaCO_3$ 表示）；

$SP_{HCO_3^-}$——HCO_3^- 的透过率，以小数表示。

(5) 膜不能脱除 CO_2 和其他任何气体，因此浓水中的 CO_2 浓度假设等于给水中的浓度。

（二）控制 $CaCO_3$ 垢的计算

确定是否要控制 $CaCO_3$ 垢的标准是浓水的 Langelier 饱和指数，该指数由给水的水质分析、反渗透系统的回收率和各种离子的脱除率来估计。

1. Langelier 饱和指数（*LSI*）的定义

$$LSI = pH_b - pH_s \tag{10-3}$$

由式（10-3）来确定浓水的 *LSI*，浓水的 *LSI* 等于浓水的 pH 值（pH_b）减去 $CaCO_3$ 饱和液的 pH 值（pH_s）。

2. 计算 Langelier 饱和指数（*LSI*）

（1）20 世纪 30 年代，Langelier 推导出了饱和 pH 值（pH_b）的公式，即式（10-4），在这个 pH 值下，$CaCO_3$ 既不溶解也不沉淀，这个公式是由碳酸的二次解离常数（K_2）和 $CaCO_3$ 的溶度积（K_{SP}）推导出来的。大家知道 pH 为 8.5 以下，HCO_3^- 浓度大约等于甲基橙碱度，因为平衡常数（包括 K_{SP}和 K_2）取决于温度和离子强度，为简化计算，一般使用诺谟图来计算 pH_s（见图 10-1）。

$$pH_s = \lg \frac{K_{SP}}{K_2} - \lg[Ca^{2+}] - \lg[HCO_3^-] \tag{10-4}$$

计算浓水的 *LSI* 必须设定系统回收率，来确定浓缩倍率，使用上述的假设，根据给水中 Ca^{2+}、HCO_3^- 和 TDS 来估计浓水中的 Ca^{2+}、HCO_3^- 和 TDS 的浓度，把这些数值运用于图 10-1（Langelier 饱和指数计算图）来确定浓水的 pH_s。

（2）计算 pH_b。

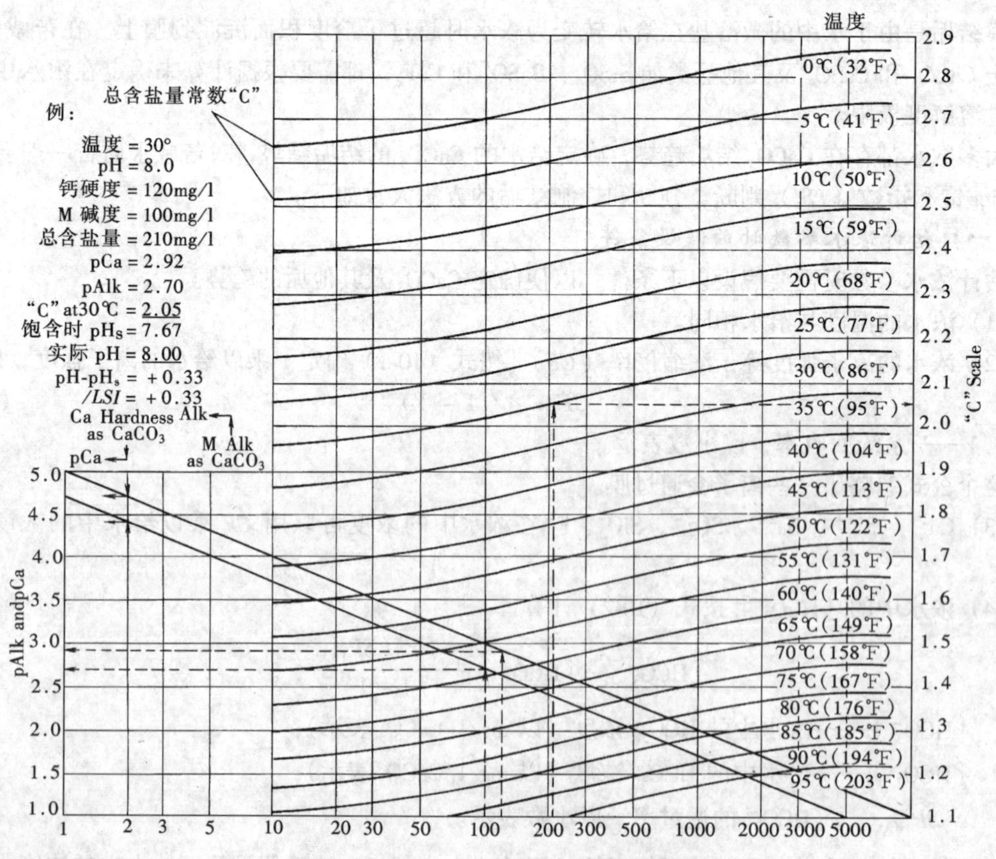

图 10-1　Langelier 饱和指数计算图

$$pH_b = 6.3 + \lg R_b \tag{10-5}$$

而

$$R_b = \frac{[HCO_3^-](以\ mg/L\ CaCO_3\ 表示)}{CO_2(以\ mg/L\ CO_2\ 表示)} \tag{10-6}$$

pH_b 可以由公式（10-5）确定或由图 10-2（HCO_3^- 和 CO_2 对 pH 值的影响）来确定。

如果不使用阻垢剂，浓水的 *LSI* 必须为负值，如果使用阻垢剂，例如使用 $(NaPO_3)_6$，浓水的 $LSI \leqslant 1$，设计时可取浓水的 $LSI = 0.5$。

如能采用更高效率的阻垢剂，如 Floncon260（*LSI* 允许到 2.8），则往往使加酸量降到很低，甚至不需加酸。

当采用醋酸纤维膜时，为防止水解过快，给水必须加酸，将 pH 值调至 5.7，此时由图 10-2（pH 与 *R* 值的关系）或公式（10-5）均可得 $R = 0.25$。如回收率为 $Y = 0.75$ 时 $\left(CF = \frac{1}{1-Y} = \frac{1}{1-0.75} = 4\right)$，则浓水中的 $R = 0.25 \times 4 = 1$。

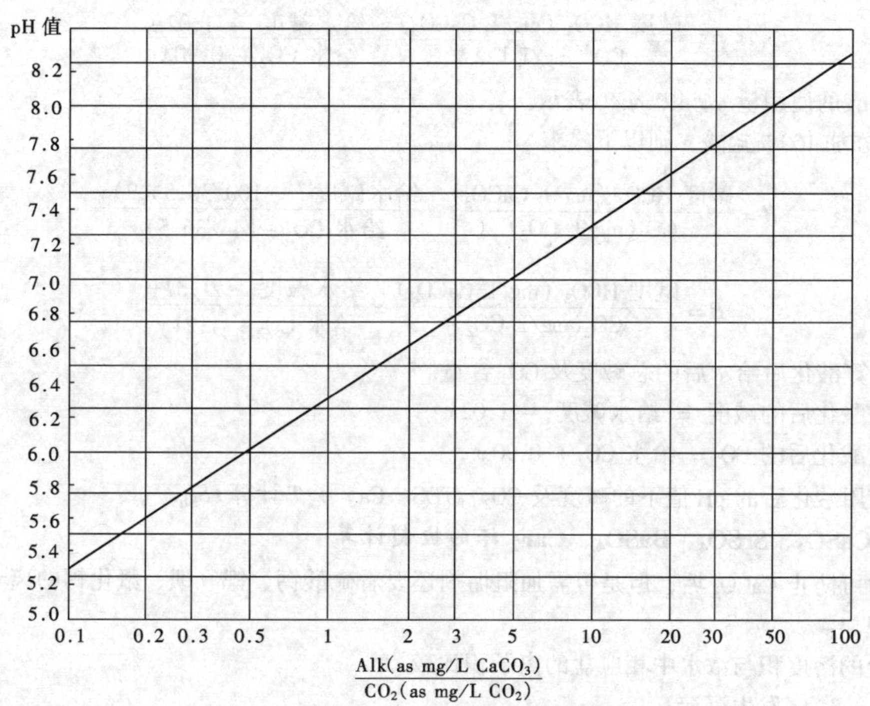

图 10-2 HCO_3^- 和 CO_2 对 pH 值的影响

（三）反渗透浓水 Langelier 饱和指数（LSI_b）的调整

$$LSI_b = pH_b - pH_s$$

多数天然水，当无预处理时 *LSI* 常为正值，为控制 $CaCO_3$ 结垢，*LSI* 必须调为负值，除非添加阻垢剂或对膜采取清洗方式除垢。

若 LSI_b 不是负值或超过加入阻垢剂后所允许提高的 LSI_b 值时，所采用的处理方法有下述三种：

（1）降低回收率 *Y*，然后以新的回收率 *Y* 计算出新的 LSI_b 值。

（2）采用钠离子交换软化，降低给水中的钙离子，等于增大 $-\lg[Ca^{2+}]$ 值（pCa 值），因而降低了对 LSI_b 的要求。软化不会改变给水的碱度或 pH 值，TDS 值改变也小得可以忽略，只是软

化后的 LSI_b 值是以低的钙浓度来计算。

(3) 加酸（盐酸或硫酸），在给水中加入酸后，按式（10-4）会改变碱度、常数项值和 pH 值（TDS 改变较小可忽略），如此，加酸后 LSI_b 会下降。

因加酸后改变了许多参数，因此需以渐试法的计算确定欲达到 LSI_b 值所需的加酸量。

按式（10-4）计算 pH_s 可大大地减少试算的次数，因 pH_b 通常比给水的 pH 值应高 0.5，开始计算时按 pH_s 低 0.5 作为酸化给水的根据。其计算如下：

(1) 由一假设的加酸达到的 pH 值，从计算图取得 $\frac{碱度\ HCO_3^-(mg/L\ CaCO_3)}{CO_2(mg/L\ CO_2)} = R$

比例，由此比例计算硫酸的使用量 x，以 mg/L 表示。

例 1，添加 100% 硫酸，则以下式求 x：

查图得
$$R = \frac{碱度\ HCO_3^-(mg/L\ CaCO_3)}{CO_2(mg/L\ CO_2)} = \frac{给水碱度 - (100/98)x}{给水\ CO_2 + (44/49)x}$$

即
$$R = \frac{碱度\ HCO_3^-(mg/L\ CaCO_3)}{CO_2(mg/L\ CO_2)} = \frac{给水碱度 - 1.02x}{给水\ CO_2 + 0.90x}$$

计算盐酸的使用量 y，以 mg/L 表示。

例 2，添加 100% 盐酸，则以下式求 y：

$$R = \frac{碱度\ HCO_3^-(mg/L\ CaCO_3)}{CO_2(mg/L\ CO_2)} = \frac{给水碱度 - (100/36.5\times 2)y}{给水\ CO_2 + (44/36.5)y}$$

即
$$R = \frac{碱度\ HCO_3^-(mg/L\ CaCO_3)}{CO_2(mg/L\ CO_2)} = \frac{给水碱度 - 1.37y}{给水\ CO_2 + 1.21y}$$

(2) 计算酸化后给水后的总碱度及 CO_2 含量。

以硫酸酸化后的碱度 = 给水碱度 $- 1.02x$

以硫酸酸化后的 CO_2 = 给水 $CO_2 + 0.90x$

(3) 使用酸化后的 pH 值下的碱度及 CO_2、TDS、Ca^{2+}、T 计算 LSI_b。

（四）$CaSO_4$、$SrSO_4$、$BaSO_4$、CaF_2 垢的控制计算

加酸后可防止 $CaCO_3$ 垢，但是否需加阻垢剂还要看硫酸钙、锶、钡、氟化钙的离子积是否超过其溶度积。

各个盐的溶度积与浓水中相应盐的离子积比较：

当 $IP_b > K_{SP}$，发生沉淀；

当 $IP_b < K_{SP}$，溶液不饱和；

当 $IP_b = K_{SP}$，溶液饱和并处于平衡。

为防止结垢，建议 $IP_b \leqslant 0.8K_{SP}$。

一般微溶盐的溶解度随溶液离子强度的增加而增加，对大多数苦咸水中遇到的微溶盐，K_{SP} 作为离子强度函数的数据可供利用。

水的离子强度按式（10-7）计算

$$I = \frac{1}{2}\Sigma m_i Z_i^2 \tag{10-7}$$

式中 I——离子强度；

m_i——离子 i 的摩尔浓度（mol/kg 水）；

Z_i——离子 i 的电荷。

摩尔浓度按下式（10-8）计算

$$m_i = \frac{C_i}{1000MW_i} \tag{10-8}$$

式中　C_i——溶液中离子 i 的浓度（以 mg/L 离子计）；

MW_i——离子 i 的分子量。

因为反渗透过程中微溶盐的结垢趋势是由最浓的水流来决定的，所以 K_{SP}是根据浓水的离子强度来确定。

例 3，浓水离子强度的计算，水质分析数据如表 10-1 所示。

表 10-1　　水质分析数据

离子成分	mg/L	m mol/L	mol/kg	离子成分	mg/L	m mol/L	mol/kg
Ca^{2+}	200	5.0	5.0×10^{-3}	HCO_3^-	244	4.0	4.0×10^{-3}
Mg^{2+}	61	2.51	2.51×10^{-3}	SO_4^{2-}	480	5.0	5.0×10^{-3}
Na^+	388	16.9	16.9×10^{-3}	Cl^-	635	17.0	17.0×10^{-3}

给水的离子强度为

$$\begin{aligned} I &= 1/2\{([Ca^{2+}]+[Mg^{2+}]+[SO_4^{2-}]\times4+[Na^+]+[HCO_3^-]+[Cl^-])\} \\ &= 1/2\{(5.0+2.51+5.0)\times10^{-3}\times4+(16.9+4.0+17.9)\times10^{-3}\} \\ &= 0.0444 \end{aligned}$$

回收率为 75%时，浓水$I_b = 1/(1-0.75)\times0.0444 = 0.178$

硫酸钙的溶解度极限。估计是否需要进行加药等方法控制，按以下步骤计算：

（1）估计浓水中 Ca^{2+}和 SO_4^{2-} 的浓度（mol/L），可用给水中的 Ca^{2+}和 SO_4^{2-} 浓度乘以浓缩倍率。

（2）计算浓水中 Ca^{2+}的摩尔浓度，按式（10-9）计算

$$m_{ib} = \frac{C_{ib}}{MW_i(1000)} \tag{10-9}$$

式中　m_{ib}——浓水中离子 i 的摩尔浓度，mol/L；

C_{ib}——浓水中离子 i 的浓度，mg/L；

MW_i——离子 i 的分子量。

（3）使用（10-10）式计算浓水的 $CaSO_4$ 的离子积

$$IP_b = [m_{Ca^{2+}}]_b\cdot[m_{SO_4^{2-}}]_b \tag{10-10}$$

式中　$[m_{Ca^{2+}}]_b$——浓水中 Ca^{2+}的摩尔浓度；

$[m_{SO_4^{2-}}]_b$——浓水中 SO_2^{2-} 的摩尔浓度；

（4）按公式（10-7）计算浓水的离子强度。

（5）利用图 10-3 所示 $CaSO_4$ 的 K_{SP}与离子强度的关系，查出 $CaSO_4$ 的 K_{SP}。

如果 $IP_b<0.8K_{SP}$，不需要预处理；如果 $IP_b>0.8K_{SP}$，则需要预处理或降低系统的回收率。

$SrSO_4$、$BaSO_4$ 的溶解度极限以及是否需要对 $SrSO_4$、$BaSO_4$ 垢进行加药等方法控制与 $CaSO_4$ 类同，当原水中的 Sr^{2+}含有 10～15mg/L 足以使浓水产生 $SrSO_4$ 沉淀。$SrSO_4$ 的 K_{SP}与离子强度的关系曲线见图 10-4，$BaSO_4$ 的 K_{SP}与离子强度的关系曲线见图 10-5。

$BaSO_4$ 溶解度最低，当原水中的 Ba^{2+}达到 0.05～0.10mg/L 时，浓水有可能出现 $BaSO_4$ 沉淀。当水中产生 $BaSO_4$ 沉淀时，可能成为 $SrSO_4$、$BaSO_4$ 形成垢的催化剂。自然界的水中，Ba^{2+}往往容

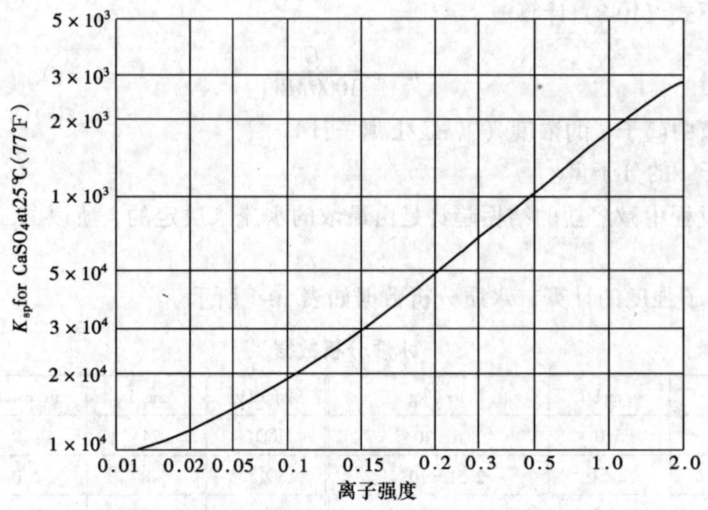

图 10-3 $CaSO_4$ 的 K_{SP}与离子强度的关系

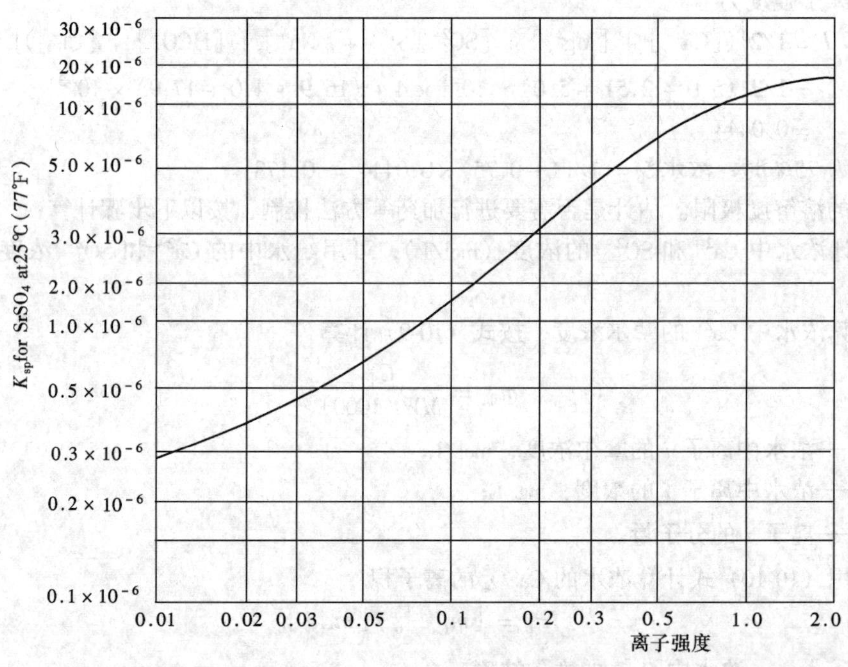

图 10-4 $SrSO_4$ 的 K_{SP}与离子强度的关系

易产生 $BaSO_4$ 沉淀，在海水中的临界浓度小于 15μg/L。苦咸水小于 50μg/L。如以 H_2SO_4 调 pH 值加入苦咸水中，临界浓度将降至小于 2μg/L。

在浓水中难溶盐在加入一般市售专用于反渗透的有机阻垢剂后可提高临界值，提高的饱和值的倍数为：

$CaSO_4$	2.3 倍
$SrSO_4$	8 倍
$BaSO_4$	60 倍
SiO_2	2.4 倍

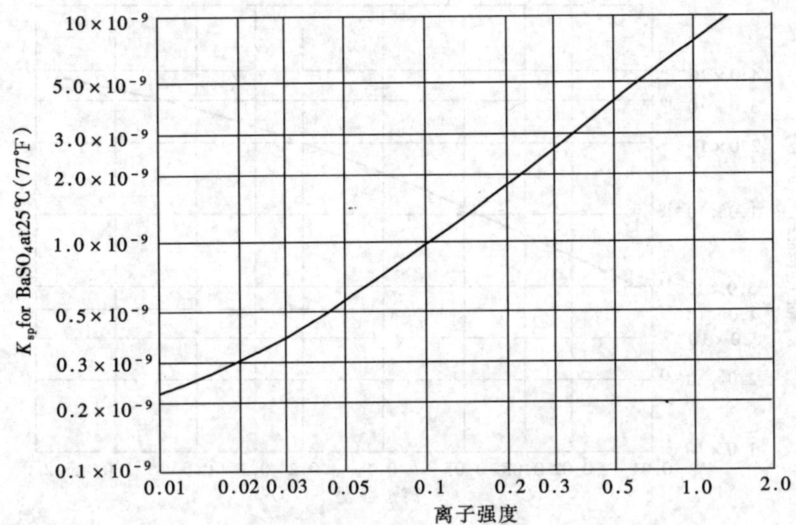

图 10-5 $BaSO_4$ 的 K_{SP}与离子强度的关系

对碳酸钙垢的 Langelier 和 Stiff&Davis 指数（*LSI* 或 *S&DI*）一般允许值为：不加阻垢剂时小于等于 -0.2；用 $(NaPO_3)_6$ 时小于等于 0.5；用有机阻垢剂时小于等于 1.8。

$(NaPO_3)_6$ 阻垢剂对硫酸盐溶解度的影响如表 10-2 所示。

表 10-2　$(NaPO_3)_6$ 阻垢剂对硫酸盐溶解度的影响

盐 类	离子积（IP_b）		盐 类	离子积（IP_b）	
	不加 $(NaPO_3)_6$	加 $(NaPO_3)_6$10mg/L		不加 $(NaPO_3)_6$	加 $(NaPO_3)_6$10mg/L
$CaSO_4$	$<0.8K_{SP}$	$\leqslant 0.001$ 或 $1.5K_{SP}$	$BaSO_4$	$<0.8K_{SP}$	$\leqslant 10K_{SP}$
$SrSO_4$	$<0.8K_{SP}$	$\leqslant 50K_{SP}$	CaF_2	$<0.8K_{SP}$	$\leqslant 4\times10^{-9}$或 $100K_{SP}$

（五）氟化钙垢的控制

尚没有文献记载在反渗透系统中产生过氟化钙垢，然而，当给水中钙含量高时、[F^-] 为 0.1mg/L时，结 CaF_2 垢是可能的，按以下步骤计算是否会产生 CaF_2 垢：

(1) 用给水中 Ca^{2+} 和 F^- 浓度乘以浓缩倍率算浓水中 Ca^{2+} 和 F^- 的浓度。

(2) 按公式（10-9）计算 Ca^{2+} 和 F^- 的浓度。

(3) 按式（10-11）计算浓水中 CaF_2 的离子积

$$IP_b = (m_{Ca^{2+}})_b \cdot (m_{F^-})_b^2 \qquad (10\text{-}11)$$

如果 $IP_b > 4.0\times10^{-11}$为避免 CaF_2 沉淀，需要加 $(NaPO_3)_6$ 阻垢剂，加 $(NaPO_3)_6$后在 $IP_b < 4.0\times10^{-9}$的条件下运行，则不会结垢。图 10-6 为 CaF_2 的 K_{SP}与离子强度的关系。

（六）SiO_2 垢的控制

确定是否会产生 SiO_2 垢，可根据文献数据中的 SiO_2 溶解度 SiO_{2Lit}与浓水中的 SiO_2 进行比较（SiO_{2b}），如果 $SiO_{2b} < SiO_{2Lit}$，则不会结垢。

SiO_{2b}和 SiO_{2Lit}的计算如下：

(1) SiO_{2b}是由原水中的 SiO_2 浓度乘以浓缩倍率得出。

(2) SiO_{2Lit}是由式（10-12）得出：

$$SiO_{2Lit} = (SiO_2temp) \times (SiO_2 \text{ 的 pH 值校正系数}) \qquad (10\text{-}12)$$

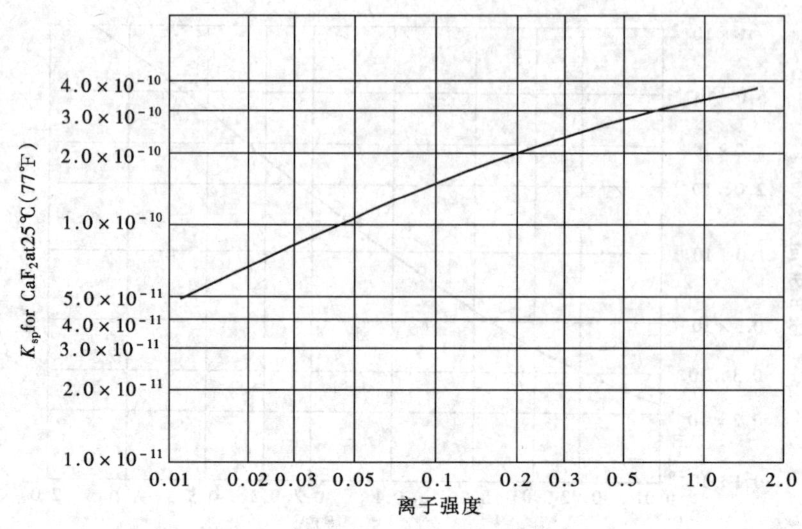

图 10-6 CaF_2 的 K_{SP}与离子强度的关系

式中，SiO_2temp 由图 10-7 所示 SiO_2 溶解度的温度影响中得出，使用给水的最低温度。pH 值校正系数由图 10-8 所示 SiO_2 的 pH 值校正系数中得出，使用浓水的 pH 值。

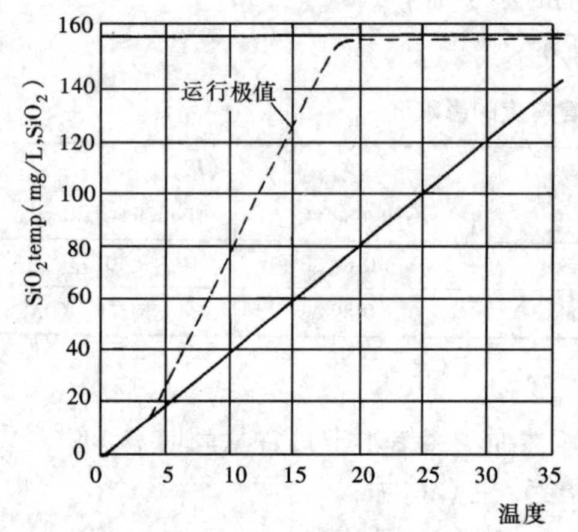

图 10-7 SiO_2 溶解度的温度影响

如果 $SiO_{2b} > SiO_{2Lt}$，则需要预处理或者降低回收率。

纯水为 25℃时，无定形硅的溶解度约为 100mg/L（以 SiO_2 计）。溶解度随温度呈直线变化，在 0℃时为 0mg/L，到 40℃时增加到 160mg/L，这些数据示于图 10-7 中。在中性 pH 值条件下，溶解的只是硅酸；在碱性溶液中，pH >7.8，无定形硅的溶解度较中性溶液大，主要原因是由于硅酸电离，这种关系示于图 10-8 中。然而高 pH 值不利于防 $CaCO_3$ 垢。其他离子如有铝或铁出现时，溶解度可能降低很多，可能是由于硅酸铝或铁的溶解度极小的缘故。有 $CaCO_3$ 出现时也会结为晶种，影响 SiO_2 的溶解度。

有许多运行的反渗透装置浓水中的 SiO_2 超过文献中的极限值但并没有析出 SiO_2，如图 10-7 中的虚线代表了实际的 SiO_2 水平。

二氧化硅垢的形成因素比较复杂，因而应慎重对待并不断提高对其的认识。

原水中的 SiO_2 含量是水中硅化物的替代参数。硅化物在水中可能以硅酸的各种形态出现。硅酸是一种比较复杂的化合物，它的形态很多，在水中有离子态、分子态以至胶态。硅的通式为 $xSiO_2 \cdot yH_2O$，当 x 和 y 均为 1 时，分子式可写成 H_2SiO_3，称为偏硅酸；当 $x=1$、$y=2$ 时，分子式为 H_4SiO_4，称为正硅酸；当 $x>7$ 时，硅酸呈聚合态，称为多硅酸。当硅酸的聚合度增大时，它会由溶解态析化成胶态；当其浓度较大时，会呈凝胶状自水中析出。

当 pH 值不很高时，溶于水的二氧化硅主要呈分子态的简单硅酸，至于这些溶于水的硅酸到底是正硅酸还是偏硅酸则还有不同的观点。因为硅酸通常显示出二元酸的性质，所以常以偏硅酸（H_2SiO_3）来表示。

硅酸的酸性很弱，电离度很小，所以当纯水中含有硅酸时不易用 pH 值或电导率检测出来。

自水中析出的硅的沉淀物称硅垢，表现的形式可能是无定形 SiO_2。无定形 SiO_2 的溶解度与下列平衡式有关：

SiO_2(Si 石英) + H_2O ══ H_2SiO_3　　(lg$K$ = −3.7)

SiO_2(Si 无定形) + H_2O ══ H_2SiO_3　　(lg$K$ = −2.7)

H_2SiO_3 ══ $HSiO_3^-$ + H^+　　(lg$K$ = −9.46)

$HSiO_3^-$ ══ SiO_3^{2-} + H^+　　(lg$K$ = −12.56)

$4H_2SiO_3$ ══ $H_6Si_4O_{12}^{2-}$ + $2H^+$　　(lg$K$ = −12.57)

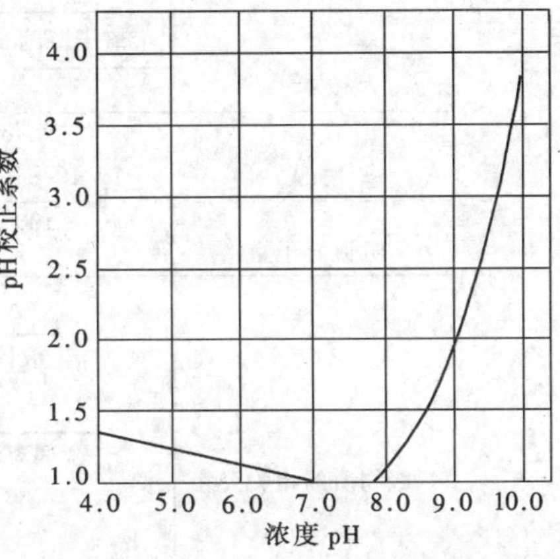

图 10-8　SiO_2 析出的 pH 值校正系数

很显然，上述平衡受 pH 值的影响，无定形二氧化硅除了与上述平衡有关外，还与许多因素有关，如温度、颗粒尺寸和结合水，所以会发现在水中的溶解有很大的差异。

无定形二氧化硅的溶解度在 pH = 6 ~ 8 的范围内保持恒定，在 pH = 8.5 以上趋于增加。无定形二氧化硅的溶解度如表 10-3 所示。

表 10-3　无定形二氧化硅的溶解度

pH	25℃下的溶解度（以 SiO_2 计）(mg/L)	pH	25℃下的溶解度（以 SiO_2 计）(mg/L)
6 ~ 8	120	10	310
9	138	10.6	876
9.5	180		

在反渗透运行中一般不会高于 pH = 8，但发生 SiO_2 垢的清洗则应取碱性条件下，当 pH > 10.7 时，无定形 SiO_2（固相）溶解为可溶性硅酸盐。

温度对无定形二氧化硅的溶解度也有类似的影响，随温度升高溶解度增加。当温度很低时将使溶解度急骤下降（如表 10-2 所示）。

表 10-4　温度对 SiO_2 溶解度的影响

温度（℃）	溶解度（以 SiO_2 计）(mg/L)		温度（℃）	溶解度（以 SiO_2 计）(mg/L)	
	无定形 SiO_2	石　英		无定形 SiO_2	石　英
0	30	5	100	380 ~ 430	65
25	80 ~ 120	11	150	620	152
50	200 ~ 220	21	200	810 ~ 900	296

在一定温度和 pH 值下，影响无定形 SiO_2 溶解度的是水合程度不同和无定形 SiO_2 的胶体颗粒尺寸。SiO_2 胶体颗粒尺寸与其聚合的分子量关系大致如图 10-9 所示。

当聚合的胶体固化时，它们仍含有许多水，即结合水。溶解度随着水合作用的增强明显下降。

二氧化硅胶体的水合作用对其溶解度的影响见表 10-5。

表 10-5　二氧化硅胶体的水合作用对其溶解度的影响

组　　份	在 18 ~ 22℃水中的溶解度（mg/L）	组　　份	在 18 ~ 22℃水中的溶解度（mg/L）
$SiO_2·2.5H_2O$	18	$SiO_2·1.0H_2O$	61
$SiO_2·2.0H_2O$	44	$SiO_2·0.5H_2O$	120
$SiO_2·1.5H_2O$	58		

SiO_2 的水合胶体最终形成了微孔大小不同的颗粒，颗粒的大小导致溶解动力学的不同。图

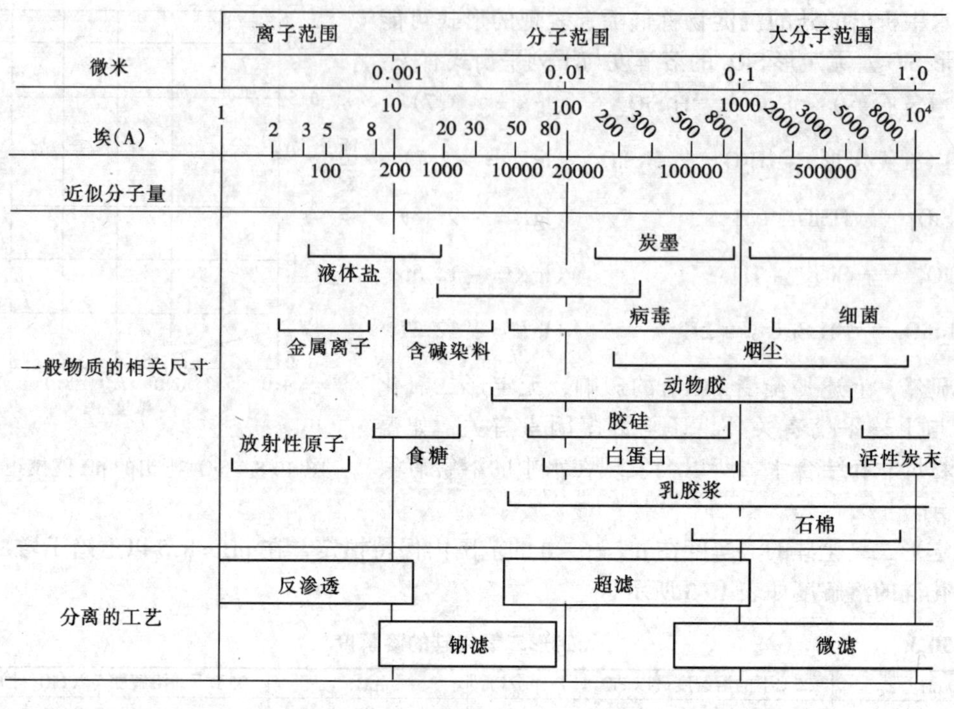

图 10-9 各种物质的颗粒尺寸及分离方法

10-10 为（pH = 8，25℃时）水中无定型二氧化硅溶解度随颗粒尺寸的变化曲线。

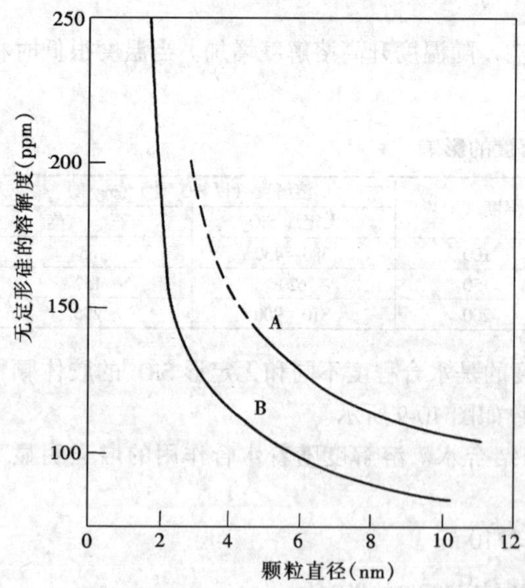

图 10-10 （pH = 8，25℃时）水中无定型二氧化硅溶解度随颗粒尺寸的变化曲线

对于非常小的颗粒，Ostwald Freundlich 认为溶解度是颗粒尺寸的函数，即

$$c_r = c^* \cdot \exp[2\lambda V_O/KTr] \tag{10-13}$$

式中 c_r——半径为 r 的颗粒的溶解度；

c^*——大颗粒的溶解度［$r \to \infty$（如平面）］；

λ——与溶液接触的固体颗粒的界面能；

V_O——固体的克分子体积；

K——Boltzmann 常数；

T——绝对温度。

在 25℃下，式（10-13）可简化为

$$\lg[c_r/c^*] = 5.7\lambda/Td \tag{10-14}$$

式中 d——颗粒直径。

这表明，非常小的二氧化硅颗粒（< 3nm）非常易溶，直径为 4 ~ 10nm（图 10-10 中 B 曲线）的颗粒溶解度差异很大（变化范围在 120 ~ 60ppm）。颗粒尺寸受聚合速度、二氧化硅浓度、pH 值、温度和含盐浓度的影响。

当水中含有铁、铝等金属离子时，二氧化硅可能与之形成硅酸盐沉淀，或水中的铁、铝沉淀及 $CaCO_3$、$CaSO_4$ 等沉淀物，作为提供捕获的晶体基质而形成坚硬的二氧化硅垢（从热力学角度说，晶体态的石英是最稳定的状态，在它与无定形二氧化硅之间，只有2kcal/mol自由能的形成差异，在两者之间也还存在许多其他状态）。

反渗透膜表面的沉淀物提供了不均匀的成核区。不均匀的成核区降低了沉淀所需的自由能，导致二氧化硅在相当低的浓度下就可沉淀。

Gill的结论是，在$CaCO_3$或其他矿物质沉淀被完全抑制的环境中，水中SiO_2溶解量通常高于$CaCO_3$等未被有效控制的环境。即要在原水中加入Ca、Mg阻垢剂，以避免水中出现$CaCO_3$沉淀，这样可以提高SiO_2的溶解度。另外，为了提高SiO_2在水中的溶解度，还要加入聚合抑制剂或分散剂，以控制二氧化硅聚合、分散胶体SiO_2的长大，使颗粒愈小愈好，这样水中的SiO_2溶解量才会增大。

根据上述，会使我们获得如下认识。

原水中SiO_2由于条件不同会以不同的形态存在，即可能以溶解态和胶态存在，甚至形成无定形或石英晶体沉淀。在反渗透给水预处理中，为防止膜的硅垢污染，常采取下列几种方式，如凝聚澄清过滤（包括加镁剂吸附澄清过滤）的常规方法、加针对硅垢的阻垢剂及超滤膜分离法。前者工艺复杂，除硅效果有很大局限，后两者常为被选择的方式（加入分散性阻垢剂可使SiO_2的极限提高到240mg/L）。在选择处理方式时，可参考如下几点建议：

（1）采用超滤可有效地去除胶体硅，据膜厂家提供的数据，除硅率可达95%左右（Desal—G50数据）。

（2）选用除胶体硅的超滤膜必须是能分离分子量大致为10000的膜才有效果，因为胶体硅的颗粒尺寸是6~80nm，相对分子量最低值为15000。

（3）在反渗透处理前，采用超滤膜除硅的意义是为了提高进入膜的给水中SiO_2的溶解度，因为SiO_2胶体存在会使SiO_2的溶解量降低，从而使溶解的SiO_2易于沉淀下来，形成无定形硅垢。

（4）在反渗透处理前，即使采用超滤也要考虑加防钙垢、镁垢及防硅垢的阻垢剂。因为水中产生的$CaCO_3$、$Mg(OH)_2$沉淀都会降低水中的SiO_2溶解度；水中溶解的SiO_2同样受溶解极限的限制（超滤并不能去除溶解硅）。

（5）如果采用超滤时，加阻垢剂应在超滤之后，其目的是超滤前希望水中所有的硅形态都是颗粒状的，不被分散，充分发挥膜分离的作用；超滤后的硅的形态都是溶解的，不能被析出来，使反渗透膜不会被硅垢污染。

（6）判断给水胶体污染的标志是SDI，是超过0.45μm的颗粒效应。很显然水中胶硅的颗粒（大致为60~80nm）并不构成对反渗透膜颗粒污染的威胁。这些胶体颗粒能被横向过滤水流冲走。故当给水中硅含量如能在被硅阻垢剂控制的极限范围内时，对地下水采用超滤除硅的必要性应予以慎重考虑。

反渗透膜对水中总硅的脱除能力可用表10-6所示的实例得到证明（甚至给水SiO_2达到50mg/L）。

表10-6　　反渗透膜对水中总硅的脱除能力的实例

电　厂	DCWD	TUOCO	INTEL	ANPP	TUGCD 得克萨斯发电公司
给水TDS　(mg/L)	950	945	240	900	454
产品水TDS (mg/L)	40	11	9.5	10	5.7
给水SiO_2　(mg/L)	13	2.8	38	50	28.5
产品水SiO_2 (mg/L)	<0.012	0.041	0.35	1.2	0.3
温度　(℉)	83	57	57	86	77
SiO_2脱除率　(%)	99.9	98.5	99.1	97.6	98.8
回收率　(%)	45	75	—	70	75

第十一章 反渗透给水预处理中的微滤和超滤

一、微滤、超滤一般简介

微滤和超滤是在压差推动力作用下，借膜对水溶液中的物质进行分离的过程。微滤的研究始于 20 世纪 20 年代的德国，1918 年，Zsigmondy 等人首先发明了规模化生产硝化纤维滤膜的工艺，并于 1921 年获得专利。1925 年，在哥丁根(Göttignen)成立了世界上第一个滤膜公司（Sartorius GmbH)，专门生产和经销滤膜。二次世界大战后，德国用孔径 0.5μm 的滤膜检测自来水中的大肠杆菌，英美等国也开展了深入的研究。

我国滤膜的研制起步于 20 世纪 70 年代的医药用膜，80 年代海洋研究所已有产品代替进口。

膜过滤以其无相变、能耗低、设备简单、占地少等优点，在很多领域受到关注。微滤膜在所有的膜过滤中是应用最广、经济价值最大的技术，其总销售额高于其他膜过程加起来的总和。1997 年，美国滤膜销售额为 11 亿美元，其中 Millipore 公司占半数以上。

微滤、超滤虽都是在压差下借滤膜进行液体的分离。但从膜的分离范围来看，微滤最适合液体介质的降浊、除菌处理，而超滤主要可用于对低分子溶解物与有机大分子的分离（通常是指分子量在 500 以上、10^6 以下的大分子从溶液中分离)。对于反渗透水处理中的预处理来说是分离水中全部的有机物、微生物和胶体颗粒。

微滤和超滤的过滤过程常是以直流过滤方式（包括表面过滤、深度过滤）和错流过滤方式进行的。研究者认为大多数物理过程的模型可分成扩散模型或流体力学模型两类。具有代表性传质过程机理主要以渗透压模型和沉积模型，或是以直接阻留、惯性沉淀、拦截、扩散、静电作用等机理解释的。

微滤膜和超滤膜的差异最明显的是孔径不同。微滤膜一般指孔径在 0.02 ~ 1.0μm，高度均匀，具有筛网特征的多孔固体连续相。而超滤膜的孔径近似为 0.002 ~ 0.2μm，在进行分离时的压力也分别为 0.01 ~ 0.3MPa 和 0.2 ~ 1.0MPa。图 11-1 为膜工艺与膜孔径和推动压力的关系。

微孔膜作为筛网状过滤介质，可制成平面膜、管状膜或中空毛细管状膜，近年来又有卷式膜出现。

微滤膜多为对称膜，近来也发展有非对称膜。最常见的微孔是曲孔（Tortuous Pore)，结构类似于内有相连孔隙的网状海绵，还有一种毛细孔（Capillary Pore)，膜孔呈圆筒状垂直贯通膜面，膜孔隙率低于 5%，但厚度仅为曲孔型的 1/15。非对称的微滤膜，膜孔呈截头圆锥体状贯通膜面，过滤过程中，原料液流经膜孔径小的一面，能进入膜内的渗透液将沿着逐渐加大的膜孔流出，这种结构可促进传质，并防止膜孔堵塞。

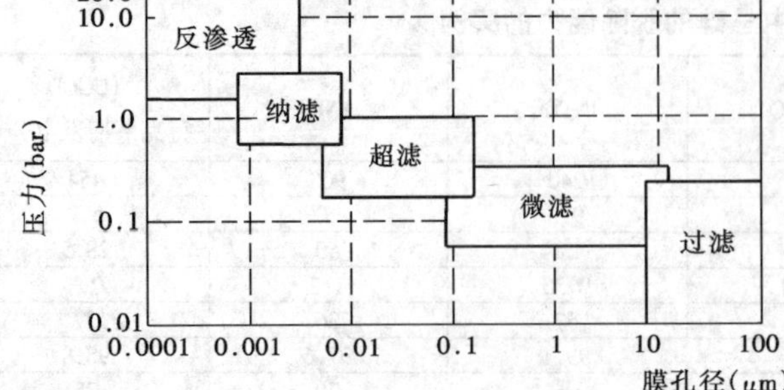

图 11-1 膜工艺与膜孔径和推动压力的关系

微滤膜的制备有多种方法，用于水处理的微滤膜材料和制造工艺如表 11-1 所示。

表 11-1　　微滤膜材料和制造工艺

膜 材 料	孔径尺寸（μm）	制 造 工 艺
醋酸纤维素或硝酸纤维素聚砜	0.05	相转变，最常用的方法是溶剂蒸发凝胶法
聚丙烯、聚乙烯	0.01 ~ 1	拉伸成孔法，应用于聚烯烃类材料，如将晶态聚丙烯在低熔融温度下挤压成膜，再退火成为超微过滤膜
聚四氟乙烯	0.5 ~ 10	延展、拉伸，即双向拉伸膜

超滤膜的制备通常选择被截留组分的分子量作为表征尺度，引入分离极限的概念，它表示某 1mol 质量的分子的 92%（或 95%）可被截留，称之为 MWCO（Molecular Weight Cut Off）。我国商品化选用的超微滤膜，截留分子量大约可达 100000 以上，选用的材料主要是聚丙烯（PP）、磺化聚醚砜（PES）分别作为支持层和活性层。

表 11-2 为超滤膜材料及特性，多为采用相转变法制备。

表 11-2　　超滤膜材料及特性

结 构	活 性 层	支 撑 层	适用 pH 值	最高温度（℃）	MWCO
不对称/复合	PS	PP/聚酯	1 ~ 13	90	1000 ~ 500000
不对称/复合	PES	PP/聚酯	1 ~ 14	95	1000 ~ 300000
复 合	DAN	聚 酯	2 ~ 10	45	10000 ~ 400000
复 合	PA	PP	6 ~ 8	80	1000 ~ 50000
不对称/复合	CA	CA/PP	3 ~ 7	30	1000 ~ 50000
复 合	PVDF	PP	2 ~ 11	70	50000 ~ 200000
复 合	PE	聚 酯	2 ~ 12	40	20000 ~ 100000

微滤膜在过滤领域里的重要特点是：

(1) 使所有比网孔大的粒子全被拦截在膜的表面，克服了常规过滤的深层过滤介质过滤达不到“绝对值”的要求，而微孔过滤膜是趋于“绝对值”过滤器的首选材料。

(2) 孔径均匀，过滤精度高。

微孔滤膜的孔径十分均匀，故为均孔膜，其与反渗透、超滤有明显的不同，其最大孔径与平均孔径的比值一般为 3 ~ 4，孔径分布基本呈正态分布，因而常被作为起保证作用的手段，过滤精度高，分离效率高。

分离效率是微孔膜最重要的特性，该特性受控于膜的孔径和孔径分布。图 11-2 为微孔滤膜与定量分析用的滤纸的孔径分布的比较图。

图中曲线 1 越陡直，孔径分布越好，这是微孔膜的重要特性指标之一。只有达到孔径的高度均匀，滤膜的过滤精度才能达到高度准确。

(3) 孔隙率高，流速快。微孔膜的微孔数约达每平方厘米 10^7 ~ 10^{11} 个孔，孔隙率在 60% ~ 90%之间，由于孔隙率高，其对液体的过滤速度在同等过滤精度下，比常规过滤介质快 40 倍。

(4) 厚度薄，吸附量小。微孔膜的厚度一般为 90 ~ 200μm，与一般深层过滤介质比，只有它们厚度的 1/10，因而过滤速度高，过滤时对价格昂贵的被滤物质的液体的吸附量极小。

(5) 无介质脱落，不产生二次污染。微孔膜是均匀、连续的整体结构，没有一般的深层过滤介质可能产生滤材脱落的不足。

(6) 颗粒容纳量小，易堵塞。微孔膜阻留颗粒大多数只限于膜表面，因而易被物料中与膜孔

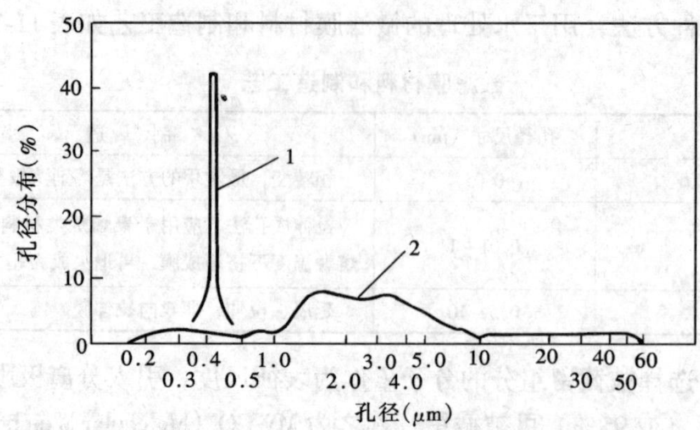

图 11-2　微孔滤膜与分析用滤纸的孔径分布比较

1—微孔滤膜 FM-45（0.45μm）；2—滤纸 No.131（平均孔径约 2μm）

径大小相近的微粒或凝胶物质所堵塞，微滤和超滤在处理系统上视水质需要适当地采取预过滤，如 10～20μm 滤芯过滤或 150μm 筛网。

尽管微滤膜、超滤膜设备前设置有必要的前处理装置，但是在运行过程中，膜组件的水通量仍会随运行时间而有所下降，因而要经常采取清洗膜表面的措施，还要定期进行化学清洗。

微滤的连续性过滤（CMF）就是通过周期性的运行—反洗（压缩空气吹扫、水冲洗）过程以达到整体组件的连续过滤。

由于微滤膜的膜孔径不同，通过膜孔的空气泡所需要的压力（称泡点压力）也不同。膜的泡点压力是基于空气、水和膜间的相互作用，是通过毛细管现象来解释的。把膜孔也视作毛细管时，毛细管中的水上升的高度与管子的直径成反比，为了克服这个自然的水柱的界面张力从孔隙排除水，所需要的空气压力是可以通过式（11-1）、图 11-3 计算的。

$$P = \frac{4\sigma\cos\theta}{d} \tag{11-1}$$

式中　P——水从膜孔内逸出所需要压缩空气的压力，Pa；

σ——水的表面张力，N/m；

θ——水与滤膜孔壁之间的接触角，(°)；

d——膜孔的直径，μm。

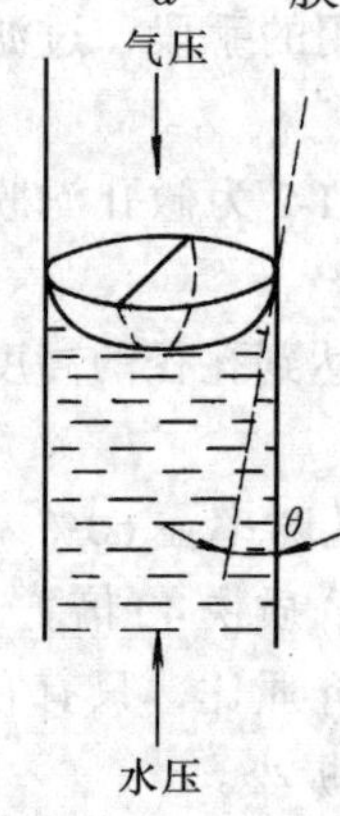

图 11-3　气—水吹扫时的毛细管作用

当水与膜间是完全湿润时，接触角视为 0°，则式（11-1）可写为

$$P = \frac{4\sigma}{d} \tag{11-2}$$

由于超滤膜孔径较微滤膜孔径小很多，跨膜压差达 0.3～1.0MPa，按式（11-2）计算，泡点的压力很高，为防止损坏膜，超滤运行中的清洗不能使用压缩空气吹扫，故难以采取连续过滤的方式。在反渗透预处理的实际应用中，超滤采用 0.02～0.2μm 的中空毛细管式的膜（截留分子量估计为 100000～500000），这一孔径是相当于微滤与超滤的交叉重叠的孔径范围，应用中称这种超滤膜为超微滤膜。选用滤孔为上限的膜，按泡点计算可使用压缩空气而不致损坏膜组件，在运行中，过滤后的水质 SDI 要好于微滤的效果。

国内已有较多的厂商生产微/超滤膜，如杭州、天津等地在采用压缩空气配合脉冲清洗，以 PLC 程序控制的连续方式运行，这种微/超滤的预处理方式已取得了较好的效果。

二、微滤、超滤在反渗透给水预处理中的应用

微滤、超滤用于反渗透的预处理，可以取代传统的加次氯酸钠杀菌、凝聚、澄清、过滤。微滤一般采用0.2μm或0.1μm的微孔滤膜，因此可以防止反渗透膜的胶体污堵，同时0.2μm孔隙的微滤膜也能将细菌基本上全部滤除。

目前已有多种专利性的连续微滤成套产品可供选择。其中，澳大利亚的Memcor为中空纤维膜，采取外压死端过滤，使用压缩空气反洗。我国东莞新纪元微滤设备有限公司是与法国、香港共同投资兴建的公司，采用法国的Aquapure管式膜，采取内压死端过滤，使用压缩空气与水同时反冲洗。

目前的连续微滤与传统的杀菌凝聚澄清过滤比较，在技术上有很大的优越性，如设备占地面积小，运行自动化水平高，自用水率低，出水SDI值低且稳定，可以适当提高反渗透膜通量而减少膜元件用量等。在经济性方面，东莞新纪元的价格较低，与常规方法的经济性相比较也往往占有优势。但应说明，连续微滤对有机物的去除有限，有必要时在进入微滤膜之前加些助滤剂和凝聚剂，可以提高有机物的去除率。

（一）两种连续微滤装置

1. 东莞新纪元连续微滤设备

设备的核心微孔滤是由超高分子聚合物制成的多孔膜，其孔径范围为0.1~1.0μm（系列产品），结合微絮凝技术，原水在0.01~0.18MPa的压力驱动下流过滤膜，可将原水中的悬浮颗粒、胶体、有机大分子、细菌、微生物等分离出来，使水净化。随着过滤时间的增长，微粒被截留在膜面或膜孔内，形成一定值时，必须对膜上的截留层进行反洗，洗除膜上的滤饼，恢复滤膜的能力。微滤设备采用气洗加水洗的反洗系统，反洗的同时对膜进行消毒，一般每隔30~60min自动反洗一次，每次反洗时间为60~90s。经过较长时间的运转，水中部分污染物或微粒被膜吸附较牢，反洗时不能完全被冲掉而积累下来，这时就需要进行化学清洗，使污染物与化学清洗液反应溶解而与膜脱开，再经反洗将其去除，恢复膜的过滤性能，化学清洗的间隔时间一般为10~20天。全套系统包括全部电控元器件、原水泵、变频器、压力传感器、电磁流量计、自动化仪器仪表、在线式原水及滤后水浊度仪、可编程序控制器（PLC）、监控机等，设备具有自动和手动两种可切换的运行方式。正常情况下，设备的运行和反洗全部自动化进行。

新纪元微滤滤筒壳体材料为玻璃钢，滤筒尺寸直径为10.5mm，内径为5mm，用环氧树脂封装在滤筒筒壳中，单筒过滤面积为22m^2。

新纪元标准微滤设备产水量状况如表11-3所示。

表11-3　新纪元标准微滤设备产水量状况

滤筒个数	1	2	4	6	8	10	12	14	16	18	20
设计产水量（m^2/d）	100~125	200~250	400~500	600~750	800~1000	1000~1250	1200~1500	1400~1750	1600~2000	1800~2250	2000~2500

新纪元微滤水处理设备工艺流程如图11-3所示。

2. 澳大利亚Memcor连续微滤设备

澳大利亚Memcor连续微滤设备与东莞新纪元微滤设备不同，前者采用聚丙烯中空纤维膜，膜孔径为0.2μm，最常用的膜元件为M10C，采取外压死端过滤，用压缩空气反吹配合原水冲扫进行反洗。根据原水水质，一般20~60min反洗一次，反洗时间为120~180s，化学清洗的间隔时间一般为2~6个星期，运行压力为20~35psi，对原水悬浮物要求小于200mg/L。此种处理在国

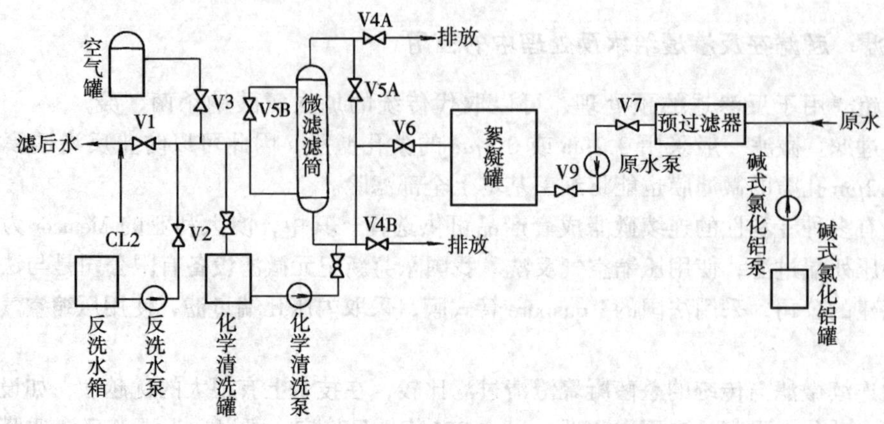

图 11-4　新纪元微滤水处理设备工艺流程

内的情况是：大庆在让一站及龙八站给水站已正常运行了 3 年。

（1）Memcor 设备产水状况如表 11-4、表 11-5 所示。

表 11-4　　Memcor 标准小型成套装置产水状况

型号	处理天然水时平均出力（$\times 10^3$gal/d）	处理废水时平均出力（$\times 10^3$gal/d）	型号	处理天然水时平均出力（$\times 10^3$gal/d）	处理废水时平均出力（$\times 10^3$gal/d）
3M10C	30	20	30M10C	300	200
6M10C	60	40	36M10C	360	240
12M10C	120	80	42M10C	410	270
16M10C	160	106	48M10C	470	310
20M10C	200	130	54M10C	530	350
24M10C	240	160	66M10C	660	440

注　型号说明：M 指设计者 Memcor，M 前的数字指膜的组件数，10 指膜组件设计，C 指 C 型膜体（公称面积 $15m^2$），水通量 $0.114m^3/(m^2\cdot h)$，即一个膜元件产水 $1.7\ m^3/h$。

表 11-5　　Memcor 标准大型多膜堆装置

型　号	处理天然水时平均出力（$\times 10^6$gal/d）	处理废水时平均出力（$\times 10^6$gal/d）	型　号	处理天然水时平均出力（$\times 10^6$gal/d）	处理废水时平均出力（$\times 10^6$gal/d）
1-60M10C	0.6	0.4	8-90M10C	7.2	4.8
2-60M10C	1.2	0.8	9-90M10C	8.1	5.4
3-60M10C	1.8	1.2	10-90M10C	9	6
1-90M10C	0.9	0.6	12-90M10C	10.8	7.2
2-90M10C	1.8	1.2	14-90M10C	12.6	8.4
3-90M10C	2.7	1.8	16-90M10C	14.4	9.6
4-90M10C	3.6	2.4	18-90M10C	16.8	10.8
5-90M10C	4.5	3	20-90M10C	18	12
6-90M10C	5.4	3.6	22-90M10C	19.8	13.2
7-90M10C	6.3	4.2	24-90M10C	21.7	14.4

注　1-60 指一套 60 个膜组件。

（2）Memcor 设备特性如表 11-6 所示。

表 11-6　　Memcor 4/6/8M10C 设备特性

膜组件数		4	6	8
中间水箱容积（L）		500	500	500
电机功率	标准（kW）	3.0	3.0	3.0
	海水（kW）	3.7	3.7	3.7
压缩空气需要	压力（最小）（kPa）	700	700	700
	需要量（750kPa）（L）	450	650	850
	流量（L/min）	60	90	120
空气容积/反洗（最大）（L）		640	960	280
质量（干态）近似（kg）		800	900	1000
运行质量（kg）		1500	1650	1800
外形尺寸（H×W×L），mm		2125×1250×2060	2125×1250×2060	2125×1250×2060

（3）Memcor 允许原水范围如表 11-7 所示。

表 11-7　　Memcor 允许原水范围

项　目	允许值	项　目	允许值
预处理	500μm 筛网	微生物	$0\sim10^7$cfu/mL
悬浮固体	0~200mg/L	贾第虫鞭毛（Giardia）	6log
温度（℃）	1~43	隐孢子（Cryptosporidium）	6log
pH 值	2~14	SDI	1~15
浊度	0~500NTU		

（4）Memcor 滤后水质状况如表 11-8、表 11-9 所示。

表 11-8　　地表水连续过滤的水质比较

污染物	地表水静态过滤	CMF 过滤最大值	地表水过滤可信值
贾第虫（Giardia）	99.9%（3log）	6log	3log 欧洲地表水处理要求可达到
隐孢子（Cryptosporidium）	99.99%（4log）	6log	
病　毒	99.99%（4log）	3log	
浊　度	1NTU（最大 5NTU）	0.02NTU	

表 11-9　　连续过滤（CMF）正常情况下过滤水质

污染物	给　水	过滤水（典型值）	污染物	给　水	过滤水（典型值）
悬浮固体颗粒	200mg/L	<1mg/L	细　菌	10^5cfu/100mL	<1cfu/100mL
浊　度	500NTU	0.08~0.05NTU	贾第虫鞭毛（Giardia）	10^6cysts/100mL	未检出
颗粒数	10^4	<10	隐孢子（Cryptosporidium）	10^5cysts/100mL	未检出
SDI	>5	4.0~0.6	病毒	10^5cfu/100mL	10^1cfu/10mL
大肠菌总数	10^5cfu/100mL	<1cfu/100mL			

（5）Memcor CMF 运行工况如表 11-10 及图 11-5 所示。

通常 M10C 微滤膜的运行压差是 5~30psi，起初的平均压差是小于 5~8psi。额定的给水压力是 25~35psi。周期反洗是采用压缩空气（90psi）进入系统的过滤水侧，并通过中空纤维膜的孔释放出来，使给水聚集在膜上的固体颗粒从膜表面上被冲下来。反洗值可依据浊度 2%~10%为限。运行中一般不需要加明矾。M10C 膜每次压差超过 30psi（设计流量下），进行 CIP 清洗后反复运行，地表水 CIP 一般为 4～6 周，废水为 1～2 周。

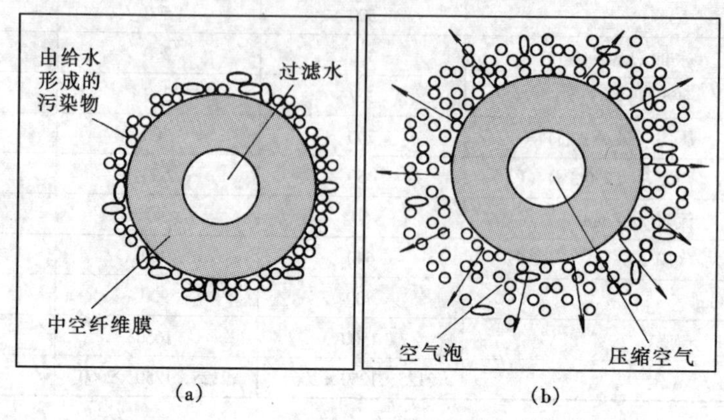

图 11-5　在过滤和反洗过程时的中空纤维断面图

(a) 过滤；(b) 反洗

表 11-10　　小型微滤装置的运行、反洗程序

运行程序： 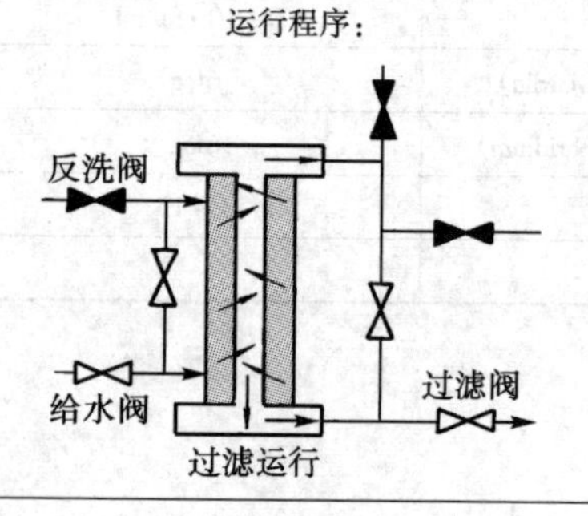 	反洗程序： 于反洗再充水后，打开给水阀，供水给膜组件外侧，从底部和顶部流出以打开的过滤水阀门流出
反吹洗程序： 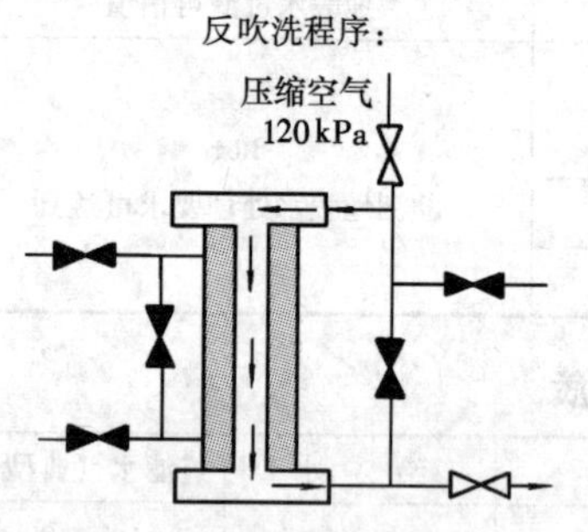 	反洗程序 1 放光水（lumen drain） 空气从膜组件顶部进入，大约用 100kPa 至过滤，此时所有的阀门是关闭的（只过滤水出口阀打开）在空气压力下使纤维中的水从组件朝向下向外侧放光
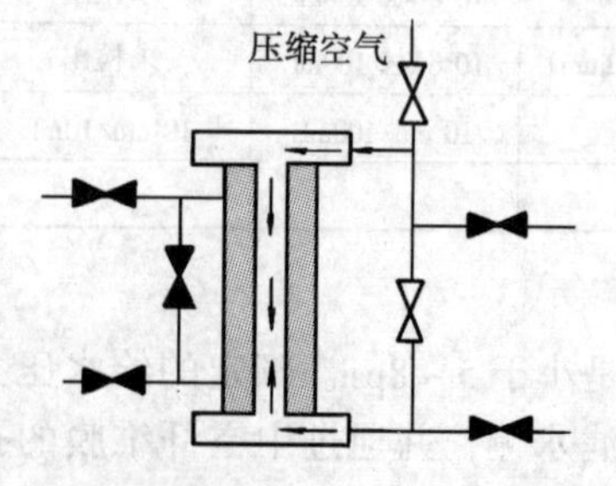 	反洗程序 2 加压（pressurise） 经一次放光水（空气使水排出），过滤水阀门被关闭后空气压力从顶部和底部升至 600kPa（此时过滤水侧和膜组件的给水侧都同时在 600kPa 的压力下）

续表

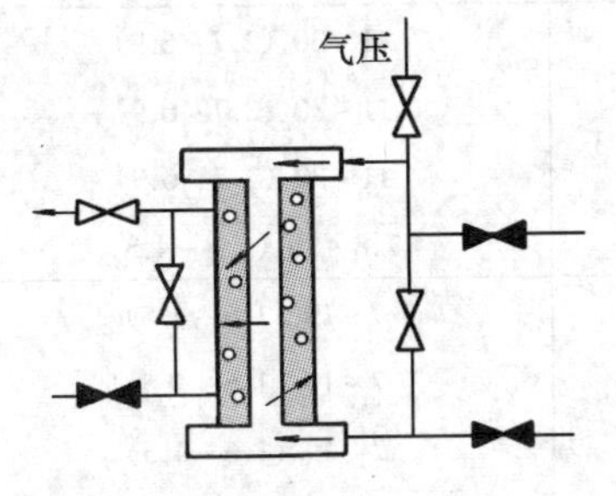	反洗程序 3 反吹（Blowback） 膜组件升压至 600kPa 后，打开反洗阀，引起膜组件外侧（给水侧）快速减压，压力高的空气疏通中空纤维表面并爆裂引起纤维振动和抖动
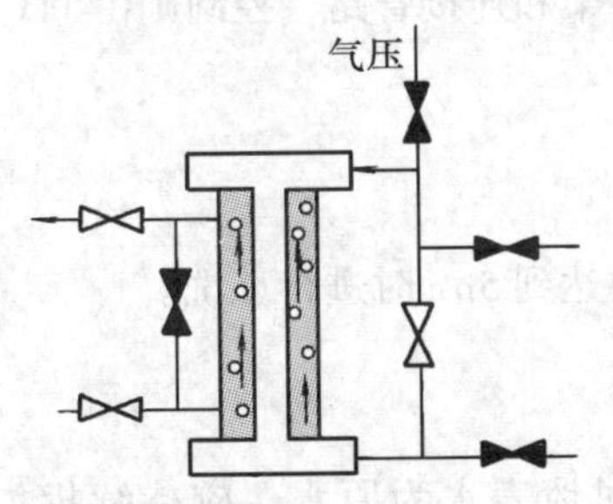	反洗程序 4 清扫（sweep） 被过滤的固体从纤维上抖动下来后，打开给水阀，分离下来的固体从底部到顶部都离开膜组件，经反洗阀进到反洗箱中
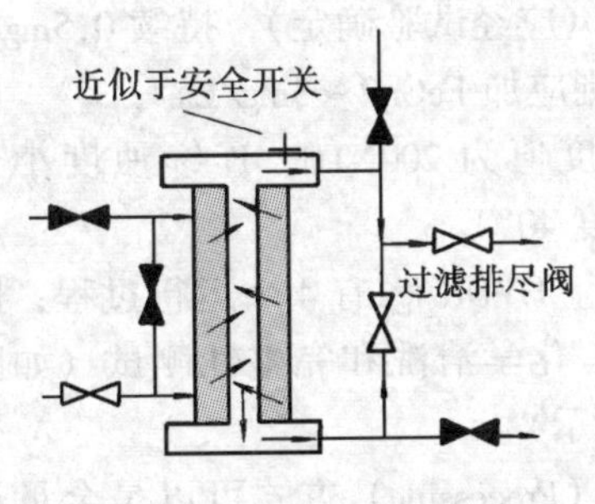	反洗程序 5 再充水（Refill） 所有的固体已从膜元件被洗掉后，中空纤维必须再充水并把气体排出去，关反洗出口阀，打开过滤器母管上的放气阀，检查一下水空间是否被充满

（二）两种作为反渗透预处理的超滤膜组件

1. $HYDRA_{cap}$大通量低污染亲水性中空超滤膜组件

$HYDRA_{cap}$是一种中空纤维超滤膜组件，其平均截留分子量为 150000。直径为 8.9in（225mm）的组件大约有 12000 根内径为 0.8mm 的中空丝，其材料成分为聚醚砜，具有耐有机污染的亲水性，过滤方式是由内向外。

此种超滤膜装置专为去除微粒而制造的。由于膜上的微孔很小，推算微孔平均孔径约为 0.01 ~ 0.02μm，可有效地去除所有悬浮物和微生物，积累在膜上的污染物采用周期性的逆向清洗。此种微滤膜可用于将地表水和井水处理为饮用水，深度处理废水以便回收利用，以及作为将污染了的地表水或海水作为反渗透的给水的预处理。

有两种可供组合的模块（Sub-Blocs）$HYDRA_{cap}$的过滤装置，多个模块拼装成一个 HYDRA BLOC 整体，如表 11-11 所示。一种由 8 根 40in 的组件构成的模块适于产水量小于 158m^3/h（1MGD）的系统；另一种由 24 根 60in 的组件构成的模块适于产水量大于 158m^3/h 的系统。模块可垂直或水平放置。

表 11-11 $HYDRA_{cap}$产品系列

组件型号		膜面积 - ft^2 (m^2)	产水流量 - gpm (m^3/h)
60in 组件	$HYDRA_{cap}$60	500 (46.5)	11 ~ 30 (2.7 ~ 6.9)
	$HYDRA_{cap}$60-IND	500 (46.5)	11 ~ 30 (2.7 ~ 6.9)
	$HYDRA_{cap}$60-DWI	500 (46.5)	11 ~ 30 (2.7 ~ 6.9)
	$HYDRA_{cap}$-LD	323 (30.0)	7.8 ~ 19 (1.7 ~ 4.3)
40in 组件	$HYDRA_{cap}$40	320 (29.7)	7 ~ 19 (1.6 ~ 4.5)
	$HYDRA_{cap}$40-IND	320 (29.7)	7 ~ 19 (1.6 ~ 4.5)
	$HYDRA_{cap}$40-DWI	320 (29.7)	7 ~ 19 (1.6 ~ 4.5)
	$HYDRA_{cap}$40-LD	208 (19.3)	5 ~ 12 (1.1 ~ 2.8)

每一个整体（单元）包括组件、自动阀门、检测仪表、支撑架和连接管路，控制则由 PLC 进行。每套装置都有化学清洗、反洗和完整的测试装置。

(1) $HYDRA_{cap}$组件的运行。

1) 进水要求：

预过滤——组件之前应设 150μm 或更细的预过滤筛网，压差达到 5psi 时进行反洗。

正常水通量——32 ~ 85GFD [60 ~ 150L/ ($m^2 \cdot h$)]。

最大膜压差——30psi。

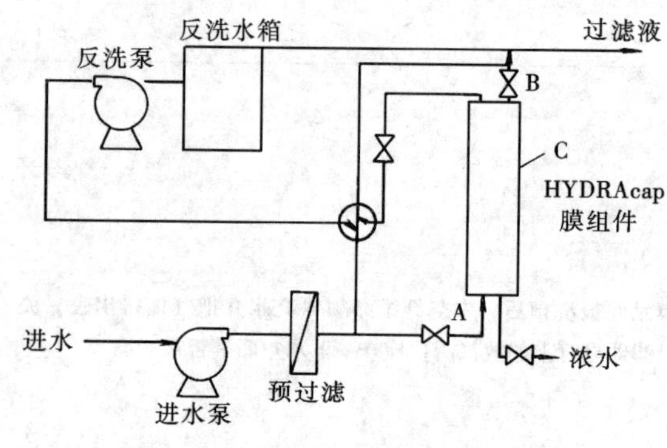

图 11-6 $HYDRA_{cap}$过滤过程示意图

预加药——对地表水为原水，应持续投加 1 ~ 2mg/L 余氯（或投加 ClO_2）；对海水或处理后的废水，投加 $FeCl_3$（应经试验确定），持续 0.5mg/L ($FeCl_3$)；对废水则应加 $FeCl_3$2 ~ 3mg/L。

进水最大浊度值为 200NTU，连续浊度小于 100NTU，最高温度 40℃。

2) 运行方式。$HYDRA_{cap}$有 4 个运行过程，即正常过滤，反洗、化学清洗和完整性测试（如图 11-6 及表 11-12 所示）。

a. 正常过滤（Processing）方式可以是全量过滤，或称直流过滤（Direct flow）。当原水浊度大于 15NTU 或悬浮物大于 10mg/L 时，则会自动切换至错流过滤（Cross flow），这会在运行中出现“浓水”，以切向速度沿膜表面流过，浓水将循环至给水中，因此也会出现回收率问题。

b. 反洗（Back wash）。是在膜上积累污物后，需要以过滤后的水进行短时间反洗，有时要加入氯 10 ~ 50mg/L 以对膜消毒灭菌。

c. 化学清洗（Cleaning）。一般要将单元装置从系统中断开，用低 pH 值的柠檬酸溶液循环清洗，后用高 pH 值的 NaOH 和 NaOCl 溶液循环清洗，或用其他的清洗液。

TMP 即透膜压差，是衡量超滤性能的重要指标。它是指中空丝内平均给水压力与透过压力间的差值，以反映膜表面的污染程度。膜的始运行压差为 3 ~ 6psi，调试后可降至 1 ~ 3psi，此是正常现象。但随膜表面的污物的积累，压差增大，虽经反洗也不能 100% 恢复，当达到 20psi 时，则需进行化学清洗。

d. 完整性试验（Integrity testing）。是当中空纤维发生破裂时，找出破裂的纤维，并将其隔离。当单元装置从系统中隔离开后，可以用一简单的压力气泡试验来鉴定其膜的完整性。如果发现有破裂纤维，可在中空丝端插入针栓，使其与系统永久隔离。

（2）HYDRA$_{cap}$产品水特性如表 11-13 所示。

表 11-12　HYDRA$_{cap}$纤维丝的各种过滤模式

模式		流　向	流　量
正常过滤	全量过滤	A 至 C	32～85gfd
	错流过滤	A 至 B、C	32～60gfd (0.6m/s)
反洗过程	顺向冲洗	A 至 B	～0.4m/s
	顶端反洗	C 至 B	～185gfd
	底部反洗	C 至 A	～185gfd
	浸　泡	None	—
	两端反洗	C 至 A、B	～185gfd
化学清洗		A 至 B、C	～30gfd (～0.1m/s)
完整性检测	进　气	B 至 A（空气）	—
	密封加压	B 至密封端	—

表 11-13　HYDRA$_{cap}$产品水特性

项　目	去除效果
>2μm 颗粒物	2.5～3.5log
SDI	出水<4
病原体	>4log*
鞭毛虫（Giardia）	>4log*
隐孢子（Cryptosporidium）	>4log*
浊度	出水<0.1NTU**
TOC 去除	0～25%
加凝聚剂后 TOC 去除	25%～50%

注　* 加利福尼亚 DHS 认证。

** 测试时给水浊度最高为 50NTU。

（3）选型。表 11-14 为 HYDRA$_{cap}$选型参考表。

表 11-14　HYDRA$_{cap}$选型参考表

	原水类型	水质-NTU	型　号	过滤方式
单套超滤系统产水量小于 79m^3/h	自来水	<0.5	HYDRA$_{cap}$40	全量过滤
	井　水	0～5	HYDRA$_{cap}$40	全量过滤
	地表水	0～2	HYDRA$_{cap}$40	全量过滤
		2～5	HYDRA$_{cap}$40	全量过滤
		5～15	HYDRA$_{cap}$40-LD	全量过滤或错流过滤
		>15	HYDRA$_{cap}$40-LD	全量过滤或错流过滤
	海　水	<5	HYDRA$_{cap}$40	全量过滤
	深度处理废水	0～5	HYDRA$_{cap}$40	全量过滤
单套超滤系统产水量大于 79m^3/h	原水类型	<0.5	HYDRA$_{cap}$60	过滤方式
	自来水	0～5	HYDRA$_{cap}$60	全量过滤
	井　水	0～2	HYDRA$_{cap}$60	全量过滤
	地表水	2～5	HYDRA$_{cap}$60	全量过滤
		5～15	HYDRA$_{cap}$60-LD	全量过滤
		>15	HYDRA$_{cap}$60-LD	全量过滤或错流过滤
		<5	HYDRA$_{cap}$60	全量过滤或错流过滤
	海　水	0～5	HYDRA$_{cap}$60	全量过滤
	深度处理废水		HYDRA$_{cap}$60	全量过滤

2. RS 除浊可反冲洗卷式超滤膜

RS 超滤膜组件是以聚偏氟乙烯（PVDF）材料制成的卷式膜，其截留平均分子量为 150000。它于 1998 年 10 月推出，为海水反渗透淡化提供了高效运行的基础，RS 超滤卷式膜组件可采用全量过滤，系统回收率可达到 90%以上。

RS 卷式超滤膜元件已在多个国家应用。表 11-15 为其应用情况。

表 11-15 **RS 卷式超滤膜的应用**

淡水厂	原水	应用年度	产水量（m^3/d）
巴林 Addur 海水淡化厂	表面海水	2000	130000
台湾奇美电子		1999	5200
泰国聚碳酸公司		1999	1600
日本三菱公司		1999	600
日本福冈市海水淡化厂	海底渗井取水	2002	100000

RS50-58 膜元件的尺寸为 $\phi201\times1016L$，膜面积为 $24m^2$，产水通量（50kPa）可达 $5m^3/h$ 以上，进水最高压力为 0.49MPa，运行 pH 值范围为 2～10，搞氯测试 500mg/L Cl_2（pH＝9.5，仿海水）≥7800h，背压反洗耐久试验（0.2MPa）≥210000 次。

原水从卷式膜元件端部进入，从膜表面通过；反冲洗水从产品水中心管进入，使污物从膜表面剥离冲掉，然后再冲洗。

（1）利用卷式膜组件在海水反渗透处理系统中形成“膜集成技术”即全膜技术的新概念，其系统如下：

海水原水→UF 膜 RS→RO 海水膜淡化→RO 超低压膜→脱盐水

（2）下面介绍巴林 Assur 海水淡化预处理 RS 卷式超滤膜应用实例。

1）对 Addur 海水淡化预处理改造后工艺流程：

$$\text{海水原水}\longrightarrow\text{砂滤}\longrightarrow\underset{\text{（RS 膜）}}{\text{UF}}\xrightarrow{13\text{ 万 }m^3/d}\text{中空纤维 RO}\xrightarrow{4.5\text{ 万 }m^3/d}\text{脱盐水}$$

2）RS 超滤工艺参数见表 11-16。

表 11-16 **RS 超滤工艺参数**

工艺参数	参数值	工艺参数	参数值
UF 过滤水量	$130000m^3/d$	反冲洗间隔	20min
回收率	93%	设计反冲洗水通量	$1.5m^3/(m^2\cdot d)$
元件数	3402 支（＝14×9×3 支/容器×9 列）	反冲洗时间	60s
压力容器数	1134 根（＝14×9×9 列）	浸泡处理	每 12h 用次氯酸钠溶液浸泡 80min
设计水通量	$1.3m^3/(m^2\cdot d)$		

3）RS 卷式超滤后的水质见表 11-17。

表 11-17 **RS 卷式超滤后的水质**

	SDI	浊度（NTU）	TOC（ppm）	E260	微粒子个数（个/mL）
原海水	17.2	＞2	2.8	0.027	3.2×10^5
前处理砂滤池出水	11.3	0.3	2.9	0.015	5.2×10^4
RS 超滤膜出水	2.7	0.0001	2.7	0.018	2.5×10^3

第十二章 反渗透的运行、标准化及膜的检测

一、反渗透系统的运行

反渗透水处理系统图见图 12-1。

（一）初次起动的准备

（1）在反渗透装置初次起动之前，预处理系统必须经过调试和试运，给水水质和给水流量应能满足反渗透装置运行的要求。预处理系统处于供水状态。

（2）在将反渗透器连接到管路上之前，应吹扫并冲洗管路（包括反渗透给水母支管）。

（3）检查各管路，应按工艺要求连接，各阀门开关状态良好。

（4）检查全部仪表应安装正确并已经过校准。

（5）确认高压泵、电动慢开门处于可以立即运行状态，泵进水门处于打开状态。

（6）核对联锁、报警、控制参数和接点已经过正确的设置和整定。

（7）各药箱应保证 2/3 以上液位，并经搅拌均匀，加药的计量和加药系统均处于正常备用状态。

（8）运行监督需用的各种试剂和仪表已准备好。

（9）核对产品水不合格排放门（产品水出口阀门）是打开的。

（10）浓水控制阀应处于适当的开启位置。

（二）反渗透装置初次起动

（1）反渗透装置的操作方式选择开关“手动—停止—自动”应位于“手动”的位置。

（2）将各种仪表按需要投入运行。

（3）各加药单元计量泵投入运行（初始以手动方式调节）。

（4）打开冲洗排放门，打开高压泵出口手动调节阀（开度 1/3），就地起动电动慢开门，在预处理系统提供的低压（0.2～0.4MPa）、小流量下使给水进入反渗透装置，以便将系统中的空气排出（排气约 5min，冲洗约 30min 以上），此时新膜中的保护液也一并冲出。

（5）检查系统应无渗漏。至此，排气和低压冲洗结束。

（6）关闭电动慢开门，关闭冲洗排放门，打开浓水排放阀（浓水排放阀可全开，微开冲洗排放门 1/3）。

（7）起动高压给水泵，起动电动慢开门，如果无电动慢开门，手动调节高压泵出口手动调节阀，膜的进水压力升高率每秒须小于 10psi，使给水在低于 50% 给水压力下冲洗反渗透装置，直至排水不含保护液为止（冲洗时间至少 30min）。

（8）检查各调节加药单元计量泵工作应正常。

（9）慢慢开大高压泵出口手动调节阀，同时调整浓水排放调节阀的开度，直至满足设计的进水流量和回收率，同时调节各种药剂加药量至稳定。

（10）系统达到设计条件时，检查各段压力，检查总流量、淡水流量和浓水的流量，检查浓水的 LSI。

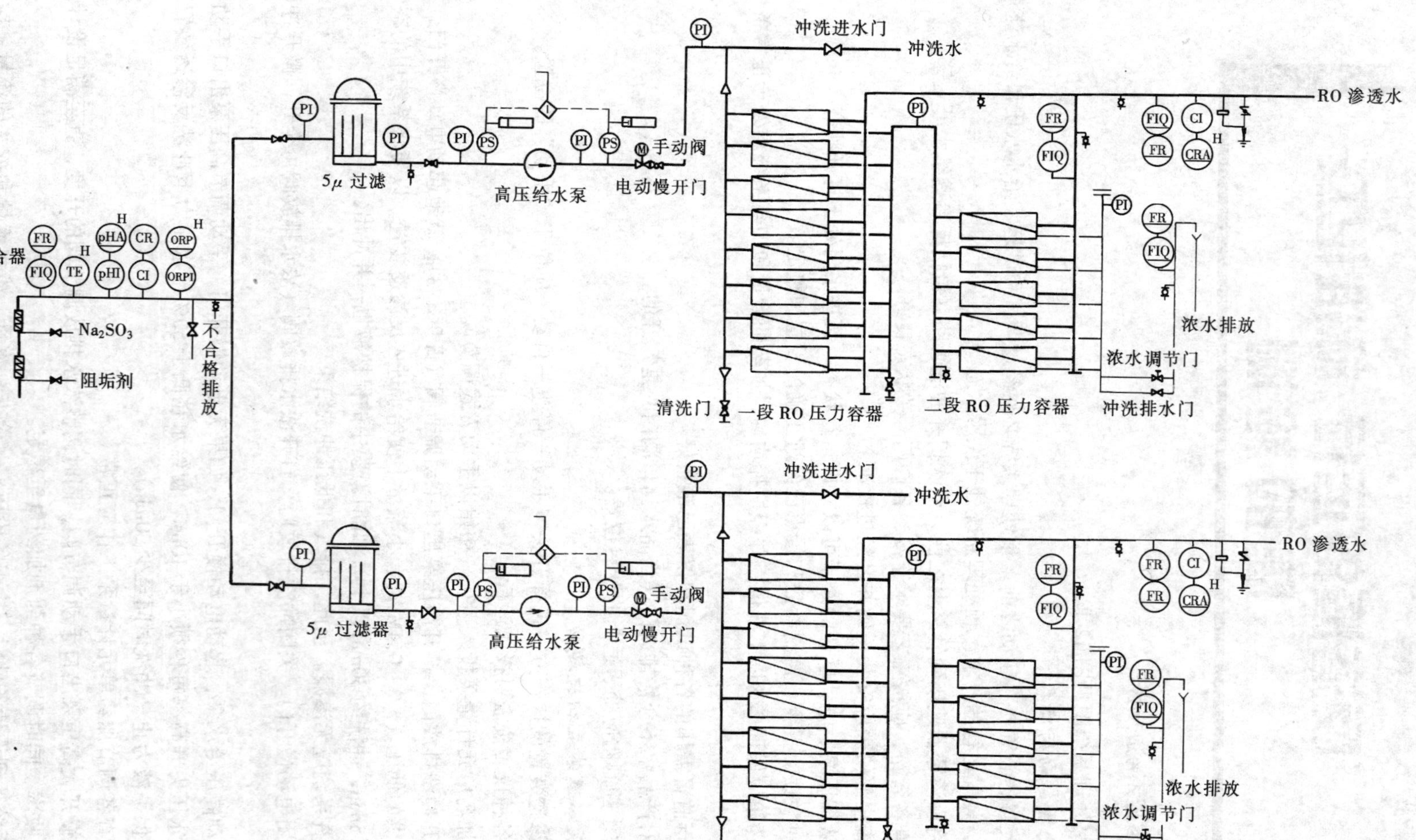

图 12-1　反渗透水处理系统

(11) 系统稳定运行后（大约 1h 的运行时间），记录所有运行参数。关闭产品水不合格排放阀门，转向正常，反渗透装置开始正常制水。

(12) 检测每一个压力容器的产品水电导率，并分析已发生或可能会发生的故障。

(13) 在运行 24 ~ 48h 后，记录所有的运行数据（给水压力、压差、流量、回收率、电导率等），注意保存起始运行的记录，并取给水、浓水水样，测定成分，核计并比较系统的特性。

(14) 当反渗透装置手动停止运行时，首先关闭电动慢开门，然后停止高压泵的运行。

(三) 手动起动操作

反渗透装置的“手动起动”步骤与上述“初步起动”步骤相同。如果是非长期停运或未经停运保护，操作步骤可作相应的调整。

(四) 反渗透装置自动起动和停止

反渗透装置的自动起动是通过中央控制盘上的操作开关（或上位机键盘）来实现的。在起动前的准备工作全部完成并且初次起动成功后，预处理系统已在运行供水，反渗透装置可以进行自动起动的操作。

(1) 将反渗透装置的操作方式选择开关“手动—停止—自动”置于“自动”位置。

(2) 将各种仪表投入运行，打开加药计量泵的出入口门。

(3) 检查联锁、报警、分析仪表应正常。

(4) 按下“反渗透起动按钮”，此时 PLC 程序自动起动计量泵、高压泵，起动电动慢开门，系统进入脱盐制水运行阶段。

(5) 需要停止反渗透装置运行时，按下“反渗透停止按钮”，PLC 自动关闭电动慢开门，停止高压泵和计量泵的运行。

(6) 每次反渗透装置停止运行后，都要进行低压冲洗。

(五) 运行方式的调整

(1) 反渗透装置正常的运行方式是保持流量，稳定水质，取得设计的回收率。

如果由于水温的变化或膜的污染结垢引起流量下降，可调整给水压力以改善产水量。但不能允许过多的污染和结垢，即不可超过设计压力（或原、初始运行压力）的 10%。

(2) 如给水水质变化，当给水 TDS 增加过大时，为避免膜表面的浓差极化，应该降低回收率，以免造成膜的污染和结垢。

(3) 通常反渗透的设计水量往往是生产需要的最高量。当正常运行不需要最高流量时，为避免频繁开停设备而降低膜的寿命，除设计上应该设置产品水箱以平衡水流量外，还可采取如下措施：

1) 低给水压力（为节约电力，设计上可采用变频电机）运行。在降低产水量的方式下运行，应该用设计软件在计算机上进行系统分析，来检查一下各个元件是否有回收率超过导则规定的情况。在低产品水流量的条件下运行，还可能引起产品水的脱盐率降低。低流量下运行还要对各个膜元件的给水/浓水的流量进行系统分析，以避免 β 值超过规定，引起浓差极化。

2) 取产品水循环的方法，使一定量的产品水回到给水，这样可维持膜给水压力的恒定，又可使膜表面的给水/浓水流速提高，对膜有清洗作用，而且可改善产品水的水质。

(4) 海水反渗透运行通常以给水压力最高 6.9MPa（1000psi）、回收率和产品水 TDS 为主要控制因素。

(5) 当给水温度降低时，可借提高给水压力来补偿，但不能超过极限值，如果温度进一步下降，则只能降低产品水流量。

当温度高时，则可引起脱盐率下降。

1）温度高时产水量高，脱盐率下降，可借降低给水压力来调节产水量，但要注意又不能使产品水 TDS 高于设计的规定值。

2）停用部分压力容器或减少部分膜元件（以减少膜面积，需要经过系统分析来确定，此时给水压力和产品水水质均可保持不变）。而且要注意取出的膜元件要妥善保护。

(6) 当原水的盐分增加时，可采取增高给水压力；当海水的盐分降低时，可降低给水压力或提高系统回收率，或增大产水量。

（六）反渗透运行维护要点

(1) 反渗透系统（聚酰胺膜）的给水温度应当小于45℃。

(2) 卷式膜给水的 SDI（15min，30psi）应当小于4.0，必须小于5。

(3) 给水中不应含有胶体硫。

(4) 海水膜元件的给水压力不应超过1000psi（6.9MPa），苦咸水膜的给水压力不应超过600psi（4.2MPa），自来水膜元件的给水压力不应超过300psi（2.1MPa）。

(5) 运行时渗透产品水的静压力不应超过给水/浓水压力0.3bar（5psi）。在停机时（高压系统停运时），产品水侧静压不能超过0.3bar。如果在系统设计上装有产品水出口门（在膜化学清洗时关断用），为了防止运行人员疏忽，忘记打开产品水出口门，可在产品水管上装设爆破膜，以保证膜的安全（除非产品水出口静压不超过3m）。为防止膜袋黏结线开裂，并不采取设置逆止阀的方法，黏结线的开裂并非由于大流量，而系膜两侧的压力差，逆止阀常常不能瞬间关闭，也不能保证绝对严密，因而不是可靠的方法。

(6) 膜元件在运行时（特别是起动时）对给水的冲击压力（水锤）必须设法消除。为了防止水锤发生，在给水泵出口可装行程时间为25s的电动慢开门，与手动调节门配合使用（压力上升速度应小于10psi/s）。

(7) 所使用的水质阻垢剂应该是膜厂家许可的。

(8) 当连续运行时，pH值不应小于2.0，也不应大于11.0。如果需要调节pH值，可用H_2SO_4或膜厂家许可使用的同等当量的酸。

(9) 回收率应当受盐的浓度限制，不能超过膜导则的限度。

(10) 为控制膜的结垢，应控制给水中的化学成分（如Ca、Ba或Sr）或采取加阻垢剂的措施。

(11) 运行中要控制SiO_2的含量，以防止膜被胶体硅或被沉积的硅污染。

(12) 浓水中可溶硅不应超过150mg/L（25℃）。

(13) 应避免膜被表面活性剂、溶剂、可溶油、脂类等高分子量的聚合物污染。

(14) 给水中不应含有臭氧、过锰酸盐或其他强氧化剂。

(15) 给水为地表水源时，要采取消除细菌的预处理措施。

(16) 对比初始运行产品水流量，经过标准化后，下降10%～15%时，要进行膜的清洗。

(17) 当化学清洗膜或在停运时，pH值不应小于1，也不应大于12。

(18) 当膜被清洗时，不能用阳离子型或非离子型的表面活性剂、以及未经膜生产厂家同意的化学药剂。

(19) 给水流量不能超过膜元件导则规定的流量，以防止膜卷因流量过大而窜出（给水泵的设计流量不能大于导则规定）。单个膜元件的压降不能大于20psi（1.4bar），6个膜的压力容器的压降不能大于60psi（4.2bar）。

(20) 膜厂家的湿膜产品要注意防止干燥，在所有时间内都应保持在湿的状态下。

(21) 更换或新装的新膜，投入运行开始时的渗透水至少需1～2h排掉，至冲洗干净甚至需要 4h。

(22) 为防止微生物在长时间停用时生长，膜元件应该浸在保护溶液中，储存溶液中应含有 18%（质量百分数）的甘油和 1%（质量百分数）的亚硫酸氢钠（食品级），该溶液也能作为防冻保护用。在低于 10 周的短期保护时，1% 的亚硫酸氢钠足以抑制细菌的生长。

(23) 如果膜元件浸在甲醛溶液中杀菌，在此之前膜必须是使用过一段时间的，即至少是用过 6h，否则将使膜的水通量降低。

(24) 用氯（HOCl）连续泡膜将造成损坏，应该避免，不得已时只能短时间浸洗。

(25) 在不同的温度条件下运行，膜的性能将受到影响，温度对膜的产水量影响可参照温度校正系数（TCF）表进行校正。

(26) 系统停运时应进行系统的冲洗，冲洗方式有：采用渗透水冲洗系统；采用不开高压水泵的低压水冲洗；采用产品水泵连接至反渗透冲洗入口进行冲洗。

(27) 运行中发现反渗透系统给水不合格时，要在进入 5μm 的过滤器之前排掉。

（七）运行记录

1. 起动记录

反渗透装置的特性必须从运行开始就记录下来。

记录应包括起动时和实际初始运行时的预处理和反渗透的运行数据记录。

2. 运行数据

运行数据可以说明系统的性能，在整个反渗透运行期间都要进行日常收集，这些数据与定期的水质分析一起为评价装置的性能提供资料。具体内容包括：

1) 流量（各段产品水和浓水流量）；

2) 压力（各段给水、浓水、产品水、5μm 过滤器出口及入口）；

3) 温度（给水）；

4) 余氯（原水、给水）；

5) 氧化还原电位（给水）；

6) pH 值（给水、产品水、浓水）；

7) 电导率/TDS（给水、产品水，每一段给水、产品水、浓水）；

8) SDI 及浊度（给水，5μm 过滤器前，浓水）；

9) 给水加酸前后的 LSI 和最后一段浓水的 LSI（浓水 TDS < 10000mg/L），S&DSI（TDS > 10000mg/L）。

10) 每天纪录一次：①Cl_2 耗量；②凝聚剂耗量；③酸耗量；④阻垢剂耗量；⑤亚硫酸氢钠耗量。

3. 所有仪表和表计的校准

必须按照制造商的建议按规定的周期进行（至少三个月校准一次）。

4. 维修日志

维修记录是对反渗透装置和机械设备进行问题分析的必备资料。如机械故障时零件的更换、反渗透压力容器/膜元件的更换维修、清洗（清洗剂和清洗情况）、仪表和表计的校准等。

（八）异常情况及现场处理

(1) 发生异常情况时，值班人员应保持镇静，必须在确保各种仪表指示无误、分析数据可靠的基础上，分析故障的原因并及时进行处理。

(2) 如泵发生缺陷时，在允许的情况下应先起动备用泵，其后停运故障泵，进行检查、修理。

(3) 故障排除后，值班人员应将发生的一切现象、过程、时间、故障原因及处理情况记录下来。

（九）反渗透系统联锁与报警

(1) 高压泵入口压力低，开关的联锁与报警。当高压泵入口给水压力低于 0.05MPa 时，高压泵自动停运，同时联锁关闭电动慢开门。

(2) 泵出口压力高，开关的联锁与报警。高压泵起动在延时 25s（慢开门开启时间为 25s）后，如高压泵出口给水压力仍高于给水泵的最高压力，高压泵自动停止运行，同时联锁关闭电动慢开门。

(3) 高压泵与电动慢开门的联锁与报警。当高压泵自动起动时，电动慢开门与高压泵联锁开启，如果在规定时间内慢开门未开到位，则报警。当高压泵自动停运时，电动慢开门与高压泵联锁关闭，如果在规定时间内慢开门未关到位，则报警。

(4) 高压泵与计量泵的联锁。在一般的反渗透系统中，包括两套单元制运行的反渗透装置及一套共同的加药系统。加药系统由阻垢剂加药单元、亚硫酸氢钠加药单元、酸加药单元组成。当有任何一套反渗透装置自动起动时，加药系统中各种加药计量泵联锁起动；当两套反渗透装置全部停止运行时，各加药计量泵联锁停止。

(5) 给水流量计与计量泵联锁。给水流量计发出的信号控制各种计量泵进行比例加药，各计量泵的加药量随给水流量的变化而变化。

(6) 给水温度高报警。装置给水温度高于或低于设定值时报警。

(7) 给水 pH 值高、低报警。给水 pH 值高于或低于设定值时报警。

(8) 给水氧化还原电位值高于规定值报警。

(9) 产品水电导率高于规定值报警。

(10) 计量箱液位报警。当阻垢剂计量箱、$NaHSO_3$ 计量箱和 HCl 计量箱的液位“低”时报警。

(11) 高压泵跳闸报警。当高压泵电动机故障时，自动跳闸报警。

(12) 电动慢开门故障报警。根据时间判断，当电动慢开门打开但不到位时，或当电动慢开门关闭但未到位时报警。

（十）反渗透装置一般故障及分析

1. 反渗透装置一般故障及处理

反渗透装置的故障及处理见表 12-1。

表 12-1　故障处理一览

产品水流量	盐透过率	膜外状（厚度）	直接原因	间接原因	处理方法
⇧	⇧	→	氧化损伤	Cl_2、O_3、$KMnO_4$	更换元件，改善预处理
⇧	⇧	→	膜渗漏	产品水背压、磨损	更换元件，改善 5μm 过滤
↑	⇧	→	O 形圈泄漏	不正确安装	更换 O 形圈
⇧	⇧	→	产品水管泄漏	元件安装时损坏	更换膜元件
⇩	↑	↑	产生水垢	防垢控制不当	清洗、改善控制
↓	→	↑	产生胶体污染	预处理不当	清洗、改善预处理
↓	→	⇧	生物污染	预处理不当	改善预处理
↓	→	↑	有机物污染	原水污染	清洗、改善预处理
↓	→	↑	油、阳离子聚电解质	预处理不当	清洗、改善预处理
↓	↓	→	压紧现象	水锤运行压力高	更换膜元件或增加膜元件

注　↑ 增加，↓ 减少，→ 不变，⇧ 主要症状。

2. 膜元件可能发生脱盐率下降的原因分析

(1) 膜受氧化。膜受到给水中 Cl_2、Br_2、O_3 或其他氧化剂的氧化损害，会出现高的盐透过率，并且产品渗透水流量升高，通常前端的膜元件易受影响。在中性及碱性溶液（pH 值较高）中对膜的伤害会增大。

在膜清洗时，应严格控制 pH 值或温度。使用氧化剂杀菌时，对膜的损害是在整个膜上，较为平均。

对受氧化伤害的膜，取解剖的膜元件的一小片用亚甲基兰溶液进行板框试验，会发现膜的背面会呈现黑色，而未受伤害的膜背面仍然为白色。采取真空法试验，不能测出氧化性膜伤害。

(2) 机械伤害。膜元件或连接件的机械损坏会造成给水或浓水渗入产品水中，特别是在高压下运行时，脱盐率下降，产品水流量升高。机械伤害可经真空试验测出。

3. 产品水流量上升脱盐率下降的原因分析

(1) O 形圈泄漏。O 形圈泄漏可用探测技术诊出。O 形圈和适配器密封圈是否装配得当，是否受化学药品或机械磨损，起停时水锤冲击可能造成膜元件移动，有时未装 O 形圈或装配不适当（如 O 形圈不在应处于的位置）。

(2) 膜卷窜动。膜卷窜动可能造成膜机械损坏。轻者并不一定损坏膜，但严重时，黏结线和膜可能发生破裂。

8in 的膜元件因其进水面积大而受力大，仅靠支撑圈支撑元件之外径，影响较大。而较小直径的膜元件以其产品水管来支撑，影响较小。窜动现象可用探测管来判断泄漏。

(3) 膜表面磨损。由于最前端的膜元件最易受进水中的某些晶体或具尖锐外缘的金属悬浮颗粒的磨损，此种伤害可用显微方式检查膜的表面。当发生此种伤害时，更换膜元件，并改善预处理，管路中的颗粒必须于供水前冲出。

(4) 产品水背压过高。任何时候，产品水必须不超过给水/浓水压力 5 psi（30kPa），否则可能造成膜破裂。此种伤害可用探测管方法判别，再以泄漏试验和直观目测确认。

将受背压损坏的膜元件的口袋打开时，通常会看到进水侧黏结线、靠近外侧黏结线、外层黏结线及浓水侧黏结线之间的边缘可能破裂。

(5) 靠近中心产品水管的膜叠层破裂。与中心产品水管平行的叠层，因有折叠，会造成膜的破裂，可通过真空试验发现，破裂的原因如下：

1) 开始进水时，水压急剧变化。例如，系统中的空气压力和水的压力增加太快，以致形成冲击。

2) 由水垢或污染物发生的切应力或摩擦。

3) 产品水背压高。

4) 中心膜叠层破裂常在一年以上的不当操作后出现，且通常发生在开/停机次数过高的设备上。

4. 产品水流量下降的原因分析

(1) 胶体污染。主要发生在反渗透第一段，可通过产品水的流量判别，并每日检验 SDI。要注意检查 SDI 过滤膜上及 5μm 过滤芯上的沉淀物，依其性质判断并进行清洗。

(2) 金属氧化物污染。主要发生在第一段，检查给水中铁、铝含量，检查给水系统管路材质及防蚀情况，检查 SDI 过滤膜上是否有沉积物，并经分析采取清洗措施。

(3) 水垢。发生在最后一段的最后一根膜元件上，逐渐向前推移减弱。分析浓水中的 Ca^{2+}、Sr^{2+}、Ba^{2+}、SO_4^{2-}、F^-、SiO_2、pH 值、LSI（海水则为 S&DSI），计算盐类结垢倾向。一般水垢的产生较缓慢。

水垢的晶状沉积物可用显微镜观察或进行化学分析，X光分析鉴定。去除水垢则用酸或碱性EDTA溶液清洗。可以通过调整预处理方式、调节pH值、加阻垢剂或降低回收率来防止结垢。

(4) 微生物污染。微生物污染系形成微生物黏膜，常发生在膜系统的前端。此时的征兆是：①产品水流量。在给水压力及回收率维持一定时有下降趋势。②给水流量。当生物黏膜已进一步变成大片生物块时，使之下降。③给水压力。为了维持一定的回收率，必须使给水压力升高。长期增高给水压力会增加清洗污染物的困难程度。④压差。当产生大片细菌黏泥时压差显著上升。⑤脱盐率。刚开始发生微生物污染时，脱盐率正常甚至升高，当大量黏泥产生时则下降。

当怀疑有微生物污染产生时，应对微生物进行控制，采取系统的细菌检验。并相应地改善预处理，有效地清洗膜元件，包括对预处理的整个系统进行杀菌，氯杀菌可用于预处理系统，膜的消毒杀菌可用甲醛。不彻底的清洗与消毒会导致很快地再次被污染。

(5) 停用的保护液保存过久、温度过高或被氧化。采取碱液清洗一般可恢复产品水流量。

(6) 干膜未完全湿润。由于聚砜层的细孔尚未湿润，会造成产品水流量太低，应按再湿润方法湿润1~100h。

5. 产品水流量下降、脱盐率同时升高的原因及处理

(1) 膜压紧（Compaction）通常会引起产品水流量下降。复合膜较少发生膜压紧现象，但在下列情况下仍有可能出现：①给水压力很高；②给水温度过低；③起动高压泵或有空气存在时，给水系统造成水锤。

当出现膜压紧、检测膜厚度时，可以看到膜体嵌入渗透通道间隔中的隔网上，此时产品水流量不仅受聚酰胺或聚砜层的制约，还因渗透液通道间隔的截面减小而造成流量减少。

凡发现膜压紧的元件，需更换或在压力容器的尾端加入新元件。

(2) 有机污染。给水中的有机物吸附在膜表面上，造成水通量下降，特别易于出现在第一段。此吸附层常常好像一层阻挡透过盐的屏障，有时也会堵住膜的小孔，因而减少了盐的透过。水中高分子量且带有憎水或带有阳电荷的基团会造成此种结果，如油滴、或有时用于预处理的阳离子型电解质即属此类。此时需检测给水中的油滴和有机物TOC，检验SDI过滤膜以及5μm过滤芯是否有有机沉淀物，增加SDI和TOC测定的次数并据此改进预处理方式（天然水中有机物通常TOC为0.5~20mg/L，最好降至TOC<3mg/L。给水油超过0.1mg/L时，必须以活性炭吸附或采取混凝处理）。

当发生油污垢而产品水流量尚未减少至15%以上时，可用碱性清洗液，如NaOH（pH=12）去除。

发生阳离子聚电解质污染时，可在酸性溶液中清洗，采用乙醇亦可去除吸附的有机物污染物。

6. 反渗透装置出现高压差的分析

水流经压力容器中各膜元件形成的阻力（压力损失）所产生的应力作用在每一个膜元件上，并由最末一个膜元件承受上游的元件所形成的总压降所产生的应力，因此最末的元件承受应力最大。

每一压力容器的压降限定为4.1bar（60psi），每一单个元件允许1.4 bar（20psi）。超过此值时，即使在很短的时间内，膜元件也会受到机械性损害。小于8in的膜元件则常出现膜窜动现象（telescoping），甚至端盖也会从包覆层上拔脱。

8in的膜元件会在玻璃纤维上最薄弱的地方破裂，该处就是末端连接于膜元件的轴向部位。但玻璃纤维外包覆的损坏并不影响膜的正常性能，即使膜元件的膜和流通给水的隔网伸出破裂的包覆层，仍能维持良好的性能。虽然玻璃纤维层的破裂只是一个外表上的问题，但也说明了压差

过高最后可能导致水通量降低或盐透过率增大。

在流量正常下，压差的上升通常是由于膜元件水流通道的隔网进入杂质、污染物质和水垢引起的，同时伴随着产品水流量下降。

当超过膜厂家建议的给水流量时，也会发生过大的压差；当起动时给水压力提升过快，发生水锤压差会很大。如膜上已有污染的垢物时，特别是有微生物污染时压差都将增大。

在系统中的空气被冲出之前进行起动，则对膜元件的水力冲击（水锤）也会发生。

当停机时，压力容器应破坏容器的真空状态。即使反渗透系统处于一半真空时，而泵也许处在没有或很小的水背压下，水泵也会以很大的速度吸水，而造成泵的水锤现象，高压泵也会被空穴气蚀所损坏。

给水至浓水间的压差表示的水力阻力与给水的流速、温度有关，应该注意保持产品水和浓水有一定的流速。

高压差的防止：

（1）5μm 过滤器旁路（bypass）。5μm 过滤器应保护反渗透系统，以免大块杂物进入最前端元件中，但当滤芯在其构架上没有装紧、短芯之间未装连接件或没有完全装好时，则造成给水旁路而未经过滤。有时水力冲击或异物也会使滤芯工作恶化。应避免使用纤维材质（包括聚丙烯纤维滤芯）的滤芯，因纤维脱落也会造成膜面阻塞。

（2）预处理过滤器中的过滤介质漏过（breakthrough）。有时从砂、无烟煤、活性炭、弱酸阳离子交换树脂的前置过滤器中漏过微细的介质进入水中，5μm 过滤芯可阻挡大部分的大颗粒，但炭粉等微小的颗粒会穿过而进入最前端的膜元件中。

吸附氯的活性炭应以硬度为 95 的椰子壳或硬度更高的介质为好，使用前应充分反洗除去细小物质。

（3）泵叶轮损坏。多级离心泵如果使用的是塑料叶轮，叶轮安装偏离轴心，会被磨损而掉下小的切削片，这些削片也会造成前端膜元件的阻塞。

高压泵出口压力表应定期维护，以判断出口压力是否正常，泵是否发生异常。

（4）水垢可能造成末端膜元件阻塞，应予化学清洗并控制回收率。

（5）微生物污染会与反渗透系统前后压差增大同时发生，应采取生物控制和清洗、杀菌处理。

（6）阻垢剂沉淀。

聚合有机阻垢剂与预处理混凝剂的高价铝离子或残余的阳电荷的聚合絮凝剂接触时会形成胶状沉淀，也能严重地阻塞前端膜元件。此种垢物很难清洗，要连续地使用碱性 EDTA 或许有所帮助。

（7）给水/浓水密封损坏可能造成部分给水、浓水绕过膜元件而减少了膜元件内的流速。局部膜元件回收率超过上限，膜元件易产生污垢、水垢。当多元件的压力器中出现一个膜元件堵塞时，下游膜元件由于浓水流速不足，更易产生污垢。

密封的损坏是可能由于水锤造成密封圈反转（turned over），所以防止水锤是非常重要的。

二、膜元件的检测

反渗透装置如果在安装、运行和检修过程中未按有关规程进行，那么就有可能导致反渗透装置的泄漏。对涡卷式反渗透装置来说，泄漏的产生可能是由于膜的表面损伤及黏缝开裂，同时也可能是由于产品水管连接处的密封圈泄漏。对管式反渗透装置来说，泄漏的产生则可能是由于管端密封损坏或管子本身的损坏。

（一）取样选择

当一个装置运行性能降低的原因还不了解时，此时必须对该系统的一个或更多的元件进行单独的分析，被分析的元件是那些在电导上带有突然增大的元件。

当一般性的装置损坏时，依据发生问题的位置，检查前端和后端的元件。典型的前端问题是污染，典型的后端问题是结垢。

当计划清洗检测时，建议从被清洗元件的相近位置的元件取样，然后元件之一被用于去分析污染层并且进行实验室结垢清洗试验，这也适用于其他的元件。

（二）泄漏检测

对较高盐透过率的元件，应当首先检查在给水/浓水和产品水之间是否有直接的短路沟通，泄漏可能发生于膜表面被流过的较大颗粒物质刺穿或擦破的损坏或黏缝破裂，下面的方法可用于检查泄漏或确定膜元件的机械完整性。

1. 真空检测

通常作为一个筛选产品而并不是作为核实具体泄漏点的一种手段（仅仅是以是否能保持真空检测元件较明显的泄漏）。

步骤如下：

（1）元件排放内部存水。

（2）用合适的防泄漏密封帽密封产品水管端，在另一端连接一个真空表和一个带阀门真空来源管。

（3）元件抽到绝对压力 100～300mbar，关闭隔离阀检查真空表读数，注意真空变化的速率，当超过 200mbar/min 时，表明有泄漏。

（4）缓慢拆开释放真空，使元件恢复到连接前的大气压力。

（5）注意在检测过程中，膜在任何情况下都要保持湿润。

2. 涡卷式及管式设备的着色检测法

（1）适用范围。本法适用于检测涡卷式及管式设备（无论新旧）由于机械性能不完善而造成的泄漏。

（2）方法概述。本方法的基本原理是让一种染料溶液流过膜，然后检测反渗透装置产品水中染料相对于进水中染料浓度的值，如染料透过率超过 0.5%就意味着存在泄漏。

（3）仪器和试剂。

1）仪器。一套 50mL 平底比色管或适合在 590nm 波长下测定的光度计。

2）试剂。染料溶液（甲基紫）：将 0.1g 甲基紫加入含 1.5g/L NaCl 的水中制备 100mg/L 染料溶液（如果能取得相同的结果，也可选用另外一些染料）。

（4）检测步骤。

1）起动反渗透系统，在保持恒定水流量、压力和温度的情况下加入染料溶液于进水中，使系统平衡 30min。

2）分别取 100mL 进水和产品水样品，并记录进水、浓水、产品水的流速、压力、电导率以及产品水的温度。

3）如果必要，也可将溶液稀释，然后在 590nm 波长下用分光光度计测量进水和产品水样品相对于空白水的吸光度，也可用比色管比较产品水色度及进水经适当稀释后的色度。

4）试验完成后用水彻底冲洗装置中的染料，冲洗完毕后，使系统压力降为零，然后再断开反渗透系统或对系统进行维修。

3. 膜元件高盐透过点位置的确定

膜元件高盐透过点位置的确定见图 12-2。

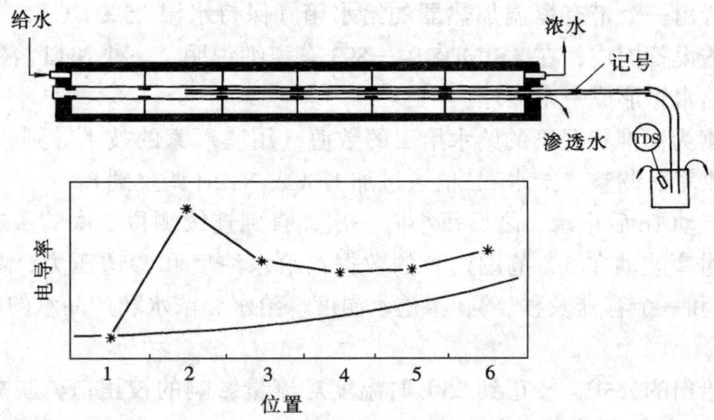

图 12-2 膜元件高盐透过点位置的确定

脱盐率的降低可能均匀存在于整个系统，或者发生在系统的前部和尾部。可能是一个一般性的设备损坏，也可能发生在一个或几个单独的压力容器上。因此，在所有单个容器上都必须检查 TDS 值。反渗透系统在每一压力容器上都应有一个产品水侧的取样点，取样要小心，在取样时应避免和其他样品混合，所有渗透水样都用 TDS 仪测定溶解固形物的浓度。

在同一段上，所有压力容器的渗透水样的读数应在同一范围内，下一段渗透水的平均 TDS 值比上一段的要高。这是因为下一段的给水是上一段的浓缩水。从产品水的 TDS 值确定整个膜元件的盐透过率，还需测定每一段给水的 TDS 值，因为盐透过率是产品水的 TDS 值对给水的 TDS 值的比率。

如在同一段上，一个压力容器比其他的压力容器有较高的盐透过率，这样，要对这个压力容器进行进一步的检测。探测的探头是一个用塑料管做的插入管，将此管插入产品水管里（见图 12-2）。

探测可通过拆掉产品水收集母管的端帽或产品水堵头来完成。当产品水取样测定时，一定要保证没有从其他压力容器来的渗透水影响探测。

当反渗透系统在正常条件下运行时，取样时要有几分钟的管路冲洗，以保证水质的平衡稳定。从管路流出水样的 TDS 值可用一个便携式仪表进行测试，并记录数据，这种方法也能反映渗透水的 TDS 值。

探测管子向外拉出到下一个元件，则下一个水样被测出。下一个水样所代表的是第一和第二元件产品水的混合样品，水管抽出后逐渐递进进行可获得一个电导图（如图 12-2）。取样地点在元件的中部和尾部时可检查到有 O 形环的连接件的密封情况。测前在管子上作好记号，便能很容易地找到取样地点。

取样探头测得的水的电导是对着产品水流向的水的电导平均值，事实上，当探头处在容器开始的端部时，测得的 TDS 值是最好的结果。

一个正常的电导图所显示压力容器的给水端流向浓水端的产品水电导是稳步增长的。图上的大的电导偏移表明了高的盐透过率问题的来源，电导图上在接头位置上电导有一梯状变化说明 O 形圈有问题，这时在压力容器的外面作一个明显的标记来标明这个元件有问题。

（三）标准检测

标准检测方法用于在标准测量条件下确定除盐能力和渗透水率，其结果与特性指标进行比较来查找问题，为了估计处理的效果，对任何清洗试验前后的元件性能状况都应通过标准检测予以确定。

标准检测的装置由一个带有恒温加热器的给水箱（保持水温 25±1℃）、一个升压泵、一个高压泵和一套反渗透设备构成，在 ASTMD4194—893 有详细说明，一种 NaCl 溶液用于给水中，渗透水和浓水返回到给水箱形成一个循环。

NaCl 溶液的浓度为标准状况下的给水给出的数值（用膜厂家的技术导则），给水流量将按标准状况下确定的回收率而调整，给水 pH 值通过加 HCl 或 NaOH 调整到 8。

下面的数据在起动 1h 后记录，之后每小时一次，直到连续测得 3 次的渗透水流量（被校正到 25℃下，其盐透过率波动在 5%范围内）的数据：给水浓度和渗透压力，渗透水和浓水流量（用经校正的流量计和一个容器及秒表），渗透水温度，给水、浓水和产品水的电导率（或氯化物含量）。

渗透水流量用给出的公式，校正到 25℃时温度对流量影响的校正值，脱盐率从给水电导率 K_f 和产品水电导率 K_p 计算得来：

$$(\text{脱盐率})\% = (1 - K_p/K_f) \times 100\%$$

（四）清洗检测

当渗透水流量比特性规定值低很多时应考虑清洗，可是有时清洗并不能取得好的效果，有可能是由于膜自身的损坏，或膜有严重的污染/结垢（有时渗透水流量比规定值的 50%还少）。

首先按膜清洗所规定的方法进行局部试验，证明清洗有效时就扩大到整个反渗透系统。

（五）解剖分析

确定运行性能下降原因的超常方法就是对元件进行解剖分析，如果处在贸易保证需索赔的情况下，膜厂家必须参加。

当元件的端帽和包装拆卸后，膜能够展开，观察膜表面和粘缝将会有重要的发现。如表面有大块的污染层，应取样进行化学分析。具有已知面积的表面取样和其后的残余氧化物分析将提供污染/结垢层组成的量值。沉积物的形态用投影相机和光学显微镜或电子扫描显微镜来确定(SEM)，包括在膜上或它的污染/结垢的化学元素的半微量分析是通过 X 光分析获得的。这种方法也适用卤素对膜破坏的分析。

氧化损坏用下述方法是可观察到的，此方法是通过切割工具在薄膜上切下欲取得的试样，并在一个水平或框式测量装置中上亚甲基蓝染色溶液。当膜受氧化损坏时显示出或多或少的黑色，当膜面无损坏时膜表面保持白色。

三、运行数据的标准化

反渗透系统的性能是受给水成分、给水压力、温度和回收率影响的。例如，当给水温度下降 4℃时，将会使产品水流量下降 10%，这是一种正常现象。

为了把这种正常现象同系统性能的受污染的改变区分开来，就需要对测得的产品水流量和盐透过率进行标准化。也就是说在考虑运行参数影响的情况下，把产品水流量和盐透过率与一个给定的参考性能作比较，这个参考性能可能是设计的性能或者是测量得到的系统刚投运时的性能。

以设计的（或保证的）系统性能作参比来进行标准化时，可以用该标准化来证实设备是否达到了指定的（或保证的）性能。

以系统刚投运时的性能作参比来进行标准化时，可以用该标准化来显示从投运之日到进行标准化的日子之间设备性能的变化。

之所以对系统进行标准化，是因为如果在每日记录下标准化数据，就可以在早期发现系统存在的问题（例如，结垢或积污），这样就可以及早采取校正措施。

通过标准化，可以将测量到的在运行条件下的设备性能变换成标准（参比）条件下的设备性能。

（一）产品水流量的标准化

$$Q_s = \frac{p_{fs} - \Delta p_s/2 - p_{ps} - \pi_{fcs}}{p_{fo} - \Delta p_{o/2} - p_{po} - \pi_{fco}} \cdot \frac{TCF_s}{TCF_o} \cdot Q_o \qquad (12\text{-}1)$$

式中 p_f——给水压力；

$\Delta p/2$—— 反渗透装置压降的一半；

p_p——产品水压力；

π_{fc}——给水/浓水平均渗透压；

TCF——温度修正系数；

Q_o——产品水流量；

下角标 s——标准状况；

下角标 o——运行状况。

温度修正系数（见表12-2），计算如下式

$$TCF = \exp\{2640 \times [1/298 - 1/(273 + t)]\}; \quad t \geqslant 25℃$$
$$= \exp\{3480 \times [1/298 - 1/(273 + t)]\}; \quad t \leqslant 25℃$$

式中 t——温度，℃。

表 12-2 温度校正系数（*TCF*）

摄氏温度	华氏温度	校正系数	摄氏温度	华氏温度	校正系数
1	33.8	2.03	15.5	59.9	1.32
1.5	34.7	2.01	16	60.8	1.30
2	35.7	1.97	16.5	61.7	1.29
2.5	36.5	1.94	17	62.6	1.27
3	37.4	1.92	17.7	63.5	1.25
3.5	38.3	1.89	18	64.4	1.23
4	39.2	1.86	18.5	65.3	1.21
4.5	40.1	1.83	19	66.2	1.19
5	41.0	1.81	19.5	67.1	1.18
5.5	41.9	1.78	20	68.0	1.16
6	42.8	1.75	20.5	68.9	1.14
6.5	43.7	1.73	21	69.8	1.13
7	44.6	1.70	21.5	70.7	1.11
7.5	45.5	1.68	22	71.6	1.09
8	46.4	1.65	22.5	72.5	1.08
8.5	47.3	1.63	23	73.4	1.06
9	48.2	1.60	23.5	74.3	1.05
9.5	49.1	1.58	24	75.2	1.03
10	50	1.56	24.5	76.1	1.01
10.5	50.9	1.54	25	77.0	1.00
11	51.8	1.51	25.5	77.9	0.99
11.5	52.7	1.49	26	78.8	0.97
12	53.6	1.47	26.5	79.7	0.96
12.5	54.5	1.45	27	80.6	0.94
13	55.4	1.43	27.5	81.5	0.93
13.5	56.3	1.40	28	82.4	0.92
14	57.2	1.38	28.5	83.3	0.90
14.5	58.1	1.36	29	84.2	0.89
15	59.0	1.34	29.5	85.1	0.88

续表

摄氏温度	华氏温度	校正系数	摄氏温度	华氏温度	校正系数
30	86.0	0.86	33.5	92.3	0.78
30.5	86.9	0.85	34	93.2	0.77
31	87.8	0.84	34.5	94.1	0.76
31.5	88.7	0.83	35	95.0	0.74
32	89.6	0.81	35.5	95.9	0.73
32.5	90.5	0.80	36	96.8	0.72
33	91.4	0.79	36.5	97.0	0.70

以设计值或在初始运行的性能（在运行起动时记录上的值）中的任一个值作为固定的参照点。

渗透压值可取用不同分子计算渗透压值，可靠的近似经验式是

对于 $c_{fc} < 20000\text{mg/L}, \pi_{fc} = \dfrac{c_{fc}(t+320)}{491000}(\text{bar})$

对于 $c_{fc} > 20000\text{mg/L}, \pi_{fc} = \dfrac{(0.0117c_{fc})-34}{14.23}\cdot\dfrac{t+320}{345}(\text{bar})$

式中，c_{fc}为给水/浓水的平均浓度 c_{fc}可以由以下近似式计算

$$c_{fc} = c_f\cdot\frac{\ln[1/(1-Y)]}{Y}$$

式中　Y——回收率=产品水流量/给水流量；

c_f—— 给水 TDS，mg/L。

（二）产品水 TDS 标准化

由下式计算

$$c_{ps} = c_{po}\frac{p_{fo}-\Delta p_o/2-p_{po}-\pi_{fco}+\pi_{po}}{p_{fs}-\Delta p_s/2-p_{ps}-\pi_{fcs}+\pi_{ps}}\times\frac{c_{fcs}}{c_{fco}} \tag{12-2}$$

式中　c_p——产品水的离子浓度，mg/L；

π_p——产品水的渗透压，bar。

例 1：

(1) 起动时的数据。

1）给水分析（mg/L）：

Ca^{2+}：	200	HCO_3^-：	152
Mg^{2+}：	61	SO_4^{2-}：	552
Na^+：	388	Cl^-：	633

2）温度：　15℃

3）压力：　363bar

4）流量：　150m³/h

5）回收率：　75%

6）压降：　3bar

7）产品水压力：　1bar

8）产品水 TDS：　83mg/L

(2) 运行三个月后的数据。

1）给水分析（mg/L）。

Ca^{2+}：　200　　HCO_3^-：　152

Mg^{2+}:	80	SO_4^{2-}:	530
Na^+:	480	Cl^-:	850

2）温度：　　10℃

3）压力：　　28bar

4）流量：　　127m³/h

5）回收率：　　72%

6）压降：　　4bar

7）产品水压力：　　2bar

8）产品水 TDS：　　80mg/L

（3）求得标准状况下的数据：

$$p_{fs} = 25\text{bar}$$

$$\Delta p_s/2 = 1.5\text{bar}$$

$$c_{f_s} = 1986\text{mg/L}$$

$$c_{fc_s} = 1986 \times \frac{\ln[1/(1-0.75)]}{0.75} = 3670\text{mg/L}$$

$$\pi_{fc_s} = 2.5\text{bar}$$

$$TCF_s = \exp\{3480 \times [1/298 - 1/(273+15)]\} = 0.67$$

（4）求得运行状况下的数据：

$$p_{f_o} = 28\text{bar}$$

$$\Delta p_s/2 = 2\text{bar}$$

$$c_{f_o} = 2292\text{mg/L}$$

$$c_{fc_o} = 2292 \times \frac{\ln[1/(1-0.72)]}{0.72} = 4052(\text{mg/L})$$

$$\pi_{fc_o} = 2.72\text{bar}$$

$$TCF_o = \exp\{3480 \times [1/298 - 1/(273+10)]\} = 0.54$$

上述值代入式（12-1），最后求得标准化的产品水流量 Q_s

$$Q_s = \frac{25-1.5-1-2.5}{28-2-2-2.7} \times \frac{0.67}{0.54} \times 127$$

$$= 148\ (\text{m}^3/\text{h})\ 标准化流量$$

对比起动时，该反渗透装置容量下降 1.3%，说明经三个月运行后流量下降不大，不需要清洗。

上述值代入式（12-2），求得产品水 TDS 标准化值 c_{ps}

$$c_{ps} = \frac{28-2-2-2.72-0.06}{25-1.5-1-2.5-0.05} \times \frac{3670}{4052} \times 80$$

$$= 77\ (\text{mg/L})\ 标准化\ \text{TDS}$$

对比初始运行时的 83mg/L，脱盐率有轻微的改善，这是初始阶段膜的正常表现形式。

第十三章 反渗透装置的停用保护、储运和化学清洗

一、反渗透装置的停用保护

反渗透装置停用保护的目的是：①避免生物的滋生和污染；②防止膜在停用时，在含有阻垢剂的情况下形成亚稳定态的盐类析出而结垢，导致性能的下降。

（一）短期停运保护

反渗透系统停运时间一般不超过3天则可以使用冲洗方法作为保护措施，其参考步骤是：

（1）停止反渗透系统的运行，打开浓水冲洗排放阀。

（2）打开冲洗进水阀，起动冲洗水泵，一般低压冲洗为3bar（40psi），调节冲洗流量在额定量。对装有1个膜的8in元件，压差控制在不应超过1bar（15psi）；对于装有6个膜的8in元件，压差不应超过60psi。一个容器的冲洗流量约9.1m^3/h，冲洗时间20min左右。

（3）冲洗结束时，在系统中充满冲洗水的情况下关闭冲洗进水、排水门，关闭冲洗水泵。

（4）当采用低压给水冲洗时，则冲洗水SDI要保证合格，并在冲洗时停加阻垢剂。

（5）当水温高于20℃时，每天重复上述操作3次。低温时每天应冲洗一次。

（6）对于系统暴露在阳光之下，水温超过45℃的情况，要连续不断地用冲洗水冲洗系统，或每8h起动运行1～2h。

（二）长期停运保护

反渗透系统长期停运一般超过3天以上（水温不应超过45℃，系统不应直接暴露在阳光下），按以下方法保护：

（1）停止反渗透系统的运行。

（2）如膜装置无水垢，可不用酸清洗液，只以pH＝11的碱清洗液，循环清洗2h，如有微生物污染，还需在清洗后杀菌。

（3）杀菌使用非氧化性杀菌剂或1%（质量）的亚硫酸氢钠（食品级）冲洗系统（如无微生物污染时0.5%已足够）。连续冲洗直到排放水中含有0.5%亚硫酸氢钠为止。冲洗时按照清洗时建议的流量，约为30min。为保证系统内空气最少，应在充满冲洗液的最高压力容器的顶部有少量药液溢出。

（4）在系统中充满上述溶液的情况下，严密关闭所有进口和出口阀门。

（5）采用亚硫酸氢钠时，每一周检测一次保护液的pH值，由于$NaHSO_3$氧化反应为酸，当pH值小于3或浓度低时，或保护超过一个月时则需更换保护液。

（6）为了防冻的保护（－4℃以下）应用1%$NaHSO_3$和20%甘油的保护液，此时水结冻时仅为软性物，不会伤害膜。

（7）注意每三个月检查一次微生物生长情况，当保护液不清澈时，应重新更换，并在重新运行前最好用碱性清洗液清洗一次。

（三）实施药液保护时要注意的事项

（1）配制溶液使用的水必须不含痕量的氯或者类似的氧化剂，可使用渗透水或处理过的给水。

(2) 设有清洗系统的反渗透装置可利用清洗系统冲洗和配制保护药液。

(3) 系统重新起动时，必须至少将产品水排放 1h，以便充分地冲掉产品水中的痕量保护液。

(4) 重新起动时可能发生暂时性的通量损失，一般这种情况不会持续两天以上。

(5) 甲醛是比 $NaHSO_3$ 更为有效的杀菌剂，且不会受氧化分解，但甲醛有使人致癌的可能性，使用要小心。目前一般建议使用无醛化合物作为保护液（特殊情况下可使用甲醛液保护）。厂家规定须于膜使用 6h 后，有的厂家规定使用 24h 以上时，才可允许用甲醛溶液杀菌，否则膜将受到损害，影响水通量。

二、膜的储存和运送

(1) 新膜元件的保存和运送一般均贮存于保护液中，保护液为 1% $NaHSO_3$ 与 20% 的甘油。如采取干式出厂和运送，则在每个元件经质量检验后浸泡于保护液中 1h，控干后装入双层塑料包装袋内，内袋是由隔绝氧气的特殊材质制造的。运送时要小心勿将塑料袋弄破。有些干式出厂的产品，未经逐个对元件检验，仅以单层塑料袋包装，但亦要保证其密封至使用时才可打开。

(2) 膜元件失水的再湿润。膜元件若在使用后不慎被弄干，就会永远失去渗透水特性，可以用下述方法再湿润：

1) 浸泡于 50% 乙醇水溶液中或 50% 丙醇水溶液中 15min。

2) 在装入系统后注以 10bar (150psi) 压力的水，在排除压力容器内的空气后关闭产品水出口阀，经 30min，注意要在注水压力释放（压力下降）前，先打开产品水出口阀，以防膜口袋破裂。

3) 浸泡元件于 1% HCl 中数小时或数天。

三、反渗透膜的清洗

反渗透膜表面在运行中由于给水带入的物质的污染而产生污垢，例如金属氧化物的水合物、钙的沉淀物、有机物和微生物。这些物质在适当的操作条件下可借助于化学药剂的清洗而有效地除去，称为膜的清洗。

(一) 污垢产生的因素

(1) 预处理方式不当；

(2) 预处理运行不正常；

(3) 给水系统（管道、泵、阀门等）材料选择不当；

(4) 加化学药品的系统（计量泵等）不正常；

(5) 停机后冲洗不当；

(6) 操作控制（如回收率、产品水水通量、给水流速等）不当；

(7) 长期运行中积累的钙、硅等沉淀物；

(8) 反渗透给水的水源改变；

(9) 给水水源的生物污染。

(二) 反渗透膜需要进行清洗的标志

膜表面污垢导致产品水流量减小，膜的脱盐率下降，给水/浓水的压力差增加。

经过标准化后的运行参数：（产品水流量下降 10%，脱盐率下降 5%，给水、浓水压差增加 15% 需进行清洗）其基准是参比新膜最初始运行 24~48h 内的运行性能。如预处理设计合理、运行正常，则一般半年至一年清洗一次，如小于 3 个月就需清洗，则应研究改进预处理的方式。

(三) 污垢的判别

复合膜的清洗，由于其对 pH 值和温度的高度稳定性，只要选择清洗工艺得当，就可以达到较好的清洗效果。如果未及时清洗，拖延太久，就很难彻底清洗干净。有效的清洗是依据污垢的性质选择清洗化学药品，错误选择药品将使污垢恶化，因而清洗前可根据下述几个方面弄清污垢种类：

(1) 反渗透装置和系统的配置和组合；

(2) 给水水化学分析成分；

(3) 以前清洗的检查结果；

(4) SDI测定的过滤膜上的污物分析；

(5) 5μm过滤器滤芯上沉积物的分析；

(6) 检查给水管道内表面打开压力容器端部观察在膜元件的进水端污垢的外状（如红棕色则可能是铁污垢，生物污垢或有机物通常为黏性胶状物）。

（四）清洗工艺要点

必须按照选择的配方和规定的温度进行。

清洗流速：对于8in膜元件，流速最大采用9.1m^3/h；4in膜元件，采用1.8～2.3m^3/h；2.5in膜元件，采用0.7～1.1m^3/h。压力容器的压力必须是达到上述流量的最小压力，但通过任何压力容器的压降不得超过60psi。

膜元件的清洗可以用阴离子表面活性剂，避免使用阳离子型表面活性剂，因其可能发生不可逆转的污堵。

允许并联清洗，亦可分段清洗，分段清洗的目的是：

(1) 不致使第一段流速过低，也不致使最后一段流速太高。

(2) 不致使第一段的沉积物带至下一段。

配制溶液使用的水源必须为不含痕量的氯或其他氧化剂。

（五）清洗设备及系统

1. 清洗系统

清洗系统流程如图13-1所示。

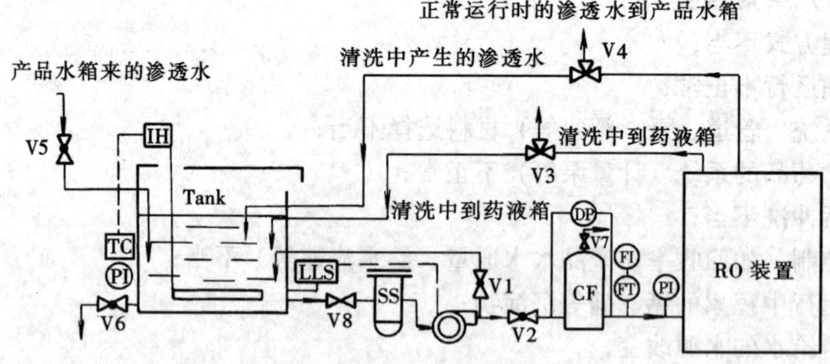

图13-1 清洗系统流程

IH—插入式加热器或蒸汽多孔板直接加热；CF—滤芯，5μm；V1—泵再循环阀；V5—渗透液进口阀；
TI—温度指示计；DP—差压计；V2—流量控制阀；V6—排水阀；
TC—温度控制；FI—流量计；V3—浓缩液阀；V7—排气阀；
LLS—关闭泵的低液位开关；FT—流量传感器；V4—渗透液阀；V8—清洗箱出口阀
SS—安全筛网—100孔；PI—压力表；

2. 清洗设备

(1) 清洗溶液可能为酸性或碱性，即 pH = 1 ~ 12，因此清洗系统必须是防腐蚀材料，溶液箱设有加温，故应考虑耐温（40℃），并且不应低于 15℃，以防止化学药剂（如 12 烷基硫酸钠）在低温下沉淀，一般可用碳钢衬胶、环氧玻璃钢或聚丙烯材料。清洗箱应设有盖子，盖上有人孔以便加药。

(2) 清洗溶液箱体积大致为每次清洗时第一段压力容器的容积加上清洗（进出溶液）循环管路的容积。

1) 压力容器容积 $V_1 = \pi R^2 L = 3.14 \times (0.1)^2 \times 6.1 = 0.19$（m³/个），第一段压力容器个数为 n，则总压力容器的容积为 nV_1（m³）。

2) 管路容积 $V_P = \dfrac{3.14D^2L}{4}$（管路直径为 Dm，长 Lm），则总容积 $V_{CT} = nV_1 + V_P$。

(3) 清洗泵的材质应选 316SS 或非金属复合聚酯材料的泵。泵的压力应能克服膜元件的阻力加上 5μm 过滤芯阻力（约为 0.2bar）及管路阻力。如 8in 膜元件，每个元件压降最大为 20psi 或每根压力容器最大为 60psi（即 4.2bar）。即正常运行总计约为 4.5bar。

清洗流量：对 8in 膜元件，每个压力容器的流量为 9.1m³/h，流量乘以第一段最高的压力容器排列个数，考虑到污垢严重的可能性，应乘以 1.5 的系数。

(4) 清洗管路：从清洗装置到反渗透装置之间的连接可以用固定式硬管连接或临时性软管连接，流速不超过 3m/s。

（六）清洗过程及步骤

1. 清洗系统的准备

停下待清洗的反渗透系统，关闭高压泵出口门，电动门，开浓水排放门及调节门，关闭产品水至水箱内的出口门及产品水对地排放门。清洗时渗透水由临时管路引至清洗箱中。要求以上阀门严密不泄漏。

检查清洗系统无误后，按系统图接至反渗透系统。

连接好系统后将渗透水注至清洗箱的 1/2 液位，打开清洗泵进口门，起动清洗泵，稍开清洗泵出口循环门，打开 5μm 过滤器进口门及出口门，此时可打开管道上的空气门排放系统中的空气，直至有水流出为止，即可准备清洗。

2. 配制清洗液

(1) 根据膜元件的污染物质的性质，选择合适的配方，准备好所用的药品。

(2) 将渗透水注入清洗箱至液位计的 2/3 处。

(3) 准备好清洗过程监测化验所需的仪器和药品。

(4) 打开清洗泵进口门，起动清洗泵。

(5) 打开清洗泵出口药液循环门。

(6) 将每一种清洗药品分别溶解后，从加药口倒入清洗箱中。

(7) 经泵出口对药箱中的溶液打循环，使药品完全溶解并混合均匀后，从取样阀取样测定溶液 pH 值，调节 pH 值至规定值。药液均应透明无色。

(8) 加入渗透水至清洗箱液位计规定的刻度处，测温度并调至规定的温度。

3. 低流量进药

(1) 关闭药液循环门，打开 5μm 过滤器进口门，稍微打开 5μm 过滤器出口门，并注意排除空气。

(2) 完全打开一段浓水侧清洗回水阀门及渗透水回水门，打开一段清洗液进口阀门，起动清洗泵慢慢调节 5μm 过滤器出口门，使清洗液以较低流量（正常清洗流量的一半）打入压力容器。

(3) 压力容器内的水完全被清洗液替代后，循环一定时间后取样测定清洗液的浓度和 pH 值，若 pH 值变化 0.5 则应加酸、碱进行调节，如清洗液过于浑浊，应重新配制药液。

4. 浸泡

关闭泵，使药液浸泡膜上的污垢，一般在室温下浸泡时间约为 1h。若膜污染严重，则浸泡时间需加长至 10h 以上。

为了在较长的浸泡时间内保持容器内清洗液浓度和温度的稳定，应采用较低的循环流量（正常清洗流量的 1/4）间断循环清洗液。

5. 高流量循环

在高流量下进药和清洗 30～60min，清洗流量为：4in 膜为 1.8～2.3m^3/h，8in 膜为 9.1m^3/h 乘以清洗段的膜元件个数。如膜上污垢严重，可采取该流量的 1.5 倍。应注意：

(1) 高流量情况下允许的最大压力降为 20psi/每根膜或 60psi/每根压力容器。

(2) 取高流量清洗后的溶液和未用的新溶液进行比较和分析，以了解清洗出的污垢量。

6. 冲洗

(1) 一段、二段压力容器分别清洗完毕后，关闭清洗液进出口阀，打开冲洗排水门，采取冲洗方式，用渗透水或过滤后的清水（SDI < 3，不含 Cl_2，电导率 < 10000μS/cm），冲洗反渗透装置中的药液至完全冲净，为避免药液中物质沉淀，最好在 20℃下，大约冲洗 15min，冲洗完毕后，反渗透装置处于备用状态。

如清洗工艺采取两种和两种以上药液配方，尚须将原用药液冲干净后，再开始用另一种药液清洗。

(2) 拆下清洗用的临时软管，排放掉清洗系统中的清洗液，用渗透水将清洗系统冲洗干净。

(3) 清洗后的反渗透装置在开始运行时，应先将运行初期的产品水排放掉，排放时间至少为 10min。

7. 清洗监测项目

表 13-1 为清洗监测项目，表 13-2 为清洗前后比较项目。

表 13-1　　清洗监测项目

过程	时间	温度（℃）	pH 值	流量（t/h）	压力（MPa）	加药量及补加药量	清洗液颜色
低压进药							
浸泡							
高压清洗							
冲洗							

表 13-2　　清洗前后比较项目

项　目	Δp（MPa）		Q（t/h）		电导率（μS/cm）	
	一段	二段	一段	二段	一段	二段
清洗前						
清洗后						

（七）清洗药剂配方

复合膜具有较高的化学稳定性，但采用化学药品进行清洗对膜的性能的影响仍需厂家给予提示，因此一般要采用膜生产厂家所提供的配方或使用厂家认可的市场上销售的药剂。允许使用的药剂和清洗条件一般有如下要求：

(1) 当每星期使用 2h，并超过三年，对于膜元件性能无影响者。

（2）短期试验证实对膜具有相容性，现例举 FILMTEC 清洗配方，见表 13-3。

（3）对所采用药剂和清洗条件清洗后膜性能作长期观察后可应用。

表 13-3　　FILMTEC 清洗药剂配方

清洗剂 / 污垢	0.1%(W) NaOH, pH = 12 30℃ 1%(W) Na_2EDTA pH = 12, 30℃	0.1%(W) NaOH, pH = 12 30℃ 0.025%(W) Na-DSS pH = 12, 30℃	0.1% STP 1% Na_2EDTA pH = 12, 30℃	0.2%(W) HCl pH = 2, 45℃	0.5%(W) H_3PO_4	2.0%(W) 柠檬酸	1.0%(W) NH_2SO_3H	1.0%(W) $Na_2S_2O_4$ pH = 5, 30℃
无机盐类 $CaCO_3$				好	可以	可以		可以
$CaSO_4$ $BaSO_4$	好							
金属氧化物（如 Fe）					可以	可以	可以	好
无机胶体（淤泥）		好						
SiO_2	可以	好						
微生物膜	可以	好	好					
有机物	①	②		③				

注　①作第一步清洗可以。
②作第一步清洗好。
③作第一步清洗好。

清洗时所采用的 pH 值是受温度的限制的，温度高，应控制较低的 pH 值，关系大致如下：50℃/pH = 2～10，35℃/pH = 1～11，30℃/pH = 1～12，25℃/pH = 0～12。

在选择清洗方法时，必须考虑以下几点：①清洗废液排放对环境的影响；②能最有效的去除污垢；③能最低限度的减少对膜的伤害。

例，某些清洗药剂对 ESPA 反渗透膜的脱盐率影响如下：

1）乙二酸水溶液（pH2）在室温下浸泡一个月，膜的脱盐率降低 $<1\%$。

2）硝酸（pH = 2）。在室温下浸泡一个月，膜的脱盐率降低 $<1\%$。

3）EDTA（2%）。在室温下浸泡一个月，膜的脱盐率降低 $<1\%$。

4）N_2H_4（0.005%）。在室温下浸泡一个月，膜的脱盐率降低 $<2\%$。

5）PAC（0.005%）。在室温下浸泡一个月，膜的脱盐率降低 $<1\%$。

（八）膜清洗药剂的性能和作用

硫酸能溶解碳酸钙，产生 $CaSO_4$，故不能用于膜清洗。硝酸由于是氧化性酸，在膜清洗中也不采用。

被清洗的反渗透膜上的污染物主要有：悬浮颗粒、胶体颗粒（包括无机物或有机物）、难溶盐垢（有碳酸钙，钙、锶、钡的硫酸盐，氟化钙）、金属氧化物、二氧化硅、有机物、微生物黏膜等。所采用的化学药剂主要有酸、碱、有机络合剂以及表面分散剂等。现介绍常用的化学药物在清洗中的作用。

1. 盐酸（HCl）清洗

盐酸是一种价格便宜，易于取得的无机强酸，盐酸能溶解碳酸盐水垢、多数金属氧化物。它

与氧化铁的反应速度快，常用的浓度为0.2%，其反应式为

$$CaCO_3 + 2HCl \longrightarrow CaCl_2 + H_2O + CO_2$$

$$FeO + 2HCl \longrightarrow FeCl_2 + H_2O$$

$$Fe_2O_3 + 6HCl \longrightarrow 2FeCl_3 + 3H_2O$$

$$Fe_3O_4 + 8HCl \longrightarrow FeCl_2 + 2FeCl_3 + 4H_2O$$

对铁氧化物的清洗主要是对在膜元件内形成的沉淀物（包括水合氧化物）的溶解。由于清洗过程中对膜不能采用高于40℃的清洗温度，故清洗时，对于系统内携入的氧化物碎片、氧化皮、焊渣等大颗粒物则难以溶解，因此这类物质还应靠5μm过滤器阻拦在反渗透系统之外，以减少清洗的困难。

2．磷酸（H_3PO_4）清洗

磷酸是中等酸性的无机酸，由于分级电离（电离常数 $K_1 = 7.1\times10^{-3}$，$K_2 = 6.3\times10^{-8}$，$K_3 = 4.2\times10^{-13}$），故酸性较盐酸弱，常用浓度为0.5%。其对碳酸钙和金属氧化物也具溶解作用。

3．氨基磺酸（NH_2SO_3H）清洗

氨基磺酸也是次于盐酸、磷酸的有机强酸，其1%水溶液的pH值为1.18。它是不挥发、不吸湿、无味无毒、不燃的白色晶体。其水溶液在60℃以下稳定，但随温度升高会逐渐水解为硫酸氢铵，此时则不宜作为膜清洗用。由于其电离不产生 Cl^-，故多用于不锈钢的清洗。

4．柠檬酸清洗

柠檬酸的分子式为 $C_3H_4(OH)(COOH)_3\cdot H_2O$，简写为 H_3Cit，结构式为

$$\begin{array}{c} CH_2\text{—}COOH \\ | \\ HO\text{—}C\text{——}COOH \\ | \\ CH_2\text{—}COOH \end{array}$$

其为无色透明或白色细粉晶体，无臭，有强酸味，易溶于水。1%水溶液、pH值为2.31的为结合柠檬酸，随溶液pH值的增加，离解度升高。pH = 3.5时溶液中含20%的结合柠檬酸、71%的单价阴离子柠檬酸，9%的二价阴离子柠檬酸。柠檬酸可溶解金属氧化物，其原理并不主要是依靠柠檬酸离解的 H^+ 所形成的酸性去溶解的，因它是比草酸（$K_1 = 5.9\times10^{-2}$，$K_2 = 6.4\times10^{-5}$）还要弱得多的有机酸（电离常数 $K_1 = 8.7\times10^{-4}$，$K_2 = 1.8\times10^{-6}$，$K_3 = 4\times10^{-8}$），因此主要是靠柠檬酸能够络合金属离子，把氧化物除去。例如铁的氧化物，形成柠檬酸亚铁，柠檬酸亚铁盐溶解度很小，结果沉淀出来，阻碍了溶解进行。如果用含氨基的柠檬酸溶液，就能生成溶解度很大的柠檬酸亚铁铵和柠檬酸高铁铵络合物。这是很有效的去除铁的氧化物的方法。

柠檬酸清洗铁的氧化物的主要反应如下（除有部分是靠酸性溶解外）：

（1）柠檬酸与氨水反应，生成柠檬酸铵盐（用 NH_4OH 调节为pH = 3.5）。

$$C_3H_4(OH)(COOH)_3 + NH_4OH \longrightarrow C_3H_4(OH)(COOH)_2\cdot COONH_4 + H_2O$$

（2）柠檬酸单铵与铁的氧化物的络合反应。

$$Fe_2O_3 + 2NH_4H_2C_6H_5O_7 \longrightarrow 2FeC_6H_5O_7 + 2HH_4OH$$

柠檬酸清洗的浓度不能小于1%，一般为2%。

柠檬酸清洗膜时温度要尽可能的高一些，对膜来说要维持40℃，最高不可超过45℃。pH值不能高于4.5，不可低于2.5。清洗液中铁的浓度不可高于0.5%，以免产生柠檬酸铁的沉淀物。清洗液排放后仍应将冲洗水维持在40℃，把膜元件中的胶态柠檬酸铁铵络合物排挤掉，以防胶态的柠檬酸铁铵络合物黏附在膜表面上。

为了清洗铁的氧化物，要将pH值调在3.5左右为好，但清洗膜时往往还要兼顾膜上有碳酸钙、硫酸盐垢的问题，所以膜清洗厂家往往要把pH值从3.5降至2.5。

5. Na_2EDTA（乙二胺四乙酸二钠）清洗

EDTA二钠盐是螯合剂的代表，对Ca、Mg、Fe等成垢离子均有络合或螯合的作用，溶垢效果好，它是白色结晶颗粒或粉末，无臭、易溶于水，5%的水溶液pH值为4.6。

EDTA（以H_4Y表示）对于金属化合物垢物的络合过程取决于pH值，即水溶液中H^+的浓度。pH值越高，以Y^{4-}形式存在的比例越高，越有利于络合清洗（因为参加与金属离子络合的是Y^{4-}，而不是HY^{3-}、H_2Y^{2-}、H_3Y^-、H_4Y。当pH值低时以H_4Y存在，溶垢的能力以酸的溶解作用为主。

从溶垢效果考虑，不是pH值越高越好。pH值过高可能形成难溶的金属氢氧化物，形成很稳定的$Fe(OH)_3$，影响被EDTA络合溶解。适宜的pH值是因不同的金属离子垢物的类别而有所差异。溶解铁盐垢的pH值最高不宜超过9.5，而钙垢的pH值不宜过低。

在清洗SiO_2垢、微生物粘膜为目的时，清洗溶液中常加入1% Na_2EDTA，并在碱液条件下以配合剥离微生物黏膜、有机物和SiO_2。此时溶液pH值为12，有利于EDTA与钙镁垢的去除。这样可将除钙镁垢与剥离微生物黏膜、有机物、SiO_2垢相辅相成，起到协同作用。

6. 碱液（NaOH或Na_3PO_4）清洗

碱液清洗主要是为了去除微生物膜、有机物和SiO_2垢对反渗透膜的污染。碱液主要采用NaOH（0.1%）的水溶液，其pH值约为12，其作用是对有机物微生物黏膜的水解破坏而剥离，对于SiO_2胶体垢，则是借化学反应（$2NaOH + SiO_2 \longrightarrow Na_2SiO_3 + H_2O$）形成可溶性的$Na_2SiO_3$。

加入Na_3PO_4（浓度为0.1%）溶液，同样是Na_3PO_4水解后形成NaOH，其化学反应式为

$$Na_3PO_4 + H_2O \longrightarrow Na_2HPO_4 + NaOH$$

$$Na_2HPO_4 + H_2O \longrightarrow NaH_2PO_4 + NaOH$$

由于Na_3PO_4是分级水解，所显示的碱性比直接加入NaOH缓和，故采用碱洗时，Na_3PO_4是NaOH的柔性代替物。在碱液清洗时，常常加入如前所述的EDTA或者加入表面活性剂Na-DSS（十二烷基硫酸钠），都是为了取得协同处理的效果。

7. 硫代硫酸钠（$Na_2S_2O_4$）清洗

$Na_2S_2O_4$清洗对于金属氧化物来说是属于还原性溶解，如铁、锰的氧化物在被清洗时采用还原性溶液（$Na_2S_2O_4$，浓度1%），铁被还原为低价铁，其可溶性较大，故易除去。

8. 表面活性剂的作用

表面活性剂是能分散在液体中的有机化合物，可使溶液的表面张力降低，引起正吸附，这样可使溶液表面溶质分子的浓度大于溶液内部溶质分子的浓度。这类化合物的分子有集中到液体的表面或界面上的倾向，该现象称为表面吸附，故称为表面活性剂。

从分子结构分析，表面活性剂能在表面吸附，是由于整个分子由具有亲水性的极性基团与亲油性的非极性基团（即憎水基团）所组成。这两部分决定了表面活性剂的两个基本性质，即分子平衡和胶束的形成。

分子平衡是指亲水与憎水两部分之间的力的平衡关系。分子中极性基越强，整个分子就越易被拉到水中；反之就越易被拉出水面。这两部分的力量达到均衡时，整个分子就吸附在界面上，能定向地排列成为一层膜：极性基伸入水中，非极性基则伸向油相或空气中。分子中极性愈强，用于保持它在水面上的平衡所需的碳氢键就愈长，用来保持一个离子型极性基团（如$-SO_3Na$、$-OSO_3Na$、$-COONa$）的分子平衡所需的碳氢键要含有16～18个碳原子。而对于较弱的非离子型极性基团（如 >C=O 、 —CH—CH—（环氧，O桥接） ），则需要几个极性基才能均衡一个较短的碳氢键。

胶束形成是指当表面活性剂的浓度足够大时，它们的分子可以在溶液内部形成板状或球状的聚合体，极性基团向水，非极性基向内，这种聚合体称为胶束。

形成胶束的最低浓度称为临界胶束浓度。

表面活性剂的分子在水溶液中按是否解离，可分为阳离子型、阴离子型和非离子型等几种。应用于反渗透膜的清洗要考虑反渗透膜的表面带有负电荷。对于阳离子表面活性剂，由于电性的吸引可引起膜的不可逆污染，故只能采用阴离子表面活性剂。阴离子表面活性剂有如下几种：

（1）高级羧酸盐（$RCOO^- Na^+$）。类似日用品（如肥皂）一类的脂肪酸盐，不宜用于含有硬度的水中。

（2）磺酸钠（$R-SO_3Na$）。应用于合成洗涤中，或钙盐、钡盐润滑脂添加剂中。

（3）硫酸盐（$ROSO_3Na$）。常用在十二烷基硫酸钠［即月桂醇硫酸钠，$CH_3(CH_2)_{10}CH_2OSO_3^- Na^+$］，牙膏中的起泡剂即属此类，也用于高级洗涤剂中。

十二烷基硫酸钠是反渗透膜清洗中最主要的表面活性剂，加入剂量为0.1%。

非离子型表面活性剂在水中不能离解成离子，它们的亲水性主要是由于醚键（$-O-$）和羟基表现出来的。这两种基团亲水性较弱，所以分子中含有多个醚键或羟基，如聚醚型的平平加（商品名，成分为聚氧乙烯十二烷基醚）、吐温（商品名，是由$R=C_{11\sim17}H_{23\sim30}$和环氧烷缩聚而成的醚类化合物）。吐温是适于作乳化剂的表面活性剂，曾经用于膜的清洗，却因其乳化作用引起了膜污染，故清洗反渗透膜不能采用作为乳化剂的表面活性剂。切记反渗透膜清洗时一定要用阴离子型的可解离的表面活性剂。

（九）膜清洗方法举例

以下所举的例子可作为一般情况下的参考。当由于未及时清洗，压差已成倍增长，或标准化后流量下降50%时，下述方法将产生困难，需要采取更加有效的清洗方式（国内有经验，当指标降低40%时，进行清洗尚能恢复到投运时的水平，但要付出很大的努力）。

例1，有机物污垢（无微生物污垢）。

选用配方性质：碱性清洗液

Na－EDTA　　0.2%

NaOH　　0.1%（pH＝11）

十二烷基硫酸钠（Na-Laurglsulfate）　0.1～0.2%（表面活性剂，可改善效果）。

清洗步骤：

（1）配好清洗液后，打入循环约1h（30℃）。

（2）浸泡2～15h（每30min循环一次，或配合10%低流量循环）。

（3）高流量（1～1.5倍正常循环流量）循环1h。

（4）排出清洗液后，用水冲洗10～15min。

例2，有机物污垢（估计有微生物污垢）。

选用配方性质：碱性清洗液（如上例配方）——杀菌溶液（非氧化性杀菌溶液或低浓度氧化剂）

清洗步骤：

（1）配好清洗液后，打入循环约为1h（30℃），或至颜色不变，如颜色深则应更换新液。

（2）浸泡2～15h（也可于每30min循环一次，或配合10%低流量循环。

（3）高流量（1～1.5倍正常循环流量）循环1h。

（4）排出清洗液后，水冲洗5min。

（5）打入杀菌溶液后，循环1h。

(6) 排出杀菌溶液后，用水冲洗 10~15min。

如采用氧化性杀菌溶液：过氧化氢（H_2O_2）或含过乙酸的过氧化氢用 HCl 调节 pH 值至 3~4。当用浓度为 0.2%的 H_2O_2 时，为避免损害膜，温度不应超过 25℃，且必须不含有铁或过渡元素，与杀菌液接触的时间为 2h。如采用氯等氧化性溶液，接触膜的最终总时间不能超过 200~1000h（1ppm）。

例 3，碳酸盐水垢、金属氧化物、六偏磷酸钠水合物（或磷酸钙沉淀）。

选用配方性质：酸性清洗液

HCl　0.2%　或　H_3PO_4　0.5%

或　柠檬酸 2.0%（NH_4OH 调整 pH=2.5~3）

清洗步骤：

(1) 配好清洗液后，打入循环 30min（30℃），当 pH 值提高时需补新药。

(2) 浸泡 1~5h（或配合间断循环）。

(3) 高流量循环 30min。

(4) 当 pH 值稳定后，排出清洗液，用水冲洗 10~15min。

例 4，污垢种类不清楚。

选用配方性质：碱性溶液（同前）/酸性溶液（HCl 0.1%）复合清洗。

清洗步骤（酸碱杀菌的顺序可以变动）：

(1) 配好碱性清洗液后，打入循环约 1h（30℃）。

(2) 浸泡 1~15h（或配合循环）。

(3) 高流量循环 1h。

(4) 排出清洗液后，用水冲洗 5min。

(5) 配好 0.1%HCl 溶液（pH=2），循环 1h。

(6) 用水清洗 15min。

清洗实践表明，上述典型方案在现场具体实施时往往问题很多。对难度较高的污染物的清洗，需要掌握的要点是：①高流速（流速可高至清洗正常值的 1.5~2.0 倍，在保持极限压降之下）；②高温度（不超过膜的极限温度值 40℃）；③长时间（浸泡和高流速反复进行；④正向与反向清洗须视污染状况灵活掌握。有经验认为，正向清洗适合结垢、污垢的清洗，因为结垢主要在末段，易于冲出溶解物及脱落物。如果是悬浮物污染或有机物大分子的积结，则反向清洗有利于剥离和分散污物，而且冲出路程最短。

至于是否分段清洗，有经验认为，一段、二段可以采用同一溶液箱串联或动静交替清洗，其效果与分别清洗的效果相当，省时又方便，并无一段、二段药液中污物交互污染的问题。

对单一的污染物的清洗，认为只是有机物污染就可省掉酸液对无机垢物的清洗步骤。实际上污染物（特别是有机物污染）的形成往往并非单一的，如较常见的有机物污染物表层可见到附着的微粒，或者是水中的胶体、或者是微生物，下层可能会有铁、铝等金属氧化物，通常还要夹杂着与硅铝酸盐络合的有机物。这种情况若只靠碱性配方清洗，其效果难以十分奏效。如果以碱洗为主要方式，将碱洗络合清洗、酸洗等方法按一定程序结合起来，进行复合清洗会出现较好的效果。

动态清洗和静态浸泡的结合是必要的。动态清洗在一定的流速下依靠其速度头的动能会有利于冲刷和剥落，至静态时对于剥落的和未剥落的死角处又有机会溶解。动、静交替清洗的效果是不容置疑的。

对不同污染程度的膜，分别清洗是对待频繁严重污染的膜的有效措施，如某段和某个膜频繁严重污染（除了改进预处理方式外），则将污染严重的膜（第一个或最末一个膜）取出集中处理，洗后检验其膜的性能指标后，首末膜元件交换一下装回压力容器。

不同的清洗方式曾经在有机物污染严重的125t/h反渗透系统上经过测试对比，列于表13-2中，可作为参考。

表13-4　　有机物污染清洗方式的对比

清洗方式	清洗前一段压力（MPa）	清洗后一段压力（MPa）	清洗前二段压力（MPa）	清洗后二段压力（MPa）	清洗前排水压力（MPa）	清洗后排水压力（MPa）	清洗前一段流量（m^3/h）	清洗后一段流量（m^3/h）	清洗前二段流量（m^3/h）	清洗后二段流量（m^3/h）	清洗前脱盐率（%）	清洗后脱盐率（%）
分段清洗	1.21	1.15	0.95	0.98	0.66	0.81	64.5	83.6	24	29.3	97.3	97.85
贯流清洗	1.26	1.18	0.84	1.02	0.68	0.88	64.2	84.4	21.4	29.8	97.26	97.63
单一酸洗	1.17	1.15	0.81	0.89	0.56	0.67	53.4	64.6	20.2	23.2	98.2	97.76
单一碱洗	1.20	1.16	0.84	0.91	0.62	0.70	60.34	66.5	21.2	24	97.73	97.58
复合清洗	1.24	1.14	0.85	0.90	0.61	0.75	59.60	84.3	20.6	29.6	97.65	97.72
动态清洗	1.22	1.18	0.85	0.91	0.60	0.65	58.7	78.1	21	25.6	97.26	97.58
动、静态循环清洗	1.25	1.16	0.88	0.92	0.62	0.72	60.4	83.8	21.9	29.5	97.52	97.59

第十四章

海水反渗透淡化

2001 年 3 月 21 日，国际海水淡化会议指出，目前世界上淡水供应危机重重，但只要有能源、电力和资金，人类完全可以依靠淡化海水来保障自身的淡水供应。

经过近 40 年的不懈努力，反渗透膜与组件的生产已相当成熟，膜的脱盐率高于 99.3%，渗透水通量有很大的增加，抗污染、抗氧化能力也在改善，反渗透给水预处理工艺基本可保证膜组件的安全运行，高压泵和能量回收装置的效率不断提高。

国际海水淡化协会称，海水淡化已在全球 120 个国家实施。目前全世界已有采用各种方式淡化海水的水厂 1.36 万座，每天生产淡化海水 2600 万 m^3。投资费用明显下降，如塞浦路斯于 1995 年和 1998 年分别对 $2\times10^4m^3/d$ 的海水淡化工程进行国际招标，预计 3 年后每立方米淡化海水的成本将从目前的约 70 美分降低到 30 美分。目前中东一些国家淡化海水已占淡水总供应量的 80% ~ 90%。

世界范围内（1995 年统计）现有的采用反渗透淡化海水为饮用水的装置占各种淡化方法的比例为 37%，约为 $7.3\times10^6m^3/d$，而且逐年在升高。1998 年，在建反渗透占有比例已达 85% ~ 87%。

海水淡化方法基于有相变化、无相变化分类，可分为蒸发法、结晶法、膜分离法和溶剂萃取法等多种方法。

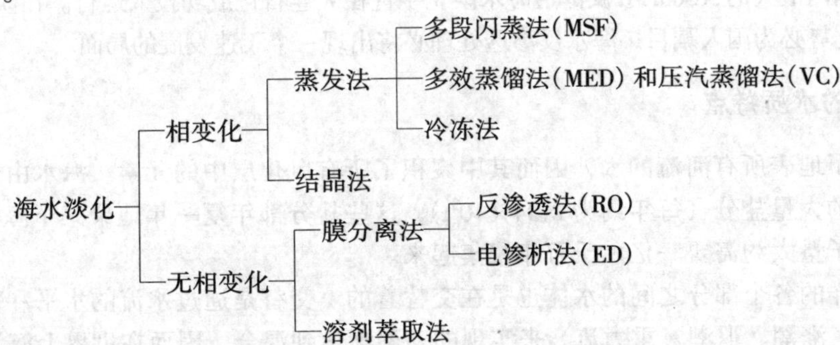

蒸发法中如 MED、MSF 常用于大容量淡水设施，并与发电厂联合以便于有效利用余热，产品水的含盐量一般可达到 50mg/L 以下，但能量消耗高。压汽蒸馏（VC）是利用热能和机械能量，是 MED 法改进的一种方式，仅用于规模较小的淡化水设施。

反渗透法投资省、能耗小且占地面积小，建设周期短，操作方便，起动快，易于控制，海水经反渗透处理完全可达到 WHO 的饮用水标准，如采用二级反渗透系统，则可生产更高质量的水。对反渗透的浓水配装能量回收装置可取得更低的能耗。海水淡化方式的能耗比较见表 14-1。

表 14-1　　海水淡化方式的能耗比较

淡化方式	多段闪蒸 (MSF)	多效蒸馏 (MED)	电渗析 (ED)	反渗透（RO）	
				无能量回收	有能量回收
能耗[(kW·h)/m³]	14.5	5.8	>5.0	7.0	4.5

海水反渗透由于采取能量回收措施，可节能 35% ~ 60%，使原来很高的排放水压的能量被回收。

世界上第一个大规模反渗透淡化厂是日本鹿岛钢铁厂，日产淡化水17240m^3，建于1971年。世界上最大的苦咸水淡化厂，日产淡化水360000m^3，设在美国亚利桑纳州的yuma运河，其原水TDS为2880mg/L。海水反渗透淡化厂多建于高温干旱的中东地区，世界上早期最大的反渗透海水淡化厂是沙特阿拉伯的Jeddah，一期工程始建于1984年4月，一期、二期产水量均为56800m^3/d，总容量为113600m^3/d。

国际除盐协会（IDA）对海水淡化厂的调查报告中，列出了世界上从1990～1999年总产水量超过40000m^3/d的海水淡化厂，如表14-2所示。

表14-2　**1990～1999年总产水量超过40000m^3/d的海水淡化厂**

淡化厂（国家）	日产水量（m^3/d）	膜厂家	年度	淡化厂（国家）	日产水量（m^3/d）	膜厂家	年度
特立尼达岛	136000	Toray	1999	日本	40000	Toray/Nitto Denko	1997
西班牙	43200	Dupont	1999	西班牙	42000	Dupont	1996
塞浦路斯	40000	Hydranautics	1999	西班牙	42000	Dow	1996
西班牙	65000	Hydranautics	1998	沙特阿拉伯	90900	Doray/Dupont	1993
西班牙	56000	Dupont	1997	沙特阿拉伯	128000	Toyobo	1992
塞浦路斯	40000	Dupont	1997	沙特阿拉伯	56600	Toyobo	1991

我国自1989年于山东长岛投入60m^3/d的海水淡化站以来，1997年又于舟山嵊山岛投入500m^3/d海水淡化工程，1999年在大连长海投入了1000m^3/d海水淡化厂。我国沿海地区缺水严重，2000～2001年以来，山东威海和大连华能电厂各分别投入了2400m^3/d的淡化设备。2003年，由美国CNC技术公司承建的目前国内最大的5650m^3/d反渗透海水淡化装置在大连石化成功投入运行。在淡水严重匮乏的今天，海水淡化势必为国人瞩目，海水反渗透处理必将出现一个飞速发展的局面。

一、*海水的水质特点*

海洋收集了地表所有河流的水，因而其中聚积了所有风化层中的元素。海水由于随径流从大陆上不断流入的大量盐分（每年约为2.34×10^{3}t），这些盐分都年复一年地聚集于海洋中，现存于海洋中的氯离子量大约需要一亿六千万年聚集起来。

地球上海洋的各个部分之间的水体也是在交替着的。交替是通过水流的水平和垂直方向的复杂流动（表流、涨潮、退潮、重力流）来实现的，逐渐达到混合，因而在世界上海洋的水质大致是相似的。但又不同。

海洋具有许多令人惊叹的神秘的色彩，其中为我们在现实工作中所关心的是水质，在采用反渗透技术进行海水淡化处理的过程中，如下的海水水质特点应引起我们特别的关注。

（一）海水具有较高的含盐量

一般海水TDS为35000mg/L左右，但随海域不同低者可为25000mg/L，高者（如阿拉伯海湾）可达50000mg/L。取决于取水方式，一些海水悬浮物高或受污染以致有机物、微生物含量较高。海水的离子分布情况大致如表14-3所示。

表14-3　**海水的离子分布情况**

离子	浓度（mg/L）	成分比例（%）
Cl^-	19337	55.04
Br^-	66	0.19
SO_4^{2-}	2705	7.68
HCO_3^-	97～140	0.41
F^-	1	0
H_3BO_3	26	0.07
Mg^{2+}	1297	3.69
Ca^{2+}	417	1.16
Sr^{2+}	13	0.04
K^+	382	1.10
Na^+	10722	30.61
总计	35063	100

海水每含有1000mg/L TDS，其渗透压约为69kPa（10psi），若含35000mg/L TDS，其渗透压约为2.4MPa（350psi）。在反渗透制水过程中，若回收率为50%，则浓水浓缩了一倍，使得给水与浓水的平均渗透压达到原给水的1.5倍，大约为3.6MPa（525psi）。给水压力 $p_f = \Delta\pi + \Delta p_f + \Delta p_p + NDP$，既要克服渗透压，又要克服给水和产品水的阻力损失，还要一个净推动力透过膜，因而海水反渗透装置的给水压力需5.52（800pis）~6.9MPa（1000pis）。然而，苦咸水（2000mg/L）则只需2.07MPa（300pis）。显然，海水反渗透过程需要比苦咸水反渗透高得多的压力。

（二）海水中难溶盐受离子强度的影响使溶解度增大

离子在溶液中是处在它们的总力场影响之下的，这种离子间的引力，减弱了离子反应时相互作用的效果。

溶液中离子浓度愈高，即它们之间距离愈近，它们之间的相互作用就愈强烈，即浓度与活度间差别亦愈大，这时活度系数减小。当离子浓度在200mg/L以下时，活度系数的修正值不显著，但对于大于5000mg/L的水，离子间的引力则将明显增强。水溶液的静电理论的结论是溶液的"离子强度"与其活度系数相等，因而可用离子强度 I 表征溶液中总力场的强度。

$$I = 1/2\Sigma\ (m_i Z_i^2)$$

相应地，根据经验导出的 I 与活度系数的关系为

$$\lg f = -0.298 Z^2 \sqrt{I}$$

由于离子强度是溶液中所有离子成分的计算结果，使海水中钙的碳酸盐的溶解度（饱和度）受海水中其他盐类的离子含量的影响，而提高了 $CaCO_3$ 的溶解度。

因而，对于苦咸水，即TDS<10000mg/L的水溶液在判断反渗透浓水 $CaCO_3$ 结垢可能性时仅以LSI（Langelier Saturation Index）表示，即

$$LSI_c = pH_c - pH_s$$

式中 LSI_c——浓水的LSI；

pH_c——浓水的pH值；

pH_s——饱合时的pH值。

而对于海水，即TDS≥10000mg/L的水在判断反渗透浓水中 $CaCO_3$ 结垢的可能性时以S&DSI（Stiff &Davis Saturation Inder）表示，即

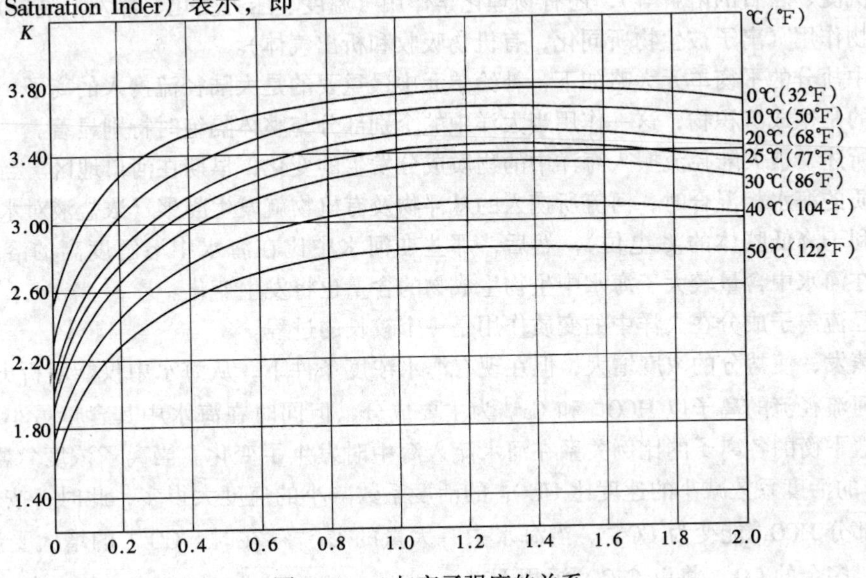

图14-1 K与离子强度的关系

$$S\&DSI = pH_c - pH_s$$

计算 S&DSI 所需的数据与计算 LSI 虽相同，但在计算时求 $pH_s = pCa + paik + K$，此 K 值为离子强度的函数（见图 14-1），需要用浓水溶液中的离子的摩尔浓度以求离子强度，至少应有 Ca^{2+}、Mg^{2+}、Na^{+}、K^{+}、HCO_3^{-}、SO_4^{2-} 和 Cl^{-} 等主要离子的浓度。此时，浓水的离子积应为 $IP_b = f[Ca^{2+}] \cdot f[CO_3^{2-}]$。

（三）海水中的高离子强度易于使胶体颗粒及有机物大分子形成膜污染

海水的高离子强度会减少胶体颗粒与膜表面之间的相互排斥力而形成沉积。这正如河流在入海口的三角洲的形成一样，水中的胶体及有机物分子在高浓度海水中受到盐析作用，压缩了胶团的扩散层厚度而降低了 ζ 动电电位而凝聚。对于海水反渗透膜表面，由于水渗透后颗粒在膜表面上所形成的垂直于膜表面的驱动力，即使在低的水通量下也比苦咸水要大。将使胶体颗粒和有机大分子易于沉积形成污染。

（四）海水中主要离子含量具有较稳定的比例

一般海水的主要离子含量不仅有固定的次序，而且某一海域的大多数离子（Cl^{-}、SO_4^{2-}、Br^{-}、Mg^{2+}、Na^{+}、K^{+}，也常有 Ca^{2+}）间的数量比例是恒定的。这是由于海水的交替条件好，水的体积巨大。所以观察到的海洋水 TDS 的微小变化对于离子间的比例影响极小。即使海水的主要离子成分并不是恒定不改变的，但因海水体积极大，以致要几千年才能观察到。若由于大陆径流改变，即使让 Cl^{-} 含量改变 0.02%，也需要 3200 年。

海水中主要离子与之间的比例关系：

Na^{+}：0.5549（1938 年）

K^{+}：0.0191（1939 年）

Mg^{2+}：0.0669/0.0676（1939 年）

Ca^{2+}：0.02122（1933 年）

SO_4^{2-}：0.1395（1931 年）

（五）海水中盐类的平衡

海洋中有许多复杂的、改变水的化学成分的作用在不断地进行着。不仅有化学作用（离子相互作用而沉淀、岩石的溶解等），还有物理化学作用（温度、压力变化、蒸发、凝聚）、生物化学作用及生物作用（离子被生物所同化，有机物吸收和析出气体）。

海水中盐分的平衡单元大略如下：补给单元中最重要的是大陆径流携入的离子，而消耗单元中最重要的是生成沉积物，这一作用当大洋中的个别部分与整体隔绝时特别显著。

如前所述，被大陆径流搬入海洋中的物质成分发生的变化，早期在河口地区。当河水与高含量的电解质的海水相混合时，河流所携入的悬浮物及有机物就发生凝聚（浓盐液对水中胶团的压缩作用有利于降低胶体的 ζ 电位），然后，那些在河水中比在海水中溶解度高的溶解气体的含量，以及在河水中含量较大于海水中生物生成物的含量也将发生变化。

大陆径流离子成分在大洋中的变质作用是一个较长的过程。

由于蒸发，使盐分的浓度增大，但在现有海水浓度条件下，从海水中仅能解析出 $CaCO_3$。流入海洋的河流径流的离子以 HCO_3^{-} 和 Ca^{2+} 为主要成分，但同时在海水中其含量最小。这是因为参与碳酸盐平衡的各离子的比例关系在河水流入海中时发生了变化。当离子浓度急剧增大时，2 价的 CO_3^{2-} 的活度系数减小的速度比 HCO_3^{-} 的活度系数减小的速度大得多，此时，按化学平衡原理，有一部分 HCO_3^{-} 能变为 CO_3^{2-}。当海水中有大量的 Ca^{2+} 存在时，CO_3^{2-} 的增大受溶度积的限制，此时，多余的 CO_3^{2-} 将以 $CaCO_3$ 沉积下来。

海水中的 Cl^- 含量不同时，海水中 CO_3^{2-} 与 HCO_3^- 的活度系数如表 14-4 所示。

表 14-4　CO_3^{2-} 与 HCO_3^- 的活度系数

海水中 Cl^-（mg/L）		2000	4000	6000	8000	10000	11000	14000	16000	18000	20000	22000
离子活度系数	HCO_3^-	0.61	0.54	0.49	0.46	0.44	0.42	0.40	0.38	0.37	0.36	0.35
	CO_3^{2-}	0.11	0.061	0.04	0.028	0.021	0.016	0.013	0.01	0.009	0.007	0.006

虽然海水中形成的 $CaCO_3$ 过饱和溶液难于沉淀，但另一方面，能吸收 $CaCO_3$ 来组成自已骨骼的有机生物的活动都有助于 $CaCO_3$ 从海水中沉淀出来，致使大部分海相碳酸钙地层多为生物沉积(如出现在南纬度地带的珊瑚、白垩、石灰岩多为 $CaCO_3$ 沉积物)。

海水中 $CaCO_3$ 的饱和度决定于 Ca^{2+} 的含量、碱度及 pH 值、离子的总含量以及温度（见表 14-5）。特别在热带，大洋表面的水多为过饱和 $CaCO_3$，但深层水却不是这样，当 pH 值很低时它可能是未饱和的。具有海洋盐分含量的水，当 $pH > 7.9$ 时，所有的温度下都是饱和的。很典型的是在很深的大洋盆地中积聚有大量的 CO_2，但在污泥中却没有 $CaCO_3$。

表 14-5　在 Cl^- 含量为 19500mg/L 的海水中，当 pH 值及温度各不相同时 $CaCO_3$ 的溶解度

（以毫克—当量/升表示）（根据瓦钦别尔格）

pH / t（℃）	7.3	7.4	7.5	7.6	7.7	7.8	7.9	7.0	8.1	8.2	8.3	8.4	8.5
0	6.3	5.3	4.4	3.7	3.1	2.6	2.5	1.8	1.5	1.3	1.1	0.9	0.8
2	6.0	5.0	4.1	3.5	2.9	2.4	2.0	1.7	1.4	1.2	1.0	0.9	0.8
4	5.6	4.7	3.9	3.3	2.7	2.3	1.9	1.6	1.3	1.1	0.9	0.8	0.7
6	5.3	4.4	3.7	3.1	2.5	2.1	1.8	1.5	1.2	1.1	0.9	0.8	0.7
8	5.0	4.1	3.4	2.9	2.4	2.0	1.7	1.4	1.2	1.0	0.8	0.7	0.6
10	4.6	3.9	3.2	2.7	2.2	1.8	1.6	1.3	1.1	0.9	0.8	0.7	0.6
12	4.3	3.3	3.0	2.5	2.1	1.7	1.4	1.2	1.0	0.9	0.7	0.6	0.6
14	4.0	3.6	2.8	2.3	1.9	1.6	1.3	1.1	0.9	0.8	0.7	0.6	0.5
16	3.7	3.1	2.6	2.1	1.8	1.4	1.2	1.0	0.9	0.7	0.6	0.6	0.5
18	3.4	2.9	2.4	1.3	1.6	1.3	1.1	0.9	0.8	0.7	0.6	0.5	0.5
20	3.2	2.6	2.2	1.8	1.5	1.2	1.0	0.9	0.7	0.6	0.6	0.5	0.4
22	2.9	2.4	2.0	1.6	1.3	1.1	0.9	0.8	0.7	0.6	0.5	0.5	0.4
24	2.7	2.2	1.8	1.5	1.2	1.0	0.9	0.7	0.6	0.6	0.5	0.4	0.4
26	2.5	2.0	1.7	1.4	1.1	0.9	0.8	0.7	0.6	0.5	0.4	0.4	0.3
28	2.3	1.9	1.5	1.3	1.1	0.9	0.7	0.6	0.5	0.5	0.4	0.4	0.3
30	2.1	1.7	1.4	1.2	1.0	0.8	0.7	0.6	0.5	0.5	0.4	0.4	0.3

$MgCO_3$ 不能从海水中沉积出来，因为在海水中未能达到其活度积，其活度积值为

$$f_{Mg^{2+}} \cdot [Mg^{2+}] \cdot f_{CO_3^{2-}} \cdot [CO_3^{2-}] = 0.1 \times 10^{-4}$$

或当 20℃海水含盐量为 35000mg/L 时为

$$[Mg^{2+}] \cdot [CO_3^{2-}] = 3 \times 10^{-4}$$

实际测定 Mg^{2+} 的含量 0.053mol/L，CO_3^{2-} 0.0001mol/L，则 $0.053 \times 0.0001 = 0.053 \times 10^{-4}$，也就是比溶度积小 57 倍。在海相沉积中与 $CaCO_3$ 同时存在有大量的 $MgCO_3$，这是由于溶液中 Mg^{2+} 和沉积物中的 Ca^{2+} 离子间发生交替作用的结果。

一般来说，海相沉积物对于海水的离子成分影响极大。很大一部分离子被河流携入，并被沉于海底的矿物悬浮物吸收，然后与溶液中的离子发生交替作用，此时海中的沉积物和污泥把已被

它们吸收的阳离子交换出来。当海水中 Na^+ 的浓度很大，且悬浮物以 Ca^{2+} 及 Mg^{2+} 为主时，由于这种作用其结果使海水富集了 Ca^{2+} 和 Mg^{2+}，这也是海中的 $[Ca^{2+}]+[Mg^{2+}]>[HCO_3^-]+[SO_4^{2-}]$ 的原因之一。

在与大洋半隔绝的海湾中，海水蒸发时析出盐是使溶于大洋中盐的总量减小的另一个重要因素。在干旱气候下，这样的海湾变成巨大的天然蒸发器，大量的海水涌入其中，经蒸发而析出盐。

在史前时期，从大洋中分出了若干个很大的海和海湾，而遗留下巨厚的盐层，中亚的许多地层中的盐层就是这样形成的。

在大洋中所完成的和正在进行的离子析出作用的规模是巨大的，大陆上海相盐层就可说明这一点。地壳上的沉积岩中盐的含量可达所有沉积岩质量的 5.8%，即近 32×10^{15}t，也就是稍小于世界大洋中盐的总质量。因此，在海洋中与大陆之间不断地进行着易溶盐类的循环，且大洋中易溶盐类稍多，这样循环的结果是使盐按其溶解度而分开，即碳酸盐留在陆地上，而硫酸盐及氯化物涌入海洋中。

（六）海水中主要离子成分中 HCO_3^- 的恒定性最差

海水中主要离子成分虽有一定的恒定性，但某些离子（如 HCO_3^-，也包括 CO_2）并不见得是恒定的，它受河流极大的影响而冲淡和沉淀。在海洋研究中 $HCO_3^-+CO_3^{2-}$ 与离子总和之比 (A/S)‰称为碱性系数，它差不多是恒定的，对于大西洋，它等于 662（此值是碱性系数 0.0662×10^4）。当海水被河水冲淡时（在河流入海的地方常有此种情况），A 值增大，所以碱性系数是说明冲淡程度的良好指标，也是说明水体起源的良好指标。例如，欧洲北海的开端 S‰ = 35.00，碱性系数等于 678.8。而向南，靠近岸的地方的海水变淡（S‰ = 31.35 ~ 32.47）。碱性系数则增加到 760.3 ~ 714.2。

HCO_3^- 成分在反渗透处理水过程中很重要。要考虑碳酸盐垢形成的可能性，有的海域不需阻垢，如大连长海的海水淡化系统 S&DS1 < 0；有的海域（如舟山嵊山）则需加 H_2SO_4 以调节 pH 值使 S&DS1 < 0。GIBRALTAR，GIEN ROCRY 海水仅需加阻垢剂。沙特阿拉伯 Jeddah，碳酸盐硬度超过饱和 30% 则需加酸调整 pH 值至 7.0 ~ 7.5。

（七）海水含盐量由于地理条件而不同

蒸发特别剧烈的热带干旱地区具有最大的含盐量，达 35000 ~ 37000mg/L。如印度洋西北部，由于缺少大陆径流又特别干燥，其含盐量 > 36000mg/L。波斯湾和红海具有极大的含盐量（> 40000mg/L），如沙特阿拉伯的 Jeddah 淡化厂的海水含盐量达 43000mg/L。

在南北半球的高纬度地带，由于蒸发不大，冰川融解生成淡水，使表层水的含盐量急剧下降达 30000 ~ 34000mg/L。在南部洋流被大陆隔绝的北部地带，在冰融解的同时，表层水被巨大的西伯利亚河流径流所冲淡。

（八）海水中的 CO_2 和 pH 值

海水中的 CO_2 含量很小，约十分之几 mg/L（尽管其含量小，但世界上大洋中的碳酸化合物的总量却很大，并远远超过大气中的含量）。溶于海水中的 CO_2 具有很大意义，它的存在决定着海洋中有机生命的存在。CO_2 是有机生命在建造原生质时所需碳的源泉。当 CO_2 在大气圈——岩石圈——水圈中循环时，大洋中的 CO_2 是其中的一个重要环节。这一环节为碳从大气圈中转化到矿物成分中去提供了条件。最后，海水中的 CO_2 能使大气圈中始终饱含 CO_2。

海水中 CO_2 含量小是海水中的 CO_2 能使大气圈中的 CO_2 间形成了稳定平衡的结果，因此表面水中 CO_2 的分压（p_{CO_2}）与大气中 CO_2 的分压相近。据观测，大西洋水表面的 p_{CO_2} 非常接近于大

气中 CO_2 的分压（3.3×10^{-4}大气压），随深度加大，CO_2 含量稍增，特别是在水交替困难以及聚积有各种有机物残骸的地方。

大陆径流是海水中 CO_2 的重要源泉，它带来 HCO_3^-，在 HCO_3^- 转变为 CO_3^{2-} 时析出 CO_2。与这一作用相反，在含水层的上带 100m 以上地区，由于有机物的光合作用而使 CO_2 有所损耗。

海水的 pH 值主要决定于 p_{CO_2}，对海水来说变化较小。大洋表面部分的 pH 值变化在 8.1～8.3 之间。随深度加大以及与此相适应的 p_{CO_2} 的增大，pH 值减小，但是不超过 7.6～8.4。在个别水交替较困难的 CO_2 聚积的地区，pH 值可能还要低些，而在海滨浅水区则可能高于上述值。在受大陆径流影响的地区，pH 值常稍低（虽然有时河水的 pH 值可能比海水高）。

（九）海水中的碱土金属

海水中含 Sr^{2+} 数量达 13.5mg/L，Sr 与 Ca 的比值比在火成岩和沉积岩中大，这是因为 $SrCO_3$ 比 $CaCO_3$ 易于溶解，因而在海水中聚积的 Sr^{2+} 较多。很明显，海水未被 $SrCO_3$ 所饱和。

Ba^{2+} 的含量则由于海水中有大量的 SO_4^{2-}，因而含量受到限制。

（十）海水中的硼

海水中的硼约为 4.5mg/L，硼的含量和海水中盐的总量成正比，且其含量与 Cl^- 之间的关系为：$B\% = 0.00024\,[Cl^-]\%$。

硼在海水中主要是以 H_3BO_3 和 $H_2BO_3^-$ 存在。当 Cl^- 为 19000mg/L（温度为 10℃时），pH = 8.2，HCO_3^- 为 2.34×10^{-3}mol/L 时，硼总含量为 0.43×10^{-3}mol/L，而 $H_2BO_3^-$ 为 0.096×10^{-3}mol/L。

（十一）海水对金属离子的广泛包容性

海洋中含有的金属离子种类很多，含量也相当惊人，例如，整个海洋中约含有金 7×10^7t，铜 7×10^9t。而且这些金属在海洋中十分稳定，至今尚没有一种特殊的手段可以很经济地将它们分离出来。这也可能是由于这些金属是以络合物形态或其他形式分散在水中。天然水中的溶解有机物可达 0.1～10mg/L，包括氨基酸、多糖、脂肪酸和含有烃基或羟基的芳香族衍生物等。是否由于这些有机物与金属产生络合物才致使这些金属难以分离尚不能肯定，也发现某些海洋生物对这些金属元素有高度富集的本领，例如，鱿鱼血液中的含铜量是海洋水中含铜量的 10^9 倍。某些海底生物血液中的钒是海水中的一百万倍。这种吸收某种金属的选择性如此高度专一的现象还很难用一般络合物稳定原理来解释，或许由于某些蛋白质或有机体中某些组分具有特殊结构，或是在一定生物催化作用下产生的反应。由此可见海水中各种金属螯合物的复杂性。

（十二）海水中的硅酸

海水中硅的含量为 0.2～1.2mg/L，这与海水中的硅藻消费硅化物有关，同时海水中的硅含量也并不低到使有机生命发展受到限制的程度（这就是生态平衡）。季节性的变化仅局限于几百米的上层海水中，而较深处的硅含量变化很小（0.8～1.2mg/L）。深海处的硅含量变化主要取决于水体的起源。在许多情况下，深海处还有更大的含量，如日本海的硅含量达 4mg/L。

在浮游植物死后，硅的再生作用很容易，这是因为形成的沉积物很细，且海水为弱碱性反应所致。

（十三）海水中的卤素

海水中 Br^-，I^- 和 F^- 的含量大致与盐的总含量成正比。当 Cl^- 的含量为 19000mg/L 时，海水中含 Br^- 为 65mg/L，I^- 为 0.05mg/L，F^- 为 0.19mg/L。I^- 对生物有特别重大的意义，许多海藻中的 I^- 含量远比海水中的含量大（Laminaria 含有 I^- 达 0.5%，这相当于富集了 100000 倍）。

海水中的 Br^- 含量是杀灭微生物的重要成分，在海水氯化过程中，溴化物会迅速地与次氯酸反应生成次溴酸

$$Br^- + HClO \longrightarrow HBrO + Cl^-$$

因而氯化的海水主要的杀生剂为 HBrO，而非 HClO，HBrO 随后即离解为次溴离子

$$HBrO \longrightarrow BrO^- + H^+$$

HBrO 的离解度小于 HClO，HClO 在 pH = 8 时只有 28% 未离解，而 HBrO 却高达 83% 未离解。换句话说，对于含有溴化物的海水，在较高的 pH 值时将比苦咸水有更有效的杀菌能力。

需要注意的是，在含有溴化物时将影响海水氯化残余游离 Cl_2 量的测定。

二、取水

海水反渗透的取水方式直接关系到预处理的方法和投资、运行成本，对反渗透膜的防止污染具有极大的影响。

（一）取水方式

海水的取水方式随地理环境和地质条件而不同，一般有海表面取水、海岸边管井取水和海滩渗井取水等方式。

海水反渗透水处理的典型取水方式如表 14-6 所示。

表 14-6　　海水反渗透水处理的典型取水方式

取水方式	应用于反渗透取水的实例	效果评价
海表面取水 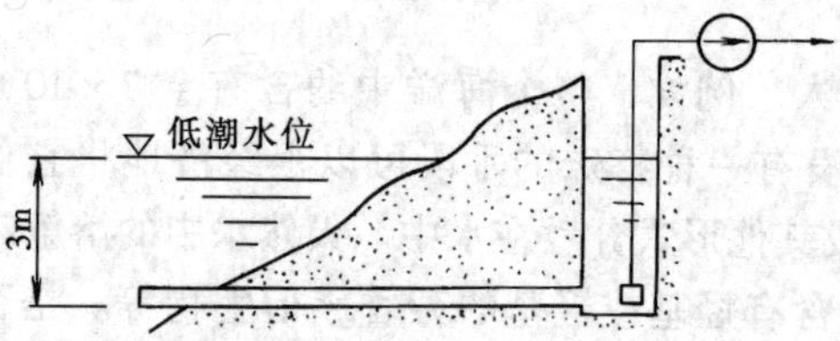 低潮水位 3m	日本冲绳 10000m^3/d 中国大连长海县 1000m^3/d	直接海水的浊度和 SDI 较高，膜的水通量取 12～13L/（m^2·h）
海滩渗井取水 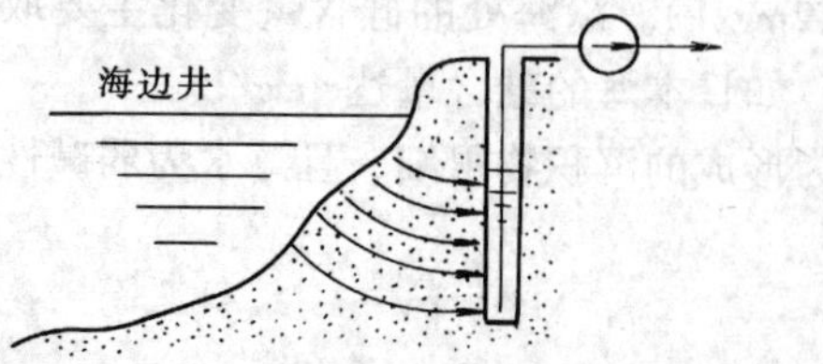 海滩渗井	西班牙 Captacion de Agua Demar 20000m^3/d 中国浙江省舟山嵊山 500m^3/d	经渗透后的水浊度低，SDI 低，膜的水通量取 16.8L/（m^2·h）
海岸边管井取水 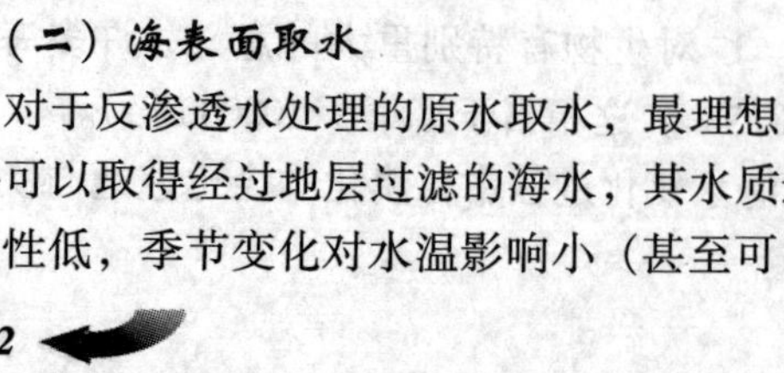 海边井	日本爱知县 12000 m^3/d 日本福冈 10000 m^3/d 中国山东长岛（大口井）60 m^3/d	经地层渗透浊度低，SDI 低，相当于井水的效果

（二）海表面取水

对于反渗透水处理的原水取水，最理想的方式就是海岸边打井（包括管井或滩渗井）。海边打井可以取得经过地层过滤的海水，其水质悬浮物低、有机物低、溶解氧小，而且海边井水中生物活性低，季节变化对水温影响小（甚至可以避免），这样就减少了预处理的负担。但海水井渗

漏对水质影响很大时，或打出的井水 TDS 高于海表面水，或者不能供给稳定的水源，甚至打不出水来（大连长海的反渗透取水就曾遇到打不出水的问题）时，这样就只能从海边附近的表层海水取水。

1. 海表面取水资料的收集

决定海表面取水的成功在于占有充分的历史和自然环境资料，包括：①地况地貌资料；②逐季节水温波动变化资料；③高低潮汐时水位及水质成分变化资料；④海风对水位影响，海浪高及冲击泥砂的影响；⑤泥砂、海草、鱼、海藻等或能污染、可堵塞引水系统的有关问题的资料。所有这些资料都要通过调查，以确定引水点和取水构筑物。

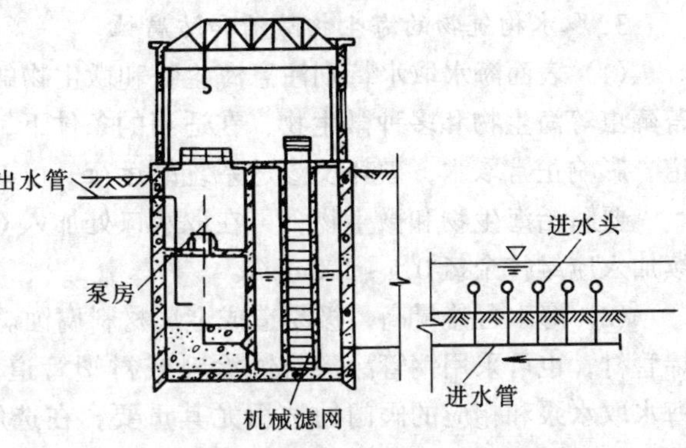

图 14-2　海床取水

2. 海表面取水方法

1）方法一：海床取水（如图 14-2 所示）。

适合设在海湾内风浪较小的地段内，取水构筑物建造在坚硬的原土层和基岩上。海边取水点或明渠引水，应在引水入口处建造防浪堤，以阻挡风浪，避免风浪的作用力。

2）方法二：海岸边直接取水或围海取水（西班牙 Las Palmas 岛 36000m^3/d 淡化厂曾采用）。

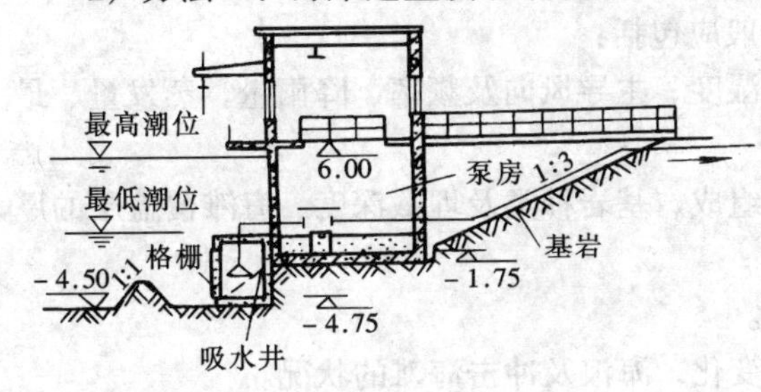

图 14-3　海岸取水示意

适用于海岸较陡，原水含砂量较少，高低潮位相差不大，低潮位时岸边有 1m 以上水深，以及取水量较小时（见图 14-3）。可以建造岩边合建式取水构筑物从海岸边取水，或用分建式取水，水泵吸入管伸入岸边取水，而取水泵房建造于离海岸边 10～20m 处。为取水可靠，至少须有 2 台水泵，每台泵有单独的吸水管，吸水管上安装阀门。取水管的直径和水泵扬程应适当加大，以考虑海水生物使管径减少的影响。因为直接取水时吸水管内滋长海生动物（如海红等贝类），不易清除。

图 14-4 是大连长海海水淡化厂取水示意图。

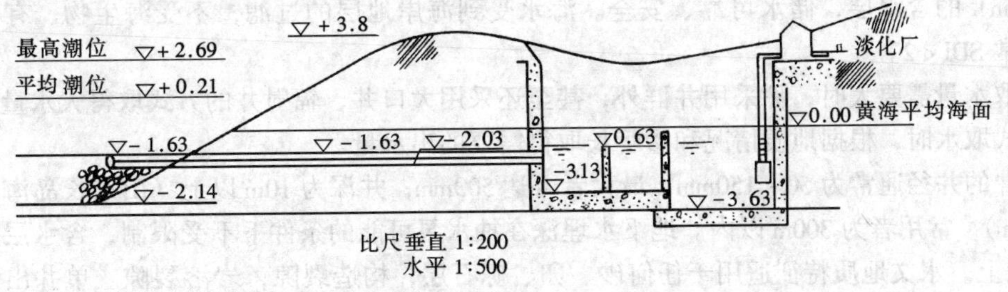

图 14-4　大连长海海水淡化厂取水示意图

3）方法三：明渠引水。

适于海岸较陡，海水较深，高低潮位相差较小，深水区离岸有一定的距离时，海水中泥砂含量低，海床为基岩所构成为宜。引水明渠进口应设在枯水位以下至少 0.5m，泵房可采用岸边式，用立式吸水泵。

4）方法四：引水明渠与蓄水池相结合的潮汐式取水方式。

可使泵房远离海岸不受风浪侵袭，蓄水池的预沉作用可以改善水质。适于深水区较远，海岸较平坦时，岸边建有调节水池，利用高潮位进水，低潮位取池内水。

3. 取水构筑物的海生物防治和防腐蚀

（1）表面海水取水特别注意海生物和微生物的繁衍。海水中的紫贻贝（海红）、牡蛎、蛤蜊、苔藓虫等海生物和多种微生物，在适当的条件下，繁殖十分迅速，它们可堵塞取水的构筑物、管道，影响正常取水，破坏反渗透系统的运行。

要防治海生物和微生物，可在取水口处加入 Cl_2、ClO_2 或 NaOCl，连续投加或冲击式投加，连续加入应维持余氯 0.5～1.0mg/L。

（2）海水含盐量高，极易造成金属材料腐蚀。为防止腐蚀，取水的非压力管道可采用聚氯乙烯管材，也可采用钢管涂敷防蚀涂料或衬塑管道。不能用碳钢管和一般的不锈钢管（如 304）。海水取水泵和相应的阀门的选用尤其重要，在选用过流部分时，要求必须是适用于海水的不锈钢，或采用非金属材料衬里，这是至关重要的。

（三）海边井和渗井取水

1. 海边井取水资料的收集

对于中型以上的取水工程，初步设计和施工阶段必须有相应的水文地质勘察报告。对于小型的地下水取水工程，由于条件的限制没有不同阶段的勘察报告时，必须收集必要的水文地质资料，补充勘察以取得必要的资料作为设计依据。一般应包括：

（1）海边井所在区域的气象资料，包括气温、湿度、主导风向及频率、降雨量、蒸发量、最大冻土深度。

（2）海边地区的地质构造、含水层分布、颗粒组成、基岩种类及埋藏深度、海滩覆盖层的厚度等。

（3）周边地段的边界条件，如河流的排放源等。

（4）海边逐季节的水温变化、高低潮汐时水位变化，海浪及冲击海滩的状况。

（5）海边水质及地下水水质分析资料、周边地段排放水质资料。

（6）构筑物的布置及施工、运行管理的条件。

2. 海边井的取水方式

一般以管井方式，适用于取水量不大，水质要求高的反渗透给水。这种取水方式借助于较厚（10～20m）的含水层，储水可靠、安全。海水受到海岸地层的过滤，不受海生物、有机物的污染，通常 SDI＜2。

当取水量需要大时，除采用井群外，甚至还采用大口井、辐射井的方式取得大水量。采用渗井的方式取水时，根据地质情况和渗管长取得需要的出水量。

管井的井径通常为 50～150mm，最大者可达 500mm；井深为 10m 以上（山东长岛海边大口井深为 17m），常用者为 300m 以内。地下水埋深在抽水泵可能的条件下不受限制，含水层厚度一般在 5m 以上。水文地质特征适用于任何砂、卵、砾石层，构造裂隙，岩溶裂隙。单井出水量一般为 500～6000m^3/d。

大口井、辐射井的井径为 2～8m，井深在 20m 以内，常用为 6～15m，地下水埋深一般在 10m 以内，含水层厚度一般在 5m 左右，最好为中粗砂或砾石。适用于任何砂、卵、砾石层。渗透参数最好在 20m/d 以上。单井出水量一般为 500～10000m^3/d。

地下水层是以滴状液态充填于构成地壳的岩石及土壤的孔隙中的水。地下水和土壤的特征是最完整一体的。水的形态取决于土壤的性质及物理条件，可能是极薄的、不完全包围固体颗粒的膜称“吸着水”，可能是薄的连续的膜称“薄膜水”，可能是充填岩石和土壤颗粒间极细毛细管的“液态水”。当水量足够多时，可能呈涓滴细流状态，此时将形成厚度很大的地下水体——含水层。

含水层的上带是水的积极交替带，此带的水位于侵蚀基准面之上，接受河水、海水的流泄，并受到上面泄下来的地表水的作用。水的一般特点及成分决定于地表水（河水、海水），它从上向下渗入通过此带泄出，或称之为“潜流水”或“潜水”。

含水层的中带（缓慢交替带）处于上带和下带（相对停滞带）的中间地位，部分反映上带和下带水的性质。

海水层的中带和下带是埋藏于侵蚀基准面以下的层间水，具有压力水头，或称之为承压水。下带层间水完全与地表水相隔绝，它们完全不与地表相连通。下带层间水或称下带停滞水，是在很长的地质年代里，由上层水渗入而成或是从海水渗入而形成（古海水的残余，称之为“埋藏水”）以后被较新的岩层所覆盖，在不断增长的压力作用下，从岩石和污泥中析出而成。

海边井所取出的水多是含水层的上带水，即潜水，其水质与海水相近。也有的靠海的井水则属于层间水，即承压水，因而靠海的井水也有含盐量相对低于海水含盐量的。

海边管井如图 14-5 所示。海滩渗井如图 14-6 所示。

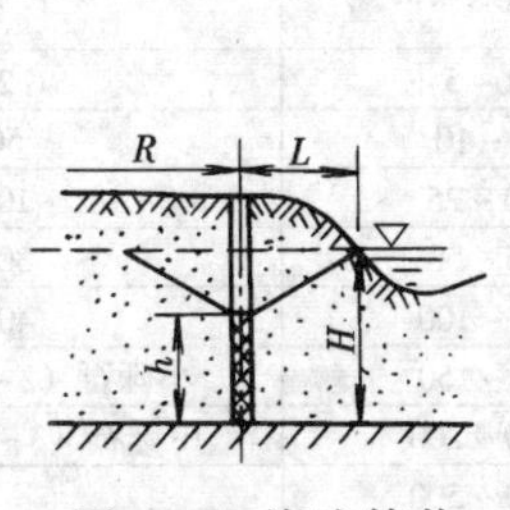

图 14-5　海边管井

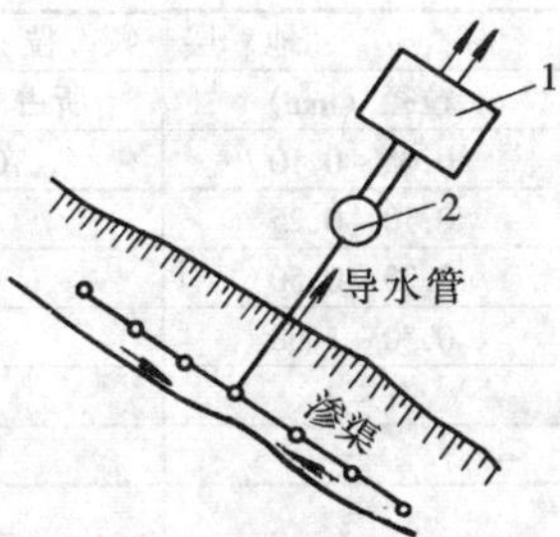

图 14-6　海滩渗井

1—泵房；2—集水井

管井出水量计算

$$Q = 1.366K\frac{H^2 - h^2}{\lg\frac{2L}{r}}$$

式中　Q——出水量，m^3/d；

K——渗透系数，m/d；

H——潜水含水层的厚度或承压水含水层的水头高度，m；

r——井的半径，m；（当采用填砾过滤器时，为填砾过滤器外径）

h——井中水深，m；

L——井至河流水边线的距离，m。

3. 海边管井设计的水文地质参数

含水层水文地质参数主要有渗透系数、影响半径等。这些参数可以通过专门抽水试验（单井或群井）取得。

渗透系数（K）的确定，可根据含水层的特性采用计算的方法，由于局限性可能出现较大的误差，仅作为参考。

承压水

$$K = \frac{Q}{2\pi SM}\ln\frac{R}{r}$$

潜水

$$K=\frac{Q}{\pi\ (H^2-h^2)}\ln\frac{R}{r}$$

式中 K——渗透系数，m/d；

Q——井的出水量，m^3/d；

S——井内水位降深，m；

M——承压水含水量厚度，m；

R——井的影响半径，m；

r——井的半径，m；

H——自然情况下潜水含水层厚度，m；

h——井中水位高度，m。

对于需水量不大的工程，无抽水资料时，可经过实地调查研究，参照附近水源井的抽水资料分析计算，求出渗透系数及影响半径。必要时打试验井进行抽水试验，推算渗透系数及影响半径。急需时也可参考经验值粗略估算（如表 14-7 所示）。

表 14-7　　渗透系数及影响半径经验值

地　层	地层颗粒		渗透系数（m/d）	影响半径 R（m）
	粒径（mm）	所占质量（%）		
粉砂	0.05~0.10	70 以下	1~5	25~50
细砂	0.10~0.25	>70	5~10	50~100
中砂	0.25~0.50	>50	10~25	100~300
粗砂	0.50~1.00	>50	25~50	300~400
极粗的砂	1~2	>50	50~100	400~500
砾石夹砂	—	—	75~150	小砾石（2~3mm）500~600
带粗砂的砾石	—	—	100~200	中砾石（3~5mm）600~1500
漂砾石	—	—	200~500	粗砾石（5~10mm）1500~3000
圆砾大漂石	—	—	500~1000	

影响半径 R 值对于取水构筑物出水量的计算有一定的影响，在水平式集水构筑物更为显著。利用稳定流抽水试验观测孔的水位下降资料，计算影响半径可按下式

承压水

$$\lg R=\frac{s_1\lg r_2-s_2\lg r_1}{s_1-s_2}$$

潜水

$$\lg R=\frac{s_1\ (2H-s_1)\ \lg r_2-s_2\ (2H-s_2)\ \lg r_1}{(s_1-s_2)\ (2H-s_1-s_2)}$$

式中 R——影响半径，m；

H——静止水位高度或潜水层高度，m；

s_1，s_2——观测孔内的水位降深，m；

r_1，r_2——抽水井至观测孔的距离，m。

在不能取得抽水资料时，可采用经验式计算

$$R=2s\sqrt{HK}$$

含水层厚度较大，抽水时间又较长，可按下式计算

$$R=3000s\sqrt{k}$$

式中 K——渗透系数，m/d；

k——渗透系数，m/s；

R——影响半径；

s——水位降深；

H——含水层厚度（对于承压水应为含水层底到动水位的高度），m。

4. 渗井

渗井管径为0.45～1m，深度为7m以内，适用于中砂、粗砂或卵石层。一般出水量每1m渠长为10～30m^3/d。西班牙淡化水厂Captacion de Agua Demar（20000m^3/d）打有7口滩井，井距海岸边150m，井深40m，取水层15m，SDI=2左右。

渗井主要用以汲取海岸的渗透水和潜流水，其出水量受海水潮汐的涨潮和落潮影响。我国浙江嵊山沉井深度为最低潮位线以下2.7m。经验认为集取潜流水和海床水效果较好，可除去细菌70%～95%。为获得预计水量，应注意：

（1）确切地进行水文地质勘察，正确地使用储量评价计算。

（2）正确地选择渗井位置。渗井选择在非淤积地段、海床稳定、含水层较厚并不透水的夹层地带。

（3）充分考虑淤塞可能引起的出水量逐年下降。

（4）渗管在10～30m范围内最好在海床下集水。渗管与海平面边线的距离，在含水层为卵石或砾石层时，一般不宜小于25m，对较浑浊的海水还可加大。

例如，渗管设于海滩下，平行于海岸的实例如图14-6所示。

（5）渗管的平面布置可采取平行于岸边和垂直于岸边的方式。

渗管平行于海岸时一般用于含水层较厚、潜水充沛、海床较稳定、以集取潜流水和岸边地下水的情况。

渗管垂直于海岸、设于海滩下时，适用于岸边地下水补充来源较差，而海床下含水层较厚，透水性较好，且潜水比较丰富的情况。

渗管设于海床下时，适用于海床水浅，且海床含水层较薄、透水性较弱、以集取海床渗透水的情况。

渗井出水量计算：

例举集取地下水或潜流水，（双面进水，若为完整式渗井）的出水量Q（与非完整式渗井出水量计算不同，仅供参考）。

当渗管L大于50m，
$$Q = LK\frac{H^2 - h^2}{R}\ (\mathrm{m^3/d})$$

当渗管L小于50m，
$$Q = 1.37K\frac{H^2 - h^2}{\lg\dfrac{R}{0.25L}}\ (\mathrm{m^3/d})$$

式中　L——渗管长度，m；

K——渗透系数，m/d；

H——含水量厚度，m；

h——动水位至含水层底板的高度，可取（0.15～0.30）H；

R——影响半径，m；

T——渗管底至含水层底板的距离（图14-7中），m；

C——渗管宽度之半（图14-7中），m。

完整式渗井与非完整式渗井如图14-7所示。

三、海水反渗透膜

开发海水反渗透膜以来，常见应用于海水淡化的膜有如下几种类型：

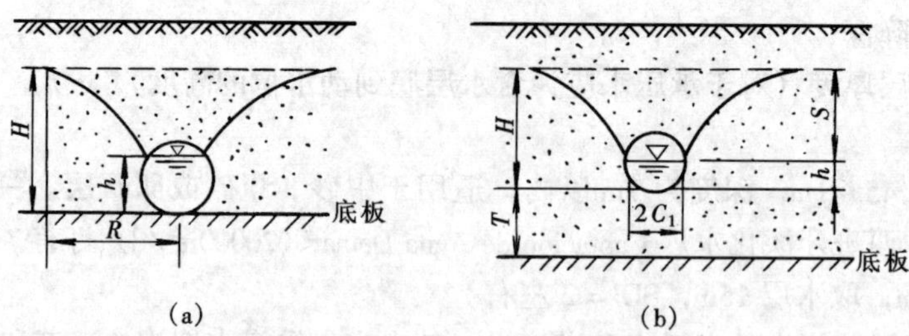

图 14-7　完整式渗井与非完整式渗井

(a) 完整式渗井；(b) 非完整式渗井

1）三醋酸中空纤维素膜；

2）全芳香线性聚酰胺中空纤维膜；

3）全芳香交联聚酰胺薄层复合膜；

4）芳香基—烷基聚醚脲薄层复合膜；

5）交联聚醚薄层复合膜。

主要海水膜的性能特征可大致表示如图（14-8）：

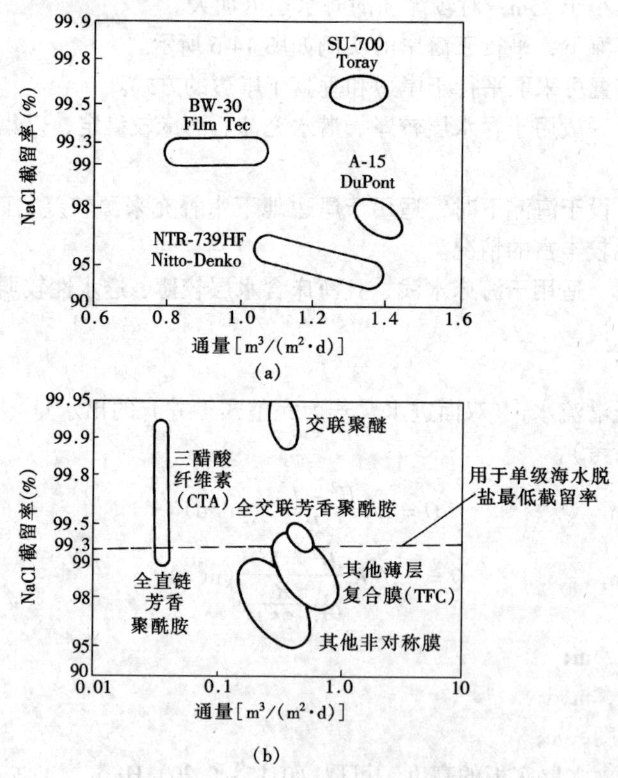

图 14-8　海水和苦咸水反渗透膜脱盐性能

(a) 高压反渗透膜的分离性能（在压力为6.5MPa，温度25℃下进行海水脱盐）；(b) 商品低压反渗透膜的脱盐性能（料液含 NaCl 1500mg/L，操作条件：压力 1.5MPa，25℃）

从 1960 年 Loeb 和 Sourirajan 制成世界上第一张非对称醋酸纤维素膜首次用于苦咸水和海水的淡化开始，1965 年起动的复合膜海水膜的研制还是由醋酸纤维膜开始，是在硝酸纤维—二醋酸纤维素的微细多孔支撑层上，再刮上一层厚只有 250 ~ 500 埃的三醋酸纤维素薄膜。在 7.0MPa 的运行压力下，三醋酸纤维复合膜的海水脱盐率高达99%以上，而二醋酸纤维素的非对称半透膜的脱盐率仅95%～97%，透水率也有提高。1972年Dupont公司研制成功B-10非对称芳香聚酰胺中空纤维海水膜，1973年进入市场并获得美国最高化工奖。

后来，1970～1974年，J，E. Cadotte等在北极星研究所（NSRI）开发了NS-100、NS-200性能比较优异的复合膜。例如，NS-200对于35000mg/L的NaCl溶液，在7.0MPa下，经9000h运行，脱盐率始终在99%以上，水通量竟高达3.06～3.4m^3/（m^2·d）。

NS-100复合膜主要是把料液聚乙烯亚胺与甲苯二异氰酸酯涂敷在由织物加固的聚砜支撑体的表面上，然后就地聚合而成。其结构如下：

$$(CH_2CH_2-\underset{\substack{|\\ C=O\\ |\\ NH\\ |\\ C_6H_4-CH_3}}{N}-)_n CH_2-CH_2-\overset{H}{N}-\overset{O}{\overset{\|}{C}}-\overset{H}{N}-C_6H_3(CH_3)-$$

NS-200复合膜的制备过程是在聚砜支撑层上，由酸催化剂使糠醇（furfuryl alcohol）聚合而成。其结构如下：

$$C_4H_3O-CH_2OH \xrightarrow{\text{酸}} C_4H_2O-CH_2-[-C_4H_2O-CH_2-]-C_4H_2O-CH_2OH$$

NS-100复合膜和NS-200复合膜的制法的差别是前者形成超薄皮层的聚合反应是在支撑层表面上进行的，而后者的聚合却是在穿过一定厚度的支撑层多孔空间内进行的。

PA-100复合膜是NS-100复合膜的改进膜，该膜的制造除了合成皮层时，以间苯二酰氯代替甲代苯撑二异氰酸盐（TDI）外，其他与NS-100相同。PA-100复合膜的结构为聚酰胺交联层。该膜比NS-100复合膜的水通量较大，脱盐率相近，对氯敏感。其结构式如下：

$$-(-\underset{\substack{|\\ CO\\ |\\ C_6H_4-}}{N}-CH_2-CH_2-\underset{\substack{|\\ CH_2-CH_2-NH(CO)-C_6H_4-CO-}}{N}-CH_2-CH_2-\underset{\substack{|\\ C=O\\ |\\ C_6H_4-}}{N}-CH_2-CH_2-)_n-$$

PA-300复合膜是1975年UOP的R.L.Riley等人开发的。由氯甲基氧丙环二胺缩合物（即乙二胺改性聚环氧氯丙烷）和间苯二甲酰氯制成的界面缩合物，其结构如下：

$$-(-CH_2-\underset{\substack{|\\ CH_2\\ |\\ -CO-C_6H_4-CO-N-CH_2-CH_2-NH-CO-C_6H_4-CO-}}{CH}-O-)-(-CH_2-\overset{\substack{O-\\ |}}{CH}-CH_2-O-)_n-$$

该膜的主要特征是：以它进行海水淡化时，即使在5.6MPa下，也可取得较高的脱盐率（98.5%），水通量2.55～3.4m³/（m²·d）。它是为克服PA-100复合膜的抗氯性差而研制的。该系列膜的商品名称为TFC。建立于沙特阿拉伯Jaddah的世界上最大的海水淡化厂（120000m³/d），使用的膜是TFC-801，该膜在5.6MPa压力下脱盐率为99.4%，水通量为0.53～0.61m³/（m²·d）；美国的yuma淡化厂（280000m³/d）使用的是TFC-402膜，TDS为2880mg/L，在2.8MPa压力下，回收率为70%，脱盐率大于99%，水通量为0.9～1.0m³/（m²·d）。

1977年，MRI为改进NS-100和NS-200的耐氯性，又曾开发了聚酰胺结构的NS-300膜。Filmtec公司于1980年以FT-30命名了薄层复合膜，它是由间苯二胺和均苯三甲酰氯界面聚合制得，虽属芳香聚酰胺类型，但耐氯、耐温、耐酸碱性比前述各聚酰胺膜好。最早的FT-30膜对32000mg/L海水，在5.6MPa（25℃）下，脱盐率可达98.2%，水通量达0.96m³/（m²·d）。

20世纪80年代，Hydrauantics公司也推出了脱盐率和水通量均有突破的SWC系列海水膜。同时，在1980年，日本东丽公司研制了PEC-1000膜，是糠醇和三聚异氰酸三羟乙酯在酸催化下就地聚合的产品，系聚醚结构，厚300埃，保护层厚0.2μm的。该膜有极高的脱盐率，适用于高温的、高盐浓度的中东地区的海水淡化。在5.6MPa、40%回收率下，脱盐率高达99.8%，水通量为0.3 m³/（m²·d）。该膜对海水中溶氧和溶氯的氧化性敏感，1991年后被SU-800系列取代。

多年来，新型海水膜相继出现。SW30HR-380 1985年问世，该膜在NaCl 32000mg/L，5.6MPa（25℃）pH=8，回收率8%条件下，脱盐率达到99.7%。TFC2822SS膜的氯离子脱除率达99.6%；SWC-3膜的脱盐率达99.7%，Toray的TM820脱盐率达99.75%。

由于复合膜的出现，海水反渗透膜的发展日新月异，水通量、脱盐率的发展状况可以用图14-9表示。

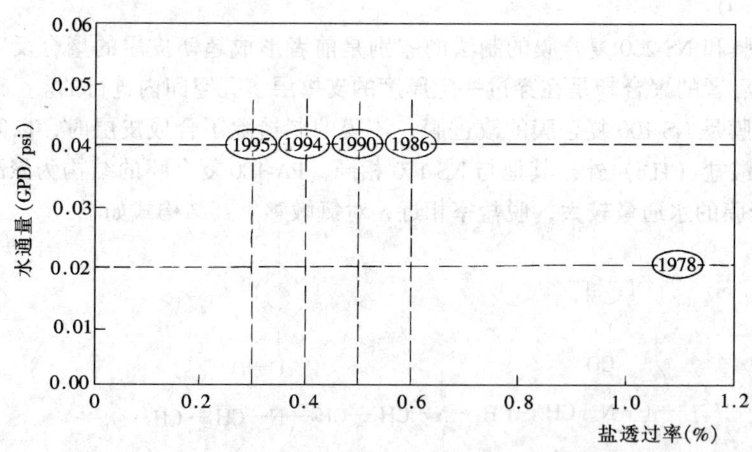

图14-9　海水复合膜的水通量、脱盐率的发展状况

1990年，国际脱盐协会（IDA）统计数据提供了国际上各知名厂家的市场海水膜占有率（单台产水量100 m³/d以上）的比率，如表14-8所示。

表14-8　　国际上各知名厂家的市场海水膜占有率的比率

美国 Dupont	B-10	42.6%
日本 Toyobo	SU-820	16.8%
美国 Filmtee	SW30 HR-380	16.8%
美国 Fluid Systems	TFCS-2822SS	5.8%
美国 Hydran autics	SWC-1，SWC-2，SWC-3	4.2%
美国 Envirogemics		1.9%
不知名的众多厂家		12.3%

曾经在市场上出现过的海水膜脱盐率和水通量状况的比较如图 14-10 所示。

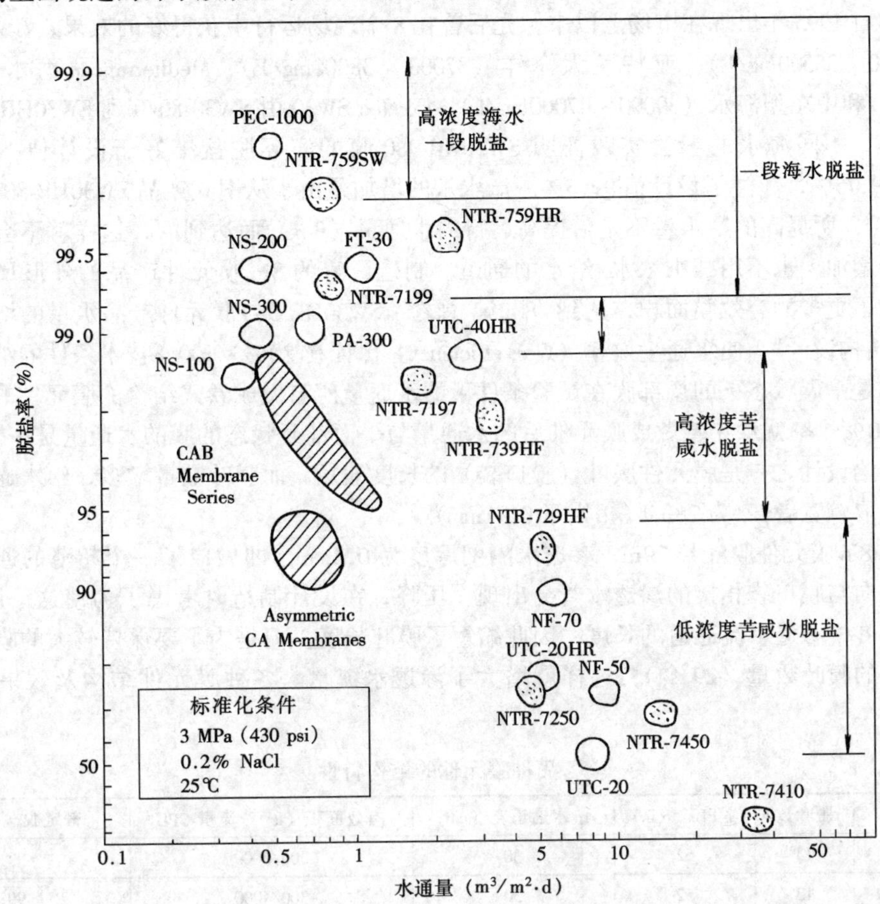

图 14-10　海水膜脱盐率和水通量状况的比较

国际上知名海水卷式聚酰胺膜 8in 元件的特性数据如表 14-9 所示。

表 14-9　　国际市场 8in 海水卷式反渗透元件的特性

品牌		TM-820 TORAY	NTR-70SWC NITTO Denko	SWC1 Hydranautics	SWC3 HYdranautics	TFCS 2822SS Fluid Systems	SW30HR-380 DOW
平均脱盐率（%）		99.75	99.6	99.6	99.7	99.6	99.7
最低脱盐率（%）		99.60	99.4	99.5 (99.4)	99.5		99.6
平均产水流量 m^3/d（GPD）		16（4220）	16（4220）	18.9（5000）	22.3（5900）	18.9（5000）	23（6000）
最低产水流量 m^3/d（GPD）		14（3700）	14（3700）				19.3（5100）
评估条件	压力（bar）	56	56	56	56	56	56
	温度（℃）	25	25	25	25	25	25
	NaCl（ppm）	35000 sea wanter	35000	3200 ASTM Sea water	3200 ASTM Sea water	32800	3200
回收率		10	10	10	10	7	8

注　SWC1 的脱盐率 99.4% 是在现场以 3200mg/L NaCl 的试验结果。

很明显，20世纪90年代中期，各产品的脱盐率和产水量都有突出的改进。以SW-30HR-380为例，该膜自1995年出现在市场上以来，先后曾在8个现场运行中获得好的效果，涉及到Carrb-bcean（35000～35500mg/L）、亚特兰大海洋（37000～38000mg/L）、Mediterrancan海水（38000～40000mg/L）和中东型海水（39000～47000mg/L），Filmtec SW30由SW30-8040到SW30HR-8040再到SW30HR-380，不同海水的考验实践证明SW30HR-380膜的实际脱盐率好于设计值，即实际为99.65%～99.75%，超过了设计值99.6%。产水量的增加是由于从旧式产品SW30HR-8040的299ft^{2}增加到380ft^2，所提高的产水量不是借提高运行的水通量（flux）而达到的，这样就不会造成潜在的膜污染的增加，也不用减小浓水/给水的通道。制造厂家的8in膜元件产品的外形尺寸没有扩大，却增加了更多的有效膜面积，达到380ft^2。总之，SW30HR-380膜元件产品水量的增加是由于“新的内部结构设计”，使水通量效率（Flux efficiency）保证在80%～100%技术条件的结果。（注：水通量效率是平展状态下的局部膜在试验条件下的水通量值与做成卷式结构的膜元件的水通量值的比值。100%效率就意味着做成膜元件后的水通量与平面铺开状态的膜的水通量是一样的。）

新的结构设计之一是膜元件膜叶（膜口袋）的长度缩短，而膜叶数量增多，给水通道宽度基本不变（采取较宽者），为28mil（相当于0.71mm）。

标准的8in膜元件膜叶长29in，渗透水隔网厚度为0.4mm，即做成了一个超薄的通道。从膜叶顶头部流向与膜口袋相接的渗透水管会出现一压降，在设计制造时考虑了为使这一压降最小，而要减小膜叶中渗透水流通道的长度，因此缩短了膜叶长度。但是为了要保持较大的膜面积，就要增加更多的膜叶数量（29个），这样就增大了渗透水流量。各种膜元件结构及效果对比如表14-10所示。

表14-10　　各品种膜元件的结构特性

膜元件	膜叶数	膜叶长（in）	给水通道宽（mil）	有效面积（ft^2）/流量GPD	额定脱盐率（%）
SW30-8040	13	52	30	300/6000	99.1
SW30HR-8040	13	52	30	300/4000	99.4
SW30HR-320	25	29	—	320/5000	99.7
SW30HR-380	29	29	28	380/6000	99.7
SWC1	17	41	28	315/5000	99.6
SWC3	21	42	25	370/5900	99.7
TFC2822SS-360	15	42	31	360/5000	99.6
TM-820	20	39	32	370/4220	99.75

归纳上述，SW30HR-380由于膜面积从299ft^{2}增加至380ft^2，净增面积27%，通量效率（Flux efficieney）由79%提高至99%，净增25%。其结果为产水量提高了50%，即由4000GPD提高至6000GPD。

膜叶流道的阻力变化及流量变化如第四章的图4-4所示。

膜叶的水通量在靠近渗透水管处高，远离水管时，其膜叶水通量按几何级数递降。一般是主要的产品水产生于靠近水管的膜叶的1/3范围内，在靠近水管的膜横向流通速度高于平均速度时，沿叶膜整个长度变化多于7倍。

改进的膜有较小的最大通量，有利于膜的防污染。通常给水中颗粒沉淀在膜表面上存在三种矢量的力，即在膜叶（膜口袋）纵向的力（T_L）、横向于膜的沉积速度的力（T_r）、在大流量下传递布朗运动的力（T_B）。

很明显，T_r是起污染作用的，T_B使膜表面发生紊态的浑浊现象，在给水通道壁上的速度低于通道的中心流速时，会增加污染形成的可能，这样会导致增大给水压力来弥补产品水量的下降。如此又会使膜的未被污染的部分增大通量，以较高的回收率运行，进一步增加了膜污染的危险。

而短叶膜的开头和末尾的横向流速间的差别小，因此不易造成污染。

改进膜元件结构的另一举措是为了解决 29 个膜叶以手工装配在渗透水管上的困难，全部采用自动化组装。第一步是叶膜的切割，然后是两侧边的粘封，以避免在运行工况变化或发生问题停运、对膜叶侧出现压差时使膜元件的整膜窜动脱层。

膜片、浓水和产品水的隔网是用机器密封黏结的、黏结线达到较窄的黏线，这样可以得到较大的有效膜面积。同时还改善了人工卷膜的松紧程度，改善了产品水、浓水的分布偏差。

海水膜的寿命已通过海水淡化厂证实，都能达到各大膜生产厂家的经验使用期限 5 年以上，年更换数量不超过 10%。膜约占投资的 6% ~ 10%。美国 Dupont 公司在世界上已有 500 套 B-10 海水反渗透在运行，具有平均大于 5 年的使用记录（B-10 是中空纤维膜）。对于卷式膜，由于结构条件好，因此可望更长。

海水膜的使用环境对膜的寿命有极大的影响，比如海水的氧化性除对三醋酸中空纤维素膜影响较弱外，其他膜在氧化环境下均会有不同程度的降解；海水中微生物会引起膜污染而使膜性能下降，减小膜的寿命。因而多年来都在采取措施来减弱这些不良的影响，如：

（1）减少海水的氧化性。

（2）从经过周围地层过滤的海水井抽取少氧、少微生物、低污染胶体和悬浮物的海水。

（3）原水采用表面海水时，需要氯化，以控制藻类和微生物的生长。

（4）对已氯化过的海水，加入亚硫酸氢钠并提高加入的浓度，以消除海水中的余氯和海水中的溶解氧。脱氯一般加入的亚硫酸氢钠需略超过理论量的 6 ~ 8mg/L，以除去海水中 1 ~ 2mg/L 残余氯，又由于海水中溶解氧大约为 7 ~ 8mg/L，将与氯一起消耗亚硫酸氢钠，因此，大约需要加入 50mg/L 亚硫酸氢钠。

（5）海水中的重金属通常会在膜的表面上，对海水的氯和氧使膜降解起催化作用，因之需要在预处理中除去。

（6）真空脱氧也是一种方法。因为加入过多的亚硫酸氢钠，即使 50mg/L 也相当于每处理 1×10^6gal 的海水大约需要 900 磅亚硫酸氢钠，约合每处理 1×10^3gal 的水其成本需要增加 0.20 美元，即使不考虑运输及储存的花费，这样的高成本显然是加药工艺的缺点。

（7）改善海水的预处理，采用连续膜法（微滤、超滤）代替常规预处理。

（8）开发在氧化环境下不降解的高分子膜材料。

（9）开发耐清洗、易清洗的海水膜，以对付发生的污染。

（10）开发能抑制微生物生长的海水膜以减少污染。

（11）采用高效能的能量回收系统，以减少能耗、降低成本。

这样，海水淡化事业将会有更加蓬勃的发展。

四、海水反渗透的基本设计参数

不同地域的海水水质、温度、海水受污染程度和预处理方式不同，所采用的膜通量和回收率也各异，以下所述各项因素都将影响投资和运行成本，在选址和设计的优化方面多与此相关，因此已经引起人们的注意。

（一）海水的含盐量

如前所述，海水水质受地理的影响会有所不同，如地中海 38000 ~ 40500mg/L，中东地域

39000～47000 mg/L，大西洋 32850 mg/L，亚特兰大海 37000～38500 mg/L，太平洋 34000 mg/L。

而取水的方式，如海表面取水和滩边井水取水、海岸井取水都会有较大的差异。不同的海水含盐量将影响回收率，一是受饮用水标准的限制，也会由于回收率使给水压力增大，过高的压力还要考虑压力容器的承受能力，一般也仅限于 60～70bar（850～1000psi），而最高压力 1200psi（相当于 84bar）是当前产品能力的极限。

（二）海水的温度

海水温度主要是表面海水的差异很大。一般海水平均温度为 20℃，冬季海表面的水温可低至 0℃左右，沙特阿拉伯沿海表面的海水温度甚至可达到 60℃。在反渗透系统中，必须有给水降温的热交换系统，尤其是耐温低的醋酸纤维素膜。

同一地域的水处理选址，水温影响包括取自海水作为冷却循环水的排放点。发电厂冷却水排放口可能使海水的温度高出自然海水 10℃以上。10℃温差将影响反渗透膜的透水率（25%～30%），如若保持稳定产水量则要调整给水压力，则会影响能量消耗，也影响膜的透盐率。此外，温度对膜的生物污染也影响显著。因而对于取水的温度，要考虑其综合效益。

海水温度的影响因素如图 14-11、图 14-12 所示。

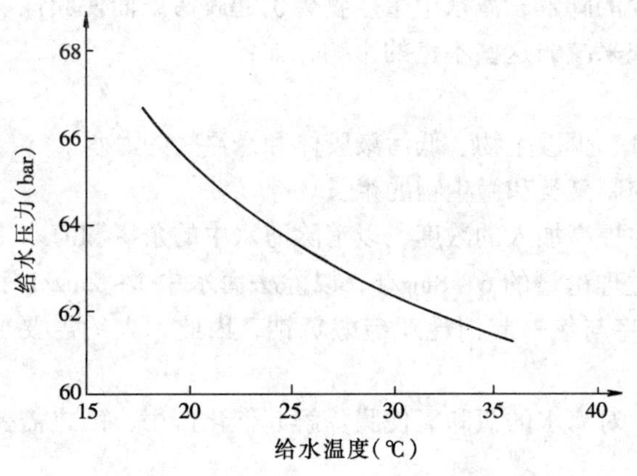

图 14-11　海水温度对运行压力产生的关系

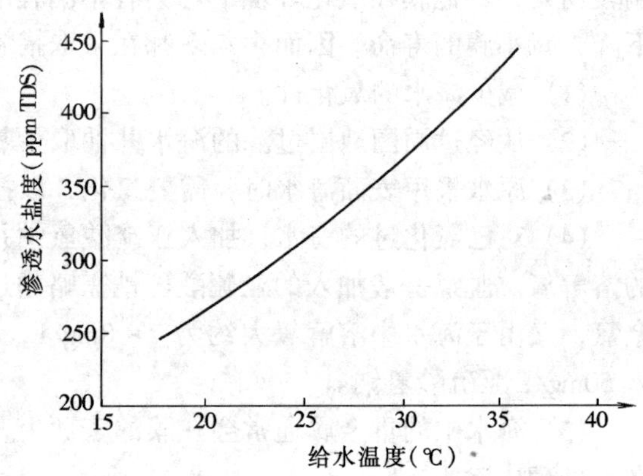

图 14-12　海水温度对产品水含盐量的关系

（三）膜的污染因素和水通量参数的选用

膜的水通量（Flux）是膜设计的基本参数，海水膜的水通量由于原水水质的污染指数一般比地下水差，故各膜厂家均有极大的保留，尽管有的海边的井水水质很好，也在设计导则对水通量的规定中比苦咸水（井水）低近一倍。此项参数通常都是考虑到海水易受到污染的因素。由于出现污染的问题，就会带来预处理和方式、规模和效果的问题，因而影响到反渗透膜的设计特性，如膜的结构型式和运行质量要求，污染后的补救措施（如化学情况）等技术经济因素。

就目前状况而言，反渗透水通量和其他参数的选用多为实际工程经验，对不同原水水质的工程参考仍是主要的，海水反渗透尤其如此，因而所谓优化设计仍是探索阶段，表 14-11 介绍的实例可作为参考。

表 14-11　　反渗透水通量等参数的选用

决定设计的基本内容	一般常规设计系数（CDF）	采用优化的系数（ODF）
①水源		
海边井水	0.8～1.0	0.9～1.6（a）
海表面水	0.7～0.9	0.4～0.9（b）

续表

决定设计的基本内容	一般常规设计系数（CDF）	采用优化的系数（ODF）
②水质 海水的物理化学特性 SDI，TBC、溶 O_2、ORP	0.7～1.0	0.5～1.6（c）
③预处理 预处理的方式、规模、效果	低、好或超过设计要求	0.4～1.6（d）
④求出 CF（Combined Factors）	好、平均、不好	CF = f（a，c，d） 或 CF = f（b，c，d）
⑤膜的选择 包括从膜表面和隔网上的胶体去除率	靠经验选用	以系数判断和经验选用
⑥设计参数的决定 ——最大回收率 ——膜元件的最大水通量 ——浓水流量 ——计算给水压力	基于经验和一般设计规定	基于经验和系数判断

注　SDI_{-15}和 SDI_{-5}为淤泥密度系数；TBC CFU/100ml 为细菌群落数；O_2 为给水中的溶解氧；ORP 为氧化还原电位；CF 为综合系数（Compound Factors），是根据原水水质、预处理的给水状况决定的系数。

在进行反渗透膜设计时，如果已知海水是井水水源 a 或是抽吸海表面水 b，实际是不变的条件。对于优化综合系数（CF），随着认识的提高，并且有效地去改进运行，降低污染速度，预处理 c 和膜的选择 d 是可改变选定的。

海表面水选用优化设计系数 b（为 0.6，基本上是质量低的水），水质的物理化学特性系数，确定系数在 0.6～1.2 之间变化，预处理系数按 0.6～1.5，则最后的综合系数如下。

例一：按 CF = f（b，c，d）计算综合系数。若 b，c，d 分别为 0.6，0.6 和 0.6

$CF_1 = K_1\left(\dfrac{0.6+0.6+0.6}{3}\right) = K_1\times0.6$，若 $K_1 = 1.1$（海表面水），则 $CF_1 = 1.1\times0.6 = 0.66$

在此例中，综合系数 $CF_1 = 0.66$，当最佳给水工况的膜水通量为 21L/（$m^2\cdot h$）（≈12.5gfd）时，则 $21\times0.66 = 13.86$L/（$m^2\cdot h$），建议平均最大水通量为 14L/（$m^2\cdot h$）（≈8.25gfd）。

并由此计算出每一压力容器最小的排水流量为 3.85m^3/h，在海水 TDS 为 40000gm/L 时，经验建议最大回收率为 43%，计算给水压力约为 70bar。

如果不做此项优化参数选用，可能会多用 18% 的膜面积，并且需要更高的给水压力，仅允许回收率为 40%。这是曾发生在一个 5000gpd 的水处理厂的经验。

例二：由于水质、预处理都是较好的条件，该例采用最好的综合系数 CF。

$$CF_2 = K_2\left(\frac{0.6+1.0+1.2}{3}\right) = K_2\times0.93\text{，若 }K_2 = 1.0$$

则 $CF_2 = 1.0\times0.93 = 0.93$，于是对膜的选择比较有更宽松的余地，因而膜的水通量和回收率都可能有更经济的效果。

（四）给水的回收率和水通量

尽管目前对海水反渗透回收率尚多取 40%～50%（中国目前为 40%左右），由于海水反渗透的发展出现了新的海水膜，脱盐率提高，新的海水反渗透系统的设计对回收率有偏向较高的趋势，由 40%趋向于提高至 50%～60%。尽管提高回收率将导致渗透压高，要求给水压力高（如

图 14-13、图 14-14 所示），增加了能耗，而且使产品水盐量增多，影响饮用水的容忍度，有超过饮用水指标的可能，且不利于防止膜污染（如图 14-15 所示）。但高的回收率仍可保证理想的产品水含盐量（水温高时会更好些）。提高回收率会得到较好的综合效益：即回收率由 45%提高至 55%，通量将由 8gfd 提升至 11gfd，产品水成本可下降 7.9%，投资可下降 14.8%，50%～55%回收率的耗电量最低［约为 4.2（kW·h）/m^3 左右］。

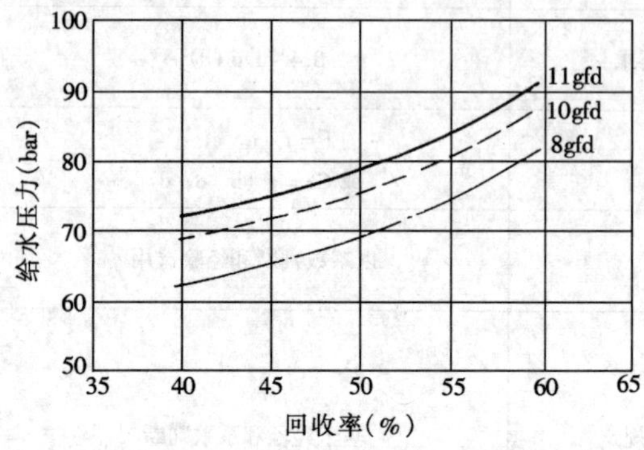

图 14-13　回收率与给水压力的关系

（考虑到膜元件有污染及压缩，每年水通量衰减系数为 20%）

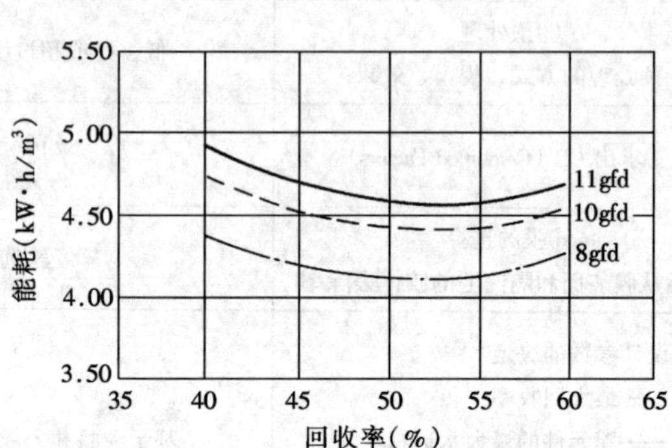

图 14-14　回收率与能耗的关系

（设电机效率为 93%，给水和能耗回收两者效率为 83%）

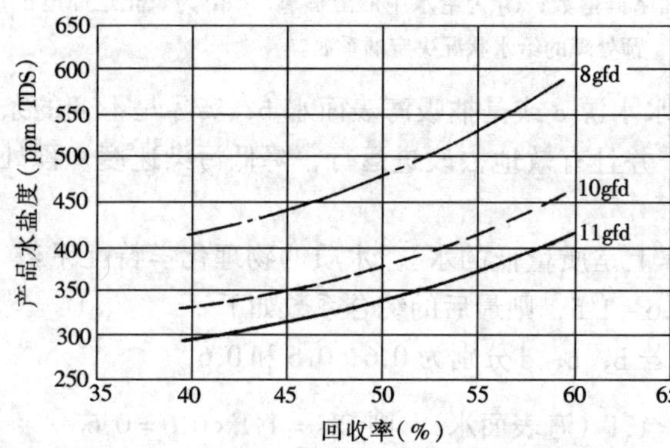

图 14-15　回收率与产品水含盐量的关系

（地中海海水 TDS = 37500mg/L、28℃、膜脱盐率 99.6%，考虑到膜平均寿命为 3 年，将盐透过率提高了 15%后计算，即每年盐透过率增加 5%，则每年有 20%的膜元件需更换）

为了提高回收率，目前在海水反渗透设计时，在单一压力容器的情况下采用了增加到 8 个膜元件的做法。

为了解决提高回收率对产品水含盐量的要求，可改革传统的勾兑二级反渗透水的办法，改为压力容器两端流出产品水，其中进水端流出的产品水盐量低，末端高含盐的产品水进入二级反渗透后的产品水，两者混合提供城市饮用水。两端分别抽取产品水可节省能耗 6.4%。这里例举美国佛罗里达州 Tampa 海水淡化厂产水量 95000m^3/d，淡水 Cl^- 含量小于 100mg/L，采取 60%回收率，用可装 8 支膜的压力容器，提高进水温度，并采用部分两级淡化，其具体情况如图 14-16、图 14-17、图 14-18 及表 14-12 所示。

表 14-12　部分两级淡化与传统的两级淡化对比

		第一级	第二级
传统设计	淡水流量（m^3/d）	16650	9380
	回收率（%）	60.0	90.0
	进水压力（bar）	62.0	13.2
	压力容器数量	1225	192
	膜元件数量	9800	1536
	能耗（kW·h）	13083	1191
	总能耗（kW·h）	14274	

续表

		第一级	第二级
部分两级设计	淡水流量（m^3/d）	16050	3050
	回收率（%）	60.0	90.0
	进水压力（bar）	63.3	16.6
	压力容器数量	1176	78
	膜元件数量	9408	624
	能耗（kW·h）	12846	486
	总能耗（kW·h）	13351	
比较结果	膜元件数量差	392	712
	节能（kW·h）	923（6.4）	

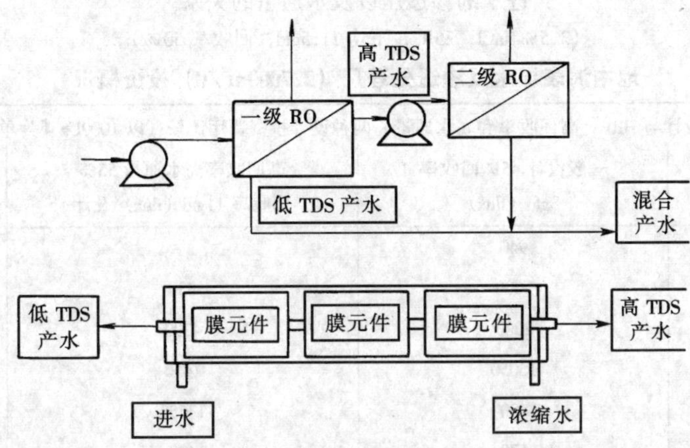

图 14-16　部分两级海水淡化系统

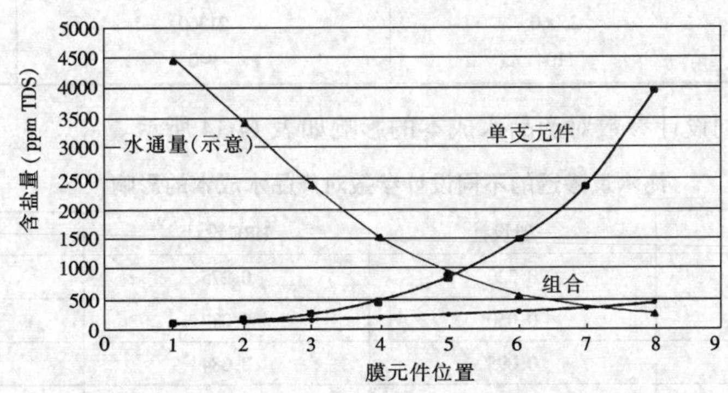

图 14-17　单支膜元件在组件中不同位置的透盐量分布

（海水淡化系统，回收率为 60%）

前已述及，由于系统回收率的大小直接影响到海水反渗透系统的投资费用和运行费用。增加回收率会减少所有工艺设备的容量，同时也会影响到供水系统的容量及取水泵的能耗，影响到所有预处理设备的容量（因为水箱、泵、过滤设备以及所使用的化学加药配置都是由给水流量所决定的）。另外，还要考虑浓水管道及产品水设备的配套使用。工程设计中，水通量的选取会影响到需要安装多少支膜元件，多少压力容器、管路的连接方式以及反渗透系统滑架的大小等。现例举地中海表层水为原水，产水量为 227000m^3/d 的实例投资比较，如表 14-13 所示。

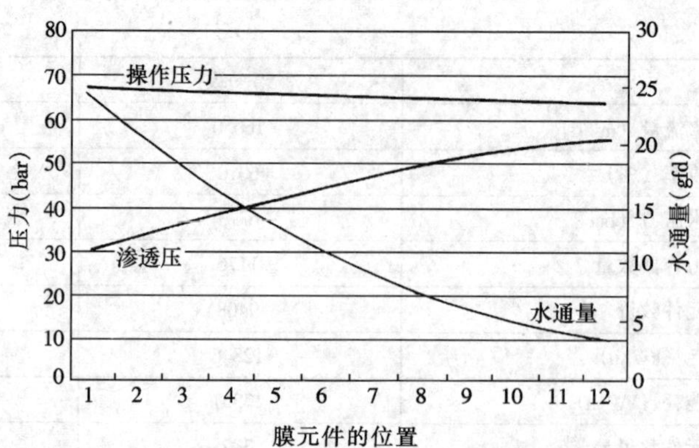

图 14-18 单支膜元件的位置与其承受的操作压力、进水的渗透压以及水通量的关系

（3.5%NaCl，25℃，平均 11.5gfd，回收率 50%）

表 14-13　　地中海表层水反渗透处理厂（227000m³/d）投资概况

一般设计与 HRE（高回收率和高水通量）两种设计投资费用比较（以 1000US $为单位）

投资项目	一般设计 45%回收率 8gfd（flux）	高回收率高水通量 55%回收率 11gfd（flux）设计	差值（%）
取水和排水	940		-11.7
预处理	5000	830	-12.2
膜元件	2000	4390	-27.5
工艺设备	16050	1450	-15.0
产品水处理	400	13650	0
场地	670	400	-4.5
		640	
总量用	25060	21360	-14.8
特殊费用（$/m³·d）	1104	940	-14.8

海水反渗透的不同设计参数对产品水成本的影响如表 14-14 所示。

表 14-14　　海水反渗透的不同设计参数对产品水成本的影响

水成本（US $）	一般设计	HRE 设计	差值（%）
设备费	0.320	0.275	-4.0
更换膜元件	0.050	0.037	-26.0
维修	0.095	0.084	-12.0
动力消耗	0.252	0.276	+9.5
化学药剂和滤芯	0.060	0.050	-17.0
劳动力	0.050	0.040	-20.0
产品水总费用（$/m³）	0.827	0.762	-7.9

计算产品水成本的几个主要因素是：8%的利率，设备寿命 20 年，每年更换 20%的膜元件的费用，每件膜元件$800（US），维修费用相当于设备费的 3%，电费为每 kW·h（US）$0.06，运行效率 95%，预处理系统使用化学药品包括 Cl_2、凝聚剂、有机聚合助凝剂、亚硫酸氢钠、阻垢剂等。

虽然提高回收率、增大水通量可以减少费用，但如前所述，采用高水通量必须保证高的进水质量，要求预处理水质高，这样才可以利用降低投资费用、改进运行来使制水成本降低大约8%。

（五）选用适当高的给水压力

给水压力是根据系统配置和水质等参数计算确定的。

最近的设计有采用8个膜的压力容器，通常给水压力限定为70bar，这是受压力容器的额定值所限，而与膜的稳定性（如压密现象）及卷式膜元件的结构无很大的关系。加里福尼亚的一套规模很大的海水淡化设备，给水压力在75～80bar的条件下运行了很长时间，又在大型海水淡化设备上进行过膜元件结构和压力容器的设计研究，曾成功地运行过120bar的压力。因而当给水温度限制在一个适当的范围内，给水压力不超过83bar（1200psi），对膜的长期性能不会有影响。如果采用短压力容器，则不必过高的给水压力，采用段间增压泵或采用能量回收的增压方式即可。

上述设计参数都与投资和运行成本有密切的关系。有经验认为，注意运用以下方式是很重要的：

（1）适当提高系统回收率；

（2）尽量利用余热，提高进水温度；

（3）改善给水预处理，采用膜法预处理是发展方向，以便取得更高的反渗透水通量。

（4）采用效率高的能量回收装置，采用高效给水泵和电动机；

（5）当采用一段系统时，尽可能用可装更多膜元件的压力容器；

（6）系统设计注意采用部分两级反渗透勾兑技术。

五、海水反渗透基本流程系统

（一）海水反渗透系统

现简单介绍一个10000 m^3/d的海水反渗透系统，如图14-19、图14-20、图14-21所示。

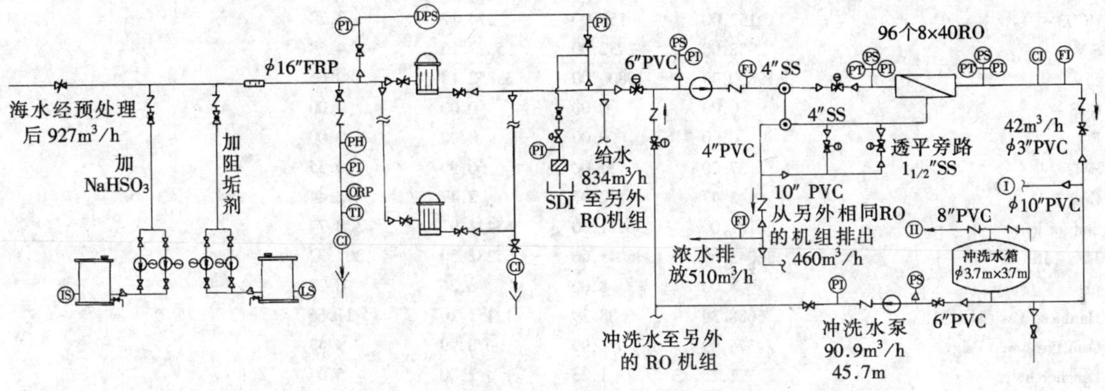

图14-19　10000m^3/d海水反渗透系统图

注：① 来自另外的RO机组产品水376m^3/h

Ⅱ 总产品水出口417m^3/h

此系统的给水含盐量为36043mg/L，产品水含盐量为307.32 mg/L，产品水流量为10000m^3/d。

（1）本系统选用10套1000 m^3/d的海水反渗透装置，反渗透膜组件为Fluid Systems公司的2822SS型TFCL复合膜，每套有96个卷式膜元件。设有16个ASI产品的压力容器，每个容器有6个膜元件。

Fluid Systems Corporation	ROPRO Version 6.0	Date: 15-Jul-1996
Project: 海水淡化（每天一万吨）SEAWATER		Description:
Prepared By:		Type: Single pass Design

ARRAY SUMMARY-PASS 1

Permeate Flow	184.0 USGPM	Temp（Design/Avg）	77.0/	77.0 Deg F
Pass Recovery	45.0%	Fouling Allowance	（FA）	5.0%
Inlet Press w/o FA	957.2 Psig	Conc. Pres w/o FA		952.2 Psig
Inlet Pres w/FA	986.4 Psig			

Bank	Element Type	Tubes /Bank （#）	Elems /Tube （#）	Elems /Bank （#）	Elem Age （Yr）	Boost Pressure （psig）	Manifold Loss （Psig）	Perm Back Pressure （Psig）
1	TFC 2822SS	16	6	96	6.00	0.0	0.0	0.0

Bank	Total Feed （GPM）	Tube Feed （GPM）	Total Conc. （GPM）	Tube Conc. （GPM）	Avg Flux （GFD）	Inlet Pres （Psig）	Avg NDP （Psig）	Bank DP （Psig）	Final Element Beta
1	408.9	25.6	224.8	14.1	9.2	957.2	413.3	4.9	1.049

System

	Net Feed	RO Inlet	Conc.	Permeate
Stream Number	4	5	18	13
Concentration	（mg/L）	（mg/L）	（mg/L）	（mg/L）
Ca + +	429.00	429.00	779.39	0.75
Mg + +	1364.00	1364.00	2478.05	2.38
Na +	11000.00	11000.00	19908.46	111.88
K +	407.00	407.00	735.61	5.36
NH4 +	0.00	0.00	0.00	0.00
Sr + +	0.00	0.00	0.00	0.00
Ba + +	0.00	0.00	0.00	0.00
Fe + +	0.00	0.00	0.00	0.00
Mn + +	0.00	0.00	0.00	0.00
CO3 - -	0.00	0.00	0.00	0.00
HCO3 - -	152.00	152.00	274.12	2.78
SO4 - -	2932.00	2932.00	5327.16	4.58
Cl -	19800.00	19800.00	35852.19	180.66
NO3 -	0.00	0.00	0.00	0.00
F -	0.00	0.00	0.00	0.00
SiO2	37.00	37.00	66.99	0.35
CO2	2.47	2.47	2.47	2.44
Sum of Ions	36121.00	36121.00	65421.97	308.74
TDS（18℃）	36043.66	36043.66	65282.50	307.32
pH	8.00	8.00	8.26	6.27
Hardness（as CaCO3）	6688.39	6688.39	12151.16	11.66
Osm Pressure（Psig）	374.99	374.99	678.99	3.43
Langlier Index	1.25	1.25	2.00	- 5.07
Stiff-Davis Index	0.14	0.14	0.66	…

Membrane data file version: Nov-17-95

Concentrate exceeds solubility limit-see warnings sheet.

图 14-20　10000m^3/d 海水淡化计算机书

（2）膜元件在正常脱盐率99.4%的水平下，每个膜元件额定出力为788.5L/h。

（3）本系统设置两个控制阀来调节给水泵的压力及回收率，并控制透平升压泵系统。该阀门为316L不锈钢材质。阀门完全自动控制，开闭借压缩空气驱动。

（4）本系统设置两个流量表测量产品水流量和排水流量，流量表可提供4～20mA的信号，以

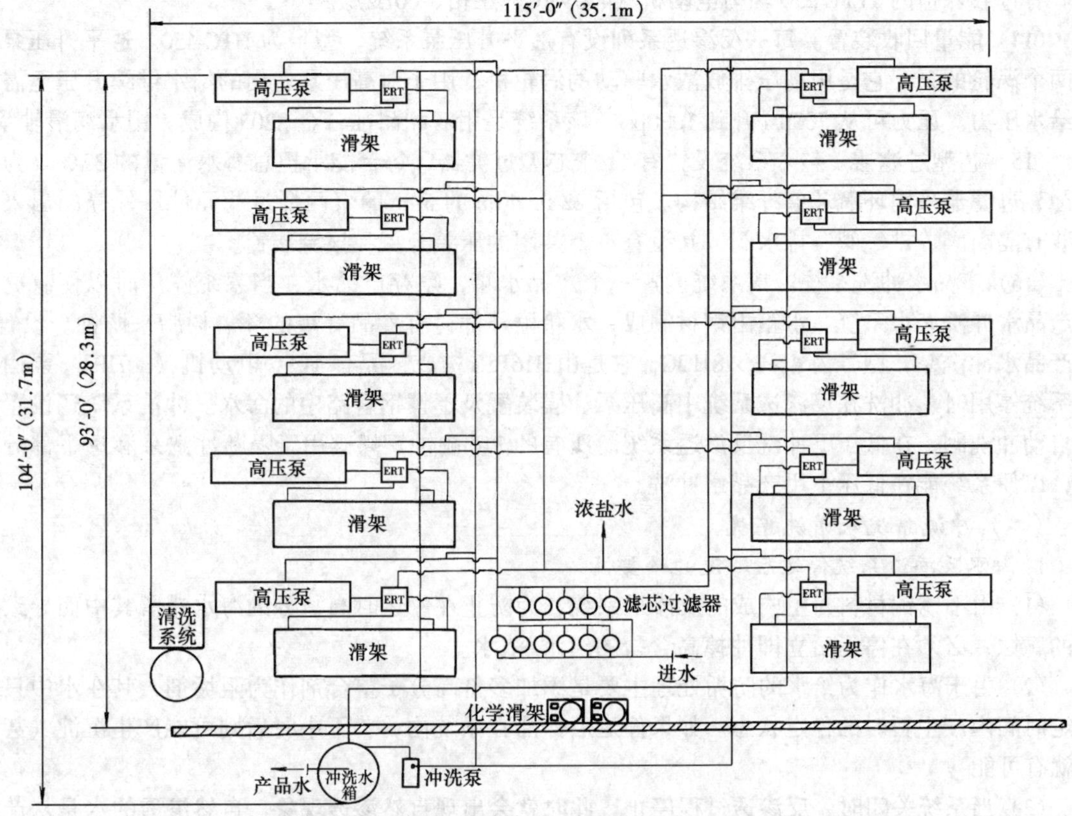

图 14-21　10000m³/d 海水淡化厂平面示意图

实现按比例加药的远距离控制和系统操作。

(5) 每 1000m³/d 反渗透系列前都装有一个蝶形给水隔断阀（316LSS），并完全电动或气动操作，当该反渗透系列不运行时，此阀门关闭，中断给水。

(6) 每个反渗透系列产品水出口装有带电导池的电导仪，电导仪有温度补偿。电导率在表盘上有指示，并可提供一个 4~20mA 的输出和可调的超限报警。高电导报警将提醒水质超标。

(7) 每个系列都在管系上的 6 个部位安装有压力表，包括监视系统入口、泵进水、泵出水、反渗透膜元件给水、浓水排放和产品水的压力。压力表是直径 2.5in 的工业型仪表，接触水的部分用 316LSS 部件。

(8) 每系列装 1 个调整阀，用以连接 SDI 测定仪，以检查并防止有 SDI 超标的给水进入反渗透系统。

(9) 每系列设有 3 个压力开关来保护系统。一个压力开关防止给水压力低而造成泵气蚀，当压力低时停泵并报警；另两个高压开关在压力高时立即关闭，以防止给水和产品水压力高而造成膜元件的损坏。

(10) 每系列安装两个压力变送器，用来监视反渗透膜的给水和产品水的压力，压力变送器提供 4~20mA 的信号，便于远距离监视和系统控制。

(11) 反渗透高压管路系统是 316LSS 管件；反渗透低压管为 PVC 管件。

(12) 反渗透支架是用不锈钢辅以增强环氧玻璃纤维制造，以提高耐腐蚀能力。

(13) 高压泵。每一反渗透系列的多级离心泵，型号为 3X9CS-8，出力为 93.2 m³/h，扬程为 494m。具有高的效率和低的噪声及振动。凡接触水的部分均为双相不锈钢材料，有完善的机械密封。有过载保护的 TEFC 250 马力电动机（460VAC、三相、60Hz）。

(14) 能量回收装置。每一反渗透系列设有透平升压泵系统，型号为 HTC-450。透平升压泵是有两个涡轮的泵，它是用高压排放浓水驱动的涡轮机，用于对高压泵送出的给水继续升压至需要的给水压力。压力可从 700psi 升到 1000psi。该系统是用双相耐蚀合金 2205 构成。用水润滑轴承。

(15) 芯型过滤器。整个系统设置有 11 个芯型过滤器，每台能承担总海水流量的 33%。为了耐蚀，过滤器采用环氧玻璃纤维结构。包括 22 个 40in 的 5μm 的聚丙烯过滤元件。外壳的出入口都装有隔断阀、排气阀、排水阀，并设有一个共用的压差开关和报警装置。

(16) 产品水冲洗系统。该系统设置一个产品水箱，贮存产品水，当系统停用时以便有更多的产品水冲洗海水系统。水箱由钢材制成，水箱里外都衬有食品等级的环氧树脂来防蚀。设置 1 台产品水冲洗泵，型号为 4×3×8HOC，它是由 316LSS 构成，配有 TEFC 电动机（30HP）。泵用于在系统停用时，冲洗在反渗透系统中高压泵、膜装置及不锈钢管路中的海水。冲洗系统还设置一套自动冲洗阀，在低压下冲洗反渗透系统。所有的 316 耐蚀钢蝶阀用于隔断冲洗泵和透平部分旁路，以便系统能在低压下用产品水冲洗。

（二）冲洗系统及清洗系统

1. 海水反渗透系统停运后冲洗的必要性

(1) 由不锈钢材料为主构成的反渗透系统，为防止在停运时高盐分的海水滞留其中而导致严重的腐蚀，必须在停运后立即冲掉高含盐的给水/浓水。

(2) 由于海水作为给水的防垢处理主要是添加多价高分子螯合剂作为阻垢剂，其在水中只是一定时间内产生暂时的稳定状态。如果停运后停滞在系统内，若干小时后则可能产生沉淀（甚至4h就有可能）。

(3) 当系统关闭时，反渗透过程停止，此时就会出现自然渗透现象。自然渗透的水是从产品水的一侧向给水/浓水侧渗过。如果在大气压下产品水侧不能供给充足的产品水，就会有一天使膜处于缺水以致脱水状态（中空纤维膜尤其要注意）。在系统关闭时用低含盐水冲洗反渗透系统可以防止自然渗透产生（为了防止意外停运，设置足够大的高位水箱也具有保护的作用，但又要注意膜两侧的压差不能高于 5psi，以免损坏膜元件）。

2. 冲洗水系统

冲洗水系统应包括水箱［冲洗水箱或以产品水箱兼用，冲洗水箱又称反吸水箱（draw-back tank)］、冲洗水泵（当作为反吸水箱使用时，可不用起动泵），该水泵与反渗透系统的给水泵联锁，当给水泵停后，自动关闭进水电动阀，设置一定的滞后时间（1～2min）起动冲洗水泵冲洗，自动打开反渗透冲洗阀，自动打开冲洗排放阀，冲洗 10min，自动停止。

(1) 水箱的设置容积应满足系统产品水用户的足够储备之外，还应考虑到冲洗水用量，即

$$V_{DBt} = 25N_E - V_{PP}$$

式中 V_{DBt}——反洗水箱容积，L；

N_E——膜元件数；

V_{PP}——管子容积，L；（应包括 5 倍于反渗透系统的管道、5μm 过滤容积的水量）

25 表示 8in 膜元件冲洗水量为 25L/个。

(2) 当采用反吸水箱时，水箱的标高水位应高于最高的压力容器。最高水位标高不应超过 3.5m（5psi）。进入水箱的水应从底部进入，出水从顶部流出，水箱应封闭以防污染。如果后处理采取氯化处理，水箱不应有死水区。水箱水位应有水位指示，最高、最低报警以及与给水泵的联锁。

3. 清洗和消毒系统

清洗和消毒系统是设在反渗透系统之外的单独系统，作为运行中定期和不定期的维护措施。海水反渗透清洗、消毒系统与苦咸水反渗透的设置和要求是一样的。

（三）海水反渗透系统的仪表、控制和阀门

对海水反渗透系统，从保证运行安全、正常的角度出发，要遵守两个原则：①凡组件皆为耐蚀材料，高压用耐蚀能力相当或高于316L、904L不锈钢，低压用塑料，亦可采用衬塑；②仪表、阀件以必需、简单为原则。

一般设置状况如下：

(1) 每一单元系列设置三个控制阀。

1）给水压力调节阀（电动慢开门）。适用于一般多级离心式给水泵。如果采用变频调速电动机的离心给水泵则可取消。如果采用多冲程的活塞泵配置变频电动机时，绝对不能配置出口压力调节阀。

2）浓水排放针形调节阀（手动）。作为回收率的调节，排向能量回收装置进口。能量回收装置浓水出口不设排放阀。浓水排放调节阀不采用自动，因自动时由于给水压力降低时将导致排放阀关闭，使回收率自动提高。

3）冲洗排放阀（电动）。停运时冲洗，与停给水泵联锁打开，冲完后关闭。

(2) 每一单元系列设置两个流量表。

1）产品水流量表。提供4～20mA信号（或由系列的给水流量表提供），以实现给水按比例加药。

2）浓水流量表。指示回收率大小，作为浓水排放调节阀开度的依据。（一般不依靠电导率表调整回收率，因电导可致较大的误差）。

(3) 并列单元的每一个系列前都装有一个电动蝶形给水进口阀（位于5μm过滤前）。当该系列停止运行时自动关闭，中断给水。5μm过滤器出口装有一个手动蝶形隔断阀，运行和停止时均为打开状态，只有更换5μm滤芯时关闭。5μm过滤器的设置是用来除去可能伤害高压泵或造成膜堵塞的大颗粒，过滤元件的通量一般为5～15m^3/（h·m^2），可依此设计滤芯数量。

(4) 每一系列产品水进入产品水母管前设一蝶形截止阀，并设一不合格水排放阀，起动时产品水合格则打开产品水阀，再关排放阀。

(5) 每个单元系列都装有6个部位的压力表（压力表都是采用耐蚀隔膜压力表，动作元件内充有不腐蚀的液体）。6个部位的压力表装设位置如下：

1）给水进口。监视进入反渗透系统前的压力（预处理前或后的压力）。

2）给水泵进口。监视给水泵正常运行的重要参数。

3）给水泵出口。监视给水泵正常运行的重要参数。

4）反渗透装置进口。监视膜进口的必需、正常的压力。

5）反渗透装置浓水出口。监视进入能量回收装置的压力。

6）产品水压力。监视压力过高。

(6) 每个单元保护措施的3个部位装设压力开关，其装设位置如下：

1）给水泵进口。为了防止进水压力低造成泵损坏，当压力低于给水泵的规定压力时，控制给水泵使之停止。

2）给水泵出口。为了防止进入反渗透膜元件的压力过高造成损坏，控制泵停止。

3）产品水出口管路上。为防止压力高，设压力开关，亦可采用在产品水出口阀前装设安全爆破膜的安全措施以保证误操作下的膜元件安全。

产品水一般不设安全阀，以避免一旦动作迟缓造成故障。

(7) 产品水出口装有产品水电导率仪。

(8) 产品水进入水箱前可设置除 CO_2 器，进入水箱后加 NaOH 稀液调节 pH 值，可设在线 pH 值计，并以 4～20mA 信号控制 NaOH 的加入量。

(9) 于每一压力容器的产品水出口管上设取样阀一个，以监视每一压力容器的产品水质。在给水、产品水、浓水主管路上设取样阀以便了解水质和运行状况。

(10) 产品水箱设高低液位指示、高低液位报警，并借液位变送器实现高压泵起动或停止的控制。各种药箱设液位指示最低液位报警。

(11) 手动、PLC 程序控制及上位机工控软件操作的应用。一般海水反渗透的操作控制系统根据用户需要大致有以下三种情况供选择：

1) 现场就地手动操作用于起动调试，其操作便捷。

2) 对反渗透系统的起动、停运、停后冲洗、高低压保护实现程序自动。是 PLC 接受指令或是 PLC 通过现场反馈来的信号来实现各项操作的（如泵的起、停，阀门的开闭，加药泵的投入停止等）。

3) 集中 PLC 控制 + 上位计算机。是以上位机软件操作和灵活、逼真的工艺设备画面代替传统程控的模拟屏和硬操作开关，实现起动、停运保护等控制。通过画面了解系统的运行情况及各种实时参数并具有打印功能。

系统的操作也可通过上位计算机的联网通信进行，或在异地进行系统的监控，通过对现场的监控、巡控，可在异地通知现场调整操作，对可能出现的问题及时诊断和处理。

六、高压给水泵

（一）给水泵参数压力和流量的确定

根据能量回收方式不同，能量回收系统将有如下不同的四种，每种系统所引起的对给水泵压力和流量的需求都是不同的。回收装置的压力和流量的计算将在下节给予介绍，在确定了压力和流量两个参数后，即可选取给水泵的型号。为了了解不同能量回收系统确定给水泵的流量和压力的方法，简要介绍见表 14-15。

表 14-15　　不同能量回收系统的给水泵流量和压力的确定

能量回收系统	系统方式	确定给水泵流量的方法	确定给水泵压力的方法
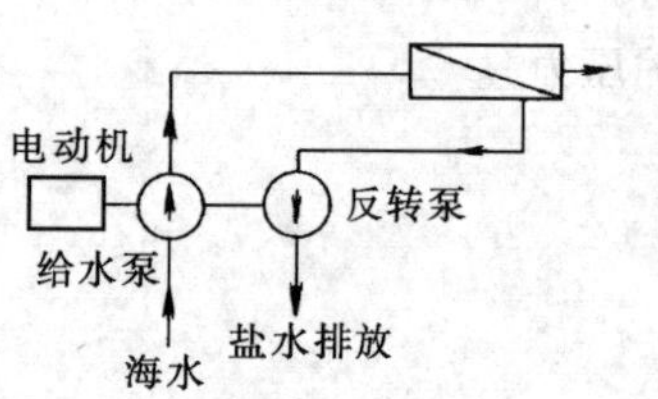 电动机 给水泵 反转泵 海水 盐水排放	浓水反转式 Delton 轮带动给水泵，为保证动力足够，还要配有电动机	给水泵流量 = 膜入口流量	给水泵出口压力 = 膜入口压力 给水泵吸入压力 = 2bar
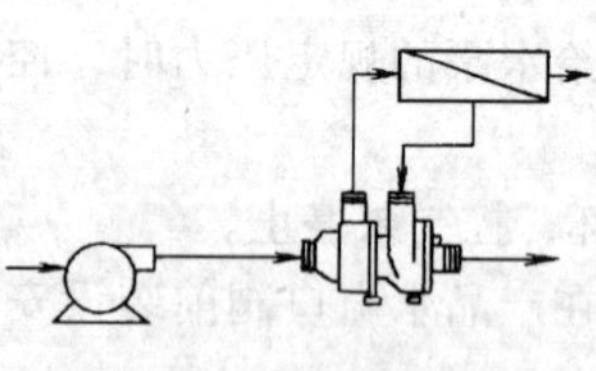	浓水涡轮机串接给水泵升至给水压力	给水泵流量 = 膜入口流量 给水涡轮机流量 = 给水泵流量	给水泵出口压力 = 膜入口压力 – 在给水流量下可回收的压力（绝对值） 给水泵吸入压力 = 2bar 涡轮机（海水）出口压力 = 膜入口压力；涡轮机（海水）入口压力 = 给水泵出口压力

续表

能量回收系统	系统方式	确定给水泵流量的方法	确定给水泵压力的方法
BME BMT 涡轮机 进入水 浓水排放	浓水涡轮机带动回收离心泵串供给水泵再升压	给水泵流量=膜入口流量 回收离心泵流量=给水泵流量	给水泵出口压力=膜入口压力 给水泵吸入压力=回收离心泵出口压力 回收离心泵吸入（海水）压力=2bar
高压泵 增压泵 PX 能量回收 进水	以浓水量的给水被浓水压力转换器再升压至给水压力	给水泵流量=产品水流量	给水泵出口压力=膜入口压力 给水泵吸入压力=2bar 压力交换器（海水）出口压力+升压泵压力=膜入口压力 吸入压力=2bar

（二）给水泵的泵型

选择海水反渗透的高压给水泵时，根据流量大小和使用现场的需要，有两种泵型，即活塞泵（容积式位移活塞泵）和多级离心泵。

1. 活塞泵

活塞泵常用于中、小型反渗透系统。单台泵容量低于40～75m^3/h，用于产品水25～35 m^3/h以下的海水反渗透处理设备。大连长海1000m^3/d海水淡化采用了两套3冲程Triplex活塞泵并列运行，山东长岛海水淡化站60 m^3/d海边井水采用宝鸡水泵厂3DS活塞泵两台并列运行。

活塞泵的特点是比离心泵效率高（效率可达0.87，而离心泵效率仅为0.72），提供高扬程（50～70bar）。图14-22为海水活塞给水泵系统示意图。

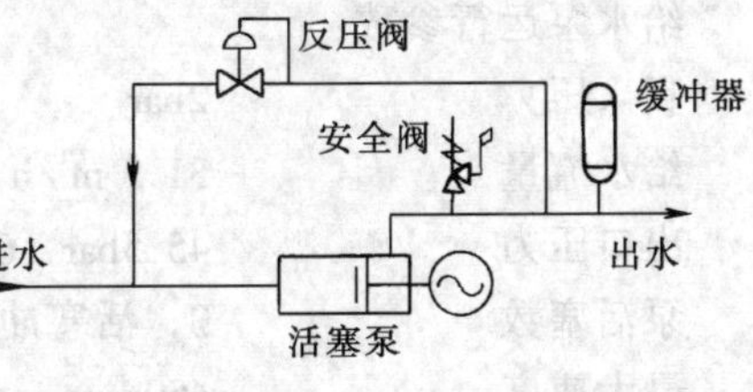

图14-22　海水活塞给水泵系统示意图

鉴于活塞泵（容积式位移泵）的结构特点对系统和操作应有如下要求：

(1) 在泵出口管路上不能装设任何截止阀去限制给水流量，包括不应有任何节流装置。

(2) 在泵出口管路上应装有安全释放阀。

(3) 为适用于中空纤维反渗透的需要，可在泵和管路上安装旁路反压阀，这样可减小泵出口大于反渗透装置所需的给水流量，并可控制出口系统的压力（但对卷式反渗透的设计压力和流量，是适应反渗透的压力和流量需要的，故无设旁路反压阀的必要）。

(4) 在泵入口和出口管路上设置缓冲器，用以缓冲泵的压力变化和脉冲压力。

(5) 出口管路上无出口节流阀控制压力，也不设慢开门，在活塞泵起动时，为避免冲击压力，应依靠变频器控制电机，施行软起动。

用于海水反渗透的高压活塞给水泵选型示例：

海水高压活塞泵用于反渗透处理12.5m^3/h，产品水的给水泵选用Trident logistics company生产的海水高压泵APLEX型号为RO-174（Triplex）如图14-23及表14-16所示。表14-17为Triplex活塞泵的型号和选型的主要参数。

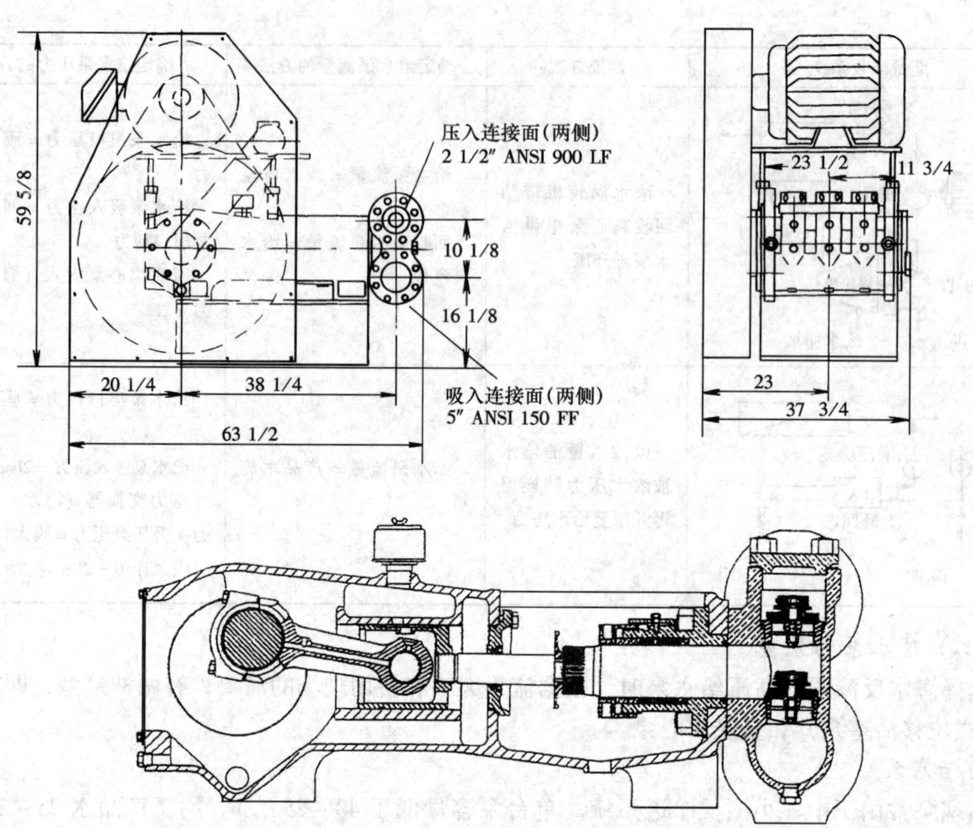

图 14-23 RO-174 泵外形图及剖面图

给水泵运行参数：

吸入压力	2bar
给水流量	31.3 m^3/h（138gpm，容积效率 98%）
出口压力	45.5bar（660psi）
泵活塞数	3，活塞冲程长度 4in（运行应用 3.5in）
最大速度	450rpm，运行应用速度 63%，为 287rpm
最大功率	125HP（93.1kW）；运行应用功率 47%，为 59HP
液端材料（ASTM）	Duplex 2205 不锈钢，活塞基底材料 316 不锈钢表层涂陶瓷，密封材料镍、铝、青铜合金
吸入稳定器	SFT-1505T-充填 300m^3 两层腈酯滤芯
排出压力缓冲器	SFT-7002·5F-充填 300m^3 六层腈酯滤芯

表 14-16 **RO-174 泵的数据表**

活塞长度（mm）	填料盒孔尺寸（mm）	最大压力（bar）	L/r	不同转数的流量（L/min）				
				250rpm	300rpm	350rpm	400rpm	450rpm
88.9	114.3	59.1	1.8922	473.1	567.7	662.3	756.9	851.5
85.7	114.3	63.6	1.7594	439.9	527.8	615.8	703.8	791.7
82.5	114.3	68.6	1.6314	407.9	489.4	571.0	652.6	734.1
79.4	114.3	74.2	1.5083	377.1	452.5	527.9	603.3	678.7

续表

活塞长度（mm）	填料盒孔尺寸（mm）	最大压力（bar）	L/r	不同转数的流量（L/min）				
				250rpm	300rpm	350rpm	400rpm	450rpm
76.2	101.6	80.5	1.3902	347.6	417.1	486.6	556.1	625.6
73.0	101.6	87.6	1.2766	319.2	383.0	446.8	510.6	574.5
69.8	101.6	95.8	1.1680	292.0	350.4	408.8	467.2	525.6
66.7	101.6	105.1	1.0642	266.1	319.3	372.5	425.7	478.9
63.5	82.5	115.9	0.9654	241.4	289.6	337.9	386.2	434.4
60.3	82.5	128.4	0.8712	217.8	261.4	304.9	348.5	392.0
57.2	82.5	143.1	0.7822	195.6	234.7	273.8	312.9	352.0
各数据所需功率（kW）				51.8	62.0	72.3	82.9	93.1

所需功率和转数的估算：

$$\text{轴功率}=\frac{\text{泵流量 m}^3/\text{h}\times\text{（出口压力 bar}-1/2\text{ 吸入压力 bar）}}{17.99}$$

$$\text{泵的转数}=\frac{\text{泵流量 m}^3/\text{h}\times 1000\text{L}/60\text{min}}{\text{L/rpm}}$$

表 14-17　　Triplex 活塞泵的型号和选型的主要参数

泵型号	RO-56	RO-64	RO-72	RO-86	RO-95	RO-117	RO-174	RO-185	RO-227	261	358	358-L
活塞数	5	3	5	3	5	5	3	3	3	3	5	
rpm/max	600	550	600	500	550	550	450	450	450	450	450	
冲程长（mm）	50.8（2in）	63.5	57.15（2.25in）	76.2	63.5	64.8	101.6	107.45	114.3	114.3	107.95	
功率（kW）max	33.5	37.3	40.9	48.4	55.9	63.3	93.1	104.3	120.0	149.0	193.7	
压力（bar）	66.7～150.2	74.9～168.2	72.5～163.0	50.2～171.0	67.4～180.4	69.5～186	59.1～143.1	62.3～135.2	53.2～94.5	64.4～97.6	69.4～150.8	42～64.7
流量（L/m）	271.4～90.5	268.8～54.3	305.5～45.3	521.4～91.8	448.1～106.5	492.9～83.7	851.5～195.6	904.7～231.4	1251.2～391.0	1251.1～458.9	1508～385.7	2492.7～896.6

2．多级离心泵

多级离心泵用于中、大型反渗透系统（单台泵容量在 $40m^3/h$ 以上，产品水超过 $25m^3/h$ 的反渗透系统）。

多级离心泵的特点比活塞泵简单，大连华能电厂 $2\times50m^3/h$ 采用 Grumdfos 离心泵 BME 型（并带有组合型 BMET 的能量回收装置）。采用离心泵时要在出口设节流阀控制反渗透装置的给水压力、流量。为减小起动时的冲击压力，可设置泵出口慢开门或采用变频器调节电动机转速。

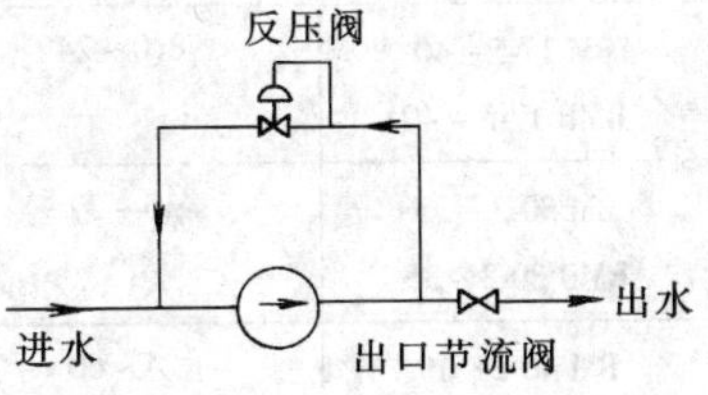

对于中空纤维反渗透，当泵的容量大于反渗透装置所需的流量时，在泵出口安装一旁路回流阀，可使系统中至少 10% 的流量回流返回。海水离心泵系统示意如图 14-24 所示。

反压阀
进水
出水
出口节流阀

图 14-24　海水离心泵系统示意

当采用变频电动机调节时，不必装旁路阀，也不必装出口慢开门。

用于海水反渗透高压离心给水泵的选型示例如下：

GRUNDFOS　BM型泵（50Hz）的选型：如图14-25、表14-18所示。

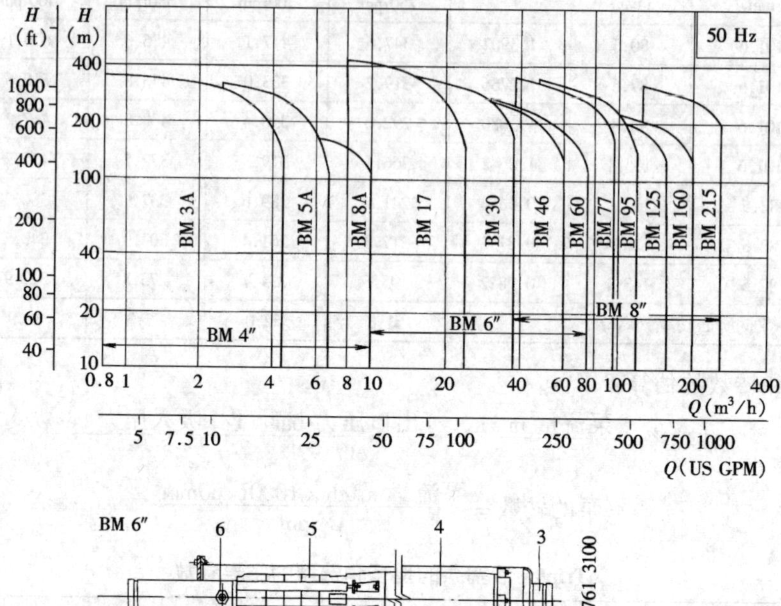

图14-25　BM系列特性

1—套管；2—出口联接；3—进口联接；4—潜水电机；5—潜水泵；6—进口旁通阀；7—BM锁紧系统

用于海水泵耐腐蚀性型号：BM-R或BMB-R

电机型号：MS4000/MS6000

材质R：泵过流部件及外筒　SS904L（= DIN 14539或1.4462）

表14-18　　**BM泵数据表**

型　号	流量（m³/h）	进口压力（bar）	最大出口压力（bar）	材料型式	外筒尺寸（in）
BM 5A-12～60	2.5～6.8	0.5～60	80	R	4
BMB 5A-12～60		0.5～30	60		
BM 8A-5～37	4.0～10	0.5～60	80	R	4
BMB 8A-5～37		0.5～30	60		
BM 17-5～40	8.0～24	0.5～50	80	R	6
BMB 17-5～40		0.5～20	50		
BM 30-3～35	15～37	0.5～50	80	R	6
BMB 30-3～35		0.5～20	50		
BM 46-2～19	24～60	0.5～50	80	R	6
BMB 46-2～19		0.5～20	50		
BM 60-5～16	35～75	0.5～50	80	R	6
BMB 60-5～16		0.5～20	60		

BMB 6in——基本型（BM泵与电动机在同一套管中）

BME ——BM 由电动机借皮带传动

BMET ——BME 并配套能量回收透平。

示例：海水反渗透装置适用产品水 25 m^3/h（采用 GRUNDCS BMET 配套回收透平）

选用型号 BMET46-10/8

反渗透入口压力（最大） 62bar

能量回收涡轮出口 24.2bar

BME 泵入口压力 24.2bar

BME 泵提供压力 62－24.2＝37.8 bar

给水流量（最大） 66 m^3/h

浓水流量 41 m^3/h

BME 输出特性：

BME 泵转速 5533RPM

转动皮带根数 7

功率安全余量 2.1

BME 耗电功率 115.8kW

BME 泵效率 71.4%

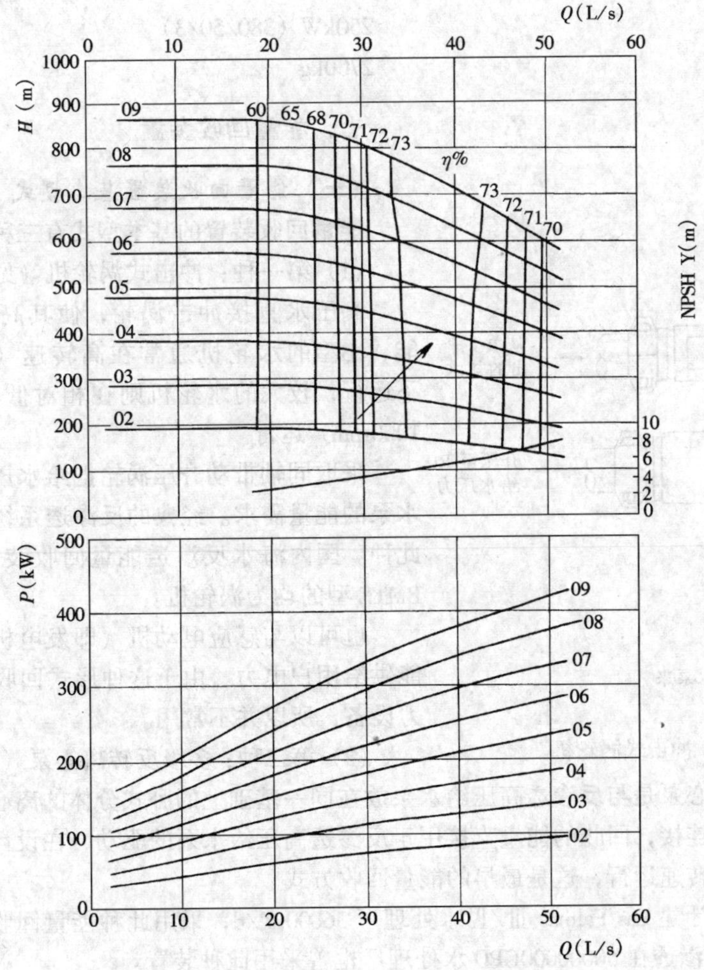

图 14-26 HPP 高压泵特性（叶轮直径 260mm）

Ahlstrom HPP 高压多级泵的选型。图 14-26 为 HPP4-80（100-80-260）高压泵特性。

示例：海水反渗透装置适用产品水 50 m^3/h（回收率 40%）

反渗透运行参数（采用 TUEBO 涡式能量回收装置）：

反渗透入口压力	59.5bar
能量回收压力	20.2 bar
给水泵出口压力	59.5 - 20.2 = 39.3bar
入口压力	2.0bar
给水流量	135bar

海水高压给水泵选用特性：

泵型号	HPP408-80
级数	5 级
泵入口/出口管径	100/80mm
叶轮直径	260mm
结构材料	2205-Duplex
净功率	195.5kW（效率为 73%）
泵重	790kg
电动机特性	250kW（380/50/3）
质量	2700kg

七、能量回收装置

（一）能量回收装置基本型式

能量回收装置的基本型式有三种。

（1）第一种：冲击式涡轮机（见图 14-27）。

高压水直接冲击涡轮，使其高速旋转产生机械能，小型的水轮机通常在高转速（5000～10000rpm）下运行，较大的水轮机则在相对低的转速下（200～1000rpm）运行。

采取同轴带动升压涡轮把给水压力升高而减轻给水泵的能量需求。经典的反渗透系统的能量回收多属此种。国内海水反渗透能量回收装置采用 TURBO 和 BMTE 型的均为涡轮机。

也可以与感应电动机（即发电机）相连，产生电能供给用户电力。由于这种形式回收能量需要另配电力设备，所以并不常用。

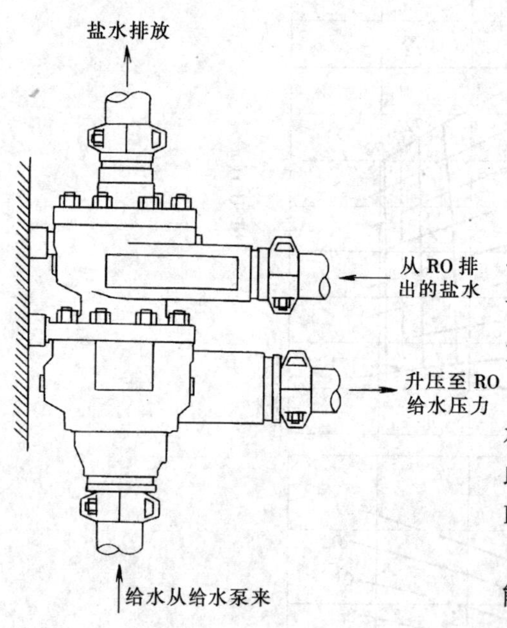

图 14-27　冲击式涡轮机

（2）第二种：多级反转离心泵（见图 14-28）。

多级反转泵离心泵是与反渗透高压给水泵放在同一基础上的卧式分体的离心泵，直接与高压给水泵的轴末端相连接，回收的能量直接用于反渗透高压给水泵的驱动，在设计时采用与给水泵的电动机同一恒定转速运行，这是最早的能量回收方式。

1989 年，西班牙建 Las Palmas Ⅲ/Ⅳ水处理厂 36000m^3/d，采用此种能量回收方式；Dupont 中空纤维 B-10 海水反渗透在 50000000GPD 水处理厂也曾采用此种装置。

（3）第三种：水压能直接转换器（见图 14-29）。

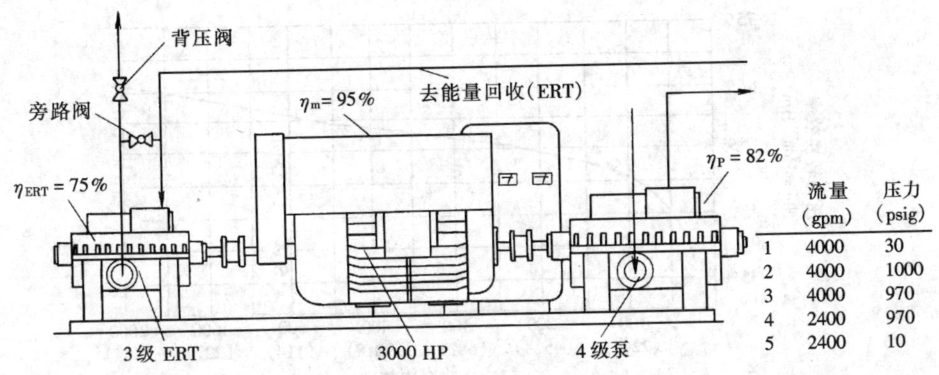

图 14-28　多级反转离心泵

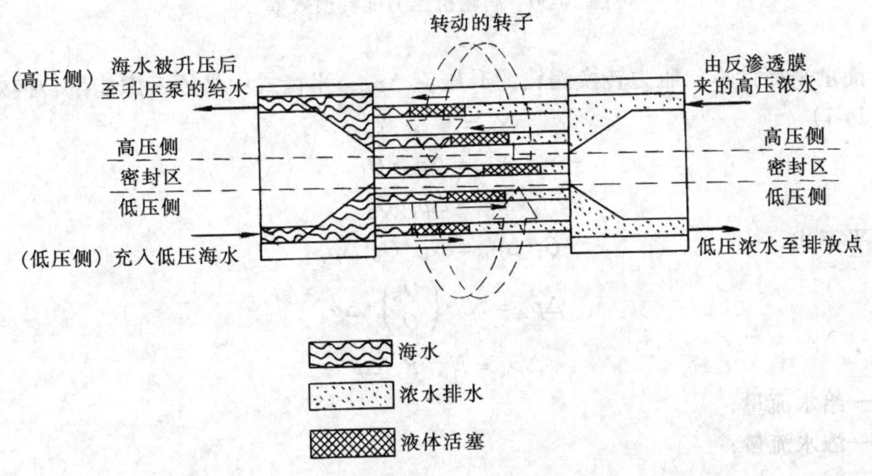

图 14-29　水压能直接转换器

该种回收装置始于20世纪90年代末，是液—液直接传递压力的一种能量回收装置，由于没有任何机械传动，所以效率可高达回收效率的95%，但由于装置是单体的组件（25、40、60、90、120、240gpm），大容量者需要多个并联。

（二）能量回收的计算

通常，能量回收装置是有一定效率的，它是基于水的压力能转换到机械能（轴能）的比率。

对反渗透系统，能量回收效率的正确计算方法是在浓水流中的压力能转换到给水流中的可用能量的比率。这个比率被称作压力能转换效率，或写为 N_{te}，它被定义为

$$N_{te} = W_{out} / W_{in} \tag{14-1}$$

式中　W_{out}——转换到给水流中的压力能；

　　W_{in}——在浓水流中可用的压力能。

评定能量回收涡轮机（包括 TURBO™）的能量回收效率最多的是用压力能转换效率的曲线方法。

冲击式涡轮机能量回收效率（N_{te}）。涡轮机能量回收效率与给水泵的效率无关，图 14-30 为涡轮机压力能转换效率，在给水流量为500gpm时，转换效率大约是60%。

而反转离心泵直接带动电动机并与给水泵同轴，因而与给水泵效率以及其他结合部件的效率（如V形皮带速度变换装置等）有关。例如，一效率为70%的反转泵同一效率为74%的给水泵相连接，其联合的压力能转换效率为 $0.70 \times 0.74 = 0.518$，这才是反转泵的能量转换效率的正确计

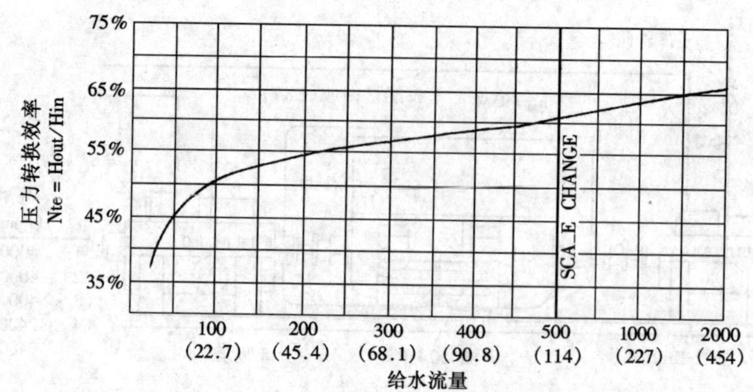

图 14-30 涡轮机压力能转换效率

算结果。

以下按能量平衡计算：压力转换涡轮的升压值 Δp_{tc}，平衡式中必须考虑能量转换效率 N_{te}

按式（14-1） $$N_{te}=W_{out}/W_{in}$$

由于 $$W_{out}=\Delta p_{tc}\cdot Q_f$$

$$W_{in}=\Delta p_r\cdot Q_b$$

按能量平衡式 $$Q_f\cdot\Delta p_{tc}=N_{te}\cdot Q_b\cdot\Delta p_r$$

$$\Delta p_{tc}=N_{te}\cdot\left(\frac{Q_b}{Q_f}\right)\cdot\Delta p_r$$

$$\Delta p_{tc}=N_{te}\cdot R_r\cdot\Delta p_r \tag{14-2}$$

式中 Q_f——给水流量；

Q_b——浓水流量；

p_b——浓水压力；

R_r——浓水流量与给水流量之比，即 $R_r=\dfrac{Q_b}{Q_f}$；

p_r——离开涡轮机的浓水压力（可采用 5psi）。

$$\Delta p_r=p_b-p_r \tag{14-3}$$

例如，计算能量回收装置在反渗透给水中的升压值，设图 14-31 中各参数值如下：

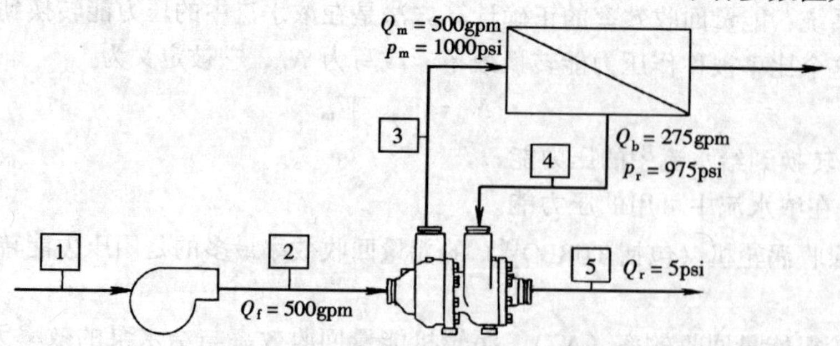

图 14-31 能量回收装置的升压值例图

对于给水流量 Q_f = 500gpm 按图 14-31 能量转换效率曲线查得 N_{te} = 60%，将图 14-31 中的数据代入式（14-2），即

$$\Delta p_{te} = N_{te} \cdot \frac{Q_b}{Q_f}(p_b - p_r) = 0.6 \times (275/500) \times (975 - 5) = 320\ (\text{psi})$$

在设计上为了获得可能的最大能量回收，即得到大的Δp_{tc}，按式（14-2）、式（14-3）就必须增加Δp_r值，也就是使浓水排放的压力p_r达到经试验可行的最小值，实际上p_r是一给定值（排向高的地势就会减小Δp_r值，但往往是不多的）。

（三）反渗透给水泵参数的选择

在上例中，反渗透给水泵的设计如果没有能量回收装置，给水泵的流量为500gpm，则压力应满足反渗透膜的入口压力1000psi，设置回收装置后选择给水泵的出口压力应为（1000－320）psi＝680psi，对比之下，将节省给水泵许多能量，大约为1/3。

当选取离心泵作给水泵时，要根据海水反渗透膜的工程分析找到需要的给水泵的运行特性，如海水膜运行到厂家允许膜寿命的后期需要的最高运行压力，图14-32为给水泵运行特性求算例图。

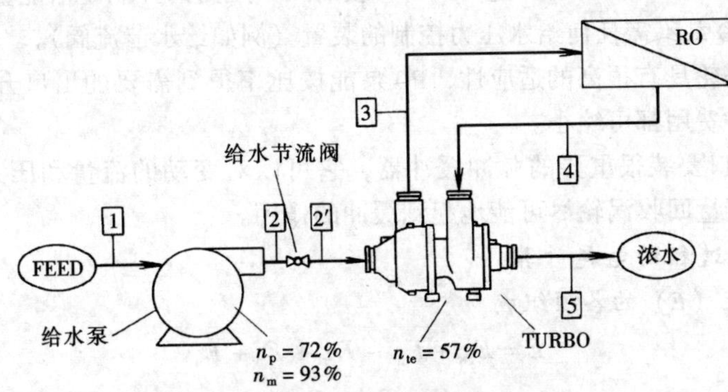

	起动初期		膜寿命的后期	
	流量（gpm）	压力（psig）	流量（gpm）	压力（psig）
1	420	30	420	30
2	420	600	420	600
2′	420	536	420	600
3	420	850	420	950
4	280	830	280	920
5	280	5	280	5

图14-32　海水给水泵运行特性求算例图

图14-32指出$Q_f = 420$gpm的能量转换效率为57%的回收装置，所用的运行工况是允许“膜寿命后期”时的给水压力，$p_m = 950$psi，用式（14-2）计算能量回收后的给水升压p_{tc}（从2至3点升压值）是350psi，因而选取给水泵需要的出口压力p_p是

$$p_p = p_m - p_{tc} = 950 - 350 = 600\ (\text{psi})$$

如果按新膜投运时的工况，能量回收装置的升压值以式（14-2）计算p_{tc}是314psi，此时给水泵仅需要的出口压力是

$$p_p = p_m - p_{tc} = 850 - 314 = 536\ (\text{psi})$$

因此，需要在给水泵出口必须用节流阀调节给水压力，大约要在节流阀处消耗600－536＝64（psi）的压力能。

如果使用给水泵变频调速装置（VFD），则可以取消出口控制阀，并使给水泵的动力消耗减少。例如没有VFD时给水泵在起动时需要194HP，用VFD输入动力下降至172HP。

综上所述，对于离心泵，反渗透给水泵参数的选择应该注意如下各点：

(1) 采用海水的最高的压力工况（对膜进口压力计算按量高的给水 TDS，在最低的温度下计算）在计算能量回收装置的升压时，应按膜运行寿命的后期时所需的压力计算。

(2) 海水反渗透的回收率对反渗透的能量回收装置的效率的影响很重要，即回收装置的入口流量很重要。要注意使回收装置有效地适应回收率（或入口流量）的工况。

(3) 给水泵的出口压力要适合膜入口压力的需要，因此在膜需要较低压力时（如新投入的膜），在泵出口要设置给水节流阀以控制泵出口压力等于膜入口的压力，在起初投入运行时要部分关闭，在运行的后期开启以增加压力适应运行的需要。另一个方法是采用变频调速装置（VFD），给水泵的转速按泵的压力需要调节。该技术是节省泵动力消耗并将消耗降到最小的方法。采用 VFD 时就可以取消出口节流阀，节能又可省去阀门。

给水泵选用活塞泵时，由于活塞泵是往复泵，即位移泵（Positive Desplacement，PD 泵），泵的流量的调节是基于泵的活塞移动和转速（rpm），膜的入口压力的控制是借能量回收涡轮机的盐水控制阀来调节的，PD 泵不需任何给水压力控制的装置（例如给水节流阀）。

由于能量回收涡轮具有很高的适应性，PD 泵能按比率得到需要的出口升压，这样，泵的尺寸和能量消耗、维护费用都可缩小。

在 PD 给水泵出口要装很重要的脉冲缓冲器，它可以对变动的流量和压力脉冲，对压力表、流量表、管道以及能量回收涡轮尽可能地起到缓冲的作用。

（四）海水淡化过程的电耗计算

1. 海水淡化电耗（E）的各项组成

$$E = E_{rw} + E_{hp} - E_{ert} + E_p + E_a$$

$$E_f = E_{hp} - E_{ert}$$

式中 E_{rw}——从海水井池取水泵电耗，(kW·h) /m³ 产品水；

E_{hp}——反渗透高压给水泵电耗，(kW·h) /m³ 产品水；

E_{ert}——能量回收涡轮泵单位回收电量，(kW·h) /m³ 产品水；

E_p——产品水送出至储箱电耗，(kW·h) /m³ 产品水；

E_a——辅助设备（如加药系统）电耗，(kW·h) /m³产品水；

E_f——净给水电耗，(kW·h) /m³ 产品水。

2. 水泵的功率（W_p）计算

$$W_p = Q \cdot p \cdot K_p$$

式中 Q——泵的供水流量，m³/h；

p——泵的供水压差，bar；

K_p——0.0278，米制单位换算系数。

W_p 以 kW 表示。

3. 水泵需要输入的功率

$$W_{p(in)} = W_p / N_p$$

式中 $W_{p(in)}$——泵的输入电力，kW；

N_p——泵的效率，估计值为柱塞泵效率 87%～91%；大型离心泵效率 78%～92%（500GPM）；中型离心泵效率 60%～78%（100～500GPM）；小型离心泵效率 40%

~65%（<100GPM）。

4. 能量回收装置输出轴功率

$$W_{out} = (W_{in})(N_{te})$$

式中 W_{out}——能量回收装置输出的轴功率，kW；

W_{in}——能量回收装置输入的轴功率，kW；

N_{te}——能量转换效率。

5. 给水泵电动机需要输入的功率

$$E_{hp} = K_e [W_{p(in)}/N_m]$$

式中 K_e——供电裕度系数（>1.0）；

N_m——电机效率 0.92~0.94。

6. 膜过程的电力消耗（举例）

$$E_f = E_{hp} - E_{ert}$$

$$E_{hp} = 0.0278 \cdot p_f/(R \cdot N_p \cdot N_m)$$

式中 p_f——给水压力，70bar；

R——回收率，0.5；

N_p——0.82；

N_m——0.94。

$$E_{hp} = 0.0278 \times 70/0.5 \times 0.82 \times 0.94 = 5.04\ (kW \cdot h)/m^3$$

$$E_{ert} = 0.0278 \cdot p_b \cdot (1-R) \cdot N_{te}/(R \cdot N_m)$$

式中 p_b——浓水压力，63bar；

R——0.5；

N_{te}——0.82。

$$E_{ert} = 0.0278 \times 63 \times (1-0.5) \times 0.82/0.5 \times 0.94 = 1.53\ (kW \cdot h)/m^3$$

$$E_f = E_{hp} - E_{ert} = 5.04 - 1.53 = 3.51\ (kW \cdot h)/m^3$$

$$E = E_f + E_{rw} + E_p + E_a = 3.51 + (0.5 \sim 0.8) = 4.01 \sim 4.31\ (kW \cdot h)/m^3$$

（五）国际市场上的能量回收装置

1. TURBO 型冲击式涡轮回收装置

TURBO 能量回收装置是由美国 PEI（Pump Engineering Inc.）于 1988 年开发和制造的，1989 年开始应用于现场。起初，TURBO 是由镍铝青铜合金制造的，1991 年又采用超等级耐蚀材料——双相不锈钢。这种改进在中东已取得很好的经验，用于很高 TDS 的海水，经验证实这种材料是适用于所有海水反渗透系统的应用。

PEI 在 TURBO 的制造过程中采用计算机软件控制的数控机床加工工件，非常精细、误差极小。PEI 产品不仅将能量回收用于给水升压，还用于反渗透系统的段间升压、渗透水升压等多方面。TURBO 的产品已用于从美国到中东的上百台的能量回收装置上，成为反渗透能量回收装置的经典产品。

(1) 结构特性和材质。TURBO 对于海水反渗透系统的设计和应用，具有简单、高效、可靠、

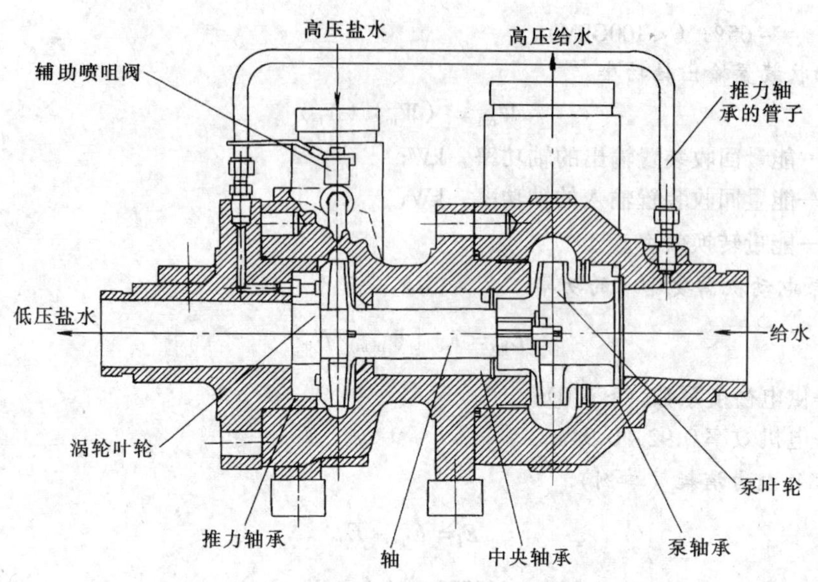

图 14-33　涡轮机（TURBO）能量回收装置结构剖面图

易于修理并具多种工况适应性的特点。TURBO 提供两种型式的能量回收装置，图 14-33 是 HTC-150 和大于 150 型号的结构图。

1）TURBO 是一整体涡轮驱动的离心泵，为单级叶片（叶片远少于反转泵）装配于涡轮轴上，它的全部驱动能量是借助于盐水流。

2）TURBO 的壳体有两种型式。小型的机组涡轮和泵吸入口同在一个壳体内，较大型的是采用分离壳体，以适应较大的水力范围。

3）叶轮是与轴组合为一个整体的转子，轴很短，第一临界速度高于最大运行速度的数倍，使轴悬于轴承之中保持悬浮状态，因而轴和螺栓是安全的。

4）平衡。整个转子经动平衡调试如同一个整体。

5）轴承。TURBO 有三个轴承，所有的轴承都是用给水或盐水润滑的。泵轴承和中央轴承是套筒型式的，转子转动时产生压力，提供必需的水流量以适应滑润和冷却轴承的需要。推力轴承是以水静压的方式，利用高压给水，从 TURBO 入口端引入给水。推力轴承是陶瓷轴承，中央轴承是石墨的标准轴承。颈轴承可选用固体陶瓷制造，或以等离子矩镀釉方法使陶瓷沉积在轴承表面上。

6）轴密封。TURBO 没有轴密封，轴完全是包含在泵之中的。

7）盐水压力控制。设有两个喷嘴和一个控制阀，用于起动调节盐水流量和压力，而不用消耗能量大的调节阀或旁路阀。

8）管子连接。所有给水和盐水管子的连接是威克托里（Victaulic）管卡子，法兰连接也可选用。

9）能量回收装置的基础。多用螺栓紧固在全钻孔的碳钢或不锈钢基础板上。

双相不锈钢合金 2205（UNS. S31803）是结构的标准材料，自 1990 年以来 TURBO 在红海和阿拉伯 Gulf 海水中使用证明效果是卓越的。

双相合金 2205 具有对缝隙和凹痕在高 Cl^- 的环境中的抗蚀能力，2205 合金具有 2 倍于 316L 的机械强度，它的焊接特性很好，并且不需对焊后进行热处理而能保持耐蚀特性。2205 的规定组成是：Cr 为 22%；Ni 为 5%；Mo 为 3%；N 为 0.15%；余量以 Fe 平衡。

其他用于 TURBO 的材料是：304 不锈钢外部螺栓，316 不锈钢外部螺栓，被钝化的 316 不锈钢外部螺栓保持圈。

(2) 产品特点和产品系列。TURBO 的产品特点如下：

1）不需要轴封；

2）轴承不需要润滑；

3）Victaulic 管卡连接确保安装方便；

4）TURBO 能被装于并列着的反渗透系列中，这样可减少高压管子的工作量；

5）能够在任何方向安装和运行，例如当提供的设备特性是垂直或侧向排出时；

6）浓水压力和流量用辅助喷嘴和阀门去调节，使所有可用的能量能够从浓水中被回收；

7）紧凑的机体很小的质量，23m³/h 的 TURBO 总重为 13kg，400m³/h 的涡轮机仅为 236kg；

8）低噪声、低振动；

9）不产生流量或压力脉冲；

10）能在任何的背压压力下排放浓水；

11）浓水不暴露在大气中，因而很少出现腐蚀问题。

产品系列如表 14-19（a）、表 14-19（b）所示，运行特性如表 14-20 及图 14-34 所示。

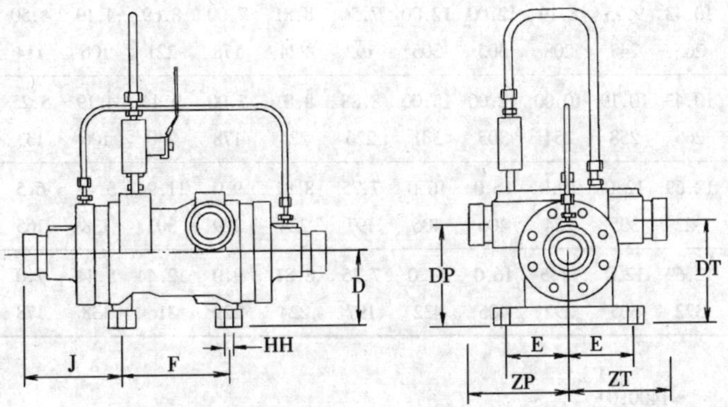

表 14-19（a） **TURBO 系列结构外形尺寸**

型号	CP	YT	YP	J	F	D	DP	DT	HH	E	ZP	ZT
HTC-25	9.00	3.62	3.62	3.50	2.00	2.50	3.30	3.20	0.44	2.31	2.75	2.75
HTC-50	10.50	3.94	4.06	3.50	3.50	2.56	3.50	3.37	0.44	2.31	3.25	3.25
HTC-75	11.12	4.31	4.31	4.19	2.75	2.62	3.68	3.56	0.44	2.31	3.75	3.75
HTC-100	11.97	4.44	4.56	3.88	4.18	2.88	3.94	4.00	0.44	2.56	4.00	4.00

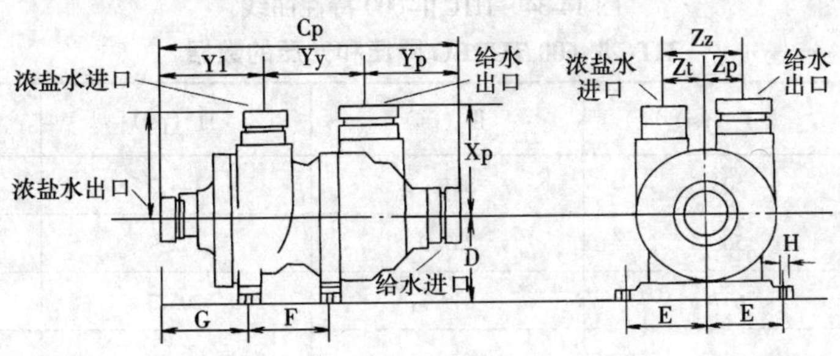

表 14-19（b） **TURBO系列结构外形尺寸**

Model		Cp	Yt	Yy	Yp	Xt	Xp	D	G	F	Zz	Zt	Zp	H	E	Feed Size	Brine Size
HTC-150	Inches	14.00	5.06	4.88	4.06	5.38	5.38	4.50	4.25	3.50	3.81	1.88	1.93	0.62	3.38	1.5	1.5
	MM	356	129	124	103	137	137	114	108	89	97	48	49	16	86	38	38
HTC-225	Inches	14.25	5.06	4.94	4.25	5.38	5.38	4.50	4.25	3.50	3.88	1.88	2.00	0.62	3.38	2.0	1.5
	MM	362	129	125	108	137	137	114	108	89	99	48	51	16	86	51	38
HTC-300	Inches	17.43	6.62	5.88	4.94	6.25	6.25	5.06	5.50	4.38	4.81	2.31	2.50	0.75	4.06	2.0	2.0
	MM	443	168	149	125	159	159	129	140	111	122	59	64	19	103	51	51
HTC-450	Inches	18.12	6.62	6.00	5.50	6.25	7.00	5.06	5.50	4.38	4.88	2.31	2.56	0.75	4.06	3.0	2.0
	MM	460	168	152	140	159	178	129	140	111	124	59	65	19	103	76	51
HTC-600	Inches	20.44	7.62	6.68	6.12	9.00	9.00	5.88	5.94	5.50	6.62	3.25	3.38	0.75	5.75	3.0	3.0
	MM	519	193	170	155	229	229	149	151	140	168	83	86	19	146	76	76
HTC-900	Inches	21.94	7.62	7.31	7.00	9.00	10.00	5.88	5.94	5.50	6.75	3.25	3.50	0.75	5.75	4.0	3.0
	MM	557	193	186	178	229	254	149	151	140	171	83	89	19	146	102	76
HTC-1200	Inches	28.38	10.43	9.75	8.19	12.00	12.00	7.56	8.81	7.00	8.69	4.19	4.50	1.00	5.88	4.0	4.0
	MM	721	265	248	208	305	305	192	224	178	221	106	114	25	149	102	102
HTC-1800	Inches	30.62	10.43	10.19	10.00	12.00	15.00	8.88	8.81	7.00	9.44	4.19	5.25	1.00	5.88	6.0	4.0
	MM	776	265	258	254	305	381	226	224	178	240	106	133	25	149	152	102
HTC-2400	Inches	34.69	12.69	12.0	10.0	16.0	16.0	7.75	8.81	9.0	11.94	5.44	6.5	*	*	6.0	6.0
	MM	881	322	305	254	406	406	197	224	229	303	138	165	*	*	152	152
HTC-3600	Inches	36.19	12.69	12.0	11.5	16.0	17.0	7.75	8.81	9.0	12.44	5.44	7.0	*	*	8.0	6.0
	MM	919	322	305	292	406	432	197	224	229	316	138	178	*	*	203	152

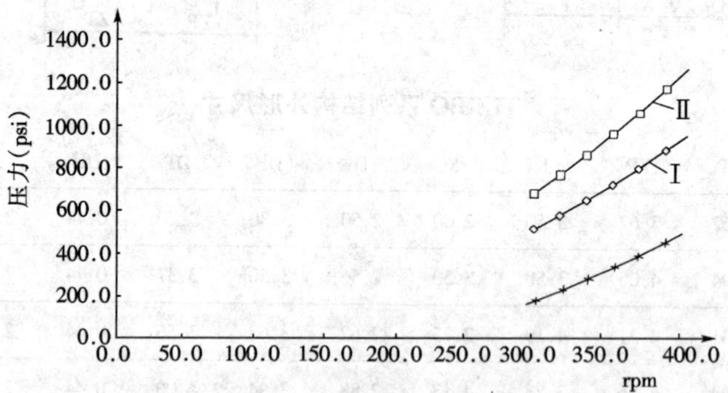

图 14-34 HTCⅡ-600 特性曲线

表 14-20 **HTCⅡ-600 TURBO 降压和升压的数据**

gpm	Ⅰ (psi)	Ⅱ (psi)	Ⅲ (psi)	Ⅳ (psi)
299.6	503.5	871.4	144.2	186.6
318.3	568.4	757.9	172.9	223.9
337.0	637.3	849.7	205.3	265.7
355.7	710.1	946.7	241.4	312.5

续表

gpm	Ⅰ（psi）	Ⅱ（psi）	Ⅲ（psi）	Ⅳ（psi）
374.5	786.8	1049.0	281.6	364.5
393.2	867.4	1156.6	326.0	422.0
411.9	952.0	1269.3	374.8	485.2

(3) 起动和运行。TURBO 如同任何离心泵一样，它需要一个最低限的入口压力，入口的最高压力没有限制，甚至 1000psi 也没有问题。

反渗透系统同 TURBO 连接起来运行，也和没有能量回收系统运行时相似。装在 TURBO 上的辅助浓水控制阀要调节到如同调一个标准的浓水压力控制阀一样，当起动时减少给水泵的起动负荷，而当运行时就控制浓水的压力和流量。

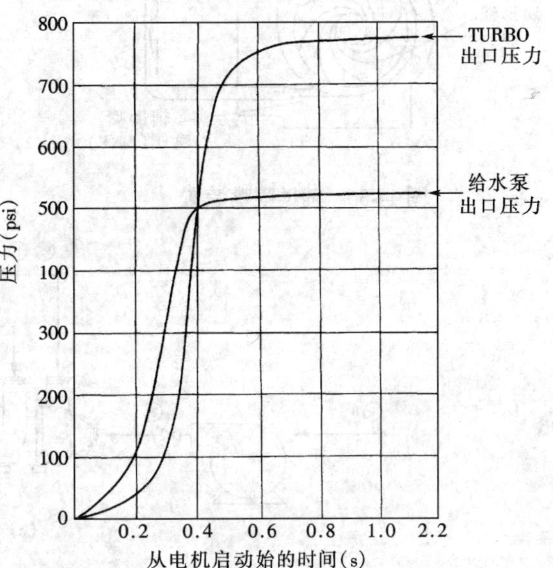

图 14-35　TURBO 起动压力响应曲线

1）响应时间。在流量和压力变化时，特别当系统起动时，TURBO 的响应时间是很重要的。如图 14-35 为三冲程往复活塞给水泵与型号为 HTC-150 的 TURBO 组合。当起动时，可以测得 TURBO 出口压力滞后于给水泵出口压力（即给入 TURBO 泵的压力）仅约 0.1s，这种相容的配置很容易确保反渗透膜入口压力的控制。

起动时的轻微的滞后实际上将减小给水泵的初始负荷，这个影响较小，但在系统上确实存在这一问题。

2）浓水压力的控制。图 14-36 为辅助喷嘴装置，每一台 TURBO 都是和一个浓水流量控制阀，或叫做辅助喷嘴阀装配在一起的，常规反渗透系统中的浓水压力调节阀就被 TURBO 所代替了，使流量和压力调节能符合反渗透的需要。如果（在一恒定浓水流中）排放浓水的压力需要大于反渗透装置流出的浓水压力的 25%时，辅助喷嘴阀的阀位要使浓水部分旁路涡轮泵内部的叶轮。

通常的反转泵需要两个浓水压力控制阀（见图 14-28 多级反转离心泵）：一个阀在浓水流中加以流体阻力，当浓水压力超出该涡轮的系统压力（即图 14-37 中运行点超出标准水力曲线时）时；另一个阀是用在旁路浓水，当希望浓水压力低于标准曲线时。在这种情况下，能量回收装置的能量回收是被减小了。

但是，为了减少上述阀门的设置，可以在 TURBO 涡轮机的较宽的机壳上装一个 ANV（辅助喷嘴阀），则可解决问题。

(4) TURBO 在反渗透系统中的组合方式（见图 14-38）。

2．BMET 型“涡轮—多级离心泵”回收装置

BMET 是丹麦 GRUNDFOS 设计制造的由涡轮机能量回收泵组 BMT 与增压泵组（即电机驱动的高压多级离心给水泵）BME 组合的能量回收—增压泵泵组。

(1) BMET 的组合系统（见图 14-39）。

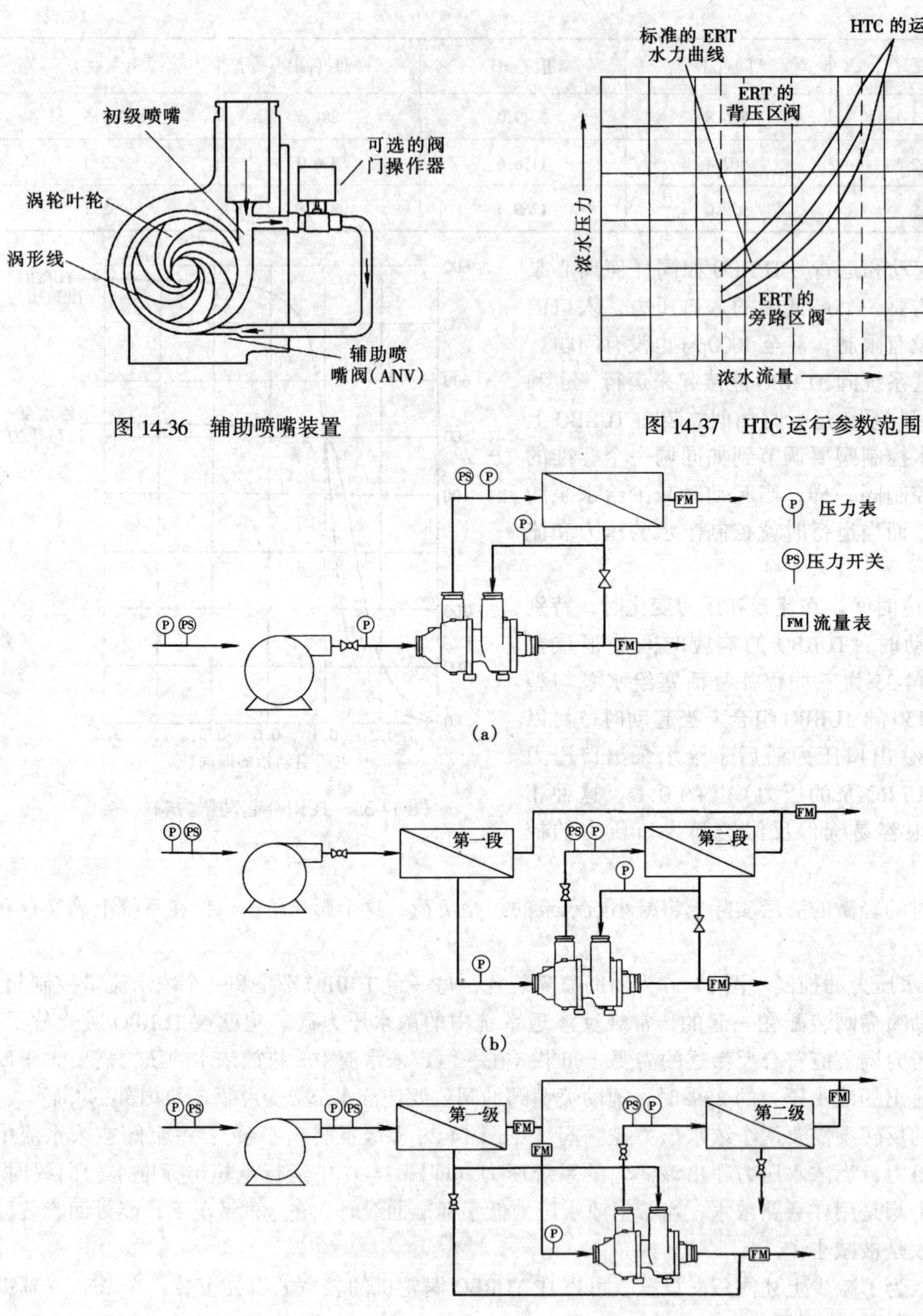

图 14-36　辅助喷嘴装置

图 14-37　HTC 运行参数范围

(a)

(b)

(c)

图 14-38　TURBO 在反渗透系统中的组合方式

(a) 能量回收装置用于给水升压；(b) 用于第二段给水升压；

(c) 用于第二级反渗透给水升压

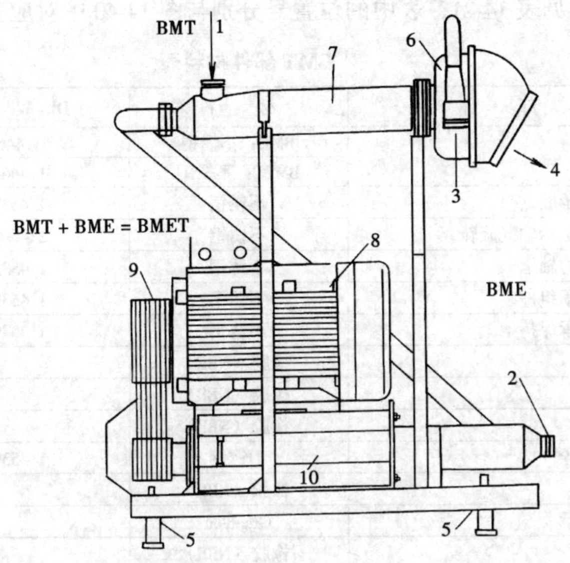

图 14-39　BMET 型涡轮—多级离心泵能量回收装置

1—原水进口；2—高压给水进口（去膜的入口）；3—高压浓水（来自膜的出口）涡轮机入口；4—低压浓水出口；5—机组底脚；6—BMT 驱动头；7—BMT 回收系统；8—BME 电机；9—BME 电机带动 BME 的皮带；10—BME 多级升压给水泵

（2）BMT 驱动头剖面图（见图 14-40）。

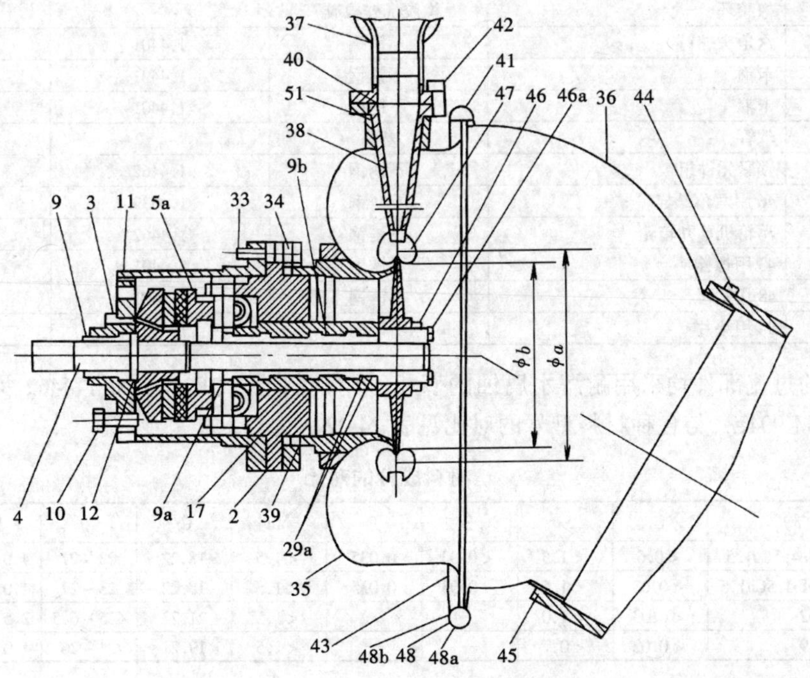

图 14-40　BMT 驱动头剖面图

（3）材料说明（见表 14-21，表中的位置号分别与图 14-40 中对应）。

表 14-21　　BMT 部件材料表

位　置	部　件	材　料	DIN W. – Nr	AISI/ASTM
2	静止轴	BME：不锈钢	1.446	AISI 329
		BMET：不锈钢	1.4462	
3	推力轴承腔	不锈钢	1.4539	AISI 904L
4	带推力轴承轴（旋转）	不锈钢	1.4662	
5	静止推力轴承	不锈钢	1.4539	AISI 904L
5a	推力轴承组件	不锈钢	1.4539	AISI 905L
6	推力轴承保持架	不锈钢	1.4539	AISI 906L
9	轴承	橡胶（NBR）		
9a	轴承	橡胶（NBR）		
9b	轴承	橡胶（NBR）		
10	六角螺栓	不锈钢	1.4539	AISI 904L
11	O 形圈	橡胶（NBR）		
12	轴向轴承	Graphlon		
29	密封环	橡胶（NBR）		
29a	密封环	橡胶（NBR）		
29b	密封环	橡胶（NBR）		
33	六角头螺钉	不锈钢	1.4401	AISI 316
34	六角头螺钉	不锈钢	1.4401	AISI 316
35	涡轮机壳体	不锈钢	1.4539	AISI 904L
36	涡轮机出口连接件	Plolycarbonate		
37	分配管	不锈钢	1.4539	AISI 904L
38	喷嘴	不锈钢	1.4462	
39	O 形圈	橡胶（NBR）		
40	O 形圈	橡胶（NBR）		
41	橡胶环	橡胶（硅橡胶）		
42	六角头螺钉	不锈钢	1.4401	AISI 316
43	卡箍	不锈钢	1.4401	AISI 316
44	卡箍	不锈钢	1.4401	AISI 316
45	软管	塑料		
46	锁紧元件组	不锈钢	1.4462	
46a	46 用六角螺栓	不锈钢	1.4539	AISI 904L
47	涡轮机置办转轮	不锈钢	1.4462	
48	43 用螺栓	不锈钢	1.4401	AISI316
48a	48 用螺母	不锈钢	1.4401	AISI316
48b	48 用垫片	不锈钢	1.4401	AISI316

BMET 的过流部件均采用耐海水腐蚀的双相不锈钢制造。DIN W.-Nr 1.4462 及 1.4539（等同于 AISI/ASTM 904L）与各种材料型号的对比见表 14-22。

表 14-22　　材料成分的对比

元素（%）	C	Si	S	P	Mn	Cr	Ni	Mo	Cu
ZGOCr20Ni25Mo4.5Cu1.5	<0.6	<1.5	<0.03	0.035	<1.5	18.22	23～27	4.0～4.5	1.5～3.0
ZGOOCr20Ni25Mo4.5Cu1.5	<0.03	<1.5	<0.03	0.035	<1.5	18.22	23～27	4.0～4.5	1.5～3.0
1.4462	<0.03	<1.0	—	—	<1.5	21.23	4.5～6.5	2.5～3.5	
1.4539	<0.02	<0.7	—	—	<1.5	19.21	24～26	4.0～5.0	1.8～2.2

不同材料对海水的耐腐蚀性（见图 14-41）。

（4）选型型号及计算书（见表 14-23）。

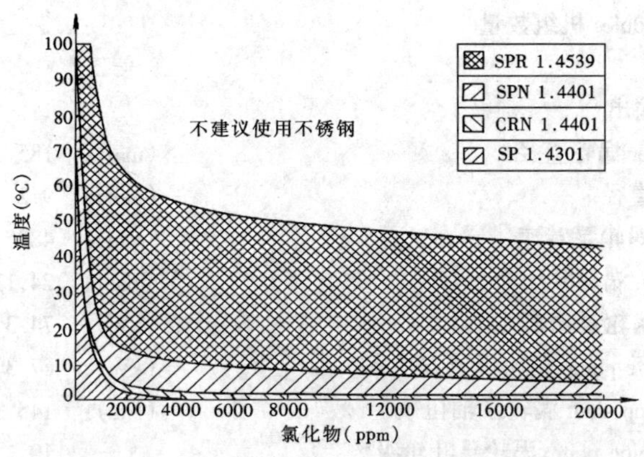

图 14-41 材料的耐腐蚀性

表 14-23 **选型型号及计算书**

流量（m³/h）	泵型号	最小流量		最大流量
	SP17	20		36
	SP30	36		63
	SP46	63		95
	SP60	—		—
压力（bar）	增压机组	最大系统压力	最小进口压力	最大进口压力
	BME	70	1	30
	BMET	70	2	5
温度	最大液体温度：+40℃ 最大环境温度：+40℃			

例：所选系统型号　BMET30-16/7

BME——增压机组只有一台泵（电机驱动）。

BMET——增压机组含有两台泵（一台电机驱动，一台涡轮机驱动）。

30——电机驱动/涡轮机驱动泵型号：SP30。

16/7——电机驱动/涡轮机驱动泵的叶轮级数。

（5）特点。

1）泵和基架均用高级不锈钢制造。

2）涡轮机能量回收可节能多达 34%，如 BMET46-11/10（见 BMET 计算书）。

BMET 计算书（例 BME 46-11/10）

输入：　INPUT 要求参数

Unit Type 机组系列	:	BMET
Feed Flow 机组流量	(m³/h):	78.00
Feed Pressure 机组出口压力	(bar):	65.00
Concentrate Flow 浓水流量	(m³/h):	51.00
Concentrate Pressure 浓水压力	(bar):	61.00
Pre-Feed Pressure 进口压力	(bar):	2.00
Voltage 电压	(Volt):	380
Frequency 频率	(Hz):	50
Water Temperature 水温	(DegC):	30.0
Ambient Temperature 环境温度	(DegC):	20.0
Density 密度	(kg/m³):	1003

	Number of Booster Modules 机组数量	:	1
选型:	BMT OUTPUT BMT 输出		
	Turbine Wheel diameter 涡轮直径	(mm):	185
	Nozzle diameter 涡轮直径	(mm):	9.2
	Speed, Turbine pump 涡轮泵转速	(rpm):	4885
	Pressure, Turbine pump 涡轮泵压力	(bar):	24.17
	Power Turbine pump 涡轮泵功率	(kW):	74.3
	Power, saved by Turbine pump 涡轮机节省功率	(kW):	67.3
	Torsion in Turbine pump shaft 涡轮泵轴扭矩	(Nm):	145.3
	Number of stages, Turbine pump 涡轮泵叶轮级数	(—)	10
	BME OUTPUT(Calcualted for variable gearing) BME 输出(变速传动装置计算参数)		
	Booster Module 机组型号		1X BME30-18
	Motor Type 电机型号		IEC 315M-132(kW)
	Pulley diameter, motor 皮带轮直径	(mm):	300
	Speed, BME-pump BME 泵转速	(rpm):	5950
	Power safety margin 功率安全余量	(%):	3.2
	Dynamic load of bearing 轴承动载荷	(N):	2755
	Static tension for belts 皮带静止张力	(N):	2204
	Deflection of the belts 皮带偏心距	(mm):	4.69
	Deflection force, Max 皮带偏心最大张力	(N):	19.0
	Deflection force, Min 皮带偏心最小张力	(N):	13.6
	Requested pressure, BME-pump BME 泵要求压力	(bar):	63.00
	Calculated pressure, BME-pump BME 泵计算压力	(bar):	63.20
	Power consumption, BME-pump BME 泵耗电功率	(kW):	128.4
	Efficiency, BME-pump BME 泵效率	(%);	75.2
	Torsion in BME-pump shafe, BME-pump BME 泵轴扭距	(Nm):	206.11
	Plant efficiency 装置效率	(%):	71.2

由计算书提供的数据得知:

淡水产量　78 - 51 = 26（m^3/h）

实际耗电　115.8kW·h

即产水量耗电比　4.45kW/m^3

涡轮机节省能量　67.3kW

3）标准化电机和轴承。

4）安装和起动简单。

5）服务拆卸简便。

6）增压单元为多级离心泵，高效且出口压力稳定。

3. 水压能直接转换式能量回收装置

切换通道无轴陶瓷转子压力转换器（Pressure Exchanger）简称为 PX。PX 压力转换器是美国能量回收公司（Energy Recovery, Inc. 缩写为 ERI）于 20 世纪 90 年代末研制开发的一种新型的能量回收装置。

PX 装置创造了能量回收效率的新高度，它可以在 SWRO 系统中使电力消耗的能量减小 60%，回收效率达到 94%以上，使海水反渗透耗电量降至 2.4 (kW·h)/m³ 以下。

该装置已于 1997 年推向市场，应用于反渗透海水淡化的排水能量回收中，至今已在数十台海水反渗透装置上应用，反渗透最大容量为 10000m³/d(最小也应用于 15m³/d 反渗透设备中)，美国 HOH 水工程技术公司、日本 Toyobo(东洋纺)都有工程采用。自 1998 年以来，丹麦的 HOH 在海水淡化工程中，如 Lansarste、canaryIslands 的 Ficns 水处理厂利用后立即节约了电能将近 50%。1998 年以来 HOH canarias 用 PX 代替了所有的涡轮回收装置。中国大连石化公司于 2003 年建成的 3×240m³/h 海水反渗透，采用 PX-240 型能量回收装置，不仅节能好而且运行时噪声很低。

(1) PX 压力转换器的结构特点和系列。

PX 压力转换器从外形结构来看是一个很简洁的、类似于短的反渗透的压力容器。它的内部的一个活动部件是一个没有轴的、多通道的陶瓷转子，它在流体静力学的作用下，在一个陶瓷套筒内于浮悬的状态下转动。该转子的功能是使海水反渗透浓水的压力经过直接接触置换为海水反渗透给水的压力，而仅有很小的可以忽略的能量损失。它不像一般的回收装置，PX 不用分离阀或活塞，由于转子的精密性和水在其中的很短的滞留时间，避免了海水给水与反渗透浓水的混合。图 14-42 为 PX 的多通道陶瓷转子。

由于在设计中它仅有一个运动部件，没有机械密封、轴、轴承或耐磨环。这一运动部件非常坚固，也没有腐蚀和表面磨损，因而该装置实际上无需维护工作。

一般的能量回收装置都是具有涡轮或叶轮，在 15000rpm 下旋转。在短时间内，许多部件会被磨损，相比之下，PX 压力转换器的单一运动部件是旋转在低的转数 (1500rpm) 下的表面水力磨损，因此近于没有磨损。

PX 压力转换器的产品系列 (见表 14-24)。小型的 PX 压力转换器的单元可小到能够放在你的桌子上。它的产品系列从 15gpm 起到目前已有 240gpm 的单元。

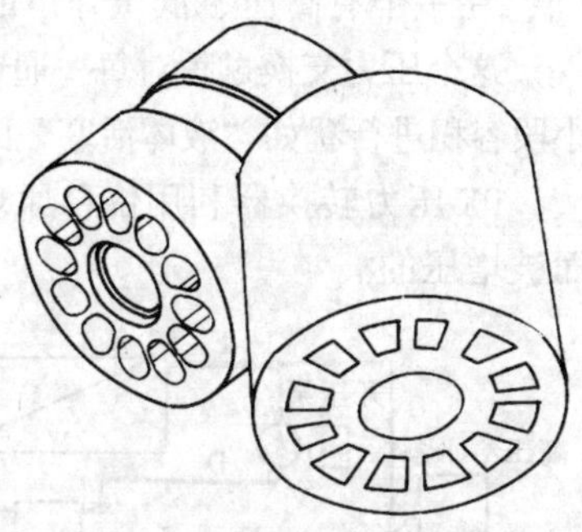

图 14-42　PX 的多通道陶瓷转子

表 14-24　PX 压力转换器单元的系列

产品型号	流量 gpm (m³/h)	连接尺寸 (in)				整体尺寸 (in)	净重 (lbs)
		LP-进口	LP-出口	HP 进口	HP 出口		
PX-15	10~15(2.3~3.41)	1.5	1.5	1	1	6×9×29.5	37
PX-25	15~25(3.4~5.68)	1.5	1.5	1	1	6×9×29.5	37
PX-40	25~40(5.7~9.08)	1.5	1.5	1	1	6×9×29.5	37
PX-60	40~60(9.1~13.63)	1.5	1.5	2	1.5	6×9×29.5	37
PX-90	60~90(13.6~20.44)	1.5	1.5	2	1.5	6×9×39.5	90
PX-120	90~120(20.4~27.25)	1.5	2	2	1.5	6×9×39.5	90

海水反渗透工程可根据需要采用小的单元组件多个组合起来以提供高的流量。小的组件的好处是可以适应发展，可以在原组合系统上并入新的组件。因为没有维护和大修，所以组件个数实际上没有影响。

PX-240 组件是新产品，包括有升压泵、组合出入口母管组件、法兰盘和安装架。这种组件用 victaulic 管卡连接，该组件适用任何系统的整体安装。

PX 升压泵是 ERI 公司为配合 PX 能量置换装置开发的配套设备 (见表 14-25)，它的特点是仅升高一个小的压力 (2~4bar)，是对经过能量回收后的高压海水介质进行升压的。它是专门为海水反渗透系统设计的，是为了补充反渗透过程的压力损失和能量回收过程的损失，因而所需的升压不大。它的耐蚀性很高（材质为DuplexSS），且吸入压力很高（最高达82bar，即1200psi），以便接受反渗透的高的排水压力。

表 14-25　　ERI能量回收装置配套的升压泵系列

升压泵型号	流　量 gpm（m^3/h）	功　率 (HP)	460V 电流 (A)	尺　寸 (in)	运载质量 (lbs)
HP-8503	50～70(11.4～15.9)	5	6	10×12×34	130
HP-8504	70～100(15.9～22.7)	7.5	9	11×12×43	160
1253	100～160(22.7～36.4)	10	12	11×13×46	175
1254	160～200(36.4～45.4)	15	17	11×13×49	220
2402	130～230(29.5～52.3)	15	17	11×13×49	220
2403	230～300(52.3～68.2)	20	23	12×16×50	330

（2）PX压力转换器压力转换过程示意和原理。

PX是利用有平行纵向的多通道的陶瓷材质的无轴转子旋转在一个陶瓷的套筒中，转子一套筒保持在两陶瓷端盖之间。通道的一半在任何给定瞬间被暴露在高压侧，通道的另一半同时又被暴露在低压侧。这样，浓水排出液沿轴向地传递压力能给海水给水流。该转子自旋（每1/25s 1转）在一个有高压、低压开口的两端盖间的套筒内。

这个压力交换过程对每一通道是随转子的每一转动重复的，两种液流的分隔是借通道内滞留的一小段容积进行犹如“液体活塞”的往返运动来完成，实际上两种液流在界面混合仅有1%～2%。

PX压力转换器利用位移原理，使进入的原水（海水）借用从膜系统排出的浓海水直接接触而被增压的。

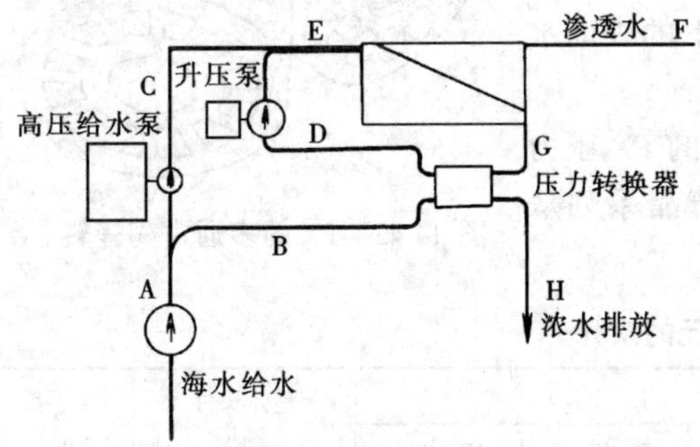

图 14-43　PX能量转换工作示意图

（3）PX压力转换器的运行系统。

PX压力转换器极大地增加了海水反渗透系统的内部效率，将高压浓水排放压力加以有效的利用，有效地将海水能量消耗降至2.4kW·h以下，直接增压给部分进入反渗透的海水。当回收率为40%时，进入PX装置的这部分海水可折算为60%的给水，亦即减少主高压给水泵60%的容量，这样既节省了能耗，也削减了大量的设备投资费用。

海水反渗透应用PX压力转换技术不同于通常的能量回收的设计，但实际上是十分简洁的。图14-43为PX能量转换工作示意图，从反渗透排出的浓水经过PX装置，压力能直接地以94%的转换效率传递给部分海水给水，该部分海水几乎等于反渗透排出浓水的量，然后经过一小型的升压泵来补充经过海水反渗透系统的水力损失，这部分海水流与主给水泵所供海水合在一起进入反渗透装置。

通过PX装置的海水是不经过高压给水泵的。此时主高压泵的供水量接近于（稍高于）产品水的流量。

以典型的海水反渗透淡化厂的PX系统为例，各点的流量状况：

系统位置	A	B	C	D	E	F	G	H
流量 gpm	100.0	58.8	41.2	58.8	100.0	40.0	60.0	60.0

各点的运行工况：

PX装置内部旁路	1.2gpm
PX装置高压侧压差	10psi

PX 装置低压侧压差	20psi
反渗透的压差	25psi
回收率	40%
给水泵效率	90%
给水泵的电动机效率	92%
给水泵功率	20.5kW
升压泵效率	80%
升压泵的电动机效率	92%
升压泵功率	1.3kW
总功率	21.8kW
海水反渗透产品水电耗	2.4kWh/m^3

上述典型例子说明主高压泵将提供能量的 41%，升压泵将提供 2%，而 PX 压力转换器将提供其余的 57%。由于 PX 压力转换器没有外来的动力，该总动力的节省值同没有能量回收系统比较为 57%。

(4) PX 压力转换器的优越性。

1) 海水反渗透系统耗能可节省约 60%，即海水高压给水泵可省电约 60%。

2) 新型独特的压力转换是直接接触的压力传递无机械水力消耗，其能量转换效率可达 94%，较之涡轮机转换效率（60%）一般要高 1/3。

3) 海水反渗透产品水的单位耗电量可由一般有回收装置的4(kW·h)/m^3 降至 2.4(kW·h)/m^3（参考表 14-26）。

4) 主高压泵的选型将因减小供水流量而使设备的尺寸减小 55%，因而减少了投资。

5) 由于减小了电量消耗，PX 能量回收装置的设备投资一年内即可收回。

6) 改造旧的设备或从新添置回收装置，此改造过程容易、快捷，装置占地空间小，连接管路短，连接完全采用或威克托里（victanlic）卡箍。

8) 实际上无需运行维护工作。

9) 保证运行可靠。

几种能量回收装置的回收率与耗电量的对比。由于能量转换方式不同，反渗透装置的浓水排放量中的能量回收效率不同。在回收率较低时，相应的能量回收总的效益较差，产品水耗电量[(kW·h)/m^3]则较高，图 14-45 为回收率与能耗的关系。

PX 能量转换器由于是能量在液—液体系中直接交换，几乎无损耗，因而回收率的大小也几乎无影响，如图 14-44 中的曲线近于水平的关系。

(5) 旧有反渗透系统的改造。

旧有的海水反渗透处理系统加装 PX 能量转换器，有三种可供参考的做法：

1) 扩大产品水量的改造。增设 PX 装置后所回收的压力能供给新设的一套新的反渗透装置，如图 14-45 所示，由原产水量 40gpm 的基础上又获得了新的反渗透装置产品水 57gpm，其中仅另补设很小的升压泵（由 950psi 升到 1000psi）。

2) 对产水量小的反渗透装置增设 PX 能量转换

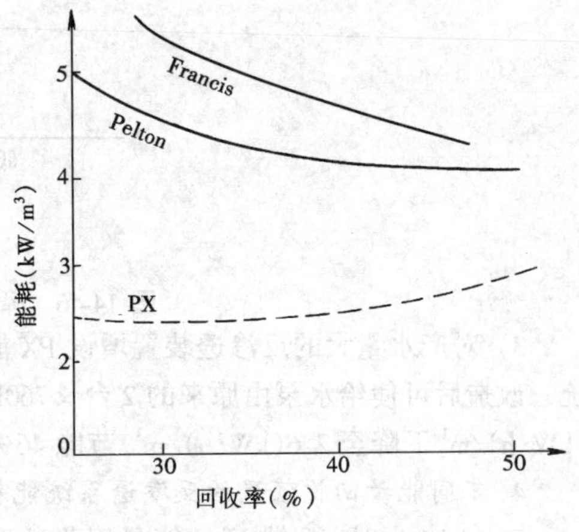

图 14-44 回收率与能耗的关系

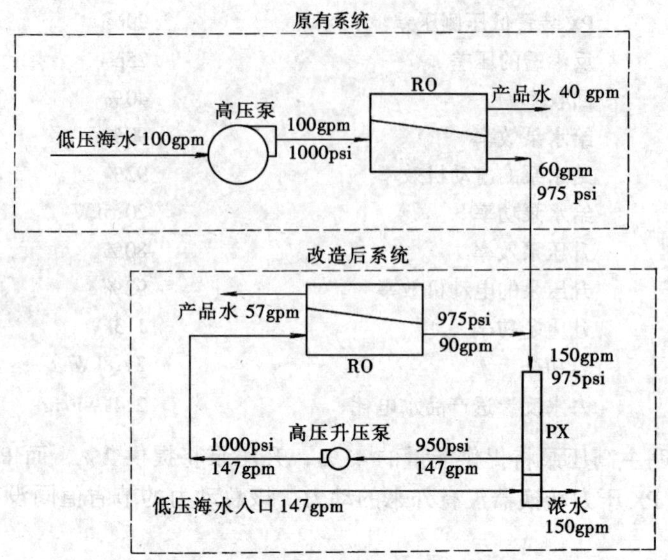

图 14-45　扩大产品水量的实例

器。如图 14-46 所示，产品水为 40gpm 的系统，改造后可使原来给水泵的功率由 80HP 降至 30HP。其中仅另设一台 3HP 的升压泵。总效益为产品水耗电量由 6.6 (kW·h)/m^3 下降至 2.7(kW·h)/m^3，节能 46%。

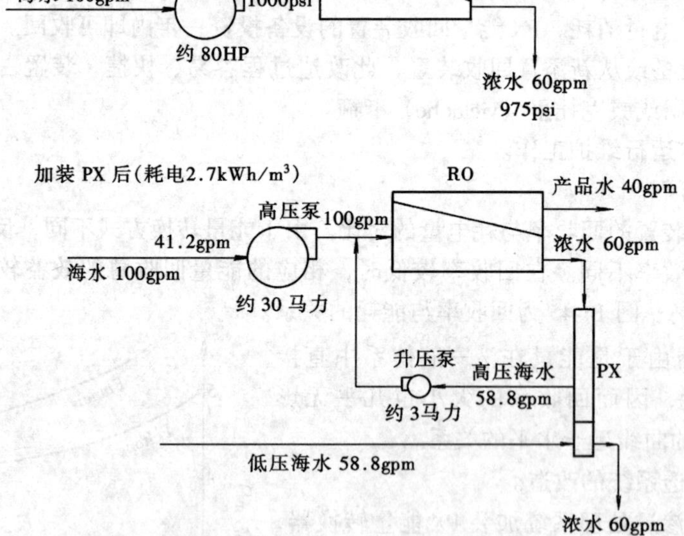

图 14-46　降低给水泵功率消耗的实例

3）对产水量大的反渗透装置增设 PX 能量转换器。如图 14-47 所示，产品水为 1000gpm 的系统，改造后可使给水泵由原来的 2 台 ×760HP 变成仅需 1 台 ×770HP。总效益为产品水耗量由 5.0 (kW·h)/m^3 下降至 2.6(kW·h)/m^3，节能 46%。

4. 不同能量回收装置的反渗透系统能耗比较

表 14-26 为对三种典型的能量回收装置，即 PX 液—液压力转换器、Turbo 涡轮机、Pelton 反

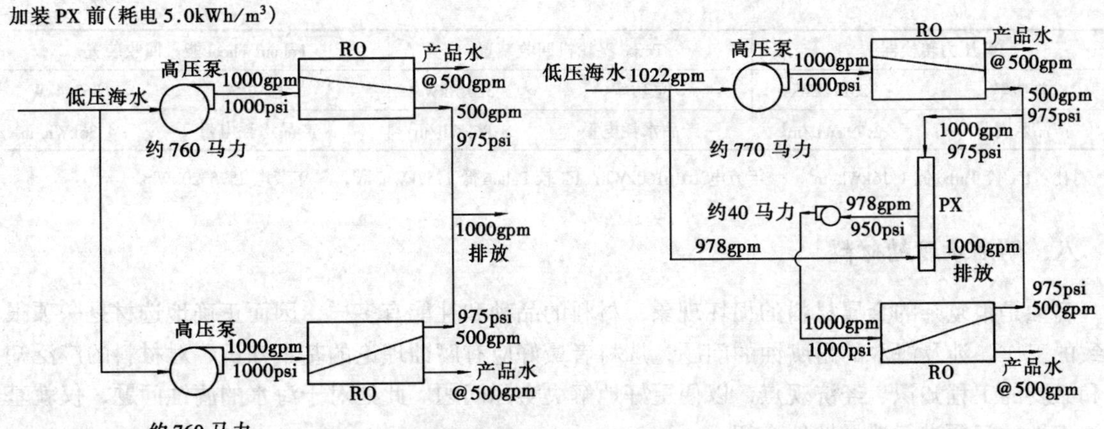

图 14-47　减少一台给水泵的实例

转泵能量回收装置在产水量为 100m³/h 条件下的粗略比较。

表 14-26　不同能量回收装置的反渗透系统能耗比较

PX 压力转换器

	A	B	C	D	E	F	G	H
流量(m³/h)	181.2	97.3	83.9	97.3	181.21	83.3	97.8	97.8
压力(bar)	1.9	1.9	62.0	57.8	62.0	0	59.3	0.6

运行条件：

PX-220 两台并用	
PX 单个流量	215.4gpm
PX 体内旁流	9.6gpm
PX 高压侧压差	17psi
PX 低压侧压差	38psi
膜压差	43.5psi
回收率	46%
高压给水泵效率	0.78
电机效率	0.92
功率	202kW
升压泵效率	0.75
电机效率	0.92
功率	17kW
海水供水泵功率	13.1kW

Turbo 涡轮机回收装置

	A	C	E	F	G	H
流量(m³/h)	181.1	181.1	181.1	83.3	97.8	97.8
压力(bar)	21	44.5	62.1	0	59.0	0.6

Turbo 效率	0.55
Turbo 轴功率	121.5kW
Turbo 机升压	17.1bar
膜压差	43.5psi
回收率	46%
给水泵效率	0.78
电机效率	0.92
给水泵总功率	377.5kW
电机功率	306.1kW
海水供水泵功率	14.7kW

Pelton Wheel 能量回收装置

	A	E	F	G	H
流量(m³/h)	181.3	181.3	83.4	97.9	97.9
压力(bar)	21	62.0	0	59.0	0

Pelton 效率	0.455
Pelton 功率	74.9kW
膜压差	43.5psi
回收率	46%
给水泵效率	0.78
电机效率	0.92
给水泵的功率	397.9kW
电机功率	323.0kW
电机供电功率(×1.08)	348.8kW
海水供水泵功率	14.6kW

续表

PX压力转换器		Turbo 涡轮机回收装置		Pelton Wheel 能量回收装置	
总功率	232.1kW	总功率	320.8kW	总功率	363.4kW
产品水耗量	2.79kWh/m^3	产品水耗电量	3.86kWh/m^3	产品水耗电量	4.36kWh/m^3

对比：PX 较 Turbo 低 1.16kWh/m^3，一年节电 1016160kWh；PX 较 Pelton 低 1.57kWh/m^3，一年节电 1375320kWh。

八、耐海水腐蚀材料

腐蚀是很复杂的金属材料的损坏现象，材料的品种和性能有多样，因而正确地选材是一项很细致的工作。涉及海水的耐腐蚀的问题，选材者最好应有腐蚀理论的基本知识、对材料的广泛知识和必要的工程知识、经济观点，以便更好地解决实际问题。此处对于海水的腐蚀问题，仅就基本常识性的问题进行选择性地介绍。

（一）海水环境中常见的金属腐蚀形态及其影响因素

1. 孔蚀

孔蚀发生于易钝化的金属（如不锈钢，因为表面覆盖强保护性的钝化膜，腐蚀很微弱，但由于表面局部可能存在缺陷，海水中的 Cl^-、Br^-能破坏局部缺陷的钝化膜，阳极电流高度集中，腐蚀迅速向深度发展，形成蚀孔）。蚀孔形成后，孔外部被腐蚀产物阻塞，内外的对流和扩散受到阻滞，孔内形成独特的闭塞区（闭塞电池），孔内的氧迅速耗尽，只剩下金属腐蚀的阳极反应，阴极反应氧离子化完全移到孔外侧进行。因此孔内很快积累了带正电的金属离子，为了保持电中性，带负电的 Cl^- 从孔外移入孔内，Cl^-增多，金属离子水解产生 H^+，孔内 pH 值下降。H^+ 和 Cl^-形成强烈的 HCl。闭塞区内溶液组成（H^+、Cl^-）和区外迥然不同，当区内 pH 值下降到某一临界值时，腐蚀率突然上升，形成加速腐蚀，孔内产生阴极放 H_2 反应，孔蚀由闭塞区酸性电池控制。对碳钢孔蚀速度可达 0.1mm/a 以上。

缝隙腐蚀是孔蚀的一种特殊形态，发生在焊缝、接口、铆钉、垫圈处，也有的是海洋沾污生物在金属表面上造成的。

2. 晶间腐蚀

腐蚀从表面沿晶粒边界向内发展，外表没有腐蚀迹象。晶间腐蚀是和晶界在一定条件下产生的化学和组成上的变化，耐蚀性能降低所致，这种变化通常是由于热处理或冷加工引起的。

奥氏体不锈钢含铬量要大于 11%才具有良好的耐蚀性，但当焊接时，焊缝两侧 2～3mm 处可被加热到 400～910℃，在此温度（敏化温度）下，晶界的铬和碳易形成 $Cr_{23}C_6$，铬从固溶体中沉淀出来，晶粒内部的铬扩散到晶界很慢，晶界就成了贫铬区，铬量下降到低于 11%的下限，使晶界贫铬区在适合的溶液中形成腐蚀。

为了防止晶间腐蚀，常将奥氏体不锈钢中的碳降至 0.03%以下，使之从晶界沉淀的铬量减少，这就是低碳不锈钢如 316 或 316L。

3. 应力腐蚀破裂

合金（包括不锈钢）在腐蚀和一定方向的拉应力的同时作用下产生破裂，称为应力腐蚀破裂（SCC）。SCC 有沿晶和穿晶两种，前者称晶间破裂，后者称穿晶破裂。也有混合型的，主缝为晶间型，支缝或尖端为穿晶型，它是最危险的腐蚀形态之一，可引起突发性事故。

SCC 具有的特征是：①必须存在拉应力（为焊接、冷加工等产生的残余应力）；②只发生在一定体系中，如奥氏体不锈钢在 Cl^- 的体系中，碳钢在 NO_3^- 的体系中，铜合金在 NH_4^+ 的体系中。

如上所述，在海水中错用了不锈钢会引起 SCC，这样还不如用碳钢。

除上述腐蚀外，在海水中也会出现有色金属合金发生选择性腐蚀（如黄铜脱锌等）、磨损腐蚀、氢脆等特殊腐蚀，此处不再赘述。

4. 腐蚀的影响因素

海水是一种复杂的多种盐类的平衡溶液，其中含有大量的氯化物以及生物、悬浮泥砂、溶解的气体、腐败的有机物。腐蚀的影响因素概括地可分为化学因素、物理因素和生物因素，见表14-27。

表 14-27　海水的腐蚀因素

化学因素	物理因素	生物因素
溶解的气体（O_2、CO_2）	流速	生物沾污
溶解的盐类及 Cl^-	（含泥沙、气泡量）	（浮游物和固着生物）
pH 值	温度	—
碳酸盐溶解	压力	—

（1）氯离子含量。是导致点蚀及奥氏体钢晶间腐蚀、应力腐蚀破裂最有害的因素。

（2）含氧量。

氧参与阴极反应，使局部阳极受到腐蚀，含氧量高则腐蚀加剧，而且与流速有关，流速高的海水能向阴极表面提供氧量。海水中含氧量可高达 12mg/L（绿色植物的光合作用及波浪能够提高含氧量）。

（3）生物活性。海水中的金属表面上会附着一层生物黏膜，这层薄膜对于正在寻找食物的微生物是有吸引力的，从腐蚀观点来看，固着的生物将带来影响。

（4）温度。根据热力学原理，提高温度会加速化学反应。而且温度对生物的活性、对碳酸盐平衡起作用，使碳酸钙沉积。

（5）流速。金属在海水的流速敏感，对铁、铜存在着一个临界流速，超过时腐蚀大大加剧。如海水夹带泥砂或气泡形成腐蚀、冲击侵蚀，空蚀等。

（6）海水含盐量。一般海水 3.2%～3.7%，在河口处海水被稀释，却有较大的侵蚀性，原因是碳酸盐处于不饱和态，不能形成碳酸盐垢保护。

（7）pH 值。

海水 pH＝8.0～8.2 对腐蚀无直接影响，但影响碳酸盐平衡。根据热力学原理，压力增加则 pH 值降低，因而深海处碳酸盐结垢型的金属保护受到影响。

（二）控制海水腐蚀的有效方法

（1）尽量减少金属材料的使用数量，在低压部分使用经济实用的非金属材料。

（2）为防止不同金属电位的电化学腐蚀，不同金属材料的直接连接要尽量避免，或采取保护措施。

（3）减少螺纹连接金属材料管道。

（4）避免使用碳钢及铸铁、锻件，如果必须使用时则须采取防蚀措施。

（5）不采用电镀材料，因电镀层的保护寿命很短，也不使用铜、黄铜、青铜和铝材。

（6）要选择性地使用不锈钢。例如：

1）接触海水的部件不能使用 304。

2）一般认为 316L 可应用于管道、泵和容器中，但 316L 的耐蚀性虽适用于海水，但也并非没有问题，其存在局部腐蚀的发生，高 Cl^- 离子是奥氏体钢晶间腐蚀的敏感因素，受应力处、缝隙、弯曲、有缺陷处、海水停滞处是最敏感的受害部位。故 316L 推荐用于苦咸水。

3）对于不锈钢的管道和设备中的流速，要考虑防止低流速的盐类停滞和微生物滋长，在设计时流速要大于 1.5m/s。

4）重要部件，如给水泵能量回收装置的通流部位应使用高合金钢或镍合金。J. Nordstrom 对

27个海水反渗透系统进行高压管道试验，认为316L，317L不锈钢都不能完全抗海水腐蚀，即使2205和904L这样的高级合金钢，其抗腐蚀的可靠性也不可绝对化。表14-28为各种牌号不锈钢的化学组成和PRE值，从中可看出对海水抗蚀性最好的是654SMO（含钼 > 6%者广泛用于海水管道）。

表14-28　　各种牌号不锈钢的化学组成和PRE值

不锈钢牌号		基本组成/%（质量）					耐锈蚀因子
Avesta Sheffield	ASTM	C	Cr	Ni	Mo	N	PRE
316L	316L	0.02	17	11.5	2.2	0.06	26
317L	317L	0.02	18.5	13.5	3.2	0.08	31
2205	S31803	0.02	22	5.5	3	0.15	36
904L	N08904	0.01	20	25	4.5	0.06	37
254 SMO®	S31254	0.01	20	18	6.1	0.20	46
654 SMO®	S32654	0.01	24	22	7.3	0.50	63

（7）对于非金属施工材料，根据需要选用工程塑料、高分子涂料或衬塑。

1）工程塑料。一般常用的聚氯乙烯、聚乙烯、聚丙烯、ABS复合材料，甚至聚四氟乙烯、聚偏二氟乙烯等，以及水泥、橡胶、陶瓷都是防蚀的可用材料，使用这些材料时必须合理地应用，即考虑的因素应包括：压力范围、热膨胀和热收缩、温度范围、化学药剂相容性、机械完整性。

2）非金属内衬和涂层。一般常用的环氧树脂、聚乙烯、聚丙烯、橡胶等，在选用内衬和涂层时应考虑：热膨胀和热收缩、化学药剂相容性、温度范围、机械完整性。涂层的机械完整性是问题的关键，基体材料必须100%覆盖。微孔泄漏和裂缝将影响正常的运行。环氧树脂涂料易于成片地裸露金属，一般不推荐。

（三）采用优质的双相合金不锈钢材料

2205不锈钢是双相合金材料，特别适用于海水条件下的泵和阀门。所谓双相，即固溶体中的铁素体、奥氏体同时存在的合金。铁素体有一定的强度，能抗任何点蚀或应力腐蚀破裂（SCC）的扩展及焊接存在的问题。保持奥氏体相和铁素体相的平衡就可显著地改善耐蚀性能和可焊接性能，同时添加氮可进一步改善焊接性能、强度和抗点蚀性能。超铁素体钢对氯化物含量高的水及各种酸液具有良好的耐蚀性，但焊接和加工性能有局限性。双相合金不锈钢是铁素体不锈钢及奥氏体不锈钢的最佳性能的融合，其工业性能有：

（1）与316L（S31600）不锈钢相当或优于316L不锈钢的耐蚀性能；

（2）超低碳含量、确保具有耐晶间腐蚀性能；在海洋用途的轴应用中证实耐腐蚀疲劳寿命好。

（3）相当强的耐氯化物应力腐蚀裂纹（CSCC），可用于Cl^-高的环境。

（4）良好的机械强度，其屈服强度为316L不锈钢的两倍。

（5）良好的耐侵蚀性和耐磨蚀性，硬度高，相当于316L的三倍左右。

（6）耐点蚀性能优于316L不锈钢。

（7）热膨胀系数介于奥氏钢和碳钢之间。

（8）易于加工焊接。

（9）价格合理。

2205双相合金不锈钢的碳含量低，铬含量接近于22%，其耐点蚀和耐缝隙腐蚀能力高，虽然Ni含量没有提高到添加Cr的相应水平，但由于增加了氮，所以，这种合金在所需的40%～

60%铁素体范围内仍能保证奥氏体—铁素体平衡。

图 14-48 所示为 2205（S31803）不锈钢的优化情况，在从双相不锈钢中进行选择时，这种合金是首选合金之一。

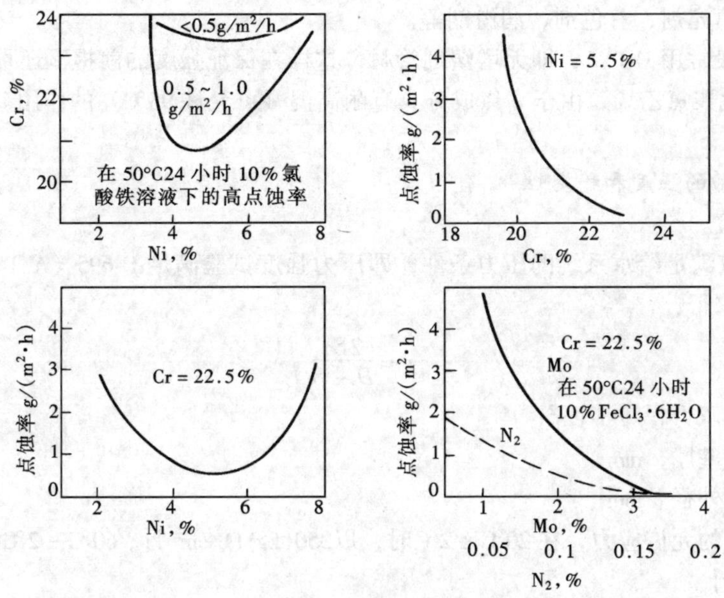

图 14-48　2005 双相不锈钢的优化

2205 具有良好的耐氯离子应力腐蚀破裂（CSCC）性能，并可耐沸腾的海水。图 14-49 为盐水中不锈钢的使用范围，其耐点蚀和缝隙腐蚀性能和 317LM（S31725）型相似。

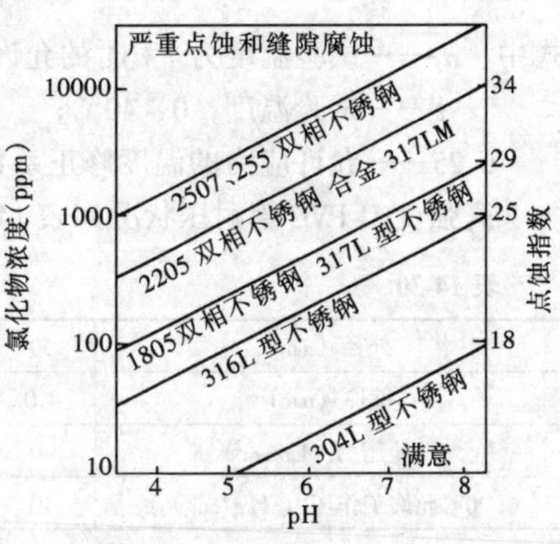

图 14-49　盐水中使用不锈钢的范围

铁素体—奥氏体双相合金不锈钢显示了铁素体钢和奥氏体钢兼有的优点。其耐氯离子应力腐蚀破裂和点蚀及机械特点和加工性能使其效益极佳，表 14-29 为各种双相合金不锈钢与 316L 板材产品的成本比。

（四）采用工程塑料

在低压系统中，U-PVC 的采用得到了广泛的认同，硬聚氯乙烯管材、管件广泛应用于给水、排水系统的工程中。硬聚氯乙烯包括 U-PVC 和 C-PVC，具有耐腐蚀、质轻、流体阻力小、机械强度满足需要、不影响水质、施工简易、寿命长（为碳钢的三倍）、费用较低的特点，因此总在水处理的低压系统中得到应用。

表 14-29　各种双相合金不锈钢与 316L 板材产品的成本比

合　金	成本比（约）	
	同等质量	同等强度
316L 型	1.0	1.0
1805/3RE60	1.5	1.22
2205	1.8	1.5
2507	2.0	1.29
225	2.2	1.5

1. U-PVC 和 C-PVC

聚氯乙烯管材在加工中根据聚氯乙烯原料中加入用以提高可塑性的增塑剂（如苯二甲酸酯类、癸二酸酯类等）的多少，分为软、硬或半硬聚氯乙烯管。一般把不加或只加入5%增塑剂的称为硬PVC，加入10%以下的称半硬质PVC。

原料PVC塑料约在80℃软化，180℃变稠分解，220℃碳化，由于加工的需要，要加入稳定剂（如硬酯酸盐、铅化合物和环氧化合物等）以提高耐热、耐光、耐大气及化学药品腐蚀的性能。此外，还要加入填充剂、着色剂、润滑剂等。

给水系统一般常用U-PVC，即无增塑剂管材，这样在保证强度的前提下还可防止对水质的污染。C-PVC为氯化聚氯乙烯，由于高氯成分具有耐高温（可允许95℃）的作用。U-PVC可耐60℃的温度。

2. 硬聚氯乙烯的强度和稳定性

(1) 压力试验。

U-PVC产品应满足给水系统的压力条件，即压力强度试验满足D-695（ASTM）测试规范。压力试验可按下式求得：

$$p = \frac{2S\sigma}{D - S}$$

式中 p——试验压力，kg·f/cm²；

S——管子壁厚，mm；

D——管子外径，mm；

σ——管子的允许应力，在20℃±2℃时，以350(kg·f)/cm²计，60℃±2℃时，以100(kg·f)/cm²计。

在不能保证20±2℃时，按20℃的允许应力换算为当时室温下的允许应力σ_t

$$\sigma_t = 350 - 6.25(t - 20)$$

式中 σ_t——试验温度为t℃时的允许应力；

t——试验温度，0～40℃；

6.25——允许应力的温度修正系数。

高强度U-PVC管耐压状况如表14-30。

表14-30　U-PVC管耐压状况

外径（mm）	50	63	75	90	110	140	160	200	250
壁厚（mm）	4.0	4.5	4.5	5.5	7.0	7.5	8.5	10.5	11.0
试验压力（kg/cm²）	40	36	32	32	32	30	30	30	30
20℃允许工作压力（kg/cm²）	10	9	8	8	8	7.5	7.5	7.5	7.5

(2) 硬聚氯乙烯管的抗拉强度。

室温下（20℃）的短时抗拉强度高于PE、PP及氟塑料等工程塑料，但和碳钢比要低得多，只为碳钢的1/5左右。由于硬聚氯乙烯在低于室温时就会出现蠕变现象，故短时抗拉强度不能作为选取许用应力的依据，但它仍是基本性能数据之一。硬聚氯乙烯和金属材料不同，它在达到屈服点后［>500(kg·f)/cm²］载荷不再增大，即其抗拉强度实质上就是屈服极限，也即强度极限。

(3) 抗冲击强度。

在室温（20℃）下的抗冲击强度大于150（kg·f）/cm²，约为碳钢的1/3，但随温度降低，急剧减少，只为碳钢的1/8。因而在安装管道时（特别在室外安装时）应注意这一弱点。焊接接点处，无论焊缝本身或焊缝边缘外的母体材料，抗冲击强度均较低。但并不是十分可怕的，其实，在低温下，它的静力强度反而比室温下还高（此时抗冲击强度仍高于玻璃等脆性材料及室温时的聚苯乙烯、有机玻璃等塑料）。我国东北地区就有使用十几年的室外管道。

(4) 线胀系数。

硬聚氯乙烯的线胀系数约为（5~6）$\times 10^{-5}$/℃，为管道碳钢的5~6倍，即温度升高1℃为（5~6）$\times 10^{-5}$。即在10℃下固定下来，在30℃使用，每米伸长为1~1.2mm，伸长后将影响到应力：

$$\sigma = E \cdot a(t_2 - t_1) = 32000 \times 6 \times 10^{-5} \times (30 - 10) = 34.4(\mathrm{kg \cdot f/cm^2})$$

式中 E——弹性模量，32000（kg·f）/cm^2；

a——线胀系数。

计算中未见与长度有关，实际上，长度越长，越容易弯曲和失稳，总的伸长量就会集中在应力大处，以致发生破坏，因而管子太长时要考虑膨胀的问题。

(5) 耐蚀性。

除强氧化性酸（如浓 HNO_3、发烟 H_2SO_4）和芳香族含氟碳氢化物以及有机溶剂外，一般酸碱介质都是稳定的（见表14-31）。[注：管道用垫片和密封圈材料为EPDM（乙烯丙烯橡胶）]

表14-31　　硬聚氯乙烯的耐酸碱性能

介质	浓度（%）	温度（℃）	稳定性	介质	浓度（%）	温度（℃）	稳定性
硝酸	20 40 50 65~70	40 40 20 20	稳定① 稳定 稳定 尚稳定②	硫酸	50 70 90 发烟硫酸	40 20 20 20	稳定 稳定 尚稳定 不稳定③
盐酸	20 35	40 40	稳定 稳定	醋酸	10 30 100	20 20 20	尚稳定 稳定 不稳定
氢氧化钠	20 40 40	40 20 40	稳定 稳定 稳定	铬酸	中等	常温	尚稳定
				磷酸	中等	常温	稳定
硫酸	10 30	40 40	稳定 稳定	草酸	中等	常温	稳定

注 ① 稳定。指试验室试验指标质量变化≤1%，现场使用寿命（由腐蚀而损坏）在二年以上。

② 尚稳定。指试验室试验指标质量变化≤1%，现场使用寿命（由腐蚀而损坏）在一年左右。

③ 不稳定。指经使用几个月即有严重的分层及脱皮现象。

（五）衬塑、衬胶和喷涂

衬塑、衬胶和喷涂作为管道、箱器衬里代替优质不锈钢可获得好的技术经济效果，随着化工工艺的发展，防腐蚀工艺也不断出现新的技术。聚乙烯、聚丙烯、聚四氟乙烯、聚偏二氟乙烯衬塑、喷涂以及传统的衬胶都是海水防蚀中行之有效的工艺。它们共同的特点都有较好的弹性和耐磨性，适用于管道和设备的衬里。当然，任何一种工艺的采用都要核算其经济性，都要观察施工部门的工艺条件和已实施的效果进行比较。

20世纪末，进入中国表面工程与防腐蚀技术领域的SEBF（熔融结合环氧粉末涂料）及SLF（常温固化无溶剂的以改性环氧树脂为基料的双组份的复合液体涂料）是中国科学院金属腐蚀与防护研究所（国家金属腐蚀控制工程技术研究中心）开发的特种涂料。SEBF、SLF已广泛应用于以下方面：

(1) 海洋工程中钢铁结构件的防蚀；

(2) 酸碱盐等腐蚀性介质的工艺管道及异型管件的防护；

(3) 泵、阀、风机等设备的动态部件腐蚀防护（提高寿命2~5倍）；

(4) 长距离输油、水、气和灰渣等埋地管道的防护等工程。

防腐蚀工程的各项性能指标均达到或超过国际同类产品的先进水平，已经运用在秦山核电站、上海浦东机场、天然气输运管道和泵的防护中。

SEBF是无溶剂、节能环保防腐蚀涂料，经喷涂可在金属表面熔融成膜与基材牢固结合（黏结强度高达90MPa，在高速离心力下也不脱落），涂层致密光滑（阻力减小4%），耐磨、耐压、抗冲击，抗弯曲强度都极高，并可进行机械加工，涂料化学稳定性优异，可耐酸、碱、盐、油、海水等介质。以碳钢为基材，可替代不锈钢或钛材制造各种设备，节约费用50%～70%。

SLF是高分子双组份、无溶剂常温固化型液体涂料，可与金属、水泥、陶瓷、橡胶以及SEBF涂层等牢固结合。SLF涂料的涂装工艺不受场地设备的限制，不需加热，既适用于大面积涂装又可作为修补剂进行缺陷修补。

（六）材料应用实例

海水、高盐度苦咸水具有强腐蚀性，巴林Rajjhbwro淡化厂中设备、管道等使用的材料如表14-32所示。

表14-32　　Rajjhbwro主要设备、管道用的材料

设备或管道		材　料
1. 过滤器贮槽	双介质过滤器、炭过滤器、解吸塔等的外壳	内衬橡胶的碳钢（CS）
	产水贮槽、反冲洗槽	内涂环氧沥青漆的碳钢（干膜厚0.4mm）
	保安过滤筒体	不锈钢UNS S31254
	硫酸贮槽、石灰苏打贮槽及投药槽	无内衬碳钢
	聚电解质贮槽、SHMP（六偏磷酸钠）、冲击式处理槽、石灰槽	玻璃增强塑料（GRP）
	苛性苏打槽	不锈钢316
2. 管路	海井水进水泵管路	SS UNS S31254
	低压水管（室外）	GRP（大多数）碳钢内衬橡胶
	低压水管（室内）	GRP、PVC（RO机组内）
	高压水管	SS UNS S31254
	后处理过的产品水及维护用水管线	GRP（大多数）内衬橡胶的CS
	H_2SO_4管线	SS316L
	化学试剂投料管线	室外GRP，室内PVC
	工厂/仪表空气管线	镀锌CS
3. 泵	高盐度地下水泵及能量回收涡轮机	不锈钢，组成为20Cr-23Ni-6Mo及22Cr-26Ni-5Mo
	产品水泵	不锈钢316
4. 阀门	蝶形阀、球阀、单向阀、控制阀	合金20M、其组成如下：Ni：25～27、Cr：21～23，Mo：4～6，Ti：4.0（min），Si：1.0（max）、Mn：2.5（max），C：0.05（max），P：0.04（max），S：0.03（max）

经过两年运行后，除了能量回收涡轮机中叶轮因气蚀形成小孔状腐蚀外，没有发现其他腐蚀现象。

九、海水反渗透的给水预处理和后处理

（一）海水反渗透给水预处理、后处理概要

如同以苦咸水为原水的反渗透预处理一样，预处理是为了防止和减少给水中杂质对膜的污染，保证膜元件的长期稳定性能的重要工艺过程。

以海水为原水形成污染的诸因素中，胶体和悬浮颗粒物、有机物大分子及微生物的滋生是构成海表层水的主要污染因素。悬浮颗粒物、有机物大分子的污染常发生于反渗透膜系统的前部，而胶体和微生物则可能在整个膜系统中都会出现。悬浮颗粒物和大分子是在进入反渗透膜时就会在膜始端部沉积和被隔网阻拦下来。胶体和微生物（也可视为胶体颗粒）在海水的高离子强度下

减少胶体颗粒间及与膜表面之间的相互排斥力，特别是在膜渗透过程中，在垂直于膜表面的渗透水的驱动力下将胶体颗粒和有机大分子沉积在膜表面界面层而形成污染，如果在高水通量下则更为严重。

微生物则不仅会有如同胶体颗粒一样的沉积，而且会在膜系统中繁衍，在有机物作为营养的条件下，微生物污染随处皆可发生。

多数海水反渗透系统不会发生像苦咸水那样在给水浓缩后的膜系统尾端产生的无机物结垢，这主要是由于海水反渗透膜系统的特点，即较低的回收率、海水的高离子强度和低浓度的碳酸氢根离子所决定的，即使在浓水中也不易形成难溶盐的沉淀。从标准海水反渗透的结垢计算（如图14-50所示）中可见，浓水中的S&DI指数是负值，说明不会有碳酸盐垢产生，硫酸盐（Ca、Sr、Ba），SiO_2均远未达到K_{sp}和饱和度，没有结垢的倾向。因而大连长海海水淡化系统就没有设置加酸、加阻垢剂的系统。大连华能电厂可能是考虑到利用电厂循环水的海水水质复杂性，虽然在结垢计算中浓水的S&DI为－0.36，为了可靠也设计了添加阻垢剂的系统（添加Permatreat—100，0.84mg/L即相当于浓水1.40mg/L）作为防范。

FilmTec Reverse Osmosis System Analysis, January 2000 Version 4.21
Prepared For:
Analysis by:
Date: 11-14-2001
File Name: Untitled. ROD

Feed: 100.00 M3/H, 35016 MG/L, 20.0 Deg C
Recovery: 45.3 Percent

Array: 1
No. of pV: 15
Element: SWHR-380
No. El/pV: 6
El. Total: 90
Backp (BAR): 0.0

Fouling Factor: 0.85

	FEED	REJECT	AVERAGE
Pressure (BAR)	62.3	61.2	61.5
Osmotic Pressure (BAR)	25.2	46.4	38.3

NDP (Mean) = 23.3 BAR
Average Permeate Flux = 14.3 L/M2/H, Permeate Flow = 45.34 M3/H

Array	El. No.	Recovery (Perm/Feed)	Permeate M3/D	Permeate MG/L	Feed M3/H	Feed MG/L	Feed PRESS (BAR)
1	1	0.120	19.20	140	6.7	35016	61.9
	2	0.112	15.83	191	5.9	39772	61.7
	3	0.103	12.86	259	5.2	44788	61.6
	4	0.092	10.26	355	4.7	49898	61.4
	5	0.079	8.08	486	4.2	54891	61.3
	6	0.067	6.30	663	3.9	59578	61.2

Array	Total	Array 1
Reject (M3/H):		54.7
Reject (MG/L):		63825
Perm (M3/D):	1088	1088

Perm (MG/L):	286	286			
Permeate,	(MG/L as Ion)		Feed/Reject,	(MG/L as Ion)	
	Total	Array 1		Feed	Reject 1
NH4	0.0	0.0	NH4	0.0	0.0
K	5.2	5.2	K	382.0	694.6
Na	97.3	97.3	Na	10724.5	19539.7
Mg	5.5	5.5	Mg	1297.0	2368.3
Ca	1.5	1.5	Ca	417.0	761.6
Sr	0.0	0.0	Sr	13.0	23.7
Ba	0.0	0.0	Ba	0.0	0.0
HCO3	1.9	1.9	HCO3	140.0	254.6
NO3	0.0	0.0	NO3	0.0	0.0
Cl	165.2	165.2	Cl	19337.0	35239.8
F	0.0	0.0	F	1.0	1.8
SO4	9.9	9.9	SO4	2705.0	4940.6
SiO2	0.0	0.0	SiO2	0.0	0.0

FilmTec Scaling Calculations

		Feed	Adjusted Feed	Reject
pH:		7.60	7.60	7.70
LSI:		0.56	0.56	1.17
Stiff & Davis Index:		-0.40	-0.40	-0.02
Ionic Strength (Molal):		0.695	0.695	1.268
TDS	(Mg/L):	35016.5	35016.5	63824.7
HCO3	(Mg/L):	140.0	140.0	254.6
CO2	(Mg/L):	8.6	8.6	8.6
CO3	(Mg/L):	0.2	0.2	0.4
CaSO4	(% Saturation):	22.0	22.0	43.6
BaSO4	(% Saturation):	0.0	0.0	0.0
SrSO4	(% Saturation):	26.1	26.1	58.2
CaF2	(% Saturation):	10.3	10.3	53.6
SiO2	(% Saturation):	0.0	0.0	0.0

Estimated Permeate pH is 5.6

To Balance 2.5 MG/L Sodium and 0.0 MG/L Chloride added to feed.

Feed water is Seawater

图 14-50　标准海水结垢计算书

表面海水的给水预处理是以去除海水中胶体、悬浮物、有机大分子和微生物为目的的常规预处理系统，如图 14-51 所示。

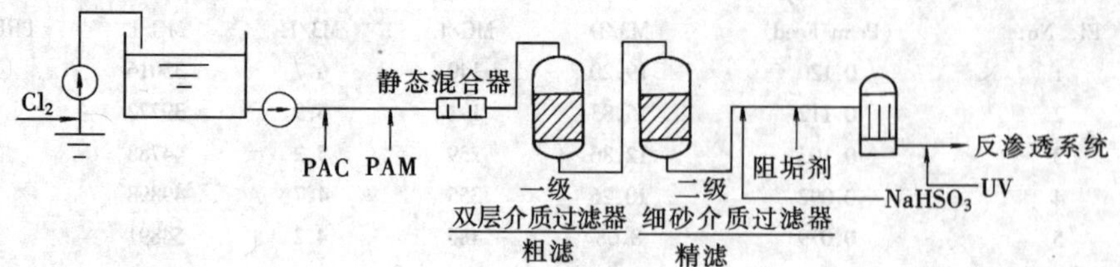

图 14-51　常规预处理系统

这一传统的处理方式一般是指杀菌、微絮凝过滤、脱氯、紫外光杀菌、阻垢的系统。

渗透水的后处理是指对反渗透淡化水进行进一步的加工，使之符合用户的要求。

淡化水通常需经脱 CO_2 及消毒处理。CO_2 是在预处理时一定 pH 值下碳酸体系的平衡值，透过膜进入产品水中。这种水对设备具有一定的腐蚀性，可在脱碳塔或脱气塔中脱除 CO_2。另一种经常使用的固碳方法是加入 NaOH 以形成 $Ca(HCO_3)_2$，淡化水用于锅炉的补给水时还可加 NH_3。这对减少后面用水系统的腐蚀是极有帮助的。消毒杀菌通过紫外线，以预防用水系统中微生物的污染。

（二）氯化杀菌

为了杀灭海生物，防止其取水供水系统中的繁衍，在取水入口立即加氯是必要的，因为严重的海生物生长可能引起供水管道的堵塞（海水中的海红繁殖是很迅速的）。对海水消毒杀菌是加氯的另一重要目的。

加氯需要有足够的反应时间，所以取水系统中设有一定容积的储水池兼氯化反应池（同时也具有对海表面水的沉砂作用）。为了反应充分，要考虑有足够的 CT 值，一般反应时间要有 15min，余氯不小于 0.3mg/L 才有效。

可以认为，0.3mg/L 可保证水处理系统末梢部位不低于 0.05mg/L，而 0.05mg/L Cl_2 大致相当于 5 万个细菌重量的 1000 倍，所以即使每升水重新繁殖出 5 万个细菌，0.05mg/L Cl_2 还足以控制它们。

海水氯化处理要保证在处理末端保持 0.5～1mg/L 余氯得以使细菌受到控制。加氯是常用的消毒剂，但对于海水应该采用方便的条件，电解海水形成 NaOCl 作为消毒剂。

水中加氯后，往往以氧化还原电位表 ORP 表来测试其存在。又为了防止膜的受氧化，也以 ORP 表测试其消除状况。

氯的氧化还原电位（25℃，1mol/L）为 1.49V：

$$HOCl + H^+ + 2e^- \longrightarrow Cl^- + H_2O$$

现场实际所测得的电位（在包括有其他物质的自然界水中），在不同的 Cl_2 含量及不同的 pH 值下的氧化还原电位，可参考如下曲线图 14-52：

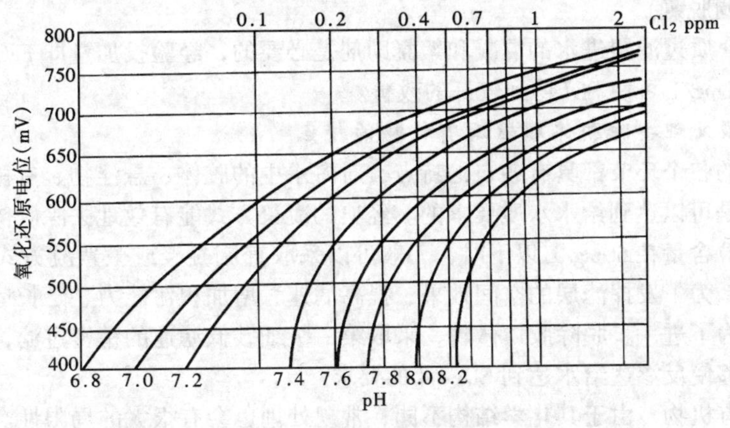

图 14-52　不同 Cl_2 含量及不同的 pH 值下的氧化还原电位

预处理的加氯等方法的处理过程只是以适当的方法将微生物控制在一定的合适范围内，即维持一平衡态。若想在反渗透系统中完全无菌，即杀死所有的细菌，特别是杀灭孢子，是不可能的，也是不必要的。

海水预处理过程的杀菌和其他措施是相互配合的。

（1）氯化杀菌对于海水预处理最宜采取海水为原料电解制取次氯酸钠液。

（2）氯化杀菌后进入双介质过滤器。双介质过滤是粗过滤，过滤器可以滤除悬浮物和部分胶体粒子（包括细菌）。在进入过滤器前加入混凝剂以加强过滤作用，混凝剂可采用 PAC 或 $FeCl_3$。

每台过滤器定期（也许一周）反冲洗一次，轮换进行。发现细菌在 10^4cfu/ml 以上时，过滤器还要定期进行除菌，以 NaOCl 溶液每 10 天进行杀菌处理，然后水冲洗和反冲洗。

（3）经粗过滤后进入细砂过滤是精过滤，精过滤滤料颗粒小、流速低，可滤除水中胶体物。

（4）保安过滤器（公称尺寸 5μm 过滤）可除去大于 10μm 的粒子，这是给水进入高压泵和膜组件的最后一道防线。膜阻垢剂应在 5μm 过滤前加入。阻垢剂溶液系统是生物污染的一个渠道，例如采用 SHMP（六偏磷酸钠），是因为它是中性的并提供了磷营养物；而用聚丙烯酸酯等也会有带入细菌污染的问题，因此要用 10% 的浓溶液，以减少细菌的繁殖机会。

5μm 过滤器芯约数周至 3 个月就可能达到规定压差。如果发现滤芯带有污臭并发黑，就证明是生物污染，可用 NaOCl 液浸泡，效果很好（比 $NaHSO_3$ 效果好得多），且不损伤聚丙烯纤维；或定期 4~5 周后停下进行氯化处理（如果时间过长，污染过重，则难于清洗了）。

如果是颗粒物堵塞，则不应对滤芯再清洗，因为脱除污物形成的孔会损坏过滤性能。

由于阻垢剂系统会带来生物污染，为防止蔓延，对溶液箱要定期排空，用 500mg/L 的 NaOCl 杀菌。

（5）除碳器鼓入空气时可能使细菌或孢子随空气进入产品水系统中，这是难以避免的（孢子的尺寸不足 1μm），空气过滤器也难于脱除干净。除碳器可每半年用 NaOCl 杀菌一次。

（6）反渗透膜的杀菌可用甲醛和 $NaHSO_3$，甲醛更有效（但对人体有害），每半年清洗一次。在短时间停机时也可用 $NaHSO_3$ 浸泡反渗透膜，这对控制微生物膜的生长或延长膜寿命是有利的。如果能每两天间歇冲击加入 1000mg/L $NaHSO_3$，也是好的杀菌方法。

（7）氯化杀菌带来的问题是导致膜的降解，特别是对醋酸纤维素膜（CTA），常常认为是耐氯膜，所以控制余氯浓度放松，但仍会使膜的盐透过率增加，因此必须在 5μm 过滤前脱氯。

采取间歇氯化可以取得较好的效果，既可防止醋酸膜降解，又可预防膜的生物污染，取得产品水质稳定的保证。间歇氯化即每 8h 中的 7h 加入 $NaHSO_3$，1h 加氯杀菌（如果是聚酰胺膜，则进入膜前必须强调脱氯）。

（8）改进双介质过滤器进水的混凝和絮凝助剂是必要的，经验投加量即 $FeCl_3$ 3mg/L、有机聚电解质助凝剂 0.1mg/L 可使 SDI 得到较好的改善。

（三）常规预处理去除胶体颗粒及有机物的特点

预处理技术的各个环节都具有各自的特点，对海水中的胶体、悬浮物、有机物大分子颗粒以常规预处理一般是可以达到给水水质要求的。经典的凝聚方式能有效地去除胶体和悬浮颗粒，当地表水中悬浮颗粒含量在 50mg/L 以下时，一般可以采取直流凝聚或微絮凝方式进入过滤器达到凝聚过滤的效果。为了发挥滤层的空间效果、提高滤速、增加积污能力、延长运行周期，常采取多介质粗过滤。为了进一步脱除胶体微粒，采取第二级细砂低滤速的精密过滤，这样对一般地表水或海表水，能够使反渗透给水达到 $SDI<4$ 的要求。

天然水中的有机物，由于其化学结构不同，常规处理也会有很大的局限性。与混凝有关的天然水中的有机物大致表现为憎水和亲水有机物，其存在状态大致是溶解性和非溶解性大分子有机物、被大分子包裹的无机物颗粒和生物态颗粒有机物。

1. 溶解性和非溶解性大分子有机物

水中溶解性大分子有机物包括腐殖质、蛋白质和多糖类物质。这些大分子在水中常呈线性结构，易形成分子聚集体。大分子有机物聚集体在水中表现为颗粒，多呈胶体性质，有好的稳定性，同小分子相比有较强的憎水性，较易吸附于固体介面，易在混凝过程中去除。腐殖质是天然水体中有机物、特别是大分子有机物的主要组成部分，它来源于土壤腐殖质、水生植物和低等浮游生物的分解，占水中溶解性有机碳（DOC）的 40%~60%。腐殖质也是海水、地表水的主要成色物质（黄褐色或淡黄褐色）带有色度的水一般主要分子的分子量大于1000。

一般未受污染的海水的蛋白质含量较少。

多糖类物质一般来自微生物的分解、溶解的植物组织及动植物的废弃物，它的含量与水中微生物和植物生长繁殖状况有关。

2. 被大分子有机物包裹的颗粒

水中的无机类胶体和悬浮物有黏土、金属氧化物、碳酸盐等。有机类悬浮物和胶体包括细菌、病毒、原生生物胞囊、藻类等大分子有机体。在地表水中不存在绝对的无机颗粒，一般都是无机颗粒与有机物或有机体的复合体。

未受污染的天然地表水水体中的有机物主要为无机胶粒与腐殖质的结合。当水体受到有机物污染时，有机物与无机胶粒之间的作用比较复杂，包括离子交换、络合、憎水键合、表面水解和胶溶等。由于有机物的存在会使胶粒的 ζ 电位增加，使水中胶粒趋于稳定。

3. 生物态颗粒有机物

生物态颗粒有机物主要是一些微生物（藻类、细菌）及其尸体（细胞碎片），也可能有原生物和后生动物，这些有机颗粒均带负电荷。藻类颗粒的大小远大于细菌，混凝过滤过程难于去除，是反渗透膜分离最危险的因素。

当水体受到外界污染时，水中也会出现油的乳浊液。

混凝处理方法去除有机物时由于有机物形态不同，其去除机理也不一样。对分子量大于10000的有机物，其形态呈胶体状态，主要靠电性中和而脱稳凝聚，以及在絮体表面被吸附的作用去除，分子量愈大憎水性越强，越易被吸附在絮体表面，去除率越高。对于分子量在1000～10000的有机物，其形态可能处于胶体和真溶液之间，去除机理主要是脱稳凝聚、聚合沉淀和表面吸附的综合作用，去除不彻底。分子量小于1000的有机物亲水性强，只能靠与金属离子形成不溶性复合物和被絮体吸附而去除一小部分。

实际的常规处理表明，对非溶解性有机物的去除率约为95%以上，对分子量在10000以上的溶解有机物可除去80%左右，对分子量为1000～10000的有机物只可去除30%左右。分子量低于1000的有机物，有时反而增加，其原因可能是部分被大分子有机物或其他无机胶体吸附的小分子有机物在混凝过程中由于与金属离子络合而释放出来所致。

这里要强调的是水中藻类及其胞外分泌物，其有机物含量COD不一定高，其分子量也并不一定很大，但对混凝过程的干扰会使澄清沉淀效果很差，在澄清池表面漂浮，进而堵塞、穿透过滤设备。在SDI测定（使用0.45μm膜过滤）中，很快堵塞滤膜，因而在反渗透给水预处理中必须给予充分注意。

在凝聚试验中，发现藻类浓度在超过（5～8）$\times 10^6$ 个/L时，将影响并干扰凝聚和常规处理。

藻类有机物对混凝过程的影响是由于藻类新陈代谢和藻类细胞分解过程产生酸性多糖物质，这些多糖分子链上会有－COOH和－OH官能团的有机物对混凝产生干扰作用。藻类有的是单细胞，也有的是多细胞，不同藻类的大分子（分子量大于2000）和小分子者影响不同，浓度高的（＞2mg/L DOC）和低浓度也影响不同。它们和细菌对膜的影响也不同，它们会占有很大面积，其颗粒尺寸大小很难用单位体积内的个数来说明问题，所以一般以其占有的面积来衡量水受污染的程度，其单位常用“标准面积单位”/mL来表示。1个“标准面积单位”等于400μm^2，污染的原水中达到500～1000“标准面积单位/mL”是常有的，达到2000以上就会有明显的臭味了。

目前研究者针对藻类有机物对混凝的干扰，正在通过提高混凝剂量或加入PAM助凝剂，以及氧化剂（Cl_2、ClO_2、O_3）降解藻类来改善。加入 $CuSO_4$1mg/L 杀藻也是有效的方法。气浮除藻、生物除藻、微滤也都在尝试中。

（四）有机物的活性炭吸附

活性炭对大于 0.45μm 膜孔径的非溶解性有机物大分子的吸附是十分困难的，但对较小的分子（如分子量小于 5000 的有机分子）却能起到有效的吸附作用。

活性炭中的大孔主要分布在炭表面，孔径大于 100nm 的不到 1%，对大分子有机物吸附作用很小，过渡孔是水中有机物的吸附场所和小分子有机物进入细孔的通道，而占 95% 的 1～10nm 细孔则是活性炭对有机小分子具有吸附能力的主要区域。国内研究者提出有机物分子量与平均直径关系为，

$$d = M^{1/3}$$

式中 d——分子直径，埃；

M——分子量。

由此计算出分子量与有机物直径的对应关系为：

10	1000	5000	10000	100000	（分子量）
6	13	23	29	62	（埃）

stokes-Einstein 提出确定不同分子量有机物的动力学直径（在 20℃时）的对应关系大致是：

500～1000	1000～5000	5000～10000	10000～50000	50000～100000	100000～300000	（分子量）
17.78	23.80	28.00	35.40	42.00	50.00	（埃）

如活性炭细孔按 40 埃计（1nm = 10 埃），可吸附的分子量直径按活性炭孔道的 1/2 计，则活性炭能吸附的最大分子量直径为 20 埃，该颗粒相当于分子量大约为 5000，大于 5000 的有机物由于空间位阻效应，是难于进入炭的细孔内的，因而吸附作用不大。

由于活性炭脱除了杀菌剂 Cl_2，炭层将是细菌的汇集和繁衍之地，还可能成为膜系统中的生物污染源。活性炭颗粒中生存下来的细菌，虽然在新陈代谢的过程中对有机物有转化作用，但由于细菌的繁殖难以控制，当细菌繁殖失控时，就会给反渗透系统带来灾难。国外海水反渗透的预处理中活性炭吸附已很少见。

如果杀菌采用 Cl_2 和 $NaHSO_3$，Cl_2 和 $NaHSO_3$ 会使活性炭吸附的 H_2S 氧化成胶体硫，这又是一种新的污染，因而采用活性炭过滤时要慎重对待。

（五）采用微滤或超滤作为海水反渗透前处理取代常规的预处理方式

作为防止反渗透膜污染的标志性指标，污染指数（SDI）是以 0.45μm 的膜在规定的条件下过滤所测得的值。卷式反渗透膜规定 SDI < 4，如果控制 SDI 在 3 以下，避免膜的颗粒物（包括胶体物质）的污染是可靠的。

如果预处理能通过 0.2μm 微滤膜过滤原水（海水）或超滤膜截留分子量大于 100000（如 Desal 提供 G-50，在小于 0.1MPa 下能够使 SDI 测定值取得很低的值，SDI 小于 2）。这样微滤或超滤将代替常规预处理设备，节省占地和复杂的操作，节省投入的药剂。近年来这种处理方式有许多应用的报道，已证实是一种有效的预处理方法。

实例之一：西班牙 Las PslmasⅢ，产水量 36000m^3/d，海水经氯化后经滤池过滤后用增压泵送至微滤过滤器，滤前脱 Cl_2 并加 $Al_2(SiO_3)_3$ 过滤，进入 6 套反渗透系统。

实例之二：科威特 Ebrahim，海水氯化后经粗滤器，加入 $NaHSO_3$ 脱氯进入微滤组件（聚丙烯中空纤维组件）过滤，运行 10～60min 后（应由试验确定）用压缩空气反冲（空气从纤维孔进入）膜外的堆积物使其脱落，每 2～3 周（或压差达到 0.14MPa 时）进行化学清洗（1% NaOH +

1%膜清洗液）。操作参数如下（30m^2 滤膜，运行 4000h 后）：

进/出水流量	m^3/h	3.38/3.20
进/出水 SDI		>6.5/2.24
滤　　速	m/s	0.37（25℃）
清洗周期	h（28℃）	340（膜通量由 3.9m^3/h 下降至 3.0m^3/h，压力由 0.054MPa 升至 0.12MPa）

不同预处理方式费用的比较见表 14-33 所示。

表 14-33　　不同预处理方式费用的比较（1995 年预处理能力 27276m^3/d）

费用（fil/m^3）	常规预处理	海滩井	微滤
总费用（①+②）	28.153	11.082	12.264
①设备折旧费	10.365	2.917 （滩井 2.530）	3.537 （微滤设备 2.644）
②运行费	17.788	8.165	8.727
电	9.648	6.426	7.090
化学药品	4.662	—	1.637
过滤材料	3.478	1.739	—

注　1000fil = US＄3.33。

实例之三：在马耳他（Malta）的海水淡化中（15000m^3/d），采用大直径中空细管膜，空心孔径为 0.7mm，膜组件长度为 100～130cm；直径为 20～32cm，单支膜产水量为 30～150m^3/d。材质为聚丙烯/磺化聚醚砜。这种新型的滤膜具有两个新性能：

（1）为自动频繁脉冲式（或采用反洗），通过短时间停运，来保持稳定的产水量；

（2）可在很低的横流速度下工作，甚至可以在全流量过滤（单向流动态）下工作。

这种膜过滤可使胶体颗粒和细菌减少几个数量级，并且可减少渗透水中的热源，可以省下用臭氧消毒。

已有多例成功地用于城市自来水，饮用水领域，可以展望用于高污染的地表水反渗透预处理、海水淡化系统是大有前途的经济有效方式。

采用中空超滤膜预处理与常规预处理的工艺对比如表 14-34 所示。

表 14-34　　常规前处理法与毛细管工艺对比（Mark Wilf Ph·D·Kenneth Klinka）

系统结构	常规前处理法	中空膜前处理法
进水水源	敞口取水	敞口取水
滤网	粗筛	自清洗微筛过滤器，孔径 35μm
原水加氯	3ppm	不需要
直流絮凝（连续投入试剂）	5ppm$FeCl_3$、0.2ppm 聚合物	不需要
静态混合器	有	没有
胶体过滤设备	二级多介质压力过滤器	单级中空纤维膜超滤：截留分子量 150000～200000 道尔顿
反洗方式及频率	每 8h 用空气擦洗和水反洗 1 次，设备停运 15min（3.1%）	每 15min 脉冲水反洗 1 次，设备停运 30s（3.3%）
化学清洗	不需要	每隔 4h 用 50ppm NaOCl 溶液浸泡 10min，设备停运时间（4.0%）
过滤速度 0.001$m^3/(m^2·h)$(gfd)	第一级过滤：6（3.5） 第二级过滤：10（6）	100（60）

续表

系统结构	常规前处理法	中空膜前处理法
最大推动压力（bar）	第一级过滤：0.5 第二级过滤：0.8	2
保安过滤器精度（μm）	5～15	不需要
功耗［(kW·h)/m^3］	0.07	0.10
反洗水损失（%）	4（2.5%+1.5%）	5
出水水质 SDI	2～3	<1
除氯，$NaHSO_3$（ppm）	3	不需要
前处理投资费用［$/($m^3$·d)］	100～250	150～300

十、海水反渗透处理实例

实例一：在欧洲由4家膜供应商提供的多套海水反渗透装置，每套产水容量为600m^3/d，回收率为40%，其中一套为Filmtec SW-30HR-380膜元件8×6根膜元件，进水压力为60～61bar。(其他牌号膜装置为10×6根膜元件，进水压力为67～69bar)，原水为海边井水的运行数据如表14-35所示。

表 14-35　　原水为海边井水的运行数据

运行参数	设计数据	实际运行18个月数据	运行参数	设计数据	实际运行18个月数据
给水压力（bar）	62.1	60.0	产品水 TDS（mg/L）	260	254
浓水流量（m^3/h）	41.4	41.4	给水温度（℃）	22.2	22.4
产品水流量（m^3/h）	27.5	27.6	标准化的脱盐率（%）	99.6	99.4
回收率（%）	40.0	40.0	污染指数 SDI	0.80	0.88
给水 TDS（mg/L）	35870	35870			

注　1. 运行50h后清洗过，没有更换膜。

2. 采用能量回收是旧式的，效果不是最佳的，但能量消耗仍是较低的，产品水能量消耗为5.08（kW·h）/m^3。

表14-36为设计和实际的能量消耗（对于SW30HR—380）在回收率一定时的情况。

表 14-36　　设计与运行能量消耗对比

参　数	设　计	实　际	参　数	设　计	实　际
电机及泵效率 η_{pl}	0.83	0.75	（仅计高压泵+低压泵， 电机效率 $\eta_m=0.95$）	0.76	0.72
给水泵压力 p_f（bar）	60	60			
能量回收效率 η_r	0.76	0.72	能耗［(kW·h)/m^3］	4.4	5.08

实例二：本例是Fuerteventura Ⅲ海水反渗透处理厂的扩建工程，原运行厂已有两系列反渗透，每系列2000m^3/d，已成功运行6年。原有的设备是两段回收率为45%的FT—SW30HR—8040膜，每一系列压力容器的排列是23:17，每个容器装6个膜。给水来自海水浅井，仅经过滤没有加氯。该扩建系列的给水处理为相同容量即2000m^3/d，回收率也是45%，但压力容器装的膜是新型膜FT—SW30HR380，每一系列压力容器排列是18:10，每个容器装6个膜元件，比原来的膜元件少装了30%，占地面积比原来的老系统少了5%，说明新膜的水通量（Flux）有较高的优势，它所需要的压力也低（59.1bar）。又由于采用能量回收装置效率比较高，所以能量消耗很低，仅为

3.3（kW·h）/m^3（原水为海边滩井水，运行数据如表 14-37）。

表 14-37　　**原水为海边滩井水的运行数据**

运行参数	设计数据	实际运行 8 个月的数据	运行参数	设计数据	实际运行 8 个月的数据
给水压力 (bar)	62.4	59.1	污染指数 SDI	0.9	1.25
浓水流量 (m^3/h)	101.0	103.5	能量消耗 (kWh/m^3)	3.33	3.58
产品水流量 (m^3/h)	83.4	85.08	电机、泵效率 η_{pl}	0.82	0.82
回收率 (%)	45.0	45.1	能量回收泵压力 (bar)	62.4	59.1
给水 TDS (mg/L)	37050	37106	能量回收泵效率	0.74	0.74
产品水 TDS (mg/L)	314	232	高压泵能耗 (kWh/m^3)	3.07	3.28
给水温度 (℃)	21	21	升压泵能耗 (kWh/m^3)	0.26	0.3
标准化后的脱盐率 (%)	99.6	99.71	总能耗 (kWh/m^3)	3.33	3.58

注　电网供电有效系数 0.95，仅计高压泵 + 升压泵。

Filmtec SW30HR-380 的产水率高有两个因素，即膜面积由 299ft^2 增加至 380ft^2。通量效率由 79%增至 99%，净增 25%。结果是产水率提高 50%，即由 4000GPD 增加至 6000GPD。SW30 膜产品的性能表 14-38。

表 14-38　　**SW30 膜产品的性能**

型号 \ 性能指标	有效面积 (ft^2)	产水流量 (GPD)	额定脱盐率 (%)	最小脱盐率 (%)
SW30-8040	300	6，000	99.1	98.6
SW30HR-8040	300	4，000	99.4	99.2
SW30HR-380	380	6，000	99.7	99.6

实例三：本例为中东的一个已在运行并出现了膜污染的海水反渗透淡化厂。原水为海表面取水。

该厂给水 TDS 在 46700 ~ 47000mg/L 之间，SDI 在 2.8 ~ 3.2 之间，温度大约为 22 ~ 24℃，运行中大多数时间为 22℃。

每一压力容器产水量应有 3.5 ~ 3.6m^3/h，并应低于 400mg/L。实际上所装的 FT-SW30HR-380 膜的产水量至少也超过应产值的 15%，该厂设计污染指数 SDI 为 1.15，给水压力为 72.5bar（实际上也好于设计，给水压力是 68.7bar)，平均渗透水通量（Flux）是 17.0L/（m^2·h)，组合排列为一段，6 个膜元件。

该厂没有设置能量回收装置，能耗是 6.6（kW·h）/m^3，粗略估计采用新型的 SW30HR-380 膜仅需要 61%稍多些的膜面积，即可得到原来用旧式膜（SW30HR-8040）的产水量（其运行条件是基于最佳的水质 SDI 为 0.9)。设计运行数据如表 14-39 所示。

实例四：西班牙 Law Palma 岛 III 海水淡化系统共有 7 套反渗透设备。第 1 ~ 6 套配置为（85:51）×6 膜元件，每套 816 支 SWC1，产水量 7300m^3/d，2001 建成的第 7 套配置为（90:60）×6 膜元件，该套 900 支 SWC1，产水量 8000 m^3/d，回收率 52.5%。第 7 套 Law PalmaⅢ反渗透系统如图 14-53 所示。

表 14-39　　原水为海表面水的运行数据

运行参数	设计数据	实际运行 4 个月数据	运行参数	设计数据	实际运行 4 个月数据
给水压力（bar）	72.6	68.6	给水温度（℃）	22.0	22.1
每一压力容器浓水量（m^3/h）	6.4	6.37	标准化的脱盐率（%）	99.6	99.6
每一压力容器产水量（m^3/h）	3.6	3.62	污染指数 SDI	1.15	1.4
回收率（%）	36	36.2	泵及电机效率 η_{pl}	0.83	0.82
给水 TDS（mg/L）	46760	46825	没有能量回收装置 每 m^3 产品水能耗（仅计高压泵 + 低压泵，用电系数 0.95）	4.3	6.62
产品水 TDS（mg/L）	313	298			

注　起动时压力在 68.2bar 时，每压力容器产水 3.8m^3/h，SDI 为 1.52（每压力容器 6 个膜元件）。

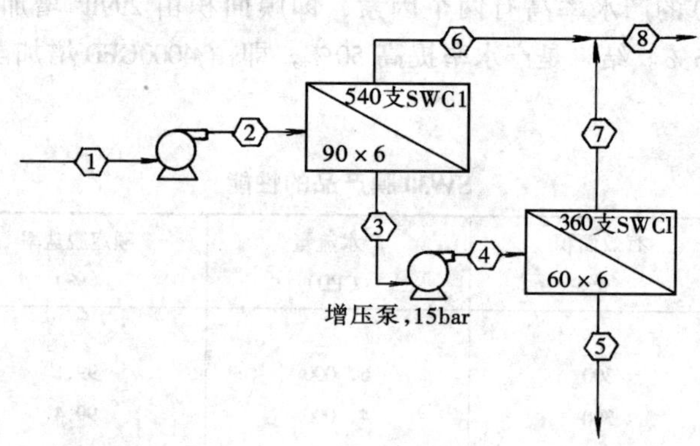

图 14-53　第 7 套 Las PalmaⅢ反渗透系统

系统各部位数据见表 14-40。

表 14-40　　图 14-53 中各部位的数据

部位	1	2	3	4	5	6	7	8
流量（m^3/d）	634.6	635.1	416.1	416.1	304.8	218.7	111.3	330
压力（bar）	0	35.7	34.7	69.7	68.9	0	0	0
TDS（mg/L）	38990.1	38983.4	39269.9	39369.9	80868.8	247.4	458.7	320

Las Palmas IIIj EMALSA 公司委托 PRIDESA 工程公司于 1989 年 10 月至 1990 年 2 月建成的。该工程设计产水能力为 36000m^3/d，该产品水主要用于岛上的居民饮用和工业用水等。1997 年该工程用膜由 SW30HR 更换为 SWC-1。

Las Palmas Ⅰ、Ⅱ分别为多级闪蒸和高效低温蒸发法的海水淡化工程，主要用于电厂用水。第 1 ~ 6 套主要技术指标见表 14-41。

Las Palmas Ⅰ、Ⅱ反渗透系统流程见图 14-54。

（1）取水部分：采取围海取水方式。用大石块围起约 40m × 40m 的海域，海水从石缝中渗入。相当于直接从海里抽水，水有细菌和油污污染的问题。原水 SDI 为 5 左右。

表 14-41　　　　　　**Las Palmas Ⅲ海水淡化反渗透主要技术指标**

参数	原设计	换膜后	参数	原设计	换膜后
设计能力（m^3/d）	36000	可达 38000	进水压力（kg/cm^2）	69	67～68
套数	6	6	能耗（kWh/m^3）	6.16	5.62
进水含盐量（mg/L）	38200	38200	能量回收（kWh/m^3）	1.65	
产品水含盐量（mg/L）	500	400	每套用膜	768 根	816 根
回收率（%）	45	45			

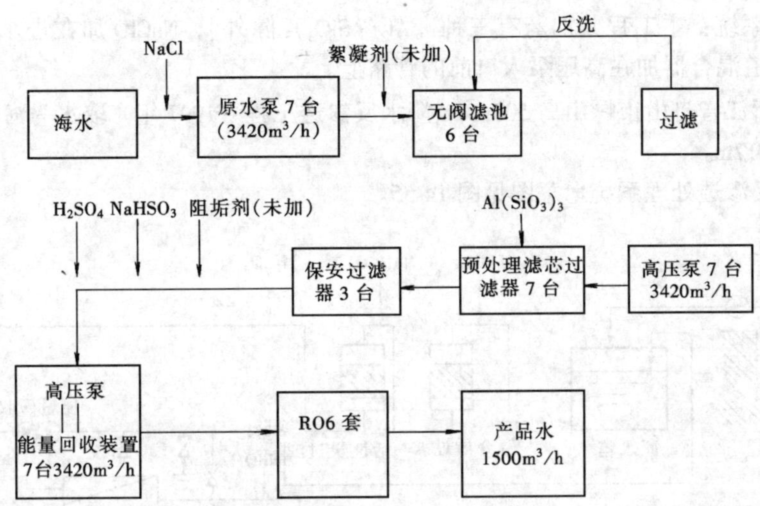

图 14-54　Las Palmas Ⅰ、Ⅱ反渗透系统流程

（2）原水泵：为 7 台自吸式水泵，抽水 3420m^3/h 进入母管。

（3）无阀滤池和过滤水池：无阀滤池为 6 个长方形的池滤水池，使无阀滤池和过滤水池形成一个统一的整体。经过无阀滤池过滤的水直流进入过滤水池。无阀滤池的反洗水来自过滤水池。

（4）增压泵（7 台）：从过滤水池出来的水经母管进入增压水泵增压。另外泵房里有 2 台反洗水泵。

（5）预处理过滤器（Precapa Filtrante）：共 7 台，为滤芯式微滤元件，每台过滤器有滤芯 270 根，整体结构为立式。通过向过滤器里加入 $Al_2(SiO_3)_3$，在滤芯压差达到一定值时，用压缩空气爆膜并反洗滤芯，然后再自动加入 $Al_2(SiO_3)_3$ 溶液铺膜。循环使用，一般滤芯可用 2 年左右。

（6）保安过滤器：共 3 台，每台过滤器有滤芯 540 根，滤芯的绝对精度为 10μm，更换滤芯时依据过滤器的压差。

（7）高压泵和能量回收装置（涡轮机）：共 7 台套，其中 1 台套备用。高压泵选用特别耐海水腐蚀的不锈钢合金制成的高效水泵（效率高于 80%）。电机为西门子电机。能量回收装置为涡轮机由反渗透装置排出的浓缩液驱动。

（8）反渗透膜装置：（如图 14-54）共 6 套。换膜前，每套用 SW30HR-8040，膜 786 根，设计为一级两段，排列方式为 80∶48。换膜后，每套用 SWC-1 膜 816 根，设计为一级两段，排列方式为 85∶51。膜的压力容器为蓝色的 Codeline 产品，耐压等级为 1000psi。

反渗透滑架每套横向装有 8 支膜壳，纵向有 16 排（SW30HR-8040）或 17 排（SWC-1 膜）的膜壳。

反渗透滑架前有小型的天车，用于膜的更换及膜的维护。

(9) 管道和阀门：高压部分管道材质采用的是不锈钢合金，低压部分管道材质采用的是玻璃钢。低压部分大多采用蝶阀，高压部分大多采用球阀。

(10) 控制和检验系统：由 PLC 和个人电脑（PC）组成。个人电脑配有一台高分辨率的彩色图显示器和一台打印机。显示器将显示工厂各部分的荧光示意图等。与已发生的事件有关的所有资料均在相关事件发生之日或班次结束时打印出来。

(11) 膜清洗系统：由于厂房所限，没有固定的膜清洗系统。清洗膜时用临时的药箱、泵及管路等。

(12) 加药系统：本工程共加药有三种［$Al_2(SiO_3)_3$ 除外］，NaClO 加在进水母管上，H_2SO_4，$NaHSO_3$ 通过管道混合器加在高压泵入口前的管路上。

实例五：浙江省舟山市嵊山岛 500m^3/d 海水反渗透工程（1997 年）取水为海滩井，沉井深为最低潮位以下 2.7m。

舟山海水反渗透处理系统示意图见图 14-55。

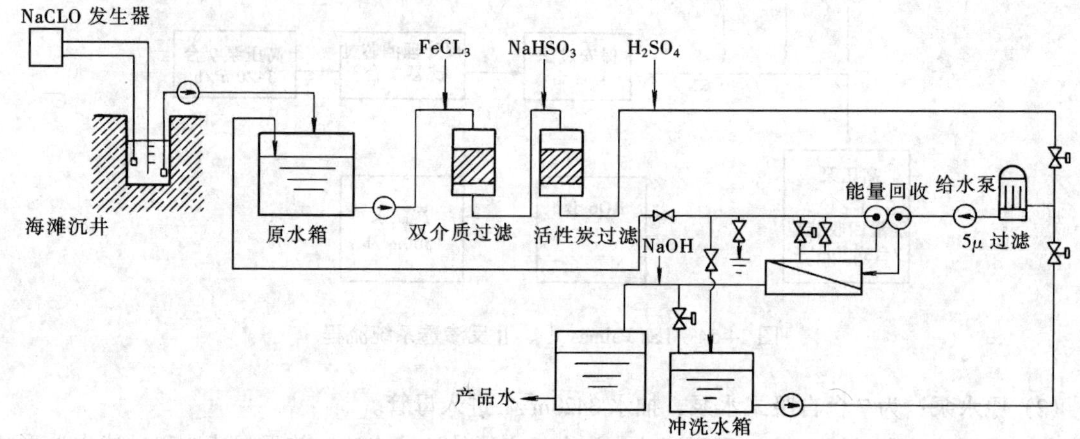

图 14-55　舟山海水反渗透处理系统示意图

舟山海水反渗透运行数据见表 14-42。

表 14-42　　舟山海水反渗透运行状况

项目		单位	设计值	实测值
海水取水量		m^3/h	60.0	58.3
淡化水产量		m^3/h	20.8	22.3
海水水质（TDS）		mg/L	26776	26776
淡水水质（TDS）		mg/L	< 500	162.8
淡水回收率		%	35.0	38.2
水温		℃	25.0	23.0
耗电量		kW·h	115.0	115.5
单位产水耗电量		kW·h/m^3	5.5	5.2
反渗透进水压力		kgf/cm^2	56 ~ 62	54.6
能量回收率		%	28 ~ 30	29.5
化学剂注入量	$FeCl_3$	mg/L	2.0	1.8
	$NaHSO_3$	mg/L	2.0	1.0
	H_2SO_4	mg/L	10.0	13.0
	NaOH	kg/d	0.8	—

嵊山岛海水反渗透制造水成本计算

计算依据：

装置生产能力	500m^3/d
工程总投资	616万元
利息	7.0%
装置运行率	95%
电费成本	0.6元/（kW·h）
单位产水能耗	5.2（kW·h）/t产水
维修费（以总投资计）	1.0%
装置及配套设施平均寿命	20年
反渗透膜元件平均使用寿命	5年
化学试剂费用	0.3元/t产水
劳动力（三班四人制）	12000元（年·人）

制造水成本：

投资成本	3.35元/t产水
电费成本	3.12元/t产水
膜更换费用	0.40元/t产水
化学试剂费用	0.30元/t产水
劳动力费用	0.25元/t产水
维修费用	0.36元/t产水
造水成本合计	7.78元/t产水

第十五章 连续电去离子（EDI）技术

一、连续电去离子技术概述

连续电去离子技术是采用电能脱盐，故称电去离子，即 Electrodeionization，缩写为 EDI。由于电去离子可以连续制备高纯水，所以也可称为 CDI 或 CEDI（英文 Continuous Deionization 的缩写）。传统的电除盐是大家熟知的电渗析技术（ED），EDI 把电渗析的选择性阴、阳离子交换膜间填充以特殊混合的离子交换树脂，成为填充床电渗析器，从而把电渗析器和离子交换混合床二者的优点结合起来，取长补短而形成的深度脱盐技术。

由于填充床电渗析（EDI）的优点很重要地体现在制备出的高纯水达到并高于离子交换混合床的水平，却又不用酸碱再生；同样利用电能脱盐却又是电渗析远达不到的纯水水质。在非常重视环境的今天，如果把反渗透膜法（RO）处理高含盐水再加以 EDI 连续制取超纯水，更加体现了连续去离子技术（CDI）的优点。

EDI 水处理技术，实现了抛弃化学方法处理水的前人梦想。20 世纪 50 年代起，美国 Walters 等人曾论述过电去离子的过程，30 年后，1987 年 Millipore 公司制造出 Ionpure 的产品。1990 年 Ionpure 又制造出了改进产品，并在市场上推出，1992 年 4 月，$34m^3/h$ 的组合系统已在美国南加州 1000MW、2400psi 压力的爱迪生发电厂应用，并取得了脱盐、脱硅、脱 CO_2 和有机物的极好效果。

目前世界上主要由美国 Ionpure、加拿大 E-Cell、美国 Ionics 和 Christ 等大公司占领市场，此外尚有 Ebara（美国）、Organo（日本）、Nomura（日本）、Nipper Rensui（日本）和 Elga/USF（英国）等在 EDI 市场上活跃。Ionpure 公司从 1988 年以来销售额已达 5000 万美元，最大容量已达 440gpm；Ionics 销售额已达 32700 万美元。自 20 世纪末，我国电子、电力等领域在反渗透技术迅速发展之后，EDI 技术也正在加快发展。

二、工作原理

EDI 是离子交换混床和电渗析相结合的一种技术，它体现了离子交换混床和电渗析法的优点，并克服了它们各自的缺点。EDI 技术和传统离子交换技术最大的区别在于离子交换树脂再生方法，EDI 技术借用直流电对交换树脂连续再生，不需要使用化学药品再生。

EDI 装置由淡水室（D 室）和浓水室（C 室）构成，有的产品设有极水室（E 室）。给水淡水室内填充混合离子交换树脂，因而其宽度要大于浓水室，给水中的离子由该部分去除。淡水室和浓水室之间设置有选择性的阴离子交换膜或阳离子交换膜，给水室中的阳、阴离子在两端电极的作用下不断定向迁移，通过阳、阴离子交换膜进入浓水室。水在直流电能的作用下分解成 H^+ 和 OH^-，使淡水室中的混合离子交换树脂经常处于再生状态，始终存有交换容量，而浓水室中的浓水不断被排走。EDI 装置在通电状态下，可以不断制出纯水，内部填充的树脂不需要使用酸碱进行再生。EDI 装置每个制水单元均由一组树脂、离子交换膜和隔网组成。多个制水单元并联起来，组成一个完整的 EDI 装置。其工作原理见图 15-1。

EDI 装置之所以在类似电渗析器结构的淡水室中填充离子交换树脂，是因为在一般的电渗析过程中，当淡水室中溶液的浓度极低时，脱盐过程就难以进行。这是因为离子浓度过低时，溶液电阻增高，耗电量增加，效率下降，以至实际上无法来制取纯水。

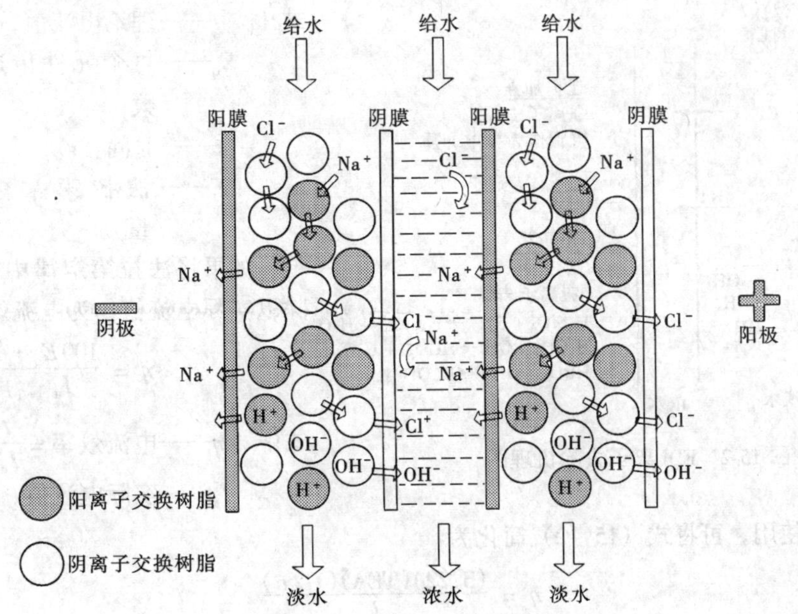

图 15-1　EDI 工作原理图

填充树脂的电渗析。由于离子交换树脂的导电能力比一般低浓度水的电导率高约 2 ~ 3 个数量级，树脂颗粒不断发生交换作用而构成“离子通道”，使淡水室内电导率极大增大，从而减弱了电渗析器的极化现象，提高了电渗析器的极限电流，达到高度淡化。

此外，当淡水室内填充了树脂后，淡水室中的流体流速比普通电渗析中的流速要大许多，而且树脂颗粒还起到搅拌水流的作用，促进离子扩散，改善了水力学状况，从而促进淡水室内电导率的增大，极限电流密度也相应地提高，更有助于深度淡化，提高产品水纯度。

由于 EDI 提高了运行中的极限电流，电流效率也将有效地提高。

当填充树脂的电渗析器在运行电流超过极限电流时，膜和树脂附近的界面层会产生极化而使水离解，产生 OH^- 和 H^+，这些离子除一部分被迁移至浓水室外，大部分将使淡水室中的阴、阳离子交换树脂再生，保持其交换能力。在填充树脂的电渗析过程中，同时有给水中的盐分进行电渗析的过程和在混合树脂的交换下的脱盐过程，还有因进行再生反应而使水质变坏的过程发生，此三种过程同时存在。实践证明，只要选择适当的工作条件，就能保证既能制取高质量的纯水又可达到树脂再生的目的。

EDI 按结构类型分为板框式和卷式两种，目前应用最为广泛的是板框式结构。根据淡水室厚度的不同，板框式 EDI 装置又可分为宽室单元的 EDI 和窄室单元的 EDI，一般宽室单元中淡水室的宽度为 8 ~ 10mm，而窄室单元中淡水室的宽度只有 2 ~ 3mm。相应的窄式 EDI 流量一般为 150gfd，宽室 EDI 流量可达 550gfd。一般来说，EDI 的淡水区可分为两个部分，下部分为加强传递区，上部分为电离解区。在加强传递区，电流的形成更多的是靠强阴、阳离子的迁移；而在电离解区，电流的形成更多的是靠电解水分子形成 H^+ 和 OH^- 的迁移。所以在下部树脂的再生程度更高，对弱离子（如硅酸根、碳酸氢根、硼等）的脱除能力更强。EDI 离子去除机理如图 15-2 所示。

在 EDI 过程中，法拉第定律为水的电离及 EDI 脱盐运行提供了理论基础。法拉第定律为

$$I = \frac{E_q \cdot F}{t} \tag{15-1}$$

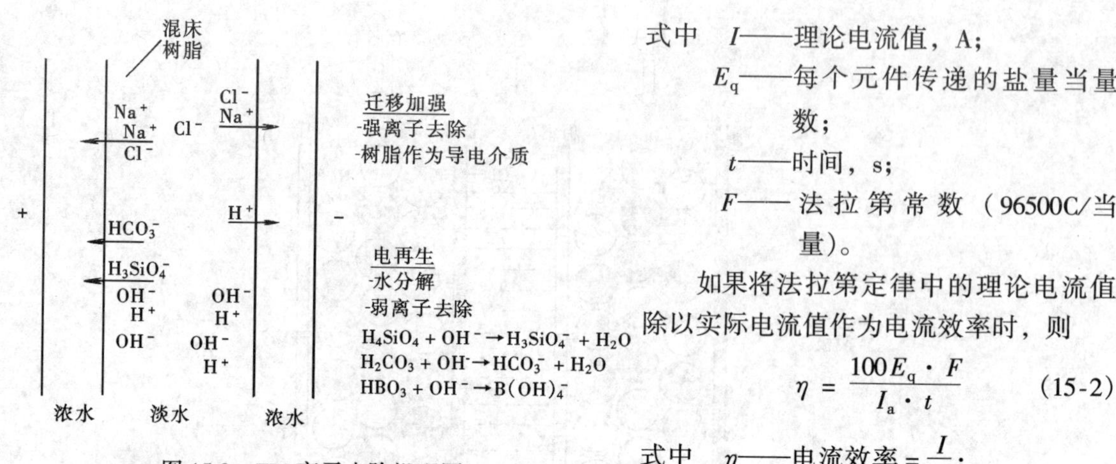

图 15-2　EDI 离子去除机理图

式中　I——理论电流值，A；

E_q——每个元件传递的盐量当量数；

t——时间，s；

F——法拉第常数（96500C/当量）。

如果将法拉第定律中的理论电流值除以实际电流值作为电流效率时，则

$$\eta = \frac{100E_q \cdot F}{I_a \cdot t} \tag{15-2}$$

式中　η——电流效率 $=\frac{I}{I_a}$；

I_a——实际电流值，A。

为了便于使用，可将式（15～2）简化为

$$\eta = \frac{(3.22)(\mathrm{TEA})(Q/n)}{I_a} \tag{15-3}$$

式中　TEA——总的可交换阴离子，mg/L $CaCO_3$；

Q/n——每个单元的产水流量，L/min；

3.22——换算系数。

由式（15-3）及图 15-2 可知：

(1) 对产水流量更大的或宽室 EDI 装置，要保持同样的电流效率，即需要比产水流量小的或窄室 EDI 装置提供更大的电流。

(2) 当产水流量和给水浓度不变时，运行中通过增大电流，促使水的电离分解，水离解能力增强会使树脂的再生程度提高，可以提高弱离子的脱除能力。

三、EDI 产品的应用及应用参数

（一）预处理要求

EDI 装置需要对给水进行预处理，防止结垢、胶体和颗粒物质的堵塞。

EDI 装置通常用于处理反渗透出水，用于制备超纯水，要求进水硬度小于 1.0mg/L（$CaCO_3$）。当原水硬度不能满足该要求时，需要使用钠离子软化器等工艺去除硬度。由于原水已经经过反渗透装置处理，软化器的运行周期会很长，再生剂（食盐）的用量也会很低。

（二）产品简介

EDI 装置采用单元设计，组合灵活。各个厂商除了生产系列产品外，还可以根据用户需要进行特殊设计。下面以加拿大 E-Cell 公司的 EDI 系列产品和美国 IONPURE 公司的 EDI 产品进行简单介绍。

1. 加拿大 E-Cell 公司的 EDI 系列产品

加拿大 E-Cell 公司的 EDI 膜块由淡水室（D 室）、浓水室（C 室）和极水室（E 室）构成，在淡水室中填充阴、阳离子交换树脂，而浓水室中不填充树脂。为保持一定的电流，浓水室的电导必须保持在 50～500μS/cm 之间。浓水室水质过纯，则电压需求较高。浓水室离子浓度过高，则会造成难溶盐结垢沉积，造成膜的结垢，所以需要在浓水中加入一定的 NaCl，以维持浓水电导，通过浓水泵循环流动。图 15-3 为 E-Cell 公司的 EDI 工艺流程图。

为防止浓水室中的难溶盐达到沉积状态，需要连续从浓水室中排除一部分水，从给水中补充部分水。调节浓水循环流量和排放流量，可以控制 EDI 的回收率。和电极接触的浓水室为极水室，因极水室中会有 Cl_2 气体产生，所以不能回收。

E-Cell 产品标准设计参数见表 15-1，E-Cell 产品进水水质要求见表 15-2，E-Cell 产品标准运行设计参数见表 15-3。

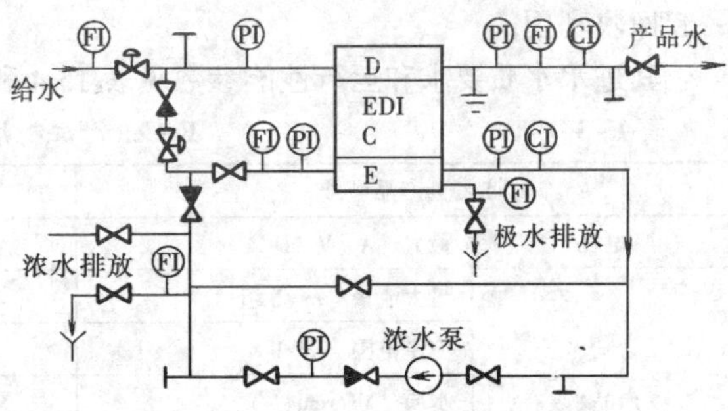

图 15-3　E-Cell 公司的 EDI 工艺流程图

表 15-1　　E-Cell 产品标准设计参数

E-Cell 产品型号	MK-2E	MK-2pharm	MK-2Mini
产品水流量（m^3/h）	1.6～3.4	1.59～4.09	0.57～1.14
回收率（%）	80～95	80～95	80～95
设计温度（℃）	4.4～38	4.4～38	4.4～38
进水压力（bar）	3.1～6.9	3.4～6.9	3.1～6.9
进水、产品水压差（bar）			
进水、浓水进口压差（bar）	1.4～2.4	1.7～3.0	1.4～2.4
产品水、浓水出口压差（bar）	0.34～0.69		
电压（自整流器输入）（V），DC，max	600	600	400
安装尺寸（cm），W×D×H	30×45×61	30×48×61	30×27×61

表 15-2　　E-Cell 产品进水水质要求

项　目	单　位	数　值	项　目	单　位	数　值
TEA 包括 CO_2	mg/L $CaCO_3$	<25（MK-2pharm<16）	TOC	mg/L	<0.5
pH 值	—	5～9	游离氯	mg/L	<0.05
硬度	mg/L $CaCO_3$	<0.5	Fe、Mn、H_2S	mg/L	<0.01
硅（活性硅）	mg/L	<0.5			

注　E-Cell™进水必须是反渗透产品水或与之相当的水源。

电源的选择　三相电源：E-Cell 公司的 EDI 装置对于不同的国家可以有四种电源可以选择，即：①575V/3 相/60Hz；②460V/3 相/60Hz；③400V/3 相/60Hz 或 50Hz；④220V/3 相/60Hz。

E-Cell 公司的 EDI 装置仪表和控制设备使用单相电源，这类电源可以从整流器供应，不需要单独引接。

2. 美国 Ionpure 公司的 EDI 产品

20世纪 80 年代，Millipore 公司以商品名 Ionpure 推出了第一台 EDI 产品，90 产代以来，US Filter集团不断地作了许多改进，其中最大的改进是将浓水室中也填充了特殊的离子交换树脂。通过树脂的导电能力维持装置的电流，所以系统更为简化，不需要加入 NaCl 维持浓水室的电导率，也不需要使用浓水循环泵，与前述产品相比，其有下述优点：

(1) 取消浓水循环泵和盐计量泵，使运行操作更为简单，并节省电能消耗。

(2) 浓水中不需盐分的加入，避免了盐分逆渗透的可能，避免了盐桥及短路的可能。

(3) 不存在极水室，和电极接触的浓水室中基本无 Cl_2 气体产生，极水也可以和浓水汇集在一起回收利用。

其进水水质要求和运行性能参数见表 15-4 和表 15-5。

表 15-3　　E-Cell 产品标准运行设计参数

E-Cell 产品型号		MK-2E	MK-2pharm	MK-Mini
电耗	最大，A，V（DC）	4.5，600	4.5，600	4.5，600
产品水	最大流量　m^3/h 组	3.4	4.09	1.14
	流量范围　m^3/h	1.6～3.4	1.59～4.09	0.57～1.14
	水质　MΩ·cm	>16	>10	>16
	压降　bar	1.4～2.4	1.4～3.0	1.4～2.4
	温升　max，℃	2.4	2.4	2.4
极水	流量　L/min 组	0.57～1.32	0.95～1.51	0.6～1.35
	pH	7.0～9.0	7.0～9.0	7.0～9.0
浓水排放	流量	由回收率确定		
浓水加极水进口	总流量（最大）　m^3/h 组	$1.23m^3/h$ 组	1.23	0.5
	压力（进水压力）bar	0.34～0.69	0.7	0.7
	水质　μS/cm	50～500μS/cm	50～500	50～500
浓水补充	流量	由回收率确定		
	水质	同进水水质		

表 15-4　　Ionpure 进水水质要求

给水水源	反渗透产品水
给水电导当量	< 40μS/cm
硅	< 1 ppm（以 SiO_2 计）
铁、锰、亚硫酸盐	< 0.01 ppm
总氯	< 0.01 ppm（以 Cl_2 计）
硬度	< 1 ppm（以 $CaCO_3$ 计）
溶解性有机物	< 0.5 ppm TOC（以 C 计）
pH 值	4～11

表 15-5　　Ionpure 运行性能参数

参　　数		参　数　值
温度	最大给水温度	113℉（45℃）
	最小给水温度	41℉（5℃）
压力	最大给水压力	100psi（7bar），33～113℉（1～45℃）
	最小给水压力	见下面所示压降
压降	最小流量时	10～15psi（0.69～1.03bar）
	标准流量时	25～35psi（1.72～2.41bar）
	最大流量时	40～50psi（2.76～3.45bar）

Ionpure 模块性能见表 15-6。

表 15-6　　Ionpure 模 块 性 能

模块型号		IPLXM10H-1（IPLXM10X-1）	IPLXM24H-1（IPLXM24X-1）	IPLXM30X-1
最小产品水流量（m^3/h）		0.55	1.4	1.65
标准产品水流量（m^3/h）		1.1	2.8	3.3
最大产品水流量（m^3/h）		1.65	4.2	4.95
典型回收率（%）		90～95	90～95	90～95
接口尺寸	给水及产品水（in）	$1\frac{1}{4}$	$1\frac{1}{4}$	$1\frac{1}{4}$
	浓水（in）	3/4	3/4	3/4
最大给水压力（bar）		7	7	7
最大给水温度（℃）		45	45	45
尺寸（mm）		33L×30D×61H	33L×30D×61H	33L×30D×61H
运输质量/运行质量（kg/kg）		50/108.8	100/145	114/168

注　热水消毒型的消毒温度是 80℃（IPLXM10H1 和 IPLXM24H-1）。

在 EDI 的系统设计中，因为装置的正常运行电压为 600V（DC）或 300 ~ 400V（DC），所以必须考虑配置直流电源和必要的控制仪表，设计中的安全保护措施也是需要考虑的。

（三）EDI 设计流程和产品水质

EDI 装置可以应用于需要高纯水、或有严格废水排放要求的新建工程项目中。对于原离子交换系统的改造，降低酸碱用量，减少废水排放，也是一种行之有效的办法。在电子行业，EDI 可以降低水中总有机碳的水平。随着 EDI 装置的普及和投资的不断降低，EDI 装置的应用场合将越来越多。

应用 EDI（反渗透）RO/EDI 典型水处理系统的流程如下：

第一种：预处理设备⟶RO 装置⟶钠离子软化器⟶EDI。

第二种：预处理设备⟶一级 RO 装置⟶二级 RO 装置⟶EDI。

表 15-7　单级 EDI 产品水质举例

产品水质	RO 系统	EDI 系统
电导率（μS/cm）	设计值 10.5	设计值 0.09
	实际值 12.9	实际值 0.06
SiO_2（ppb）	设计值 120	设计值 7
	实际值 2546	实际值 36
TOC（ppb）	实际值 95	实际值 20

在有反渗透预脱盐的情况下，EDI 装置的出水水质可以达到 10 ~ 18 MΩ·cm（0.1 ~ 0.055μS/cm），其性能见图 15-4 和图 15-5（当 EDI 进水为 SiO_2 < 10ppb，TOC < 50ppb，电导率为 0.1μS/cm 时）表 15-7 为单级 EDI 产品水质举例。

EDI 装置对于进水的回收率一般达到 80% ~ 95%。无污染的浓水可以直接排放，为进一步节约用水，也可以回收返回到反渗透系统进口。

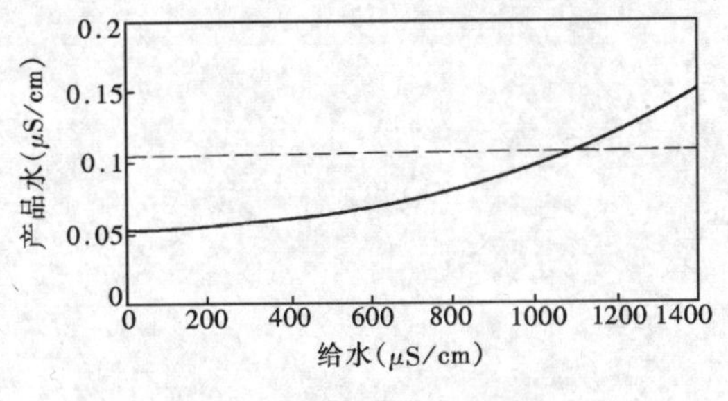

图 15-4　RO/EDI 出水性能（10 ~ 35℃，0 ~ 1400μS/cm）

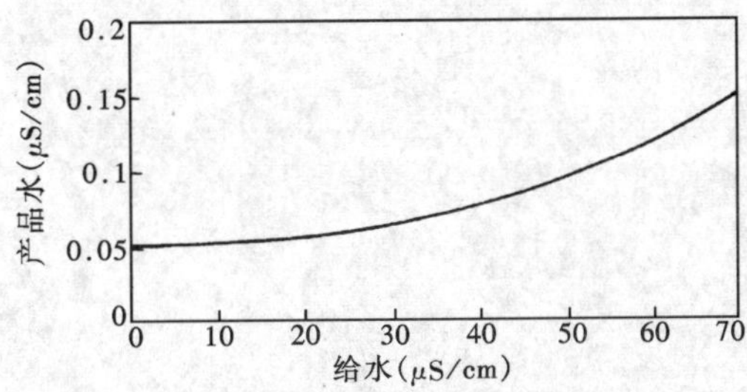

图 15-5　EDI 出水性能（给水为 RO 产水，额定流量，10 ~ 35℃，0 ~ 100μS/cm）

四、采用 RO/EDI 系统与传统离子交换混床的比较

（1）无化学污染，持续的电解水再生树脂使该系统在正常的运行情况下不需要使用化学药品。

（2）连续运行，连续再生，使该设备不需要使用再生备用。

（3）运行操作简单，同混床比较，系统需阀门少，操作简单。

（4）模块化组合方便，系统有多个模块组合而成，更换简单、方便。

（5）水回收率高。进水硬度小于 1.0ppm（$CaCO_3$），回收率达到 90% ~ 95%，浓水可以回收至反渗透进水。

（6）占地面积小，不需要再生和废水综合处理系统，占地面积小。

（7）节约成本，不使用酸碱，运行费用低。

若以反渗透产水作为给水，其在费用方面的比较如图 15-6 和图 15-7 所示。

如前所述，经一级反渗透处理后，为使高硬度的水质能满足 EDI 装置进水硬度的要求，通常仍需增设软化器，增加盐溶解再生系统，虽然食盐的用量不大，但仍然要使用化学药品。如果使用二级反渗透系统，也会使投资增加。因此 EDI 装置尚需要研究改进如何提高进水允许硬度、降低电耗、减少进出水压降、降低投资等问题，以便广泛应用。

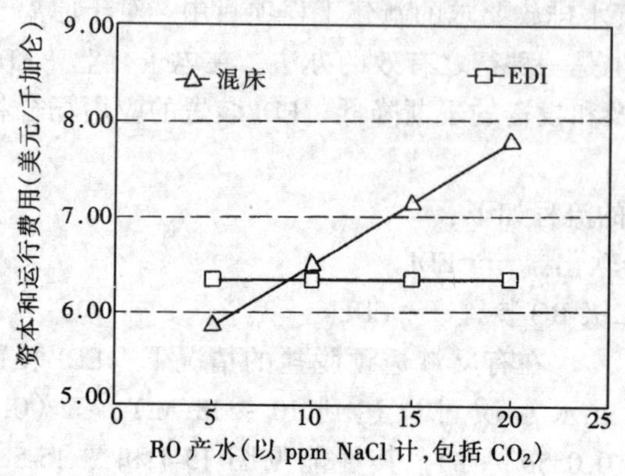

图 15-6 混床和 EDI 整个系统费用比较（RO 产水作为进水）

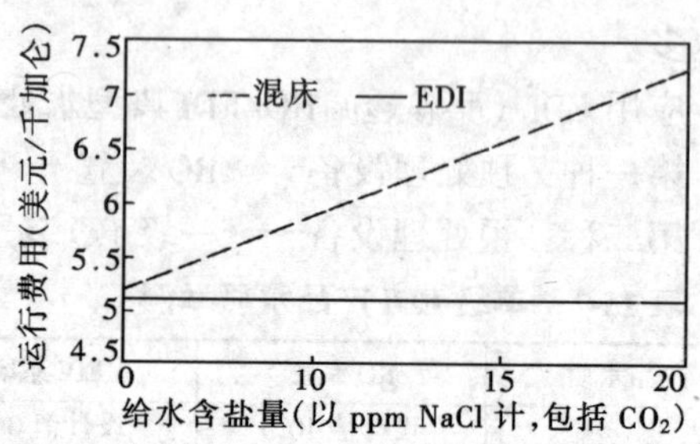

图 15-7 混床和 EDI 运行费用比较（RO 产水作为进水，200gpm）

第十六章 反渗透系统的投资及运行费用

目前，无论是在我国还是在世界其他地区，采用反渗透工艺进行苦咸水脱盐或海水淡化，在各种水脱盐处理工艺中所占比率一直处于上升趋势。其原因除了相对于其他的水脱盐工艺，反渗透系统具有技术与对环境影响较小的优势之外，反渗透系统投资和运行费用的不断降低也是重要因素。

一、反渗透系统投资费用估算

反渗透系统主要由预处理系统、反渗透装置及相应的泵、阀门、管道系统、仪表控制系统、辅助加药系统组成。影响反渗透系统投资的主要因素是水质。如果不考虑海水与苦咸水的差别，受水质变化的影响，投资费用差别最大的是预处理系统。

（一）预处理系统的投资

对于天然水常用的反渗透预处理系统，有如下几种方案：

1）简单机械过滤；

2）直流凝聚—多介质过滤—细砂过滤；

3）直流凝聚—多介质过滤—活性炭过滤；

4）直流凝聚—多介质过滤—细砂过滤—活性炭过滤；

5）凝聚澄清—多介质过滤—细砂过滤—活性炭过滤；

6）连续微滤或超滤。

以上预处理方案中，随着污水回用项目的增多，采用连续微滤或超滤进行反渗透装置前的预处理方案的可能性日益增加。膜法预处理对反渗透装置运转的可靠性极为有利，虽然目前应用比例较少，但其发展前景很好。表 16-1 列出了各种预处理系统投资费用的相对比率。

表 16-1　预处理系统投资费用的相对比率

预处理方案	简单机械过滤	直流凝聚—多介质过滤	直流凝聚—多介质过滤—活性炭过滤	凝聚澄清—过滤—细砂过滤—活性炭过滤	连续微滤	超　滤
相对投资比率	0.1～0.4	1	1.6	2.3	3.6	2.8

注　1. 除连续微滤、超滤是自动控制运行外，其他四种方案均按手动控制计算。
　　2. 超滤由于对进水水质有要求，因此需有前处理（其投资已计入）。

从表 16-1 可知，反渗透预处理费用差别很大。如果选用未受污染的深井水，可以取消预处理，则费用为零。因此在水源选用上应尽可能选用地下水，即便可以直接取水，如果可能，最好还是采用岸边打井取水。这样虽然增加打井的花费，但总投资额还是节省的，而且对反渗透安全运行极为有利。

（二）反渗透装置（本体）的投资

反渗透装置本体的投资费用直接受膜元件的种类和数量的影响，而膜元件的种类和数量的确认与给水 SDI、水温、含盐量等因素有关。由于海水反渗透与苦咸水反渗透相差很大，以下将分开讨论。

1．苦咸水反渗透

(1) 给水含盐量的影响。我国绝大部分地区的天然水含盐量在几十到2000mg/L。在通常范围内（100～2000mg/L），膜元件选用数量差别在15%之内，相应影响反渗透装置的投资费用大约相差5%。

(2) 给水SDI值的影响。经膜处理（SDI＜1）的给水和经常规预处理（SDI＝3～5）的给水，膜元件的可用水通量相差30%以上，相应反渗透装置的投资费用相差10%～15%。对于给水脱盐而言，给水含盐量越高，则反渗透法在经济上越合算。因此，在投资时，不必考虑含盐量增加而多花的费用。但是对于水源和水的预处理方案选择，则应综合考虑两者费用的平衡和膜的安全性。

(3) 水温的影响。反渗透膜元件可以在5～35℃的水温条件下运行。但是，在水温低于15℃的条件下，由于膜元件产水率降低，膜元件使用量增加，相应投资费用增加。对于用于锅炉给水的反渗透系统，以采用给水加热方式提高水温运行，降低膜元件用量。对于没有蒸汽热源的用户，应综合考虑投资和运行费用两方面的影响，主要考虑因素有膜元件增加的投资与给水泵运行压力增加带来的电耗增加的费用、加热装置的投资与蒸汽能的费用，应根据具体情况考虑取舍。

2．海水反渗透

我国海域海水的含盐量变化不大，通常在35000 mg/L左右。因此，可以不考虑含盐量变化对膜元件数量选择的影响。

给水SDI值对海水反渗透装置投资费用的影响可以依照苦咸水的影响来估算。海水反渗透膜元件数量受水回收率和水温影响很大。相同的产水量，其膜元件数量可能相差1.4～1.5倍，相应影响反渗透装置本体投资的费用差别较高。

由于海水含盐量高，海水反渗透的水回收率在35%～50%之间，与苦咸水相比给水量大。同时由于含盐高、给水泵能耗也高。为节约能耗，系统中均选用能量回收装置。而海水给水泵与能量回收装置造价均较高，且与海水反渗透装置的工艺参数有较大关系，故一并讨论。

(1) 给水温度和反渗透系统水回收率的影响。

水回收率的提高伴随着浓缩倍率的提高，致使后面的膜元件出水量大幅度下降。从而使膜元件数量增加。同样在低温条件下，由于渗透压的增加，使后面的膜元件出水量降低。其影响的幅度见表16-2。

表16-2　　产水率及水温与膜用量比率

水温（℃）＼产水率（%）	35	40	45
25	0.92	1	1.15
15	1.2	1.3	1.4

从表16-2可知，在不同水温和不同产水率条件下，膜元件选用数量相差较大，同时产水率与前期水预处理容量关系极大。如选用投资较高的预处理方案，势必引起投资的大幅增加。

(2) 能量回收装置和高压泵。

目前所用的能量回收装置主要有两类。一类是冲击式涡轮机，另一类是液—液压力交换器。前者能量回收（指电能）约为35%，后者可达到60%。能量回收装置的主要目的是节能，对直接运行成本影响很大。但由于目前市场上，上述两类能量回收装置价格差异较大，后者几乎是前者售价的一倍。因此在选用能量回收装置时，应综合考虑。目前尚无国产的能量回收装置，需选用进口产品。

由于海水腐蚀性较强，因此，对高压泵的耐蚀要求较高。目前，国内也有可供选用的给水泵产品，其价格与国外名牌产品相比，其价位低1～2倍。由于高压泵价格较高，因此，在海水淡化反渗透装置中，对投资影响较大。

(3) 反渗透系统投资。

由于影响反渗透系统投资数额最大的是预处理系统和装置本身。而其他辅助系统在投资中所占比例不大，仅以表16-3说明在苦咸水反渗透中其各组成部分的投资比例。

表16-3　　苦咸水反渗透系统各组成部分的投资比率

系统组成部分	预处理系统	反渗透装置	仪表控制装置	辅助加药及清洗系统	其　他
投资费用比率（%）	15～150	100	6～15	4～5	5～10

注　1. 以上投资比率按反渗透装置2×100t/h容量计，如果反渗透容量降低则仪表控制，加药和其他部分投资比率相应增大。

2. 预处理系统中考虑了污水回用条件下采用膜法处理对投资的影响。

海水反渗透各系统比率与苦咸水反渗透不同，表16-4为海水各项投资比率

表16-4　　海水各项投资比例

系统组成部分	预处理系统	泵、能量回收管道系统	反渗透装置	仪表自控系统	其　他
投资费用比率（%）	50～150	50～80	100	12～20	15～25

注　1. 上述比率是在海水反渗透装置2×150t/h和水回收率40%的条件下计算的。

2. 预处理系统是在直流凝聚—双滤料过滤系统与连续微滤系统条件下计算的。

3. 其他项目中含电气设备、加药系统和安装等。

二、反渗透系统运行成本估算

反渗透系统运行费用包括电费、水费、药剂费、人员工资、管理费、维修费。以上几项是每天都要支出的费用。如果计算每吨水运行成本，就必须计入设备折旧费，考虑到膜元件的使用寿命，则还需膜更换的费用。

以上几项费用对每吨水运行成本的影响是不同的电费、水费、药剂费与设备运行小时数、出力直接关连。因此相对稳定。而其他几项属已经投入的费用，如设备折旧是不论设备运行状况如何都要支出的费用。而人员工资、管理费与设备是否运转关连不大，对于这些费用，若设备利用率愈高，则平摊到每吨水中的成本费用就愈低。

近年，我国水费增长较快，而且各地、各用水企业因取水条件不同水费差异极大，高者水费可占每吨水运行成本的60%以上，低者可能不到10%。因此，水费对成本的影响可根据项目的具体情况调整，在此以水费1元/t计算。

海水反渗透系统的投资远高于苦咸水反渗透系统。因此，每吨水成本构成两者不尽相同。下面分别在表16-5、表16-6中说明。

表16-5　　苦咸水反渗透系统每吨水成本

项　目	设备折旧	膜元件更换	电　费	水　费	药剂费	人员工资	管理费	维修费
比率（%）	6	9.5	18	39	10	11	2.5	4

注　1. 反渗透系统按2×100t/h计，不含预处理系统运行费用。

2. 膜元件更换按三年计。

3. 设备折旧按十年计。

4. 电费按0.5元/（kW·h）计，水费按1元/t计。

表 16-6　　海水反渗透系统每吨水成本

项　目	设备折旧	膜元件更换	电　费	水　费	药剂费	人工费	管理费	维修费
比率（%）	15～20	8～15	40～50	—	5～6	4～5	2～3	2～3

注　1. 反渗透系统按 2×100t/h 计，不含预处理系统运行费用。

2. 膜元件更换按三年计。

3. 设备折旧按 10 年计。

4. 电费按 0.5 元/（kW·h）计，企业自取海水费用按 0 计。

对于苦咸水反渗透系统。如果不考虑水费的因素，电耗和延长膜元件使用寿命应是降低每吨水运行成本的主要途径。而对于海水反渗透系统，电费几乎占了总成本的 40%～50%。因此，在设备选择阶段，选择好的能量回收装置是极其重要的。

需要说明的是，反渗透在 25℃运行为宜。当温度低于 15℃时，系统出水量大幅度降低（水温每降低 1℃，系统出力约降低 2%～3%）。为保证在低温条件下系统出力，往往需要采用给水加热系统。如果是外供蒸汽热源，由于蒸汽费用较高（0.6～0.8MPa 饱和蒸汽的价格大约为 100 元/t），对运行成本的影响较大。

根据国内反渗透系统运行情况。如果不计水费。每吨水成本在 1.8～2.5 元之间。而海水反渗透系统在 4～5 元之间是正常的。

第十七章 反渗透系统的设计

完整的反渗透除盐系统包括预处理系统、反渗透除盐系统及后处理系统。

预处理系统通常包括常规的杀菌、凝聚澄清、粗过滤、精密过滤、脱氯、加酸调 pH 值或加阻垢剂等，预处理应根据原水水源类型和水质情况进行设计，以满足反渗透膜元件的进水水质要求。

反渗透除盐系统包括 5μm 过滤、高压给水泵、反渗透装置和反渗透清洗装置。

后处理系统是为达到产品水质需要的水质处理措施，如海水淡化后调整 pH 值、再硬化和杀菌。超纯水通常要有除 CO_2 及混床离子交换去除残留的盐类和紫外杀菌等。

一、*反渗透系统设计总的要求*

(1) 合理的反渗透系统的设计应满足以下原则：

1) 达到所要求的产水量；

2) 达到最高的脱盐率；

3) 尽量提高水的回收率；

4) 尽量减轻膜元件的污染和结垢倾向，保证系统长期稳定运行；

5) 尽量减少膜元件和压力容器的用量，以降低设备造价；

6) 尽量降低系统的运行压力，以节约能耗。

判断一套反渗透系统是否设计科学、合理，可通过反渗透系统的产品水流量、脱盐率、回收率等几个参数来反映，这几个参数又受到给水水质、给水温度、给水压力等的影响。

(2) 反渗透装置不是标准设备，它必须根据不同的原水水质进行各自不同的设计。系统设计中应注意以下几点：

1) 为达到脱盐率的要求，避免污染现象的产生，必须要选择适当的膜元件类型，如醋酸膜元件或复合膜元件，具体分类如 TW、BW、SW、SWHR、SG、RO、HSRO 等，在相同的条件下，含盐量越高，所需要的运行压力也越高。

2) 在一定的原水条件下，各类型的膜元件均有决定产品水流量的规定值，此值称为水通量（Flux），即每单位面积的产品水流量。增加水通量运行虽然可降低膜元件数量，减小投资，但必须限定在规定的范围内，以避免膜污染。膜表面污染物质的浓度随产水通量和元件的回收率增加而升高。

3) 回收率受难溶盐的溶解度积的限制，也受活水压力的限制。一般苦咸水最高约为 85%。海水淡化的最高回收率只能达到 35% ~ 45%，因为一般海水膜元件只能承受压力至 69bar（1000psi）。

4) 在一定的运行工况下，产品水的水质可以经计算求得。

对于某一具体水质的反渗透系统设计，可以参考类似此种水质的已投运反渗透系统的运行状况。在无现成的系统可以参考的情况下，必须按照厂家的设计导则设计（按此设计导则，在有可靠的预处理系统时，正常情况下一年清洗 4 次）。

设计中，除考虑选择适当的膜元件和压力容器类型、系统的排列形式等之外，还要考虑完备的检测仪表、可靠的电气控制方式和保护模式，同时根据现场情况设计出合理的反渗透框架，选择合适的管道材质和阀门类型等，这些都是设计的重要内容。

二、系统设计基础资料

（一）系统设计所需的原始资料

系统设计原始资料如表 17-1 所示。

表 17-1　　系统设计原始资料

<table>
<tr><td>登记序号：________
记日录期：________</td><td>联系人：________
联系方式：Tel：________ Fax：________
E-mall：________</td></tr>
<tr><td colspan="2">工程所在地/OEM：____________________
最终用户：____________地址：____________</td></tr>
<tr><td colspan="2">设计产水量（m³/h）：____________
期望回收率或最大原水供应量（m³/h）：____________
水源特性：☐ 地下水或深井水　☐ 地表水　☐ 海水
☐软化水　☐微滤超滤产水　☐反渗透产水
☐自备水源　☐市政废水　☐工业废水
水温情况：冬季________ 夏季________ 平均________ 设计________℃</td></tr>
<tr><td colspan="2">预处理概况：
药剂投加：☐絮凝剂　☐助凝剂　☐杀菌剂
☐还原剂　☐酸化剂　☐阻垢剂
现有预处理：☐无　☐有　☐SDI₁₅（如有预处理）
现有预处理设备名称：____________
现场综合情况：____________
系统用途：☐电力行业　☐石化行业　☐冶金行业
☐电子行业　☐食品行业（纯净水）　☐医药行业
☐锅炉给水（高、中、低）　☐市政生活饮用水　☐废水回用处理
后处理调和及流程：____________</td></tr>
<tr><td colspan="2">系统运行方式：☐ 24 小时连续　☐8 小时连续　☐24 小时断续　☐8 小时断续</td></tr>
<tr><td colspan="2">其他要求及说明：</td></tr>
</table>

（二）设计所需原水分析报告

设计原水水质分析报告如表 17-2 所示。

表 17-2　　　　　　　　　　　　　　反渗透原水水质分析

原水分析单位：　　　　　　　　　　分析者：	
水源概况：	
电导率：______　pH值：______　水样温度：______℃	
组成分析：铵离子（NH_4^+）______	二氧化碳（CO_2）______
钾离子（K^+）______	碳酸根（CO_3^{2-}）______
钠离子（Na^+）______	碳酸氢根（HCO_3^-）______
镁离子（Mg^{2+}）______	亚硝酸根（NO_2^-）______
钙离子（Ca^{2+}）______	硝酸根（NO_3^-）______
钡离子（Ba^{2+}）______	氯离子（Cl^-）______
锶离子（Sr^{2+}）______	氟离子（F^-）______
铁离子（Fe^{2+}）______	硫酸根（SO_4^{2-}）______
总铁（Fe^{2+}/Fe^{3+}）______	磷酸根（PO_4^{3-}）______
锰离子（Mn^{2+}）______	硫化氢（H_2S）______
铜离子（Cu^{2+}）______	活性二氧化硅（SiO_2）______
锌离子（Zn^{2+}）______	胶体二氧化硅（SiO_2）______
铝离子（Al^{3+}）______	游离氯（Cl_2）______
铵离子（NH_4^+）______	二氧化碳（CO_2）______
其他离子：______	
总固体含量（TDS）	生物耗氧量（BOD）
总有机碳（TOC）	化学耗氧量（COD）
总碱度（甲基橙碱度）：	
碳酸根碱度（酚酞碱度）：	
总硬度：	
浊度（NTU）：	
污染指数（SDI_{15}）：	
细菌（个数/mL）：	
备注（异味、颜色、生物活性等）：	

注　1. 当阴、阳离子不平衡较大时，应重新分析测试，相差不大时，可添加钠离子或氯离子进行平衡。

2. 分析项目请标注单位，如 mg/L、ppm、meq/L、以 $CaCO_3$ 计。

完善的原水水质资料是反渗透系统设计成功的基础。在搜集原始资料时，不仅要按上述要求取得原水水源类型、尽可能详细的水质分析报告、预处理设计及运行状况、药剂投加情况、最终出水要求，以及系统占地、平面布置、电源供给、现场环境资料等之外，还要获知水源水质四季变化情况、近几年的水质变化趋势，按最差的原水水质条件和今后水质可能恶化的情况考虑反渗透的设计，才能保证反渗透系统合理地设计并保证长期安全运行。

三、*膜元件种类的选择*

反渗透系统可以适用于各种不同的原水水源，如地表水、地下水、海水、废水等，应用于不同的领域，取得各自的用途。各膜元件生产厂家均有多种类型的膜元件，可以根据不同的原水水质情况及用途，选择最合适的膜型号。膜元件选择的正确与否，是反渗透系统设计是否成功的关键因素之一。

以 Filmtec/DOW 公司膜元件为例有三种，即 SW30HR（sea water high rejection efficiency）海水高脱盐率、SW（sea water）海水、BW30（brackish water）苦咸水，用于自来水的 BW30 称为 TW30（tap-water）。在三种膜型号大类型中，还分别有更详细的种类。

膜元件有不同的直径和长度，标准的直径为 2.5in、4.0in 和 8.0in 等，标准长度为 40in 和 60in 等。例如，直径 8in、长度 40in 的苦咸水膜元件以 BW30-8040 表示，目前由于元件的改进，则以膜的有效表面积代替直径和长度，BW30-8040 可表示为 BW30-330，现有新产品为 BW30-365、BW30-400、BW30LE-440、BW30-365FR、BW30-400FR、XLE440 等。

（一）膜元件选择的基本原则（以 Filmtec/DOW 公司的型号为例，其他公司与此类似）

1. 按脱盐率选择

>92%	TW30
>98%	BW30
>99%	SW30，SW30HR

2. 按进水含盐量 TDS 选择

< 1000mg/L	XLE
< 2000mg/L	TW/BWLE
< 10000mg/L	BW30
10000 ~ 15000mg/L	SW30
10000 ~ 50000mg/L	SWHR

3. 按进水水源选择

以 BW30，8in 元件为例

用于一般水源时：

满足高脱盐率，地表水：	BW30-365
满足高脱盐率，地下水：	BW30-400
满足高通量（TDS<2000mg/L）：	BW30LE-440

用于高污染水源时：

预处理采用传统介质过滤器：	BW30-365FR
预处理采用超滤、微滤时：	BW30-400FR

4. 按进水所需压力选择

<10.5bar（150psi）	BW30LE，XLE440（超低压膜）
<21bar（300psi）	BW30（自来水也可选 TW30）

5. 按产品水流量选择

< 0.2 m^3/h（0.9GPM）	≤2.5in
< 3 m^3/h（13GPM）	4in
> 3 m^3/h（13GPM）	8in（回收率如过低则可用 4in）

6. 特殊应用的膜元件

在食品与饮料工业上，元件要采取“完全密封”状态，元件采用无外壳的 full-fit 结构，消除了标准膜元件与压力容器间的死水区，能经受 85℃的热水消毒，满足 FDA 卫生标准，宜采用 HSRO 种类。半导体级元件，采用 SG 种类。

（二）Filmtec 膜的系统设计导则

对膜系统设计影响最大的因素，是给水对膜的污染趋势。膜的污染是由于给水中的颗粒和胶体物质在膜表面上沉积。在膜表面上的污染物质的浓度随产水量的增加和膜元件回收率的增加而增加。一个系统的设计如果采用了过高的产水量，则可能引起污染速度过快而需要频繁地进行化学清洗。

经预处理后，给水的污泥密度系数（SDI）值与反渗透膜上污染物质的数量之间的相互关系相当吻合。

对于不同类型的水，只能根据经验来确定产水量和膜元件的回收率。当对其特定的给水设计一个膜系统时，最好是能了解使用水源的其他系统的运行情况。然而，大多数情况下没有其他系统可供参考，于是在设计时必须遵守膜厂家的导则。

以下给出 Filmtec/DOW 公司的膜元件设计导则，以供参考。

（三）Filmtec 中等尺寸商用元件设计导则

在轻工业和小型商业系统中采用 2.5in 或 4in Filmtec 膜元件，推荐的反渗透系统设计导则如表 17-3、表 17-4 所示。

表 17-3　Fimtec 膜元件在轻工业及小型海水淡化系统中的设计导则

给水类型	RO 产水	井　水	地表水		废水（过滤市政污水）		海　水	
			MF①	传统过滤	MF①	传统过滤	沉井/MF①	表面取水
给水 SDI	SDI < 1	SDI < 3	SDI < 3	SDI < 5	SDI < 3	SDI < 5	SDI < 3	SDI < 5
元件最大回收率（%）	30	19	17	15	14[1]	12	13	10
典型通量 gfd（$L/m^2 \cdot h$）	22（37）	18（30）	16（27）	14（24）	13（22）	11（19）	13（22）	11（19）
最大产水流量：	gpd（m^3/d）							
2.5in 直径	800（3.0）	700（2.6）	600（2.3）	500（1.9）	500（1.9）	400（1.5）	700（2.6）	600（2.3）
4.0in 直径	2300（8.7）	1900（7.2）	1700（26.4）	1500（5.7）	1400（5.3）	1200（4.5）	1800（6.8）	1500（5.7）
元件类型	最小浓水流量 gpm（m^3/h）							
2.5in	1（0.2）	1（0.2）	1（0.2）	1（0.2）	1（0.2）	1（0.2）	1（0.2）	1（0.2）
4.0in（除 Full-Fit）	4（0.9）	4（0.9）	4（0.9）	4（0.9）	5（1.1）	6（1.4）	4（0.9）	5（1.1）
Full-Fit4040	6（1.4）	6（1.4）	6（1.4）	6（1.4）	7（1.6）	8（1.8）	NA	NA

元件类型	有效面积 ft^2（m^2）	最大给水流量 gpm（m^3/h）	单元件最大压降② psi（bar）	最大给水压力 psi（bar）
胶带外壳 2540	28（2.6）	6（1.4）	13（0.9）	600（41）
玻璃钢外壳 2540	28（2.6）	6（1.4）	15（1.0）	600（41）
海水 2540	29（2.7）	6（1.4）	13（0.9）	1000（69）
胶带外壳 4040	28（2.6）	6（1.4）	13（0.9）	600（41）
玻璃钢外壳 4040	28（2.6）	6（1.4）	13（0.9）	600（41）
玻璃钢 SW4040	28（2.6）	6（1.4）	13（0.9）	600（41）
Full-Fit4040	28（2.6）	6（1.4）	13（0.9）	600（41）

注　① 连续微滤工艺、膜孔径 < 0.5μm。

② 推荐新元件或清洁的元件的压降应至少低于此表中所列最大值的 20%。

表 17-4 Fimtec 膜元件在小型商业应用系统中的设计导则

给水类型	RO 产水	经软化的自来水	井水	地表水或市政自来水
给水 SDI	SDI < 1	SDI < 3	SDI < 5	SDI < 5
元件最大回收率%	30	30	25	20
典型通量 gfd (L/(m²·h))	30 (51)	30 (51)	25 (42)	20 (34)
最大产水流量:	gpd (m³/d)			
2.5in 直径	1100 (4.2)	1100 (4.2)	900 (3.4)	700 (2.7)
4.0in 直径	3100 (11.7)	3100 (11.7)	2600 (9.8)	2100 (7.9)
元件类型				
2.5in 直径	0.5 (0.11)	0.5 (0.11)	1 (0.2)	1 (0.2)
4.0in 直径	2 (0.5)	2 (0.5)	4 (0.9)	4 (0.9)

元件类型	有效面积 ft² (m²)	最大给水流量 gpm (m³/h)	单元件最大压降① psi (bar)	最大给水压力 psi (bar)
胶带外壳 2540	28 (2.6)	6 (1.4)	13 (0.9)	600 (41)
玻璃钢外壳 2540	28 (2.6)	6 (1.4)	15 (1.0)	600 (41)
海水 2540	29 (2.7)	6 (1.4)	13 (0.9)	1000 (69)
胶带外壳 4040	82 (7.6)	14 (3.2)	13 (0.9)	600 (41)
玻璃钢外壳 4040	82 (7.6)	16 (3.6)	15 (1.0)	600 (41)
玻璃钢 SW4040	80 (7.4)	16 (3.6)	15 (1.0)	1000 (69)

注 ① 推荐新元件或清洁的元件的压降应至少低于此表中所列最大值的 20%。

表 17-3 所示轻工业系统与大系统有着同样的要求，即要求系统性能的稳定性要达数年。它们通常作为大型系统的连续小试之用，并配备 CIP 清洗设备，无（或很少的）浓水循环。膜元件的寿命预计应超过 3 年。

在表 17-4 中，典型的小型商业系统含 1 ~ 6 支元件，它们或者定期更换，或者定期清洗（每半年或一年），或者其性能的下降是可以接受的。膜元件的寿命预计不到 3 年。对间歇运行的系统，这是一个低成本的紧凑型方案。

（四）Filmtec 8in 膜元件系统设计导则

使用 Filmtec 8in 膜元件设计反渗透系统时，根据进水类型推荐设计导则如表 17-5 所示。

表 17-5 Filmtec 8in 元件在水处理应用中的设计导则

给水类型	RO 产水	井水	地表水		废水（过滤市政污水）		海水	
			MF①	传统过滤	MF①	传统过滤	沉井/MF①	表面取水
给水 SDI	SDI < 1	SDI < 3	SDI < 3	SDI < 5	SDI < 3	SDI < 5	SDI < 3	SDI < 5
元件最大回收率%	30	19	17	15	14	12	13	10
典型通量 gfd (L/m²·h)	23 (39)	19 (32)	16 (27)	15 (25)	12 (20)	10 (17)	8.8 (15)	7.3 (12)
最大产水流量:	gpd (m³/d)							
320ft² 元件	10000 (38)	7500 (28)	6500 (25)	5900 (22)	5300 (20)	4700 (18)	7500 (28)	6400 (24)
365 ft² 元件	10000 (38)	8300 (31)	7200 (27)	6500 (25)	5900 (22)	5200 (20)	—	—
380 ft² 元件	12000 (45)	8600 (33)	7500 (28)	6800 (26)	5900 (22)	5200 (20)	8800 (33)	7600 (29)

续表

给水类型	RO 产水	井水	地表水		废水（过滤市政污水）		海　水	
			MF①	传统过滤	MF①	传统过滤	沉井/MF①	表面取水
最大产水流量：	gpd（m^3/d）							
390 ft^2 元件	10600（40）	8900（34）	7700（29）	7000（26）	6300（24）	5500（21）	—	—
400 ft^2 元件	11000（42）	9100（34）	7900（30）	7200（27）	6400（24）	5700（22）	—	—
440 ft^2 元件	12000（45）	10000（38）	8700（33）	7900（30）	7100（27）	6300（24）	—	—
元件类型	最小浓水流量 gpm（m^3/h）							
BW（365ft^2）	16（3.6）	16（3.6）	16（3.6）	18（4.1）	16（3.6）	18（3.6）	—	—
BW（400ft^2 和 440 ft^2）		16（3.6）	16（3.6）	18（4.1）	18（4.1）	20（4.6）	—	—
NF	16（3.6）	16（3.6）	16（3.6）	18（4.1）	18（4.1）	28（4.1）	—	—
Full-Fit	25（5.7）	25（5.7）	25（5.7）	25（5.7）	25（5.7）	25（5.7）	—	—
SW	16（3.6）	16（3.6）	16（3.6）	18（4.1）	16（3.6）	18（4.1）	16（3.6）	18（4.1）

元件类型	有效面积 ft^2（m^2）	最大给水流量 gpm（m^3/h）②							
BW	365（33.9）	73（17）	65（15）	63（14）	58（13）	52（12）	52（12）	—	—
BW 或 NF	400（37.2）	85（19）	75（17）	73（17）	67（15）	61（14）	61（14）	—	—
BW	440（40.9）	85（19）	75（17）	73（17）	67（15）	61（14）	61（14）	—	—
Full-Fit	390（36.2）	85（19）	75（17）	73（17）	67（15）	61（14）	61（14）	—	—
SW	320（29.7）	73（17）	65（15）	63（14）	58（13）	52（12）	52（12）	63（14）	56（13）
SW	380（35.3）	81（18）	72（16）	70（16）	64（15）	58（13）	58（13）	70（16）	62（14）

注　① 连续微滤工艺、膜孔径 $<0.5\mu m$。

② 单支元件的最大允许压降为 15psi（1bar），含多元件的压力窗口的最大允许压降为 50psi（3.5bar），这两条限制标准值须同时遵守。我们建议系统中任何元件的压降最好不超过 80%（12psi）。

上述限制值已引入 ROSA（Reverse Osmosis System Analysis）设计软件中。当系统设计超过导则允许值时，在 ROSA 的计算结果中就会有报警信息。

本导则推荐的限制值是基于 Filmtec 膜多年的应用经验。系统设计时，如果低估了给水的污堵倾向，膜系统可能需要更频繁的清洗，或者系统因污堵必须降低出力运行。另一方面，选择了保守的方式即过高地估计了可能出现污堵的倾向，将会得到无故障的系统运行结果和更长的膜寿命。

四、反渗透元件的组合和排列

（一）分批处理与连续处理

连续处理：连续操作，处理系统内的条件保持恒定。

分批处理：被处理水的量相当小，并不连续操作，如废水和工业上的分批操作。其流程示意图见图 17-1。可首先将供水收集于一槽中，再加以处理，最后余下的浓缩液留在槽中，使其排出后，再进行下一批新供水的注入。

半分批式处理：在操作期间供水槽同时注入供水，待槽内浓缩液装满后，分批处理即停止。

分批式通常设计为定压运行，当供水越来越浓时，产品水流量会下降。分批式设计时仍按设计导则进行。

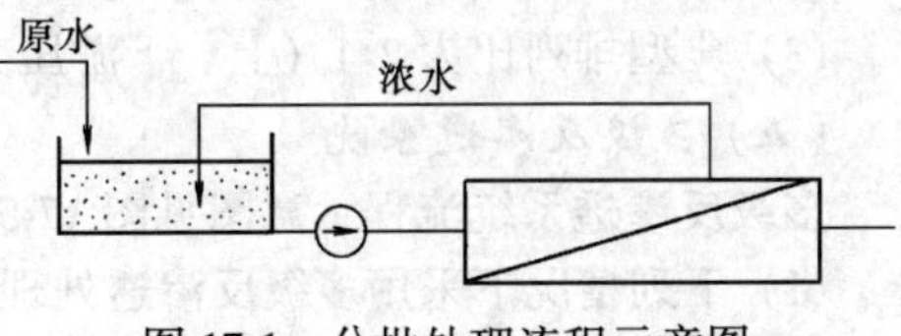

图 17-1　分批处理流程示意图

（二）单压力容器系统

单压力容器系统示意图见图 17-2。

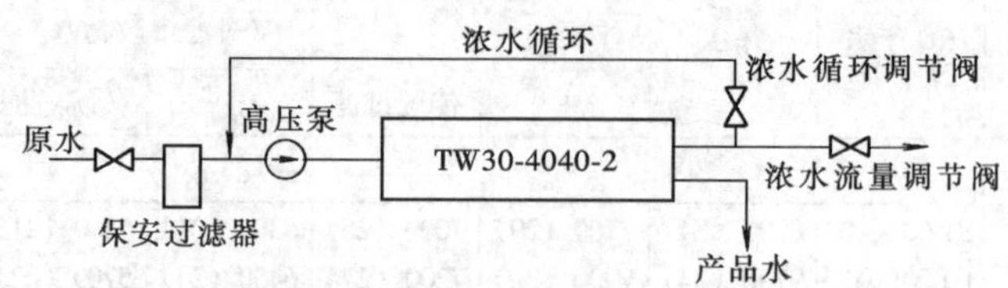

图 17-2　单压力容器系统示意图

1. 单压力容器系统的特点

（1）每个压力容器内装膜元件数 $n = 1 \sim 7$ 个。

（2）产品水排至大气压力下的水箱，压力不应超过大气压力 0.3bar（5psi）。如产品水需要稍高压力时，应提高给水压力以便提升至稍高的压力，但要不超过极限，即产品水压不要超过浓水压力 0.3bar。

（3）由给水入口至浓水的压降通常为 0.3 ~ 2bar（5 ~ 30psi），依膜元件数量、给水流量及温度而异。

（4）系统回收率由浓水控制阀调节，不能超过设计值。

（5）单压力容器系统通常依靠浓水回流循环以达到较高的回收率设计值。为使回收率超过 50%，部分浓水由压力容器排放，其余浓水返回至高压泵入口。

2. 浓水返回的作用

降低单个膜元件的回收率，因而可提升浓水给水流速，减少污染。

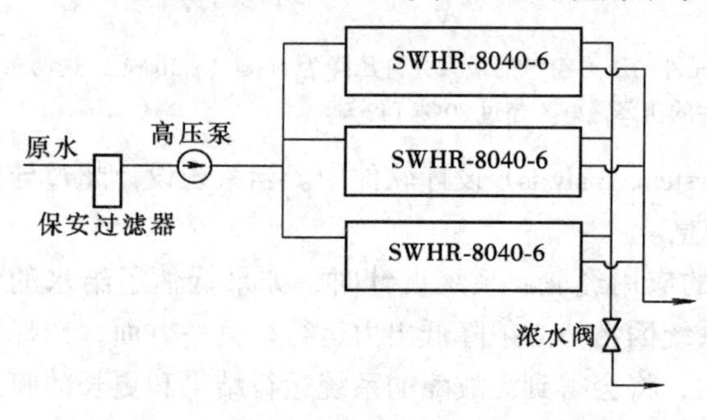

图 17-3　单段系统流程示意图

3. 浓水返回的缺点

（1）需要较大容量的高压泵，加大投资；

（2）增大了能量消耗；

（3）产品水质随浓水的加入给水中而影响产品水的脱盐率；

（4）在保养或清洗后再起动的冲洗时间可能要增长（冲洗时不应利用循环回流）。

（三）单段系统（Single-Array）

两个或多个压力容器平行并列。单段系统用于当系统回收率需要低于 50%时，如海水淡化系统，单段系统示意图见图 17-3。

（四）多段系统

多段系统流程示意图见图 17-4。多段系统的特点如下：

（1）多段系统主要为了提高系统回收率，而不会超过单个膜元件的回收极限。

（2）通常含有 6 个膜元件的压力容器回收率可达到 75%，3 段可更高。如装 3 个元件的容器，则需相应增加段数才可达到相同的效果。

（3）典型排列比为 2∶1（上、下游压力容器数的比值）。

（五）多级反渗透系统

多级反渗透系统流程示意图见图 17-5。多级反渗透系统的特点如下：

（1）下列情况下采用多级反渗透处理系统：

1）要达到更高的产品水质；

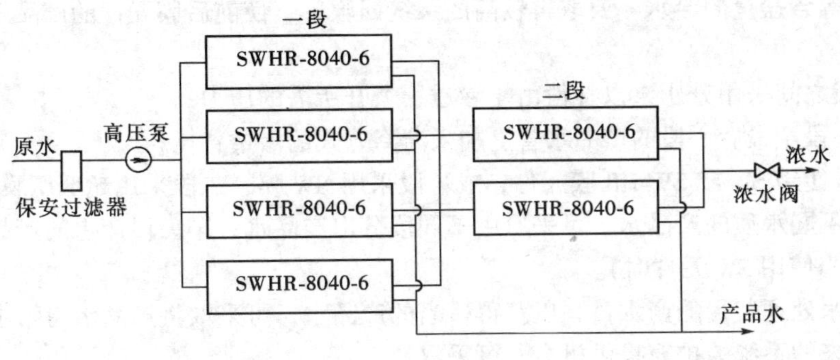

图 17-4　多段系统流程示意图

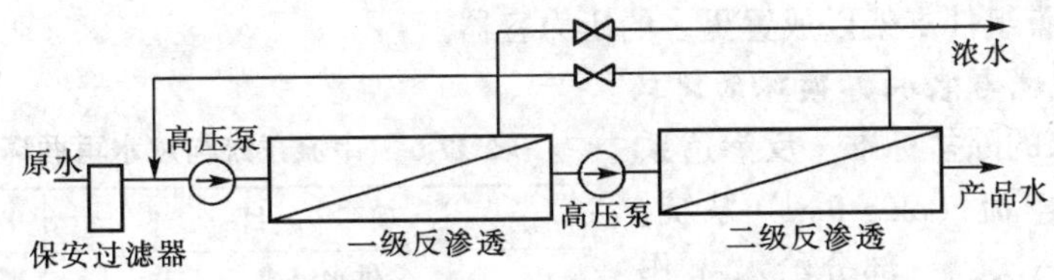

图 17-5　多级反渗透系统流程示意图

2）不能以离子交换技术作为后处理（再生用化学药品）；

3）要求较高的细菌、热原及有机物去除效果（如医药用水）；

4）要求更高的可靠性。

(2) 此系统为两个典型的反渗透系统组成，每级可单段也可多段，可串流或浓液再循环。

(3) 第二级的浓水循环至第一级重复利用，因其水质通常优于系统供水。

(4) 进入二级的给水含盐量低，故单根膜元件可设计为较高的回收率（达 30%），减少膜元件的用量。

(5) 整个系统可以用一个高压泵，不必一级二级分别设泵，只要两级所需压力不超过膜的最大给水压力（对 BW 为 41bar)。

(6) 第二级以第一级的余压工作，必须注意在任何时候，产品水压力对给水压力不可超过 0.3bar (5psi)。

(7) 为安全起见，亦可采用中间水箱，另设第二级高压泵。但必须防止中间水箱受到灰尘和微生物的污染。

(8) 由于 CO_2 不能被反渗透膜分离除去，会存在于产品水中，反应生成碳酸而导致电导率升高，而电导率是检验产品水质的重要指标。因此，可采取加入 NaOH 调节一级反渗透出水 pH 值至 8.2，在此 pH 值下所有的 CO_2 转变为碳酸盐，可完全被膜除去。

NaOH 可注入一级反渗透水箱中，由于一级产品水含盐量已较低，没有缓冲性，故一定要注意不可添加过量，如添加过量（pH 值大于 8.2）则容易使 $CaCO_3$ 析出产生结垢。基于这一原则，二级反渗透产品水的电导率通常能达到小于 1μS/cm。

（六）特殊需要的设计系统

(1) 为提高产品水质，可采取：

1）在 BW 的原水条件下，使用部分或全部的 SW 膜元件；

2）对于二级反渗透系统内的第一级或第二级，使用海水（SW）膜元件；

3）将最后一段的产品水，再利用为系统的给水。

(2) 提高系统回收率，可采取将浓水打至另一处，进行特殊预处理后作为给水。

（3）对中等含盐量的给水，要取得较高的系统回收率，使前后膜元件的产品水量均匀，可采取：

1）在各段之间采用升压泵以补偿由于渗透压上升所需的压力；

2）由第一段至最后一段的产品水管上加入渐降方式的渗透背压；

3）第一段使用 SW 或 SW-HR 膜元件，或一段采用 BW 膜，二段采用超低压膜。

（4）生产不同水质的产品水，可采取由不同段分出产品水，第一段产生的产品水具有最好的水质（特别是当使用 SW 元件时）。

（5）降低水处理装置的产水量，以获得适当的产品水，可采取将产品水与给水混合的方式。

（6）为将来的系统的扩充提供机会，可采取：

1）空置压力容器中的部分空间（以间隔管段代替膜元件）；

2）设计预留膜组件支架以放置更多的压力容器。

（七）串流系统与浓水再循环的比较

（1）用于原水的除盐标准。反渗透系统的设计常采用串流（plug flow）系统，给水只通过系统一次，一部分给水 Y 作为产品水透过膜，经过若干膜元件，给水逐渐浓缩后排出。但当需产水量少时，膜元件数也少，不能达到足够的回收率时，则采用浓缩的浓水进行再循环（concentrate recirculation），此种方法也可用于处理某些液体和废水。

（2）串流系统与浓水再循环的比较见表 17-6。

表 17-6 串流系统与浓水再循环的比较

项 目	串 流	再循环
供水组成	需固定	可改变
系统回收率	需固定	可改变
清洗回路	较复杂	简单
弥补污堵损失	较困难	容易
由供水入口至浓缩液的膜压力	降低	一致
能源消耗	较低	较高（12%～20%）
泵的数目（投资、维修）	较低	较高
扩充改变膜面积	较困难	容易
移出或加入多段系统中的某一特定段	不可能	可能

（3）系统盐透过率（SP_S-system salt passage）

$$SP_S = c_P / c_f \tag{17-1}$$

式中 SP_S——为某种物质在产品水的浓度与给水中浓度的比。

在串流系统中，SP_S 为系统回收率 Y 与膜的盐透过率 SP_M 的函数，即

$$SP_S = [1-(1-Y)^{SP_M}]/Y \tag{17-2}$$

膜的盐透过率为

$$SP_M = c_p / c_{fc} \tag{17-3}$$

式中 c_{fc}——浓水平均浓度。

然而，在浓水循环系统里尚需考虑另一个变数 β

$$\beta = \text{离开膜之渗透液流量}/\text{离开膜之浓缩液流量} \tag{17-4}$$

部分浓水回流至给水系统，其系统盐透过率为

$$SP_S = [(1+\beta)^{SP_M}-1]/[Y(1+\beta)^{SP_M} - Y(1+\beta)+\beta] \tag{17-5}$$

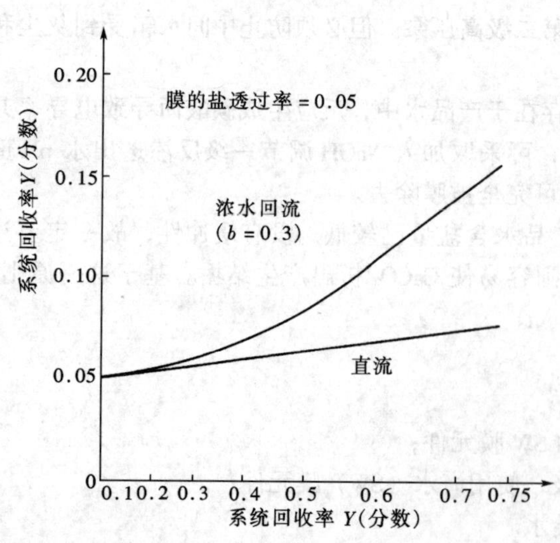

图 17-6 串流系统与浓水再循环系统盐透过率的比较

（4）为了提高系统回收率，再循环系统的

盐透过率比串流系统要高得多，两种系统的盐透过率的对比如图 17-6 所示。盐透过率必须由每一段按方程式（17-5）计算出来，当再循环浓水流量趋于“0”时，β 接近于 1/［（1/Y）－1］，则再循环系统即为串流系统。

（5）当再循环居于最大最小中间的系统 SP_S，为多段排列时循环量逐渐变小的再循环（沿着给水方向逐渐变小），此种再循环系统可视为只有一小部分从每一段再循环而大部分流入下段，最后一段则全部为浓水排放，此系统几乎与串流相同，但仍保留有再循环的优点（如图 17-7 所示）。

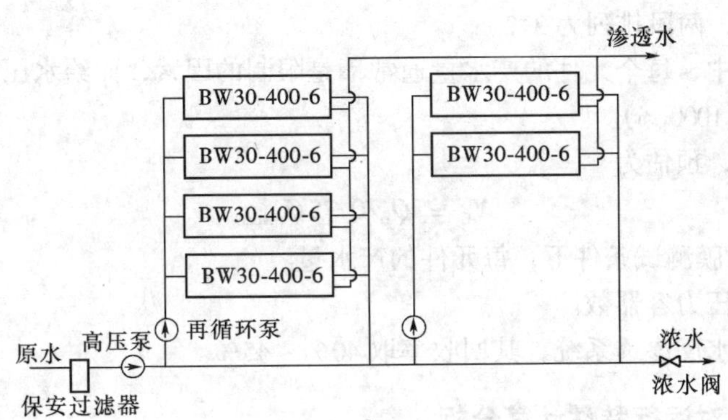

图 17-7　多段系统（带增压泵）流程示意图

五、预测膜元件与压力容器的数量

（一）查出导则规定的水通量（flux）

每一类型的膜元件均有其允许的最大产水流量 Q_{pmax}，它取决于给水水质，如井水，其 8in、400ft^2 膜元件的 Q_{pmax} 为 34m^3/d（9100GPD），不能超过此极限。

在反渗透系统中的最前面的几个元件因其经受给水压力最高，给水又具有最低的渗透压，通常其前几个元件的产水量将为 Q_{pmax}，其他元件产水量随给水水流方向递减（因流动阻力使给水压力下降，而给水浓度上升使渗透压增加）。

（二）求产水量 Q_{pi}

膜元件的平均产水量为 $\overline{Q}_{pi}$，即

$$\overline{Q}_{pi} = Q_p / N_E \tag{17-6}$$

在 N_E 预测难以准确时，实际应用中膜元件的平均产水量 $\overline{Q}_{pi}$，每一元件的平均产水流量 Q_{pi} 为最大产水流量 Q_{pimax}的 75%，即

$$Q_{pi} = 0.75 Q_{pimax} \tag{17-7}$$

（三）求膜元件个数 N_E

首先给出产品水流量 Q_p，由方程式（17-7）可得

$$N_E = Q_p / 0.75 Q_{pimax} \tag{17-8}$$

（四）压力容器的数量 N_v

$$N_v = N_E / N_{Epv} \tag{17-9}$$

式中　N_{EPv}——每一压力容器的膜元件数，一般为 1～7 个元件，N_v 取较高的一个整数。

（五）压力容器的排列

为提高回收率，具有 6 个元件的压力容器通常排列为 2∶1，为两段；少于 6 个元件的容器（如 4 个元件）排列比差较小，可排列 3 段，例如 4∶3∶2。

举例如下：

条件　原水为井水，SDI < 3

产水量　$Q_p = 30m^3/h = 720m^3/d$

选择　BW30-400 元件，从设计导则可知，$Q_{pimax} = 34m^3/d$，当使用 6 元件/容器时，则可预测

$N_E = Q_p/0.75 \times Q_{pimax} = 30 \times 24/(0.75 \times 34) = 28.2$

$N_v = N_E/N_{EPV} = 28.2/6 = 4.7$

取 5 个压力容器，两段排列为 3:2。

在海水淡化系统中，每个元件的产水量通常不是限制的因素，而给水压力是限制因素，规定一定不能超过 69bar（1000psi）。

海水膜元件数量，预估为

$$N_E = Q_p/0.75 Q_{pispec} \quad (17\text{-}10)$$

式中　Q_{pispec}——海水膜测试条件下，每元件的产水量。

由元件数再预测压力容器数。

通常采用一级海水反渗透系统，其回收率取 40% ~ 45%。

六、通过计算机对运行特性计算分析

每个膜元件生产厂家都会根据其生产的膜元件的种类和特性，编制出反渗透计算机设计软件。在设计软件中，对设计导则规定的最大给水压力、最高给水温度、回收率、水通量、最大给水流量、最小浓水流量等多个设计指标均设置了限定报警。在确定给水水质、给水温度、膜品种、膜元件数 N_E、压力容器数 N_v、排列之后，为了获得产品水流量 Q_p，需要借膜厂家的软件上机分析调整排列、回收率及其他特性间的关系，计算出给水压力、系统产品水的水质和其他数据。此时能够随时在计算机上很容易地改变膜元件的数量、种类及其排列，以使系统设计达到最佳状态（参见图 14-50 系统分析计算书）。

计算机软件计算结果是对反渗透系统运行特性的一个合理预测，当然，如果同类水源有反渗透系统已经投入运行，其运行结果是设计的最佳参考，但大部分情况下是得不到这种参考值的。此时，通过计算机设计软件进行预测，作为设计中的重要依据。

在计算机计算结果中，有报警提示的设计肯定不是合理的设计，但是计算结果无报警的设计也不一定就是最佳的设计，有时甚至是相当不合理的设计。这需要对计算结果中的压力、压降、产水量是否均衡等因素进行具体分析。

（一）排列与回收率

现以典型实例说明，如图 17-8 为 3 个压力容器（每个压力容器有 6 个元件），其排列为 2:1 的两段系统。

如此，两段系统为 12 个膜元件串联的组合，通常总回收率可达到 60% ~ 75%。此种系统单个元件的平均回收率为 7% ~ 12%。如果两段系统超过 75%，则有可能使单个元件的回收率超过设计导则规定。此时应增加一段膜元件，若仍为装 6 个膜元件的压力容器，则将形成 18 个膜元件串联组合，以降低平均回收率。

如果欲使两段系统回收率低于 60%，则必须使第一段给水流量高，而给水流量太高将导致给水/浓水的压降太大，引起膜元件损坏（导则规定 FT30-8040 元件在一定水质条件下最高给水流量为 11 ~ 16m³/d（50 ~ 70GPM)。因此如系统需要回收率低于 60%时，将典型地采用一段排列。解决过大的流量问题，也能用排列比解决，但很少有超过排列比为 3:1 排列的。

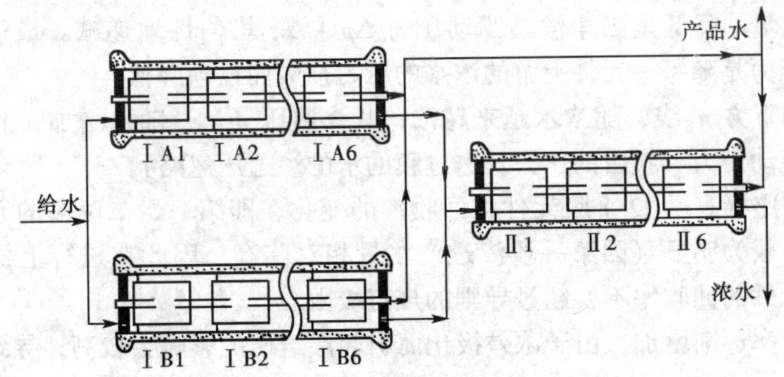

图 17-8　卷式膜元件的典型两段布置形式

（二）排列中各元件性能的变化

当单个反渗透元件系统运行时，因所有的运行参数随时可测得，因此性能可很快地推算出来。当大量的元件以很复杂的排列方式组合在一个系统中，只知进口的操作参数，系统性能的预测就很复杂。在系统里的每一个元件，其给水压力及含盐浓度都随时在变化，其改变的程度不仅决定于进口状况和总回收率，同时也和排列有关，两段布置形式如图 17-8 所示。图 17-9 说明了系统的动态特性，系统的特性为单一元件特性的总合。图 17-9 表示了 6 个元件的容器在 2:1 的排列下，5 种不同的元件的性能随着其位置的变化。

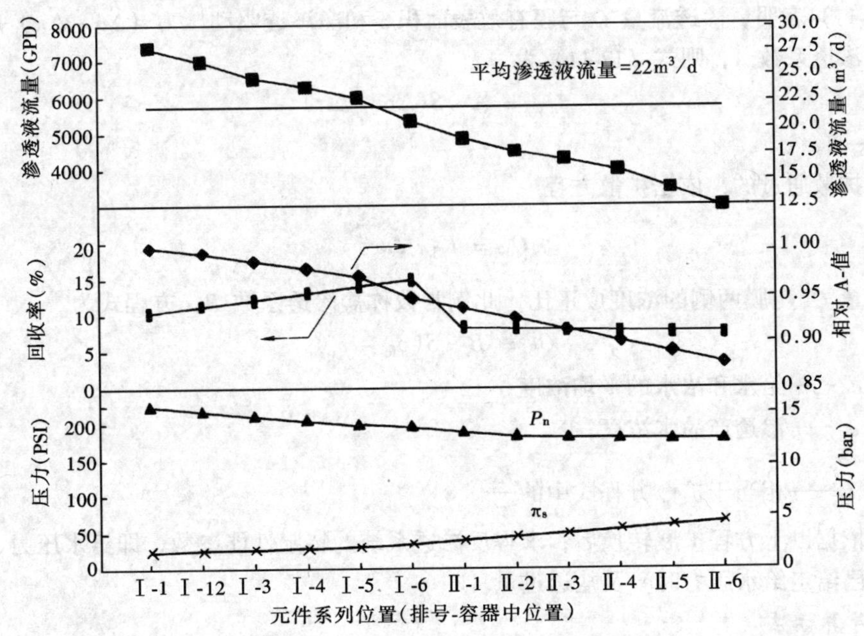

图 17-9　系统中各膜元件的动态特征

该系统回收率为 75%，温度为 25℃，进水渗透压为 1.4bar（20psi），进水 TDS≈2000mg/L，排列中第一个元件 BW30-8040 的产水量为导则规定的最大不超过 28.4m³/d（7500GPD），给水为井水（SDI＜3）。

由图 17-9 可见如下规律：

（1）渗透产水量规律地随顺序递减：由第一段第一个元件的 28.4m³/d 到第二段最后一个元件的 12.5m³/d（2300GPD），平均为 22m³/d（5800GPD），为最高元件的水通量的 77%。

（2）渗透产水量的降低是因净渗透驱动压力 $\Delta p - \Delta\pi$ 均匀性地递减。最下图的上方 P_{fi}线，即给水进入膜的压力是随每一元件上游的浓水的压力损失而逐渐降低。

（3）最下图的下方 π_{fi}线，随浓水越来越浓，其渗透压（π_{fi}）随之增加，此图两条曲线的差大约等于净渗透驱动压力（膜后的压力及透过膜的水的渗透压忽略）。

（4）图中的左座标表示 12 个膜元件的回收率的变化，即第一、二两段的元件回收率都在逐渐增加，但第一排较为明显（因第一段渗透产水量相对陡高，因此在进行上机分析时要注意）。第一段最后一个元件的回收率不要超过导则的规定极限。

当元件的回收率逐渐增加，由于浓差极化而引起渗透压的影响会较高，导致产水量下降（以至结垢污染）。

（5）图中的右座标说明膜元件的水渗透系数 A 值为盐浓度的函数，给水/浓水浓度高则 A 下降，浓度低则 A 上升。在 12 个膜的实例中整个系列下降了 15%。在设计中必须考虑。

七、设计方程式及参数计算

（一）方程式的依据

依据反渗透膜的溶解扩散方程式

$$Q_{\text{W}} = K_{\text{W}}(\Delta p - \Delta\pi)\frac{S}{\tau} \tag{17-11}$$

式（17-11）表明，渗透流量 Q 与膜有效表面积 S 和净渗透驱动压力（$\Delta p - \Delta\pi$）成正比，比例常数称水渗透系数 A，则式（17-11）为

$$Q_{\text{W}} = A \cdot S(\Delta p - \Delta\pi) \tag{17-12}$$

式中　A——K_{W}/τ。

盐是借扩散通过的，依据扩散方程

$$Q_{\text{S}} = K_{\text{S}} \cdot \Delta c\,\frac{S}{\tau}$$

盐透过量 Q_{S} 与膜两侧的浓度成正比，此例常数称盐渗透系数 B，方程式为

$$Q_{\text{S}} = B \cdot S(c_{\text{fc}} - c_{\text{p}}) \tag{17-13}$$

式中　c_{fc}——给水和浓水的平均浓度；

c_{p}——渗透产品水浓度；

B——相当于扩散方程式中的$\dfrac{K_{\text{S}}}{\tau}$

设计上依据以上方程扩展转换后，求得反渗透系统的特定性能参数，即给水压力、渗透产品水流量（当已给定给水压力时）及盐透过量。

（二）计算方法

基本上有两种方法：从元件至元件逐个计算，即单个元件计算；另一种方法是采用平均值参数对整体系统计算。

（1）元件至元件逐个计算［计算方法列于式（17-14）～式（17-23）］。这是一个最精确的计算方法，以手算相当地麻烦，而以计算机计算却非常适合。

首先必须给出第一个元件的所有运行条件，包括试给出给水压力，然后需要计算出浓水的流量及压力，此浓水同时也是第二个元件的给水，在计算所有的元件后，可能会发现原始的给水压力过高或过低，因此必须以新的压力再开始以试算法去计算。

借计算机软件的帮助可以迅速取得结果，因此此软件可用于改善系统的设计。此处不叙述整

个系统的计算过程，仅将使用的方程式和参数列于式（17-14）~式（17-23），符号定义列于表17-7。

为了能以 A、Δp、$\Delta\pi$ 决定方程式（17-12），水渗透量方程展开成方程式（17-14）；并由方程式（17-13）转换成方程式（17-23），求得渗透产品水浓度。

(2) 整个系统计算［计算方法列于式（17-24）~式（17-33）］。这是一个非常容易的方法。此法和元件至元件计算法的结果相差在5%以内。当给定给水水质、温度、产品水量与元件的数量，即可计算出给水压力与产品水质的平均值；若试给出给水压力等给水条件，元件数未知，则反复几次即可得出元件数量。方程列于式（17-24）~式（17-33），符号列于表17-7。

表 17-7　　计 算 符 号 定 义

符号	单个元件计算用	符号	平均值对整体系统计算用
Q_i	元件 i 渗透产品水流量 (gallons/day，GPD)	Q	系统渗透产品水流量（GPD）
		N_E	系统内元件数目
$A_i(\overline{\pi_i})$	元件 i 在25℃的膜渗透系数（浓水侧平均渗透压的函数） (gallons/ft²/day/PSI，GFPD/PSI)	$\overline{Q_i}$	元件平均渗透产品水流量（GFD）$=Q/N_E$
		$A(\overline{\pi})$	25℃时膜平均渗透压力为浓水侧平均渗透压的函数 (GFD/psi)
S_E	每一元件的膜表面积（ft²）	$\overline{c}_{fc}$	系统的浓水侧平均浓度
TCF	膜渗透压的温度校正系数	$\overline{R}$	系统的平均脱盐率
FF	膜污染后通量保留系数（三年为0.85）	$\overline{\pi}$	系统的浓水平均渗透压
p_{fi}	元件 i 的给水压力（psi）	$\overline{\Delta p_{fc}}$	浓水侧平均系统压降（psi）
Δp_{fci}	元件 i 的给水/浓水侧压降（psi）	Y_L	系统回收率极限（最大值）（以分数表示）
p_{pi}	元件 i 的渗透水压（psi）	$\overline{Y_i}$	平均元件回收率（以分数表示）
$\overline{\pi_i}$	元件 i 的浓水侧平均渗透压（psi）	$\overline{pf}$	平均浓度极化系数
π_{fi}	元件 i 的给水渗透压（psi）	$\overline{q_{fc}}$	浓水侧流量算术平均值（GPM）
π_{pi}	元件的渗透产品水侧渗透压（psi）		［=（给水流量＋浓水流量）/2］
pf_i	元件 i 的浓度极化系数	N_v	系统内6－元件压力容器的数目；
R_i	元件 i 脱盐率		$\approx N_E/6$
	（给水浓度－渗透产品水浓度）/［给水浓度］	N_{v1}	2段系统中，第一段压力容器的数目；
c_{fci}	元件 i 浓水侧平均浓度		$\approx 2/3N_v$
c_{fi}	元件 i 的给水浓度	N_{v2}	2段系统中，第二段压力容器的数目
c_{ci}	元件 i 的浓水浓度		$\approx N_v/3$
Y_i	元件 i 的回收率＝渗透产品水流量/给水流量	N_{VR}	排列比（Array Ratio）$=N_{v1}/N_{v2}$
π_f	预处理后的给水渗透压（psi）		
t	给水温度		
m_i	第 i 种离子的摩尔浓度		
$\sum_i$	所有离子的总合		
c_{pi}	元件 i 的产品渗透水浓度		
B	元件的盐渗透系数		
Y	系统回收率（以分数表示） （＝渗透产品水流量/给水流量）		
$\prod_{i=1}^{n}$	n 项连乘积		
n	串连的元件数		

1. 单个元件计算

以下方程式中的下标 i 为含 n 个元件的系列内第 i 个元件。为正确地决定系统性能，先假设一给水条件，然后逐一计算 n 元件。

渗透产品水流量 $Q_i = A_i(\overline{\pi}_i) \cdot S_E \cdot TCF \cdot FF \cdot \left[p_{fi} - \dfrac{\Delta p_{fci}}{2} - p_{pi} - \overline{\pi}_i - \pi_{pi} \right]$ (17-14)

浓缩水侧平均渗透压 $\overline{\pi}_i = \pi_{fi} \cdot \dfrac{c_{fci}}{c_{fi}} \cdot pf_i$ (17-15)

渗透产品水平均渗透压 $\overline{\pi}_{pi} = \pi_{fi} \cdot (1 - R_i)$ (17-16)

元件 i 的浓水侧平均浓度水浓度的算数平均

$$\frac{c_{fci}}{c_{fi}} = \left(1 + \frac{c_{ci}}{c_{fi}}\right)/2 \tag{17-17}$$

元件 i 的浓水浓度与给水浓度比 $\dfrac{c_{ci}}{c_{fi}} = [1 - Y_i(1 - R_i)]/(1 - Y_i)$ (17-18)

给水渗透压 $\pi_f = 1.12 \times (273 + t) \times \Sigma m_i$ (17-19)

FT30 膜温度校正系数

$$TCF = \exp[2640 \times \{1/298 - 1/(273 + t)\}]; \quad t \geqslant 25℃ \tag{17-20a}$$

$$= \exp[3480 \times \{1/298 - 1/(273 + t)\}]; \quad t \leqslant 25℃ \tag{17-20b}$$

Filmtec 8in 元件浓度极化系数

$$pf_i = \exp[0.7Y_i] \tag{17-21}$$

系统回收率 $Y = 1 - [(1 - Y_1) \times (1 - Y_2) \times \cdots \times (1 - Y_n)] = 1 - \prod_{i=1}^{n}(1 - Y_i)$ (17-22)

产品水浓度 $c_{pi} = B \cdot c_{fci} \cdot pf_i \cdot TCF \cdot \dfrac{S_E}{Q_i}$ (17-23)

2. 以平均值参数对整体系统计算

总产品水流量

$$Q = N_E \cdot S_E \cdot A(\overline{\pi}) \cdot TCF \cdot FF \cdot \left(p_f - \frac{\overline{\Delta p_{fc}}}{2} - p_p - \pi_f \left[\frac{\overline{c_{fc}}}{c_f} \cdot pf - (1 - \overline{R}) \right] \right) \tag{17-24}$$

系统浓水浓度对给水浓度比的对数平均值

$$\frac{c_{fc}}{c_i} = \frac{-\overline{R}\ln(1 - Y/Y_L)}{Y - (1 - Y_L)\ln(1 - Y/Y_L)} \times (1 - \overline{R}) \tag{17-25}$$

系统回收率极限值 $Y_L = 1 - \dfrac{\pi_f \cdot \overline{pf} \cdot \overline{R}}{p_f - \overline{\Delta p_{fc}} - p_p}$ (17-26)

系统浓水对给水浓度比的近似对数平均值

$$\left.\frac{\overline{c_{fc}}}{c_i}\right|_{Y_L, \overline{R}=1} = \frac{\ln(1 - Y)}{Y} \tag{17-27}$$

平均元件回收率 $\overline{Y_i} = 1 - (1 - Y)^{1/n}$ (17-28)

平均极化系数 $\overline{pf} = \exp(0.7 \times \overline{Y_i})$ (17-29)

浓水侧浓度平均值的平均渗透压 $\overline{\pi} = \pi_f \times \dfrac{\overline{c_{fc}}}{c_f} \times \overline{pf}$ (17-30)

Filmtec 8in 元件，2 段式浓水侧平均系统压降 $\overline{\Delta p_{fc}} = 0.04q_{fc}^2$ (17-31a)

浓水侧平均系统压降 $\overline{\Delta p_{fc}} = \left[\dfrac{0.1Q/1440}{Y \cdot N_{V2}} \times \left(\dfrac{1}{N_{VR}} + 1 - Y \right) \right]^2$ (17-31b)

单一 Filmtec 8in 元件或一段浓水侧压降 $\overline{\Delta p_{fc}} = 0.01n \cdot \overline{q}_{fc}^{1.7}$ (17-31c)

Filmtec 膜渗透系数是浓水侧平均渗透压的函数

$$A(\overline{\pi}) = 0.125; \qquad \overline{\pi} \leqslant 25 \tag{17-32a}$$

$$A(\overline{\pi}) = 0.125 - 0.011 \times (\overline{\pi} - 25)/35; \qquad 25 \leqslant \overline{\pi} \leqslant 200 \tag{17-32b}$$

$$A(\overline{\pi}) = 0.070 - 0.0001 \times (\overline{\pi} - 200); \qquad 200 \leqslant \overline{\pi} \leqslant 400 \tag{17-32c}$$

渗透产品水浓度 $$c_p = B \cdot c_{fc} \cdot \overline{pf} \cdot TCF \cdot \frac{N_E \cdot S_E}{Q} \tag{17-33}$$

八、*反渗透系统的设备*

反渗透系统工程是将反渗透装置、管道、阀门等设备组合在一起，形成一个成套装置。装置除核心部分反渗透膜元件外，还包括压力容器、高压泵、保安过滤器、阻垢剂计量泵、阀门、仪表等相关设备。

膜元件及压力容器已在前文中给出了详细介绍，本节简要介绍其他的配套设备。

（一）反渗透框架

将反渗透膜元件、压力容器、本体管道、阀门、就地操作盘和检测仪表等设备组装在一个滑架上，即称为反渗透框架。

如果是大型装置（一般产水量大于 $30m^3/h$），则保安过滤器和高压泵不放置在框架上；如果是小型装置（一般产水量小于 $30m^3/h$），则可以将高压泵、保安过滤器、计量泵等设备均放置在框架上。框架材质一般采用 A3 钢，表面喷涂防锈漆，小型装置也有采用不锈钢材质的。

压力容器一般有 2～3 个受力支撑点，应根据不同尺寸的压力容器设计相应的反渗透框架。框架的设计还要考虑现场当地的地震强度。

（二）保安过滤器

保安过滤器放置于整个反渗透系统的进口，其目的是为了防止预处理来水中可能携带的颗粒性杂质，以防止对高压泵和膜元件造成机械损坏。通常，保安过滤器选用公称过滤精度为 5μm 的滤芯，滤芯材质一般为聚乙烯或丙纶。为避免腐蚀，过滤器本体应采用不锈钢或塑料材质。

保安过滤器属于微米级的精密过滤器，过滤方式为深层过滤。在反渗透系统中采用的滤芯一般有蜂房式线绕滤芯和熔喷滤芯，现在也有更为高效的折叠式滤芯。保安过滤器不仅能截留住颗粒性杂质，还能在一定程度上去除浊度和胶体铁，降低 SDI。滤芯的安装形式为蜡烛式（不推荐采用悬吊式），根据运行压差更换滤芯。

有些厂家将保安过滤器设计为可反洗的结构，目的是为延长滤芯的使用寿命。但因为反洗会造成滤芯过滤间隙变大，降低过滤效果，所以不推荐采用这种设计。

在系统设计中，保安过滤器只起保安作用，以防止预处理漏过的杂质进入高压泵和反渗透膜元件中，不能将其作为降低 SDI 或去除某类杂质的过滤器，所以进入保安过滤器的原水必须已经满足膜元件的进水指标。

（三）高压泵

高压泵是反渗透系统中的核心设备之一。高压泵为进入反渗透膜元件的原水提供足够的压力，以克服渗透压和运行阻力，满足装置达到额定的流量。高压泵压力的选择见前节参数计算部分。

对于苦咸水反渗透系统，高压泵一般选择离心泵；对于海水反渗透系统，高压泵一般选择高压离心泵或柱塞泵。高压泵的材质应根据原水水源的不同，选择不同的不锈钢材质。

高压泵的起动方式是一个必须考虑的问题。一般有两种起动方式：在高压泵的出口装设电动慢开门或对高压泵进行变频起动。目的都是为了避免起动时产生瞬间高压力水对膜元件造成冲击损坏（即水锤现象），都要保证高压泵将进入膜元件的给水压力从零升到额定值的时间必须在20～30s以上。

为保证高压泵的安全运行，一般还设有泵的压力保护装置。即在高压泵的入口装设低压保护开关，和高压泵连锁，当进水压力低（一般为小于0.05～0.1MPa）时，低压保护开关动作，使高压泵自动停止运行，防止高压泵缺水空转。高压泵出口也可以装设高压保护开关，和高压泵连锁，当高压泵出水压力过高时（一般为超过最高运行压力的30%以上），高压保护开关动作，使高压泵自动停止运行，防止高压泵憋压运行。

（四）计量泵

阻垢剂、杀菌剂、还原剂、絮凝剂等药剂均通过计量泵加入系统中。

计量泵一般分为隔膜泵和柱塞泵，不论采用何种形式，计量泵过流部分的材质必须满足输送介质的腐蚀性要求。

计量泵的运行流量和压力应根据工艺适当选择。在反渗透装置满出力运行时，计量泵的输出冲程和频率在60%～80%之间，较利于计量泵的运行安全。

（五）反渗透系统材质的选择

所有过流部分的腐蚀问题都要加以考虑，包括过滤器、泵、水箱、管道、阀门、仪表接口等，都要选择合适的材质，以避免腐蚀造成的污染。

反渗透系统的水箱和低压部分的产品水管道、阀门，一般选用耐腐蚀的PVC、U-PVC、ABS工程塑料、玻璃钢或不锈钢材质。

保安过滤器、高压泵和高压部分的管道、阀门，应选用不锈钢材质，并根据原水含盐量的不同，选择不同的不锈钢材质。

（1）原水含盐量小于2000ppm时，选用304材质不锈钢（0Cr18Ni9、1Cr18Ni9Ti等）；

（2）原水含盐量在2000～5000ppm时，选用含碳量小于0.08%的316材质不锈钢；

（3）原水含盐量在5000～7000ppm时，选用含碳量小于0.03%的316L材质不锈钢；

（4）原水含盐量在7000～30000ppm时，选用含钼量4.0%～5.0%的904L材质不锈钢；

（5）原水含盐量在32000ppm以上时，选用含钼量大于6.0%的254SMO材质不锈钢。

另外，在设计和制造过程中，应注意避免管路中形成死水，不锈钢管道应采用惰性气体保护焊接，管道加工制作完成后应采用酸洗、钝化等保护措施。

九、反渗透系统的仪表监测和控制系统

（一）反渗透系统的仪表监测

反渗透系统运行过程中的许多重要参数需要进行监测，以评价反渗透系统是否处于最佳的运行状态，膜元件是否被污染。主要监测表计如下：

1. 给水SDI值

给水SDI值是重要的监测项目之一，是判断给水水质是否合格的重要参数。SDI值由专用的SDI测定仪来检测，目前只能采用手工检测的方法。

2. 给水氧化还原电位值（ORP）

氧化还原电位值（ORP）反映反渗透给水中氧化性杀菌剂的残存量。因为反渗透膜元件是不耐氧化的高分子材料，所以在给水中就必须将氧化性杀菌剂完全消除。消除氧化性杀菌剂可以通过活性炭过滤器吸附或加入还原剂（通常为亚硫酸氢钠）进行氧化还原反应来完成，该反应为瞬间过程，之后即可检测氧化还原电位值（ORP）来显示反应结果。通过氧化还原电位表（ORP表）可在线监测。

3.pH值监测表

如果反渗透给水中设有加酸装置，则给水管道上应装设在线pH检测表，并应设有上、下限报警。

4.温度

给水温度影响反渗透装置的产水量（详见表12-2温度校正系数），当温度恒定时，它决定高压泵的出口压力。在很多系统中，需要设置加热器将给水升温，在此，温度作为一个重要的参数须进行测量并定期记录。

5.压力

要监测并记录保安过滤器的进、出口压力或压降，以判断滤芯的运行状况；要监测并记录高压泵的进、出口压力，以判断高压泵的运行状况；要监测并记录反渗透膜元件各段之间的压力或压降，以判断膜元件是否污染或结垢，并可判断异常膜元件的位置。

6.流量

至少要监测并记录反渗透产品水和浓水的流量，这两个流量决定装置的回收率。必须将回收率保持为设计值，回收率过高会加速膜元件的污染，回收率过低则会造成水的浪费和高压泵能耗的增加。

在许多大型系统中，还装有给水流量表，可输出给水流量信号，自动调节加药计量泵按比例加药。或在多段系统中装设单段的产品水流量，分别判断每一段的运行状况。

7.电导率

监测给水和产品水的电导率值，可反映反渗透装置的脱盐率。

温度、压力、流量是互相关联的三个参数，和pH值、电导率值相结合，通过标准化后，可以判断反渗透系统是否运行正常，是否有污染或结垢，是否需要清洗等，是判断反渗透装置运行状况的重要参数。

（二）反渗透系统的控制

1.系统控制方式

反渗透系统一般采用PLC（可编程逻辑控制器）程序自动控制方式。选择的PLC应保证有较强的抗干扰能力、丰富的程序指令、较快的运算速度，以保证控制系统的安全稳定。

2.PLC控制内容

PLC的控制内容应包括如下方面：

(1) 高压泵的控制。高压泵进口压力低于设定值时，自动停止泵的运行；高压泵出口压力高于设定值时，自动停止泵的运行。高压泵采用变频控制时，通过调节泵的频率，控制泵的出口压力。海水淡化工程中，通过能量回收装置的控制，以节省电耗，降低运行费用。

(2) 反渗透装置的程序起动和停止。反渗透装置由PLC控制，自动完成包括计量泵、高压泵、电动慢开门等按顺序起动和停止。反渗透装置与产品水箱水位连锁的高停低启。

(3) 反渗透停运时的自动低压表面冲洗。反渗透装置停运时，自动打开电动冲洗排水门和冲洗水泵，对膜表面进行低压冲洗，将膜元件内的浓水冲洗干净。

(4) 异常运行状态的监测、报警。在反渗透装置运行过程中，PLC自动对各设备如高压泵、计量泵、电动门等的运行状况进行监测，并输出故障报警信号。PLC自动对温度、流量、压力、液位、电导率、氧化还原电位、pH值等运行参数进行监测，异常运行状态时报警，并根据不同的情况决定是否停运反渗透装置。

(5) 加药量的自动控制调节。通过反渗透给水管道上的流量、pH值、氧化还原电位等测量仪表输出的4~20mA信号或脉冲信号，自动调节各计量泵的输出投加药品量，实现加药量的按比例自动调节。

3. 系统控制结构

随着自动化控制水平的不断提高，生产企业对水处理装置控制水平的要求也不断提高，有许多企业甚至要求对水处理系统达到无人值班的程度。所以，主控室远方操作及计算机控制也越来越多地应用到反渗透水处理系统中。常用的控制结构如下：

计算机系统⇔PLC 系统⇔现场执行器及仪表。

（1）计算机监控系统。计算机监控系统一般由工控计算机、显示器、打印机、UPS 不间断电源和工业监控软件组成。通过组态监控软件完成以下功能：

1）与现场 PLC 进行双向通信，读写现场有关数据；

2）进行数据处理，如量程转换、上下限报警等；

3）对现场各种设备，在计算机显示屏上进行远程监视、控制，实现系统操作的软件化；

4）显示三维（3D）动态流程图、设备运行状态、运行参数、历史数据及趋势图；

5）显示报警画面，对异常状态进行故障报警及报警处理；

6）定时或随时打印报表。

计算机系统运行成功的关键是对监控软件的处理。

计算机监控系统还可以通过网络系统连接上一级监控系统，实现整个企业的自动化管理控制。

在计算机监控系统全面使用之前，采用中央控制室控制盘加模拟监视盘是非常通用的方法。

对于成套的反渗透水处理装置，目前也有采用触摸屏进行监控的。即通过工业级的人机界面，多视窗的操作功能，良好的通信和数据处理能力，显示运行状态、运行参数、报警画面、历史数据和趋势，完成对装置的程序控制操作等，其功能基本等同于计算机。

（2）PLC 控制系统。PLC 是执行控制程序的主体，其主要功能包括：

1）完成对水处理系统中各设备的程序操作；

2）完成对各仪表参数的数据采集；

3）与计算机进行通信，执行计算机传送的操作指令。

PLC 和计算机一般通过 DH485、RS232、以态网等区域网相连。

对于较为复杂的水处理系统，可以设一台主 PLC 单元，与下级各分控制单元形成现场总线的控制模式。

仪表和控制技术发展很快，在反渗透水处理工程中，不断采用新技术、新产品，提高控制系统的稳定性和安全可靠性，提高系统的反应速度，与工艺技术相结合，建立专家系统，提供完善、准确的自诊断功能，是反渗透水处理控制发展的主要任务。

第十八章 反渗透水处理技术的应用实例

一、低 TDS 原水的超临界锅炉补给水反渗透水处理系统

1994 年第 55 届国际水会议报道：美国最大的火力发电厂 BOWEN 电厂有 4 台超临界机组，锅炉运行压力为 26.7MPa，538℃，该电厂为了消除离子交换法处理存在的诸多弊病，在离子交换系统前，采用反渗透处理，并进行了全面的经济的、环境的分析：

反渗透系统每年的折旧、运行和维护费用为 432555 美元；

离子交换中和系统的中和所用酸碱费用为 583825 美元。

尽管 1994 年美国通用电气公司提出的报告认为在离子交换系统前加装反渗透改造旧系统，水质在 320ppm 以下在经济上是可行的，并且能在 5 年内回收投资。然而 BOWEN 电厂的原水仅仅 82ppm，说明在涉及环境问题的条件下，原水 TDS 很低，采用反渗透较之离子交换仍是最好的技术。

BOWEN 电厂有 2 个系列反渗透装置，每系列容量 250GPM（1360m^3/D），工艺流程见图 18-1。膜的水通量以 12.5gfd 运行，在实际压力为 130psi 时运行中水质的电导率稳定在 97%左右，见图 18-2。

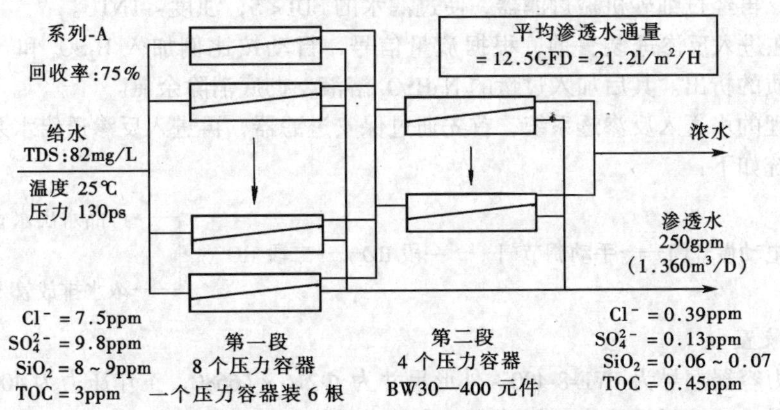

图 18-1 BOWEN 电厂反渗透工艺流程

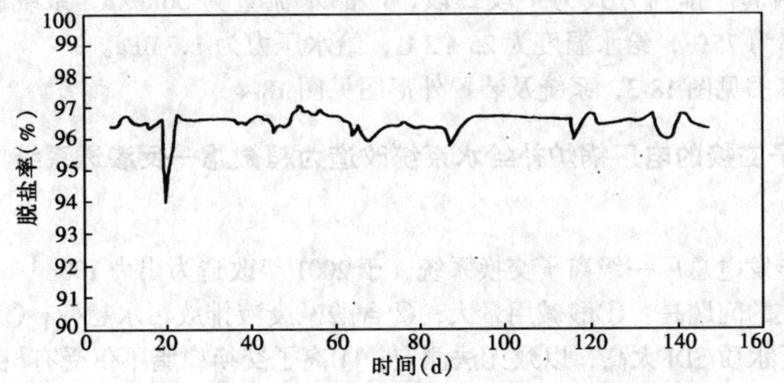

图 18-2 BOWEN 电厂 A 系列反渗透系统脱盐率

二、以地表水（矿井排水）为原水的电厂锅炉补给水反渗透系统

1. 概况

该反渗透系统建于山东招远热电厂，自1995年投入运行至1999年，一、二段压差未超过规定，证明预处理正常。

原水是山东招远金矿矿山排放水，含盐量高达1700mg/L，夏季常有雨水倒灌，悬浮物含量从每升几毫克到上千毫克。

反渗透水处理容量：净出力112t/h，为4台35t/h次高压锅炉补给水供水（锅炉为1×6000kW抽汽机组和1×6000kW背压汽轮机供汽）。

2. 水处理系统

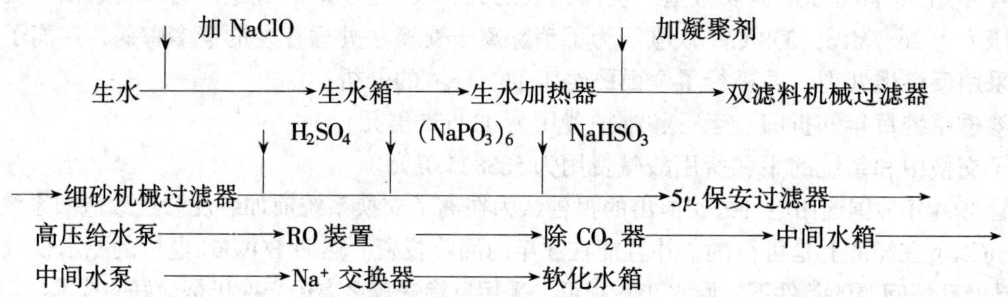

原水是经过自来水厂加氯杀菌处理后的生水进行预处理的，其过程是：

(1) 生水加热器将水温加热至25±2℃，并在双滤料机械过滤器入口管中加入凝聚剂，进行直流凝聚过滤，再经过细砂机械过滤器，使过滤水的SDI<5，浊度<1NTU。

(2) 给水在进入反渗透装置前，根据流量信号，自动按比例加入 H_2SO_4 和 $(NaPO_3)_6$ 溶液，以防止结垢物质的析出。其后加入过量的 $NaHSO_3$ 溶液，彻底消除余氯。

经过预处理的水送入反渗透系统，首先通过保安过滤器，再进入反渗透给水泵。

反渗透系统如下：

高压泵→电动慢开门→手动调节门→一段 RO→二段 RO→产品水出水管及爆破膜；浓水排放管及排放控制门

3. 反渗透装置

反渗透压力容器型号为PVE-8-400，外形尺寸为Φ216×L6680，工作压力为400psi。

膜元件材质为玻璃纤维缠绕环氧玻璃钢渗透膜元件，型号为TFC8822HR。

反渗透系统两套。排列方式为一段二段，产品水流量为56m³/h，系统脱盐率为大于等于98%，系统回收率为75%，给水温度为25±2℃，给水压力为1.7MPa。

系统设计计算书见图18-3，系统及装置外形图见图18-4。

三、常规离子交换的电厂锅炉补给水系统改造为超微滤—反渗透系统

1. 概况

本工程为大连发电总厂一级离子交换系统，于2001年改造为出力100m³/h反渗透—离子交换系统。改造前存在的问题是：①酸碱用量大；②含酸碱废液排放污水超标；③高效过滤器出水水质不稳定，过滤后水质SDI太高，以致无法测定；④离子交换树脂不仅受有机物污染，而且也受 Cl_2 的氧化，运行周期短，再生频繁；⑤原有水处理的自用水率高（达25%）。

RO UNIT PERFORMANCE PROJECTION
using "ROPRO" V 5.08 (299403)
Provided to the San Diego offics
by Fluid Systsms Oorppration

Proiect:　　　　　　　　　　　　　　　　　　　　　　　　　　　　Date: April 4, 1994

The unit has 78 Model TFCL 8822XR Elements　　　　　　　　　　　　Age = 3 yrs.

Tube Array = 8/5　　　　　　　　　　　　　　　　　　　　　　　Elements per Tube = 6

Permeats Flow = 1344.0m^3/d (56.00 m^3/h)　　　　　　　　　　Recovery = 75.0%

Watsr Temp. = 25.0C　Avg. Annual Water Temp. = 25.0 O

Feed Prass. = 16.8 kg/cm^2　Brine Press. = 15.6 kg/cm^2

Feed Osmotic Press. = 1.0 kg/cm^2　Brine Osmotic Press. = 4.1 kg/cm^2

This unit would reouire 161. kilograms/day of 100% H2S04.

3ANK	FEED		CONCENTRATE - - AVGE.		ELEMENT - -		TUBE	FINAL
	TOTAL	TUBE	TOTAL	TUBE	FLOW	RLUX	DEL TA P	ELEMENT
	m^3/h	m^3/h	m^3/h	m^3/h	m^3/d	l/ (m^2·h)	kg/cm^2	BETA
1	74.67	9.33	38.08	4.75	18.29	24.90	0.70	1.095
2	38.08	7.62	18.87	3.77	15.37	20.92	0.51	1.095
SYSTEM					17.23	23.45	1.21	

The ratio of brine molar concentration product to ksp (brine) for
CaSO4 is .75. BaSO4 is 23.01
Brine conc. to saturation conc. ratio for rsactive SiO_2 is .24
The Stiff-Davis saturation index of the concsntrats stream is plus .5

	RAW FEED	PRETREATED FEED	CONCENTRATE	PERMEATE
	mg/l	mg/l	mg/l	mg/l
Ca	159.0	159.0	628.0	0.4
Mg	30.0	30.0	118.5	0.1
Na	400.0	400.0	1566.8	5.4
K	11.0	11.0	43.0	0.2
NH_4	0.0	0.0	0.0	0.0
CO_3	0.0	0.0	0.1	0.0
HCO_3	243.0	131.1	511.0	3.5
SO_4	430.0	518.1	2047.5	0.9
Cl	585.0	585.0	2297.2	5.9
NO_3	43.0	43.0	163.9	2.1
F	1.3	1.3	5.1	0.0
SiO_2	7.7	7.7	30.2	0.1
Ba	0.07	0.07	0.28	0.00
SUM	1910.1	1886.3	7411.6	18.5
TDS	1786.4	1819.6	7151.6	16.8
CO_2	3.9	84.7	84.7	84.0
pH	8.0	6.4	7.0	4.8
pHs		7.2	6.5	

This projection is the anticipated performance and is based on nominal properties of the elements. No allowance was made for fouling or for pressure losses in the manifolds.

This computer printout should not be considered a guarantee of system performance unless accompanied by a statement to that effect.

3y Fluid Systems

图 18-3　50m^3/h 反渗透系统设计计算书

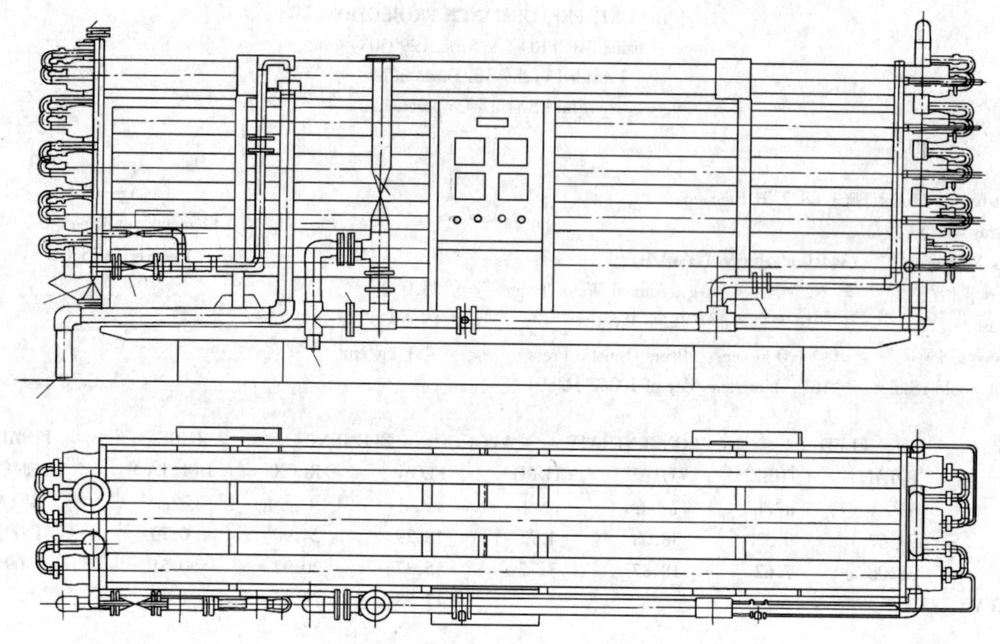

图 18-4　50m³/h 反渗透装置外形图

2. 改造后的水处理系统

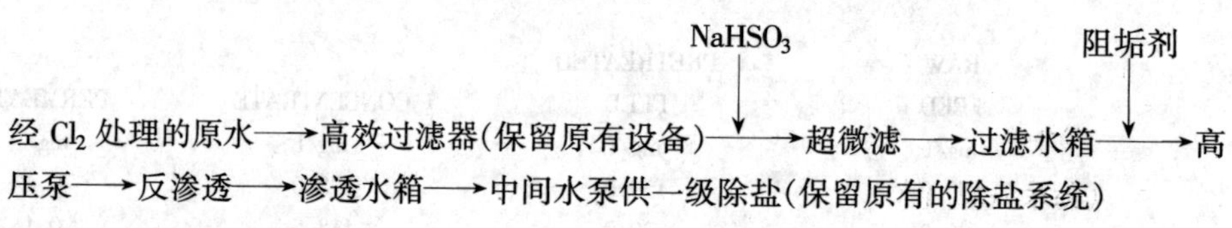

改造后水处理系统的特点是：

(1) 保留原系统的高效过滤器，充分利用现场原有条件（将反洗水箱改为微滤水箱，将原离子交换系统中间的除碳水箱改为反渗透水箱)。

(2) 保留原有一级除盐系统，在原系统上设隔断阀、联络阀，使之与反渗透系统的串联、并联都有可能，并保留了原系统的完整性。

(3) 回收反渗透排放的浓水和微滤设备的反洗废水至污水处理系统，节约了水资源。

(4) 采用了可以水、气联合清洗的超微滤技术。

3. 超微滤装置

滤膜采用杭州华滤膜工程公司的产品，由于该产品处于超滤和微滤膜之间交互重迭的孔径范围（0.02～0.2μm)，厂家称其为超微滤，近似于微滤，滤膜可用压缩空气吹洗。

膜的型式为中空毛细管式（膜的孔隙率为 40%～45%，内/外径尺寸为 0.3～0.32mm/0.38～0.4mm，壁厚为 0.04～0.050mm)，材质为聚丙烯，膜上微孔为裂纹式，具有纵向抗张强度高 (120MPa)，抗破裂压力较高（71MPa)，耐酸碱等多种优点。在过滤过程中，可去除水中的悬浮颗粒、胶体、大部分大分子有机物、细菌、病毒等。

中空毛细管的过滤过程是：膜孔中进水，产品水穿过管壁渗至管外，在浓水侧加设循环泵，以强制原水在膜内流动，使其与产品水形成错流，以防止污物在膜壁上沉积，且有利于附着污物的去除，提高膜的清洗效果。

超微滤技术在预处理中能广泛应用和推广，除了膜对颗粒物质的过滤能力外，一个重要的条件是连续运行，即在整套设备中的各单元轮流采用定时自动曝气清洗。

超微滤设备设置两套 70m^3/h。每套 72 只膜，膜面积为 30m^2。组件的尺寸为 $\phi 145\times 1000$，型号为 ZKM-N2.5T（总数为 144 只），壳体 ABS，封装材料为聚胺酯。

清洗水流方向与运行水流方向相反（为避免大颗粒物进入微滤膜系统，在进入微滤膜前设 10μm 保安过滤器）。

超微膜进水要求浊度小于 1NTU，工作温度小于 45℃，pH 值范围为 1～14，产水达到 SDI 小于 3。

膜运行进水采用软起动，起动时间为 10s。进水压力为 0.05～0.15MPa，产品水流量为 35～80m^3/h；循环泵出口压力为 0.18～0.24MPa，流量为 25～80m^3/h。每周期约反洗 3 次。反洗水压力：先充气后快开阀门泄压，进气压力为 0.2MPa 泄压到 0.15MPa 时进行反洗。反洗时间为 4.5min，正常运行时间为 2～3h。

4. 反渗透装置

反渗透系统设有两套 50m^3/h 反渗透装置，原水电导率仅为 203μS/cm，$SiO_2$10mg/L，采用 Filmtec BW30LE-440 超低压膜，每套 42 只（单只脱盐率为 99%），4:3 排列，回收率为 80%，工作压力为 0.95MPa。

5. 控制系统

采用简单的 PLC 控制，可在工控机及就地控制盘上完成系统的各项操作，既可进行系统的整体操作，也可进行对单一设备阀门的点控，同时可显示各设备的运行状态、单元的运行状态以及各设备的流量、分析数据，并可记录一段时间的各运行数据，还可显示各种趋势图像。

当在上位工控机上进行单元操作时，只有当过滤器反洗后投入运行后才能自动进入运行状态，当过滤器关闭后超微滤将处于待机状态，当超微滤反洗时，过滤器入口门自动关闭。

反渗透设备在停止运行时，将打开排水门自动冲洗 3min 后设备自动停止运行。

上位机自动运行时各设备按程序启停，启停将受前后水箱液位的控制。

6. 改进前后的技术经济比较（产品水 100m^3/h，见表 18-1）

表 18-1　　改进前后的技术经济状况

项　目	一级离子交换除盐（改进前）		反渗透 + 一级除盐（改进后）		参考单价
	数值	年费用（万元）	数值	年费用（万元）	
产品水质	1.0μS/cm		0.2μS/cm		
再生周期	2～3 天		2～3 个月		
年耗酸量	400t	26.0	22t	1.43	650 元/t
年耗碱量	320	26.24	14t	1.15	820 元/t
年酸碱废水排放量	219000t	77	1500t	0.16	
年回收水量	0		218500t		
工业水量（m^3/h）	125	262	125	262	
用电量（kW·h）	67	23.3	126	44	0.4 元/（kW·h）
含盐废水（m^3/年）	0	0	219000	77	3.52 元/m^3
絮凝剂（t/年）	0	0	3.5	0.49	1400 元/t
阻垢剂（t/年）	0	0	1.2	7.2	60000 元/t
反渗透膜更换	6	0		13.2	
树脂补充		0.46	0	0	1.5 万元/t

续表

项　目	一级离子交换除盐（改进前）		反渗透＋一级除盐（改进后）		参考单价
	数值	年费用（万元）	数值	年费用（万元）	
中和池运行费		8.76		0.48	
运行人员（人）	3	4.5	2	3	1.5万元/（人·年）
其　他		3		1.54	
年总费用		386.23		285.02	
单位费（元/m^3）		4.41		2.94	

四、核电站海水淡化系统

1.概况

美国第一次将海水反渗透应用于核电站的实例是太平洋燃气和电力（PG&E）公司的Diablo Canyong核电站。该厂的装机容量为2200MW，位于沿太平洋加利福尼亚中部海岸，靠近San Louis Obispo城，该反渗透系统2200m^3/d，由Hydranautics于1985年安装和投入运转，运行至今。

Diablo河是主要补水水源，由于不能长年供应，因而PG&E选择了海水反渗透脱盐装置作为最佳方案，选用Hydranautics SWC-1膜。

2.反渗透系统

Diablo Canyong核电站反渗透装置设计为两级水处理系统，主要设计参数如下：

给水	水质	35600ppmTDS	产品水	出力	2180m^3/d
	取水方式	由海中吸取		水质	小于350ppmTDS
	温度	10℃		水回收率	45%
操作条件	第一级压力	70bar			
	第一级回收率	50%	总脱盐率		>99%
	第二级压力	25bar	耗电量		7.4kWh/m^3
	第二级回收率	90%			（未设能量回收装置）

预处理系统包括第一级及第二级压力过滤器、紫外杀菌器和精密过滤器，海水从进水口泵入水箱，为了改善过滤效果，将凝聚剂和聚合电解质加在第一级过滤器的进口。

将有机阻垢剂加在过滤后的水中以防止钙盐沉积在膜元件的表面上。过滤后的水送入紫外杀菌和精密过滤器。系统设有间断加氯装置，但必须在把水送入反渗透系统前用亚硫酸氢钠把余氯还原掉。

采用两级反渗透是为了提高产水的质量和考虑到生产的灵活性。预处理后的海水加压到70bar，送到第一级海水反渗透系统。该系统的回收率一般为50%，每天生产含盐量小于600TDS的脱盐水2420m^3。

3.第二级反渗透系统

Diablo Canyong核电站的第二级反渗透系统是高回收率的脱盐系统。该系统的给水压力为25bar，回收率一般为90%。反渗透系统以第一级产水为其给水，处理能力可达到每天1550m^3。苦咸水反渗透系统的产品水含盐量通常小于100ppm。第一级和第二级产水混合后就能生产不同数量和质量的水。

Diablo Canyong核电厂海水反渗透系统无需按每天2180m^3出力运行，当需要时，也可超过设计出力工作。体现了两级设计的灵活性。

五、发电厂冷却水的零排放系统

1. 概况

Bayswater/Liddell 电力联合企业装设有南半球最大的反渗透系统。该反渗透系统用于一个大型零排放的冷却水系统。

Bayswater/Liddell 火力发电厂位于澳大利亚新南威尔士的 Hunter Vally，总装机容量为 4640MW，它包括 1971 年投产的 Liddell 电站 2000MW（4×500MW）和 1986 年投产的 Bayswater 电站 2640MW（4×660MW），该联合企业是世界上最大的零排放系统之一。

为达到“零排放”，每年必须将大约 24000t 的溶解盐从电力联合企业的冷却水系统中除掉。

2. 冷却水处理系统

该水处理系统主要包括以下工艺：传统的石灰软化、双介质过滤、用离子交换法降低碱度、反渗透、曝晒蒸发池、蒸汽压缩蒸发器。

该厂的冷却水极限值如下：

pH 值	7～8.5
朗格利尔指数	+1.0
钙（mg/L）	170
硫酸盐（mg/L）	1200
硅（mg/L）	150
TDS（mg/L）	2,500

用于冷却水回路的旁流处理水中的总溶解固形物（TDS）的流程主要包括石灰软化澄清池、过滤器和反渗透设备。

反渗透系统前的预处理为传统的石灰/苏打软化澄清池。共有四台设备，每台出力为 400m^3/h。采用添加石灰和苏打粉进行部分软化，总硬度大约降低 60%，二氧化硅大约降低 50%。氯化铁在澄清设备中作为凝聚剂。澄清池的出水用双介质过滤器进行过滤，除掉悬浮物，进入过滤器之前要添加硫酸，将 pH 值降至 7 左右。

过滤后的水集中到清水池后，再打入反渗透系统，化学处理包括加阻垢剂、加酸和氯，以控制膜的潜在生物污染、污堵。

3. 反渗透系统

Bayswater/Liddell 厂的反渗透系统由八个系列组成，每个系列的给水流量为 185m^3/h。每个系列的排列为 16-8-4，使用 168 个 CAB2 型的醋酸纤维膜。每台设备的设计回收率为 82.5%，产品水流量为 152m^3/h，浓水流量为 33m^3/h。运行时回收率为 75%～90%。

该系统选用了醋酸纤维膜是因为它的耐氯性能好，在许多废水处理系统中证实其耐污染性强。醋酸纤维膜的耐氯性对该系统十分重要，因为该系统的原水水质与在北美的许多地方相类似，水源的微生物高。运行结果表明，Bayswater/Liddell 厂的反渗透系统从来未出现过生物污堵问题。

反渗透系统的 TDS 的去除率极好。运行初期的脱盐率为 99%，比预计的要好。该厂 10 多年的运行情况甚好，在 10 多年中更换了两次反渗透膜，也少于预计的更换次数。反渗透系统的给水量一般均在规定范围之内，给水的 TDS 平均值为 2200ppm。产品水水质 TDS 由小于 100ppm 逐渐增加到膜更换前的约 250ppm。当八套设备均运行时，浓水总流量为 260m^3/h，浓水中 TDS 含量超过 10000ppm。通过反渗透系统去除掉的盐量每天超过 60t，每年超过 2 万 t。

六、海岛高硬度苦咸水纳滤水处理系统

1. 纳滤水处理系统

1997年4月，国内第一套纳滤膜软化系统在山东长岛投入运行，水源位于距海边约150m的海岛地下水，产水量为$6m^3/h$，处理系统如下：

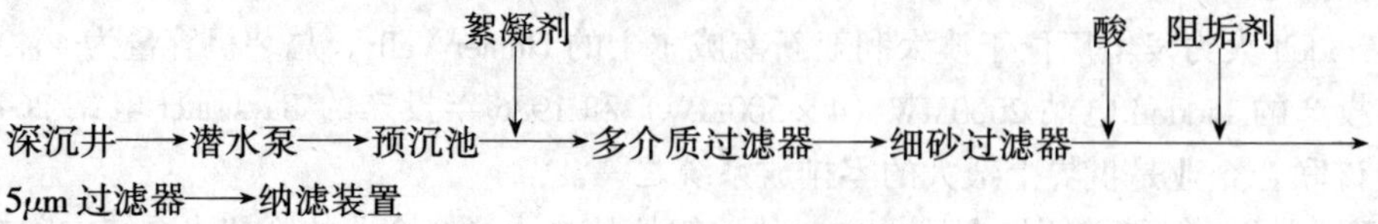

2. 纳滤处理的水质（见表18-2）

表18-2　纳滤处理的水质

水质（mg/L）	Na	Ca	Mg	HCO_3	Cl^-	SO_4^{2-}	NO_3^-	SiO_3^-	LSI	TDS	总硬度*
处理前	330	402	94	166	897	368	82.7	17.5	0.56	2365	1393
处理后	112	8.3	1.6	16.8	148	6.3	38.5	2.3		335	27.2
脱除率（%）	66	97.9	96.3	89.9	83.5	98.3	53.4	85.9		80.6	98%

注　* 总硬度单位为mg/L$CaCO_3$。

经纳滤处理后（见表18-2及图18-5、图18-6），产品水已基本上达到国家饮用水标准（GB574g-1985），Na^+、K^+脱除大于70%，硬度（<450mg/L）脱除率为96%以上，Cl^-<250mg/L，可以直接饮用。

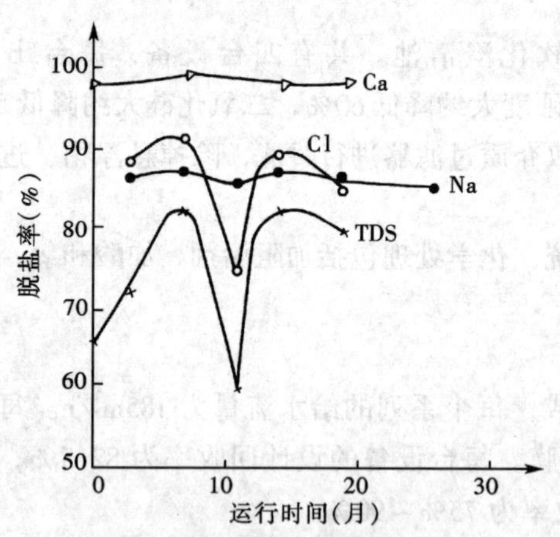

图18-5　纳滤脱盐率在运行中的变化

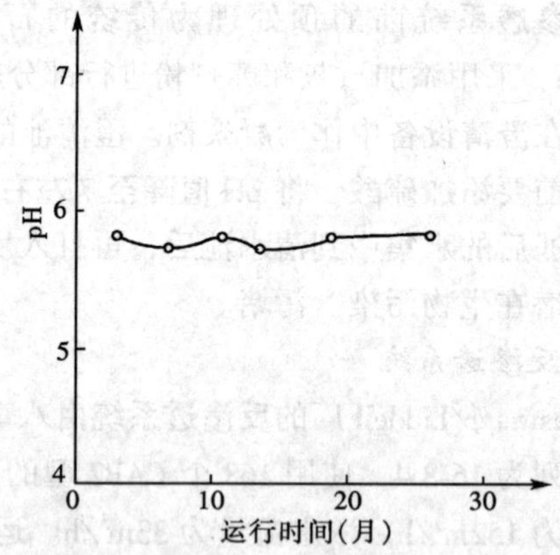

图18-6　纳滤产水pH值在运行中的变化

纳滤膜采用Filmtec生产的NF90-400，操作压力为7.5bar，产水量为$6m^3/h$（16℃），回收率为56%，总脱盐率为80.6%。运行期间由于原水水质的变化（如图18-7、图18-8所示），Cl^-波动范围为800～3000mg/L，总硬度波动范围为1000～2500mg/L（$CaCO_3$）。水质变化源于海岛深井水取水的特点。海岛深井水取水位置为岩石层，当天气干旱少雨来不及补充地表水渗流时，极易引起海水的侵入，从而深井水水质会有变化。尽管如此，Ca^{2+}的脱除性能比对一价离子（Cl^-、Na^+）脱除的性能稳定得多。这说明NF-90在水质改变时，对一价离子脱除率影响较大，而对二价的硬度离子仍能脱除至很低（10～45mg/L $CaCO_3$）。

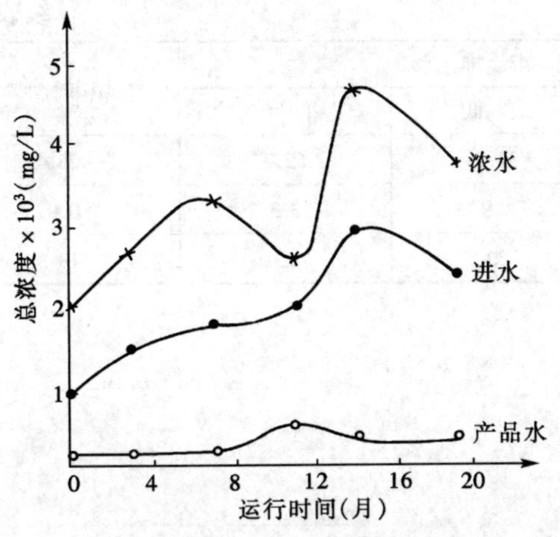

图 18-7　氯化物在运行中的变化

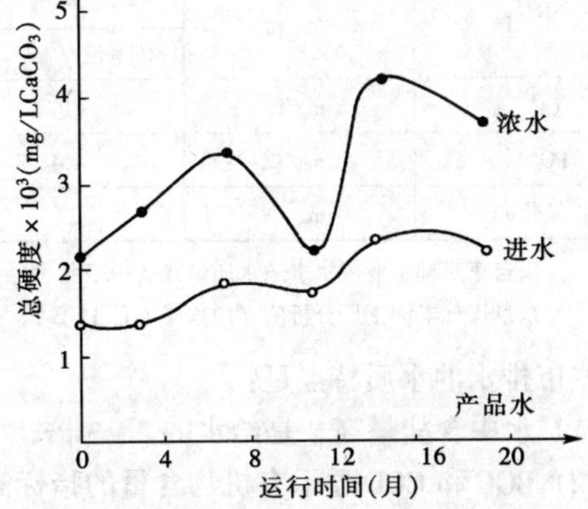

图 18-8　总硬度在运行中的变化

由于海岛苦咸水硬度高，在运行至第 7 个月后，由于加酸不足，曾引起结垢现象（见图 18-7），但 pH 值稳定不变。后经柠檬酸以 NH_4OH 调 pH 值至 3 清洗（在低压 2bar 左右）1.5h，浸泡 6h；后用 1%$NaHSO_3$ 循环消毒 30min，冲洗 30min，脱盐率由 71.3%上升至 87%，产水量由 $2m^3/h$ 恢复至 $5.5m^3/h$。

由于纳滤操作压力低，为实际电耗 1.43（kW·h）/m^3。

七、以城市排水为原水用于锅炉补给水的反渗透系统

1．城市排水的水质及特点

$30m^3/h$ 反渗透用于东京煤气公司，原水是东京的城市排水。东京的城市排水和给水水质如表 18-3 所示。

表 18-3　　东京的城市排水和给水水质

项　目	单 位	城市排水			城市给水*
		最 高	最 低	平 均	
电导率	μS/cm	737	297	535	228
pH 值		7.2	6.4	6.8	7.0
SS	mg/L	3.0	0.5	1.1	—
COD_{MN}	mg/L	19	5.2	11	1.3
ABS	mg/L	0.23	0.07	0.13	0.07
蒸发残留物	mg/L	372	301	327	149
余　氯	mg/L	2.0	0.0	0.4	
Ca^{2+}	mg/L	29	6.5	18	13
Fe^{2+}	mg/L	0.20	0.03	0.08	0.89
NH_4^+	mg/L	19	0.07	6.3	0.16
Na^+	mg/L	50	27	38	22
SO_4^{2-}	mg/L	88	42	71	40
NO_3	mg/L	6.1	0.63	2.9	2.8

续表

项　目	单 位	城 市 排 水			城市给水*
		最 高	最 低	平 均	
Cl^-	mg/L	110	32.3	62.7	25.4
PO_4^{3-}	mg/L	4.4	1.9	3.3	0.01
二氧化硅	mg/L	27	20	23	18.3

注　摘自东京都工业用水水道水质试验（1983年度年报）

*东京煤气丰洲工厂分析值（1985年4月11日）。

城市排水的水质特点是：

(1) 水中含盐量高，是给水的2~3倍；

(2) BOC和COD显示有机物含量的指标高；

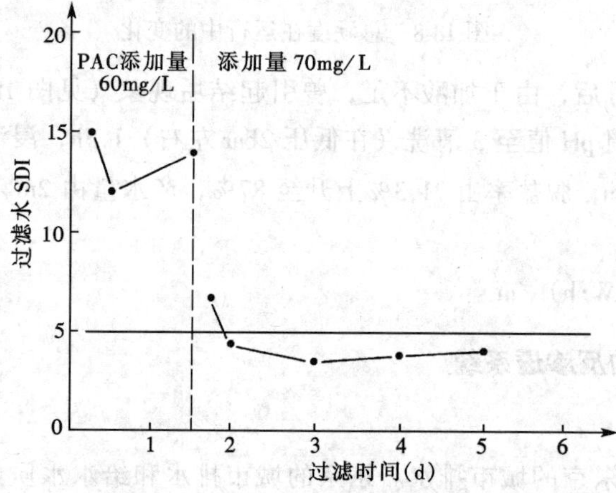

图 18-9　加入PAC对过滤水SDI的影响

(3) 水的浊度和色度高。

2. 城市排水的水处理系统

经过试验性装置，证实了对东京的城市排水采取如下方式可达到城市给水的要求。

(1) 基本处理必须有凝聚澄清设备、双层过滤设备、反渗透系统。

(2) 凝聚澄清仅加入PAC凝聚剂70~100mg/L，不需调整pH值；灭菌剂使用NaClO，在加入PAC的条件下，提供了适当的杀菌pH值（如图18-9所示）。

(3) 在凝聚澄清条件下的双层过滤，可以达到活性炭过滤的效果，因此活性炭过滤并非必需。

(4) 双层过滤采用无烟煤和石英砂作为滤料，其出水SDI和Δp的变化如图18-10所示。

(5) 采用了成本低的卷式醋酸纤维素膜，在低压条件下运行（小于$20kg/cm^2$）。

3. 反渗透处理系统

$30m^3/h$城市排水反渗透处理系统如图18-11所示。

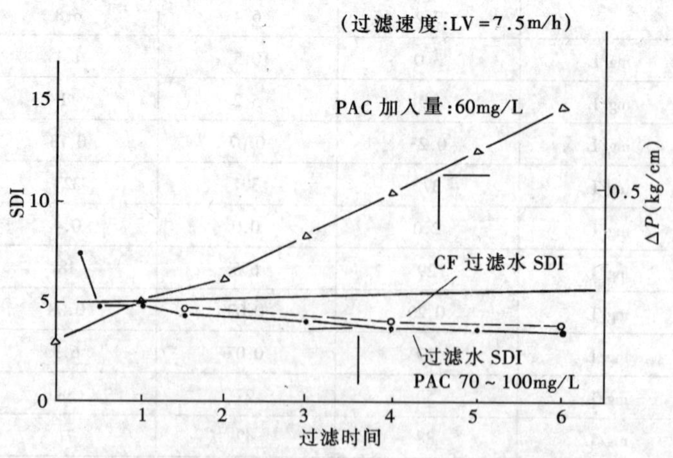

图 18-10　$30m^3/h$城市排水SDI和Δp的变化

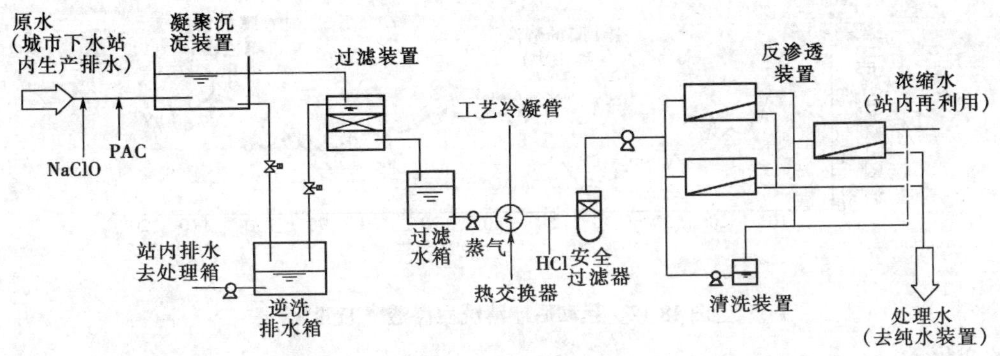

图 18-11　30m^3/h 城市排水反渗透处理系统

4. 反渗透处理运行概况

本装置自 1985 年 3 月底开始试运行，经过处理水箱，在原有的离子交换装置中经过完全脱盐后供锅炉使用。

运行中，各处的水质分析结果如表 18-4 所示。经处理的城市排水的水质较好，使离子负荷小，离子交换装置的处理能力提高两倍。

表 18-4　　运行水质（1985 年 4 月 25 日）

项　目	单　位	原　水	RO 出口水	RO 入口水	城市给水
导电度	μS/cm	737	297	535	228
pH 值		7.2	6.4	6.8	7.0
SS	mg/L	3.0	0.5	1.1	—
CPD_{MN}	mg/L	19	5.2	11	1.3
ABS	mg/L	0.23	0.07	0.13	0.07
蒸发残留物	mg/L	372	301	327	149
余　氯	mg/L	2.0	0.0	0.4	
Ca^{2+}	mg/L	29	6.5	18	13
Fe^{2+}	mg/L	0.20	0.03	0.08	0.89
NH_4^+	mg/L	19	0.07	6.3	0.16
Na^+	mg/L	50	27	38	22
SO_4^{2-}	mg/L	88	42	71	40
NO_3	mg/L	6.1	0.63	2.9	2.8
Cl^-	mg/L	110	32.3	62.7	25.4
PO_4^{3-}	mg/L	4.4	1.9	3.3	0.01
二氧化硅	mg/L	27	20	23	18.3

运行开始后的四个月中，并没有出现大的问题，只是曾经出现两次 SDI 上升的现象。一次的原因是原水水质变动，通过变更 PAC 的加注量后恢复良好。另一次是双层过滤装置的过滤能力降低，发生了凝聚块的穿破现象。这是因为双层过滤装置逆洗工艺的调整不妥，无烟煤在反洗中流失，导致过滤能力降低。通过补足减少的无烟煤并进行调整后即恢复正常运转。

该项目的技术关键在于，对于原水水质的变动能否设法从预处理装置获得稳定的 SDI 值低的水，即如何控制反渗透膜的堵塞程度。作为反渗透膜堵塞的标志，图 18-12 反映了反渗透系统渗

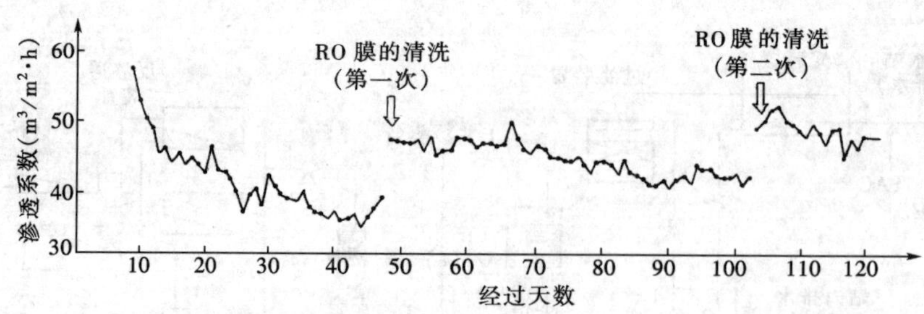

图 18-12　起动后、清洗后渗透率的变化

透率的变化。

由于受水温和压力的影响，图 18-12 中的系数已经修正，可以清楚知道初期的渗透倾向。由于机械强度的制约，在膜的压差超过一定值后才进行清洗，至今进行了 2 次。即虽按运行条件有所不同，大致为 50 天清洗一次。与其他反渗透膜装置相比，清洗次数少 1 倍。将城市排水 100%作为原水的、具有商业规模的反渗透装置在日本属首次，故有必要弄清清洗频率的限度。反渗透膜是用柠檬酸和氨水溶液进行清洗，清洗液中 Al 和 SiO_2 浓度的时间变化如图 18-13 所示。从图可知，50min 左右可完成清洗。

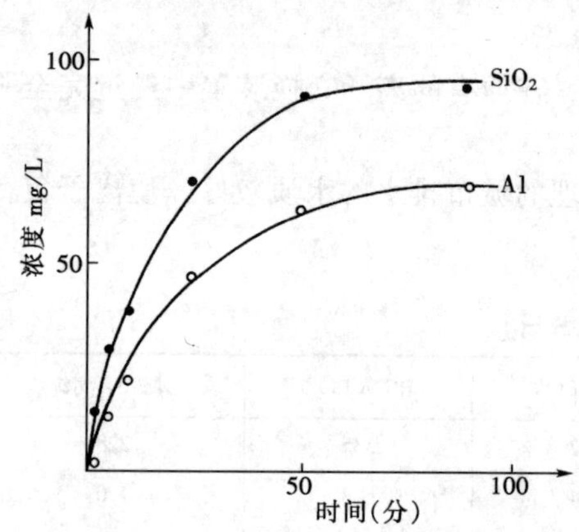

图 18-13　清洗液中 Al、SiO_2 浓度的变化

保安过滤器压差变化如图 18-14 所示。该过滤器在压差上升时也进行逆洗清洗，清洗频率大约为每月一次。由于逆洗清洗只需 10min 即可完成，因此正在考虑是否需提高细密程度、减少反渗透膜的清洗次数。

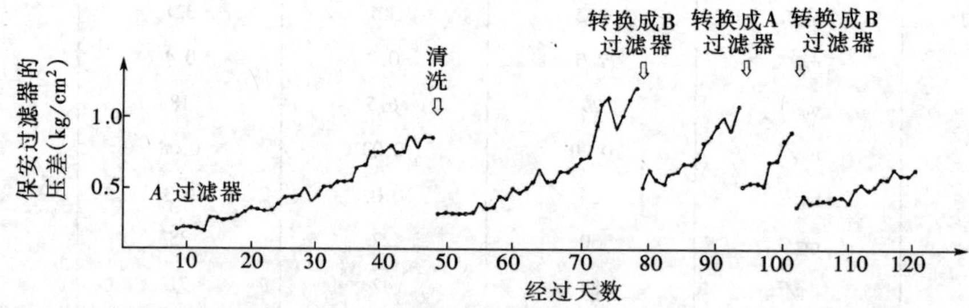

图 18-14　保安过滤器 Δp 的变化

八、以生活污水为原水用于发电厂循环冷却水和锅炉补给水的反渗透系统

1. 概况

2002 年，由北京天元恒业水处理工程公司改建的北漂发电厂生活污水处理 60t/h（产品水）回用系统，是为了彻底治理生活污水的环境污染、合理进行废水资源化而设置的。生活污水处理后，回用于循环冷却水补水和经深度处理后用于化学补充水，减少自来水补充，以节省水费成本。该污水处理回用系统工程主要由污水收集系统、污水一级物化预处理系统、污水二级生物处理系统、污水三级深度强化处理系统和清水回用系统等组成。整个污水处理回用系统采用 PLC 可编程控制器完成现场设备的实时控制，计算机作为全系统的监测和控制设备的核心。

2. 水质状况

表 18-5 为生活污水及回用的水质指标。

表 18-5　　生活污水及回用的水质指标

项　目	污水水质	循环冷却水补水水质要求	项　目	污水水质	循环冷却水补水水质要求
pH 值	7.2	6.5～8.5	BOD_5（mg/L）	12.2	≤5
悬浮物（mg/L）	45	≤3	油（mg/L）	4.6	≤1.0
CODcr（mg/L）	60	≤15			

3. 污水处理回用系统

（1）污水收集系统。污水收集系统由生活污水排水收集管道、集水井、潜污水泵和液位计等组成。

（2）一级生物处理流程。

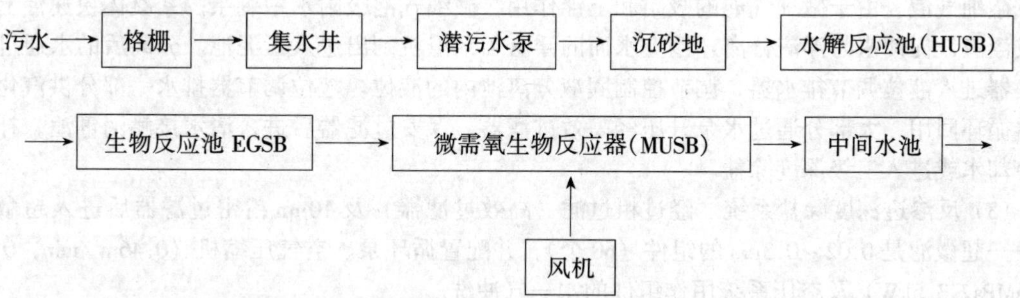

（3）二级物化处理流程。

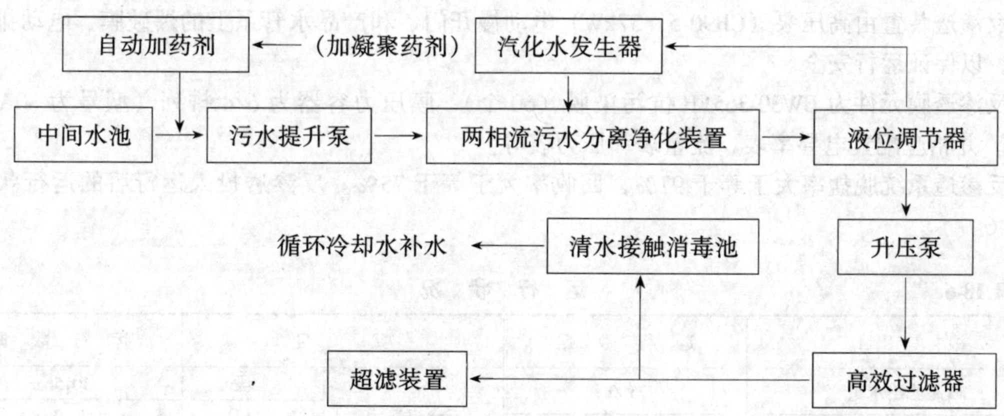

（4）三级深度除盐。

（5）清水回用系统。设置 ClO_2 消毒装置。

工艺说明：

（1）一级生物处理系统是由格栅去除污水中的大颗粒悬浮固形物、漂浮物。污水进入沉砂池，经沉淀将污水中的悬浮固形物和泥砂去除。在HUSB反应池内的水解过程使有机污染物进行生物降解，将长链有机物和部分无机物（如悬浮物等）分解成短链有机物，提高B/C比，增加污水的可生化性。在EGSB反应池内，利用在水解过程中消解和分解的有机物与生物酶通过生物反应器进行厌氧反应，采用生物酶填料和兼性生化法进一步强化微生物消解有机物，去除污水中的大部分悬浮物，为下一步生物处理创造条件。EGSB反应池出水进入MUSB微需氧生物反应池。在MUSB微需氧生物反应池内，通过水中溶解氧控制风机向MUSB反应池供氧曝气，促使污泥、污水和空气进行混合反应，通过微需氧MUSB生物反应器彻底氧化有机物，并形成微氧生物膜悬浮过滤层。水通过膜悬浮过滤层进行液、固、气三相分离，进一步去除污水中的胶体有机物和悬浮物。出水进入中间水池。

(2) 二级物化处理系统，加药后的污水泵出水进入两相流固液分离池。在固液分离池内通过喷射混凝反应器的高速射流反应和旋流反应后形成絮凝体（俗称矾花）后，絮凝体随水上升通过重力斜管沉淀器，质量较小的絮凝体随水继续上升，通过加速导流器加快上升流速。同时由汽化水发生器向固液分离池供入饱和汽化水，饱和汽化水在固液分离池内通过气水分流器释放头释放形成微细气泡。由于微细气泡的吸附和上浮作用，微细气泡吸附水中剩余的絮凝体快速浮上水面形成浮渣，促使水与浮渣分离。浮上水面的浮渣由刮渣机刮出进入污泥池。分离后的水通过清水收集器进入液位调节排水器，调节控制固液分离池内的液位。液位调节器排水一部分供汽化水发生器循环回用，大部分通过水泵升压经高效过滤器、保安过滤器后进入清水接触消毒池，补入循环冷却水或进入三级深度除盐。

(3) 反渗透深度除盐系统。经过粗过滤（高效过滤器）及10μm精密过滤器后进入超微滤装置——超微滤是0.02～0.3μm的组件（60个），并配置循环泵、空气压缩机（0.46m^3/min，0.69～0.86MPa，3.5kW）及空压系统用作组件的水—气冲洗。

为了消除前处理的氧化剂对膜的伤害，进入反渗透前设置$NaHSO_3$加药单元。为防止膜结垢设置阻垢剂加药单元。

反渗透装置由高压泵（CR90-5，37kW）电动慢开门、和产品水管系上的爆破膜、电动排水门组成，以保证运行安全。

反渗透膜元件为BW30-365FR抗污染膜（60个），膜压力容器为6/4排列（型号为80A30-6）10个，并相应配置电导率表、流量表和压力表等。

反渗透系统脱盐率大于等于97%，回收率大于等于75%。反渗透投入运行后的运行状况见表18-6。

表18-6　　运行状况

项目	运行数据	项目		运行数据
微超滤出水量	75t/h	反渗透压力	一段	10.5bar
微超滤水质	1000～1500μS/cm		二段	8.7bar
			浓水	7.5bar
反渗透产品水	60t/h	反渗透产品水质		36μS/cm

九、饮用水去除硝酸盐的城市供水反渗透系统

1. 概况

由于饮用水有更加严格的规定，膜分离已经担负起去除NO^-的重要角色。虽然目前建立在凝聚和介质过滤基础上的技术已相当好，但这类技术对除去像硝酸根和合成有机物的污染是很难

的。

当前美国安全饮水规定最大含量水平（MCL）硝酸盐（以 NO_3^- 表示）为 45mg/L（以 N 表示为 10mg/L）。

2. 除 NO_3^- 的反渗透系统

在 Tustin 城的一个市政水处理厂，在以 Filmtec　BW30-400 的膜处理系统，如图 18-15、表 18-7 数据可以看到处理效果，该厂渗透水产水容量为 7600m³/D（2MGD）经混合取得合格的饮用水。

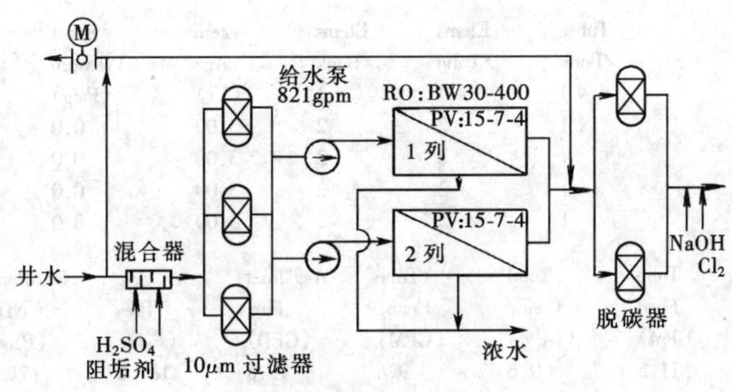

图 18-15　Tustin 城去除 NO_3^- 的反渗透系统

3. 反渗透除 NO_3^- 的处理数据

表 18-7 为 Tustin 城去除硝酸盐的反渗透处理数据。

表 18-7　　Tustin 城去除硝酸盐的反渗透处理数据（温度为 22℃）

水质项目	流量（GPM）	TDS（mg/L）	SiO_2（mg/L）	SO_4^{2-}（mg/L）	NO_3^-（mg/L）	pH 值
井　水	2456.5	1510	29.0	220	94	7.5
反渗透给水总量	1642.6	1393.7	29.0	333.9	94	6.31
每一系列装置给水	821.3	1393.7	29.0	333.9	94	6.31
RO 渗透水	694.0	41.0	1.0	5.1	10.8	4.7
经混合的产品水	2202	584.0	11.35	84.5	41.6	6.3
调节 pH 后	2202	590.2	11.35	84.5	41.6	8.1
RO 浓水	127.3	8972	181.7	2117.6	548.3	7.1
混合的井水	814	1510	20.0	220	94	7.5

十、以高氟苦咸水为原水的社区饮用水反渗透系统

产品水为 2m³/h 的沧州石油城反渗透系统原水为高含盐、高氟碱性深井水，SDI = 1.7，TDS = 1223.9mg/L，$[F^-]$ = 3.30mg/L，$[HCO_3^-]$ = 329.5mg/L，$[Na^+]$ = 450.9mg/L，经 20μm 后可加 HCl 稳定水质，再经 5μm 保安过滤器进入反渗透系统，使水质净化至：TDS < 20mg/L，pH = 7 ± 0.5，$[F^-] \approx 0$。

2m³/h 饮用水反渗透系统计算书如图 18-16 所示。

2m³/h 饮用水反渗透系统如图 18-17 所示。

2m³/h 反渗透装置如图 18-18 所示。

Fluid Systems Corporation　　ROPRO Version 6.0　　Date: 04-Jun-1996

Project:　　Description:

Prepared By:　　Type: Single Pass Design

RRAY SUMMARY-PASS 1

Permeate Flow	7.2 USGPM	Temp (Design/Avg)	68.0/68.0 Deg F
Pass Recovery	62.0%	Fouling Allowance (FA)	5.0%
Inlet Pres w/o FA	189.6 Psig	Conc. Pres w/o FA	171.2 Psig
Inlet Pres w/FA	198.4 Psig		

Bank	Element Type	Tubes /Bank (#)	Elems /Tube (#)	Elems /Bank (#)	Elem Age (Yr)	Boost Pressure (Psig)	Manifold Loss (Psig)	Perm Back Pressure (Psig)
1	TFC 4820HR	1	2	2	3.00	0.0	0.0	0.0
2	TFC 4820HR	1	2	2	3.00	0.0	0.0	0.0
3	TFC 4820HR	1	2	2	3.00	0.0	0.0	0.0
4	TFC 4820HR	1	2	2	3.00	0.0	0.0	0.0

Bank	Total Feed (GPM)	Tube Feed (GPM)	Total Conc. (GPM)	Tube Conc. (GPM)	Avg Inlet Flux (GFD)	Avg Pres (Psig)	Bank NDP (Psig)	Final DP (Psig)	Element Beta
1	11.6	11.6	9.6	9.6	19.8	189.6	171.9	7.1	1.065
2	9.6	9.6	7.8	7.8	18.7	182.5	162.6	5.2	1.075
3	7.8	7.8	6.0	6.0	17.5	177.3	153.5	3.7	1.090
4	6.0	6.0	4.4	4.4	16.1	173.6	143.2	2.4	1.112
System					18.0				

	Net Feed	RO Inlet	Conc.	Permeate
Stream Number	4	5	18	13
Concentration	(mg/L)	(mg/L)	(mg/L)	(mg/L)
Ca + +	16.00	16.00	42.06	0.03
Mg + +	5.50	5.50	14.46	0.01
Na +	450.90	450.90	1178.54	4.92
K +	0.00	0.00	0.00	0.00
NH4 +	0.00	0.00	0.00	0.00
Sr + +	0.00	0.00	0.00	0.00
Ba + +	0.00	0.00	0.00	0.00
Fe + +	0.00	0.00	0.00	0.00
Mn + +	0.00	0.00	0.00	0.00
CO_3 − −	6.00	6.00	15.79	0.00
HCO_3 − −	329.50	329.50	857.52	5.89
SO_4 − −	108.10	108.10	284.20	0.17
Cl −	457.30	457.30	1196.71	4.11
NO_3 −	0.00	0.00	0.00	0.00
F −	3.30	3.30	8.66	0.01
SiO_2	15.00	15.00	39.24	0.15
CO_2	2.88	2.88	2.88	2.87
Sum of Ions	1391.60	1391.60	3637.18	15.30
TDS (180 C)	1223.94	1223.94	3200.85	12.30
pH	8.04	8.04	8.72	6.55
Hardness (as $CaCO_3$)	62.61	62.61	164.56	0.12
Osm Pressure (Psig)	12.92	12.92	33.78	0.14
Langlier Index	0.08	0.08	1.62	− 6.06
Stiff-Davis Index	− − −	− − −	1.55	− − −

Membrane data file version: Nov-17-95

Concentrate exceeds solubility limit-see warnings sheet.

图 18-16　$2m^3/h$ 反渗透系统计算书

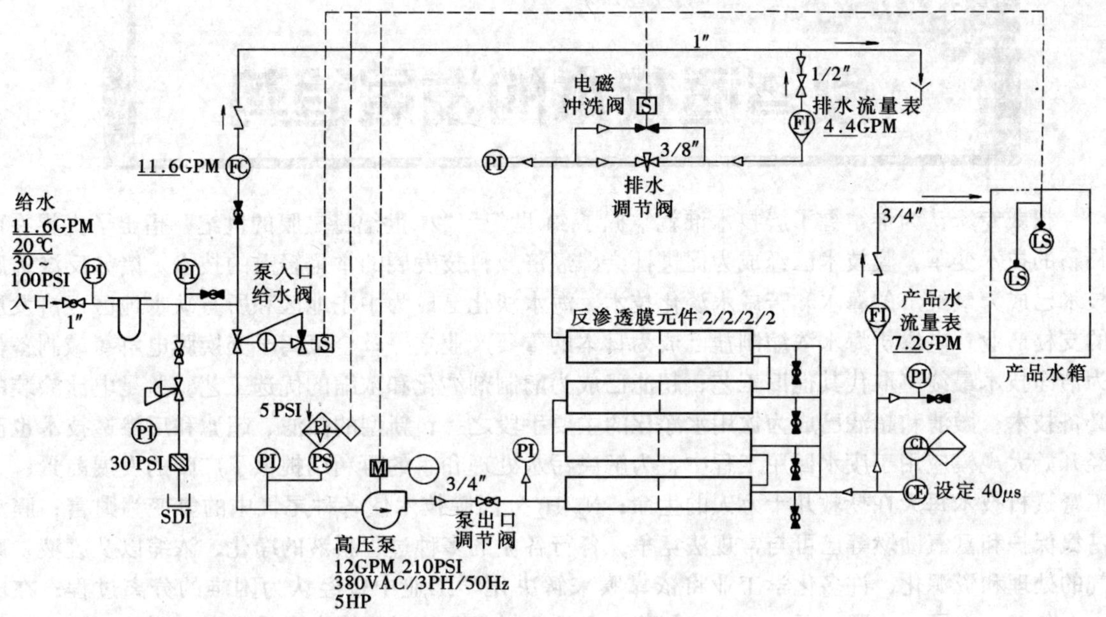

图 18-17　2m³/h 饮用水反渗透系统图

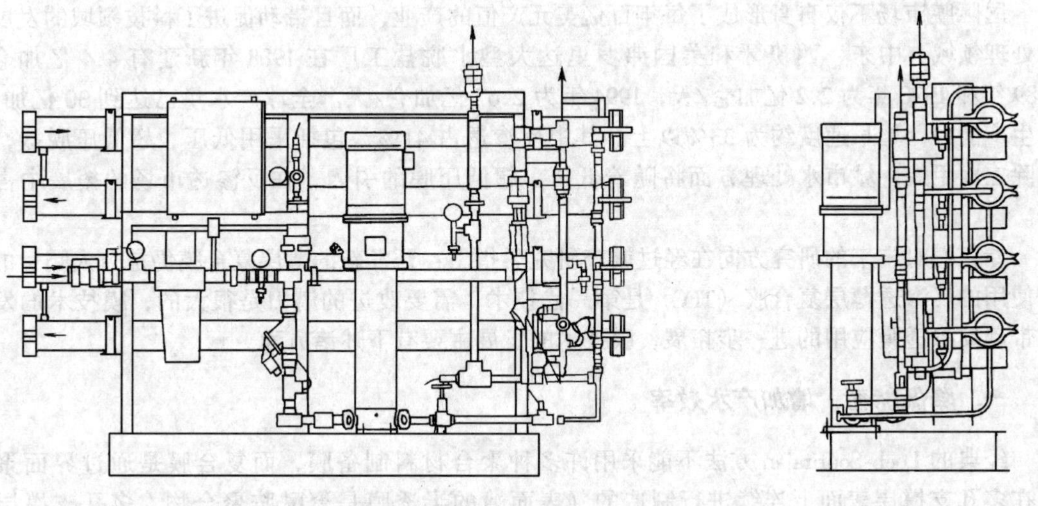

图 18-18　2m³/h 反渗透装置简图

第十九章 反渗透技术的发展趋势

权威专家认为谁掌握了膜技术谁就掌握了21世纪，“21世纪将是膜的世纪”指出了世界在面临新的技术变革，膜技术已经成为促进社会、经济及科技发展的举足轻重的技术。诸如反渗透膜技术已成为最经济的海水和苦咸水淡化技术，海水淡化已成为中东地区和所有缺水地区经济发展的支柱产业；电渗析海水浓缩制盐已成为日本的重要产业之一；全氟离子交换膜电解氯碱制备作为洁净技术最终将取代其他旧工艺；超滤已成为酶制剂纯化和浓缩的优选工艺，并是电泳涂装的必备技术；微滤和超滤已成为饮用水净化的主要手段之一；新型的微滤、超滤和反渗透技术也已经开始大规模应用于废水回用工程中，为解决污水处理和水的再利用提供了广阔的发展前景；人工肾透析技术每天在拯救几十万人的生命；N_2/H_2分离膜技术使各种尾气中的氢变为财富；膜法富氮保护和富氧助燃等已可与常规法竞争，各行各业的多种过程料液的净化、浓缩以及废液、废气的处理和资源化，许多化学工业将依靠膜来解决化学工业中曾经认为困难的分离过程；在电力、化工、电子、化肥、石油化工、制药、食品饮料工业的过程用水更是为大家所熟知的最简便经济的水处理技术。

国际膜市场不仅自身形成了每年百亿美元产值的产业，而且带动促进了科技领域的发展。在水处理领域，中东、西班牙和美国弗罗里达大型水脱盐工厂在1988年新建有4.4亿加仑/天，1989年和1990年为2.2亿加仑/天，1994年为2.67亿加仑/天。全球产水量已达到30亿加仑/天的生产能力，增长速度约为33%以上。其中反渗透占41%，包括采用低压、超低压脱盐，软化和除三卤甲烷。城市水处理方面将随着低压、超低压膜的引入，在反渗透市场的拓展中占有优势。

专家们对未来的研究方向在经过调查研究后指出：开发新的薄层复合膜仍是令人瞩目的。目前使用的反渗透薄层复合膜（TFC）是第一代技术，需要改进的潜力是很大的，膜技术的发展可以带动反渗透膜应用的进一步拓展，膜技术的发展主要有下述诸方面。

一、降低能耗、增加产水效率

经典的Loeb-Sourirajan方法不能采用许多种聚合材料制备膜，而复合膜是通过界面聚合方法在多孔支撑层表面上连续进行制造的（表面薄的半透膜是聚酰胺聚合物，多孔支撑层是聚砜），这种加工方法为提高水的生产率或降低能耗提供了最佳条件。薄层复合膜突破了非对称膜不能为海水脱盐提供所需的传输性能的局限，为膜的应用打开了广阔的道路，但至今还仍限于聚酰胺型膜系列，此种膜的产水效率还只有理论值的30%左右，尽管又已开发了低压膜，但能耗仍较高。

（一）进一步降低能耗

（1）在膜的制作过程中，专家们认为：

1）理论上薄的致密膜可以做成200埃厚，这要比非对称膜或薄层复合膜还要薄5~10倍，已经证实这是可以做到的。在给定的操作条件下，水穿透通过高分子薄膜的能力与膜的厚度成反比，由于厚度的减少，能耗可以明显降低。

2）寻求不同的高分子材料，以制做传输性能更好、脱盐率更高的半透膜和支撑层，而不应满足于现状。

3）改善现有膜的表层孔径大小、孔径分布和表面孔隙率，使其在流体通过薄层时不受影响，而不像现有膜那样由于流体阻力使得传输效率仅为理论值的30%。

4）改变并控制膜表面的电荷，要减少能耗，必须避免在膜表面和原料组分之间的相互作用，因为这会增加流动阻力。理想的膜表面应该是中性的。

(2) 在减少能耗方面除了对膜本身的研究外，还应相应考虑如下问题：

1）目前的复合膜只允许操作温度为40～50℃。如果提高温度，对某些特殊需要（如食品和医药用水需要控制微生物的繁殖生长）亦可节能，增加产水率。

2）开发新型膜，使之能在0.5～2mg/L的Cl_2含量下耐3～5年。

(3) 开发杀菌剂、表面活性剂、抗污染、阻垢剂和酶，减少在膜与水（原料）界面上的吸附，减少污染也是可降低压降节能的。应对膜表面吸附进行深入研究。

（二）提高海水反渗透膜的可靠性

目前，大型海水脱盐处理厂由于不能充分脱氯而使膜受到损害，这是因为采用聚酰胺膜的制造工艺而影响到海水膜的稳定性和可靠性。由于酰胺基基团的存在最忌氧化性因素，而以表面海水为原料的水处理厂需要加入氯来消毒以控制微生物的生长，所加入的氯又必须过量，存在有余氯，因此必须于进入膜之前将氯脱掉。这样往往会出现一些麻烦，如预处理设备的增加、运行成本的提高和运行中的疏漏造成对膜的威胁。

专家认为为提高海水反渗透脱盐的可靠性，应研究以下课题：

(1) 在耐氧化聚合物材料中开发海水脱盐膜。

(2) 开发在成本上有竞争力的、有效的、又不损害聚酰胺膜的海水消毒方法。

(3) 全面评估传统预处理方式（凝聚、过滤、活性炭吸附、氧化）对海水中有机物脱除的作用，摒弃效益并不好的处理手段。

(4) 分析评估预处理过的海水的氧化还原物质以及其对膜降解的影响。

(5) 开发提高产水率、降低操作压力、节约能耗的海水聚酰胺膜。

(6) 研究用Na_2SO_3/SO_2脱海水余氯对水中重金属离子的影响。

（三）研究低压膜和超低压膜

低压膜（指在200～250psi的压力下运行的膜）操作压力低、能耗低的经济优势在非对称醋酸纤维素膜和薄层复合膜的使用对比中得到证实。

低压膜的材料和结构在当前技术中仍是最好的，但运行压力仍较高，因此20世纪90年代各膜厂家频频推出BW30LE、ESPA、TEC-ULP等多种新型的超低压节能膜，运行压力可达到小于150psi，耗能可再次降低25%～40%，虽然低压、超低压膜的开发有了很大进展，但仍存在有关材料对温度、细菌黏膜、不耐氧化性等问题，需要研究开发新的膜材料。

另外，研究和运用新的反渗透能量回收装置及系统，提高回收效率。

二、对膜污染-生物粘膜防止的研究

目前，在降低地表水对反渗透系统的污染方面有一定的改进，各膜厂家相继推出基于不同污染机理的抗污染膜元件已在多个领域有成功的应用。然而，进一步开发新的反渗透抗污染膜、改进反渗透元件结构、降低膜污染速率（包括开发清洗用药或消毒新药）、在使用化学药品的清洗和消毒顺序上改进，仍是反渗透膜研究的方向之一。

然而对原水的微生物控制的预处理往往仍可能是采取氯作为常用的消毒剂，但是有许多类型的细菌对氯有耐药性，包括反渗透组件中形成生物膜的一些微生物；况且，氯不能用于聚酰胺型膜，由于对氯的使用具有一定的限制，目前又缺乏理想的杀菌剂，因而细菌和其他微生物很快黏结并繁殖在膜的原水侧和渗透水（产品水）侧的膜两表面上。其主要特征是：

（1）单位膜面积的水流量逐渐下降；

（2）系统中操作压力随之增加，甚至会超过厂家规定；

（3）膜的盐透过率逐渐增加；

（4）渗透水量（产品水量）随细菌的增加逐渐下降。

膜生物污染的积累结果会大量增加清洗次数和明显减少膜的寿命。这将增加操作和维护成本，最终影响反渗透法的效果和经济性。

基础研究在膜生物污染领域里是需要的，如影响膜性能的生物膜化学和在膜结构中的特殊变化，特定的膜生物化学与环境指标的关系，鉴别污染微生物和孢子成分的特征。

细菌黏结过程是生物污染这一严重问题的关键。在设计控制生物膜污染之前，必须先了解来自细菌污染所产生孢子和分子黏结的机理。

在膜生物污染这一领域里的研究目的将包括：

（1）膜生物污染的细菌类型的研究，它们的特定的吸附性能和动力学特性。

（2）开发新的膜材料，以便显著地减少对生物污染所形成的微生物的亲和力。

（3）开发新的、杀菌能力强的杀菌剂代替现有的杀菌剂。

（4）开发新的预处理技术，有效地消除水生物和微生物。

（5）开发新的反渗透清洗方法，以使之加快破坏微生物形成黏膜的能力，而不影响膜的性能。

（6）建立预测反渗透膜系统中生物污染的数学模型。

三、对涡卷式反渗透组件的研究开发

卷式反渗透组件的设计自20世纪60年代后期开发以来，至今没有明显的变化。随着低压和超低压膜的发展（1986年后，低压膜运行压力为180psi，1995年超低压膜的运行压力为70psi），膜组件中流体的流动阻力占有明显的比例。40in的低压膜组件的压降在设计上对于压力容器装6个组件的压降应小于29psi，此流动阻力主要是由于膜间所设的促进湍流的隔网。压降29psi对于净驱动力为190psi下的操作压力的低压膜组件占15%。由于运行中的污染因素当压降在运行中增到1.5倍时，即43.5psi时，如产水量未能保持恒定时，需要增加操作压力，亦即增加能耗。

因此，要提高卷式膜组件在较低操作压力下的操作效率，需要研究开发的工作有：

（1）选择新型的填充材料（隔网），它应降低对细菌黏结的亲和性，以减少污染；

（2）改变目前隔网存在的原水中的悬浮固体被扑获在网孔内的缺点，选择设计能控制颗粒悬浮物并耐清洗的填充物；

（3）设计能有效地促进湍流又不会有高的水力阻力的填充材料；

（4）改变目前隔网内由于原水流动缓慢以及靠近产水管的滞流因素，以致组件内滞流面积大、效率低的结构；

（5）优化反渗透装置的设计，改善阻力状况。

膜组件的这些改进，终将改善膜过程，降低能耗。调查估计，美国水的成本约为0.2USD/t，运行成本中耗能价格变化要影响50%，因此，低压运行以及对污染不大敏感的耐氯膜将引起人们的兴趣。

四、膜处理工艺系统的发展

反渗透膜处理系统作为一种成熟的水处理工艺，在我国已经有二十多年的成功应用历史，已

为多个行业所认可和接受。随着膜技术的不断发展，新型膜产品不断涌现，膜处理工艺系统也应随之不断改进，以提高运行效率，减少运行能耗，延长膜元件的使用寿命，降低工程造价，拓展膜技术的应用范围。

反渗透技术与前处理与后处理新工艺的结合，是今后膜法水处理技术的发展方向之一。

传统的反渗透预处理工艺通常采用凝聚、澄清、沉淀、过滤等方法，系统运行不稳定，出水水质差，设备占地面积大，运行操作复杂，还容易造成反渗透膜元件的污染。通过采用微滤、超滤技术，取代传统的预处理工艺，提高预处理水平，可以保证反渗透系统的运行安全性，尤其对高污染水源，甚至对于污水回用等领域，都可以满足反渗透系统的适用性。

反渗透之后的后处理设备，传统采用树脂离子交换技术，通过一级和混床离子交换处理，以达到更高的水质标准。但离子交换工艺必然会伴有大量的酸碱消耗，造成环境污染问题。连续除离子 EDI 技术为此提供了解决方法。

微滤、超滤→反渗透→EDI 的组合处理工艺，称之为全膜处理工艺，是水处理工艺发展的方向。

附录

计量单位换算

表格中，各单位名称上的数字标志代表所属的单位制度：①cgs 制，②SI，③工程制。没有标志的是制外单位。有 * 号的是英制单位。

(1) 长度

① cm 厘米	② ③ m 米	* ft 英尺	* in 英寸
1	10^{-2}	0.03281	0.3937
100	1	3.281	39.37
30.48	0.3048	1	12
2.504	0.0254	0.08333	1

(2) 面积

① cm^2 厘米^2	② ③ m^2 米^2	* ft^2 英尺^2	* in^2 英寸^2
1	10^{-4}	0.001076	0.1550
10^4	1	10.76	1550
929.0	0.0929	1	144.0
6.452	0.0006452	0.006944	1

(3) 体积

① cm^3 厘米^3	② ③ m^3 米^3	1 公升	* ft^3 英尺^3	* Iinperial gal 英加仑	* U.S.gal 美加仑
1	10^{-6}	10^{-3}	3.531×10^{-5}	0.0002200	0.0002642
10^6	1	10^3	35.31	220.0	264.2
10^3	10^{-3}	1	0.03531	0.2200	0.2642
28320	0.02832	28.32	1	6.228	7.481
4546	0.004546	4.546	0.1605	1	1.201
3785	0.003785	3.785	0.1337	0.8327	1

(4) 质量

① g 克	② kg 千克	③ $kgf\cdot s^2/m$ 千克（力）·秒^2/米	ton 吨	* lb 磅
1	10^{-3}	1.020×10^{-4}	10^{-6}	0.002205
1000	1	0.1020	10^{-3}	2.205
9807	9.807	1		
453.6	0.4536		4.536×10^{-4}	1

(5) 质量或力

① dyn 达因	② N 牛顿	③ kgf 千克（力）	* lbf 磅（力）
1	10^{-5}	1.020×10^{-6}	2.248×12^{-6}
10^5	1	0.1020	0.2248
9.807×10^5	9.807	1	2.205
4.448×10^5	4.448	0.4536	1

(6) 密度

① g/cm^3 克/厘米^3	② kg/cm^3 千克/米^3	③ $kgf\cdot s^2/m^4$ 千克(力)·秒^2/米^4	* lb/ft^3 磅/英尺^3
1	1000	102.0	62.43
10^{-3}	1	0.1020	0.06243
0.009807	9.807	1	
0.01602	16.02		1

(7) 压力

① bar 巴 $=10^6$dyn/cm^2	② Pa = N/m^2 帕斯卡 = 牛顿/米^2	③ kgf/m^2 = mmH$_2$O 千克（力）/米^2	atm 物理大气压	kgf/cm^2 工程大气压	mmHg（0℃） 毫米汞柱	* lbf/in^2（psi） 磅/英寸^2
1	10^5	10200	0.9869	1.020	750.0	14.5
10^{-5}	1	0.1020	9.869×10^{-6}	1.020×10^{-5}	0.007500	1.45×10^{-4}
9.870×10^{-5}	9.807	1	9.678×10^{-5}	10^{-4}	0.07355	0.001422
1.013	1.013×10^5	10330	1	1.033	760.0	14.70
0.9807	9.807×10^4	10000	0.9678	1	735.5	14.22
0.001333	133.3	13.60	0.001316	0.001360	1	0.0193
0.06895	6895	703.1	0.06804	0.07031	51.72	1

(8) 能量，功，热

① erg = dyn·cm 尔　格	② J = Nm 焦　尔	③ kgf·m 千克（力）·米	③ kcal = 1000cal 千　卡	kW·h 千瓦时	* ft·lbf 英尺磅（力）	* B.t.u. 英热单位
1	10^{-7}					
10^7	1	0.1020	2.39×10^{-4}	2.778×10^{-7}	0.7376	9.486×10^{-4}
	9.807	1	2.344×10^{-3}	2.724×10^{-6}	7.233	0.009296
	4187	426.8	1	1.162×10^{-3}	3088	3.968
	3.6×10^6	3.671×10^5	860.0	1	2.655×10^6	3413
	1.356	0.1383	3.239×10^{-4}	3.766×10^{-7}	1	0.001285
	1055	107.6	0.2520	2.928×10^{-4}	778.1	1

(9) 功率，传热速率

① erg/s 尔格/秒	② kW = 1000J/s 千　瓦	③ kgf·m/s 千克（力）米/秒	③ kcal/s = 1000cal/s 千卡/秒	* ft·lbf/s 英尺磅（力）/秒	* B.t.u./s 英热单位/秒
1	10^{-10}				
10^{10}	1	102	0.2389	737.6	0.9486
	0.009807	1	0.002344	7.233	0.009296
	4.187	426.8	1	3088	3.963
	0.001356	0.1383	3.293×10^{-4}	1	0.001285
	1.055	107.6	0.2520	778.1	1

(10) 黏度

① P = g/cm·s 泊	② kg/m·s 千克/米·秒	③ kgf·s/m^2 千克（力）·秒/米^2	cP 厘　泊	* lb/ft·s 磅/英尺·秒
1	10^{-1}	0.01020	100.0	0.06719
10	1	0.1020	1000	0.6719
98.07	9.807	1	9870	6.589
10^{-2}	10^{-3}	1.020×10^{-4}	1	6.719×10^{-4}
14.88	1.488	0.1517	1488	1

(11) 运动黏度，扩散系数

① cm²/s 厘米²/秒	② ③ m²/s 米²/秒	m²/h 米²/时	* ft²/h 英尺²/时
1	10^{-4}	0.36	3.875
10^4	1	3600	38750
2.778	2.778×10^{-4}	1	10.76
0.2581	2.581×10^{-5}	0.09290	1

注　$\mu=\nu\cdot\rho$（ν，cm^2/s）。

(12) 表面张力

① dyn/cm 达因/厘米	② N/m 牛顿/米	③ kgf/m 千克（力）/米	* lbf/ft 磅（力）/英尺
1	0.001	1.020×10^{-4}	6.852×10^{-5}
1000	1	0.1020	0.06852
9807	9.807	1	0.672
14590	14.59	1.488	1

(13) 导热系数

① cal/cm·s·℃ 卡/厘米·秒·℃	② W/mK 瓦/米·开	③ kcal/m·s·℃ 千卡/米·秒·℃	kcal/m·h·℃ 千卡/米·时·℃	* B·t.u/ft·h·°F 英热单位/英尺·时·°F
1	418.7	10^{-1}	360	241.9
2.388×10^{-3}	1	2.388×10^{-4}	0.8598	0.5788
10	4187	1	3600	2419
2.778×10^{-3}	1.163	2.778×10^{-4}	1	0.6720
4.134×10^{-3}	1.731	4.139×1^{-4}	1.488	1

(14) 焓，潜热

① cal/g 卡/克	② J/kg 焦尔/千克	③ kcal/kgf 千卡/千克(力)	* B·t·u·/lb 英热单位/磅
1	4187	(1)	1.8
2.389×10^{-4}	1	(2.389×10^{-4})	4.299×10^{-4}
20.5556	2326	(0.5556)	1

(15) 比热，熵

① cal/g·℃ 卡/克·℃	② J/kgK 焦尔/千克·开	③ kcal/kgf·℃ 千卡/公斤(力)·℃	* B·t·u·/lb·°F 英热单位/磅·°F
1	4187	(1)	1
2.389×10^{-4}	1	(2.389×10^{-4})	2.389×10^{-4}

(16) 传热系数

① cal/cm²·s·℃ 卡/厘米²·秒·℃	② W/m²K 瓦/米²·开	③ kcal/m²·s·℃ 千卡/米²·秒·℃	kcal/m²·h·℃ 千卡/米²·时·℃	* B·t.u/ft²·h·°F 英热单位/英尺²·时·°F
1	4.187×10^4	10	3.6×10^4	7376
2.388×10^{-5}	1	2.388×10^{-4}	8598	1761
0.1	4.187	1	3600	737.6
2.778×10^{-5}	1.163	2.778×10^{-4}	1	2049
1.356×10^{-4}	5.678	1.356×10^{-3}	4.882	1

(17) 标准重力加速度

g = 980.7cm/s²①

= 9.807[m/s²]②③

= 32.17[ft/s²]*

(18) 通用气体常数

R = 1.987[cal/mol·K]①

= 8.314[kJ/kmol·K]②

= 848[kgf·m/kmol·K]③

= 82.06[atm·cm³/mol·K]

= 0.08206[atm·m³/kmol·K]

$= 0.08206[atm \cdot l/mol \cdot K]$

$= 1.987[kcal/kmol \cdot K]$

$= 1.987[B.t.u./lbmol \cdot K]^*$

$= 1544[lbf \cdot ft/lbmol \cdot K]^*$

(19) 斯蒂芬-波尔茨曼常数

$\sigma_0 = 5.71 \times 10^{-5} erg/s \cdot cm^2 \cdot K^4$①

$= 5.67 \times 10^{-8} W/m^2 \cdot K^4$②

$= 4.88 \times 10^{-8} kcal/h \cdot m^2 \cdot K$③

$= 1.73 \times 10^{-9} B.t.u./h \cdot ft^2 \cdot K]^*$

(20) 水处理常用英美单位换算

1 英寸（吋），即 1 lnch（in.）=2.54cm	=0.0254	m
1 英尺（呎），即 1 Foot（ft.）	=0.3048	m
1 平方英尺（ft^2），即 1 Square Foot（sq.ft.）	=0.0929	m^2
1 加仑（美），即 1 Gallon（US）	=3.785	l
1 磅/平方英寸（lbs/in^2），即 1 Pound per sq. in.（PS1）	=0.069	bar
1 加仑/分钟，即 1 Gallon per minute（GPM）	=0.227	m^3/h
	=0.063	l/s
1 加仑/天，即 1 Gallon per day（GPD）	=0.003785	m^3/d
	=0.158	l/h
1 百万加仑/天，即 1 Million Gallons per day（MGD）	=157.73	m^3/h
	=3785	m^3/d
1 加仑/平方英尺·天，即 1 Gallon per sq.ft.and day（GFD）	=1.70	l/m^2h.